高等学校电子与通信类专业“十三五”规划教材

语音与音频编码

主　编　张雪英　贾海蓉

主　审　张伟雄

西安电子科技大学出版社

内容简介

本书系统地介绍了语音和音频编码的概念、原理、方法与应用。主要内容包括：语音与音频编码基础，语音信号数字模型及短时时域分析，矢量量化，语音信号线性预测分析，语音编码，MPEG音频压缩编码，环绕声编码标准及音频编码文件格式，家用音频设备中的纠错编码，常用的音频信号处理软件等。本书在阐明理论的基础上，介绍了音频编码技术在音频设备中的应用，达到了理论与实践的有机结合。

本书内容丰富，重点突出，原理阐述深入浅出，注重理论与实际应用的结合，可读性强。本书可以作为高等院校通信工程、电子工程、信息工程、计算机工程等专业高年级本科生相关课程的教材，也可供从事语音和音频编码技术研究的科研及工程人员参考。

图书在版编目(CIP)数据

语音与音频编码/张雪英，贾海蓉主编.
—西安：西安电子科技大学出版社，2011.2(2019.3重印)
高等学校电子与通信类专业"十三五"规划教材
ISBN 978-7-5606-2515-7
Ⅰ.①语… Ⅱ.①张… ②贾… Ⅲ.①语音数据处理—编码—高等学校—教材
Ⅳ.①TN912.3

中国版本图书馆CIP数据核字(2010)第257258号

责任编辑 毛红兵 任倍萱
出版发行 西安电子科技大学出版社(西安市太白南路2号)
电　　话 (029)88242885 88201467　　邮　　编 710071
网　　址 www.xduph.com　　电子邮箱 xdupfxb001@163.com
经　　销 新华书店
印刷单位 北京虎彩文化传播有限公司
版　　次 2011年2月第1版 2019年3月第2次印刷
开　　本 787毫米×1092毫米 1/16 印张 15.75
字　　数 371千字
定　　价 36.00元
ISBN 978-7-5606-2515-7/TP

XDUP 2807001-2

如有印装问题可调换

前　　言

语音与音频编码是一个跨学科、综合性的研究领域，涉及声学、心理学、语音学、数字信号处理、计算机技术与应用等学科。随着信息技术、多媒体技术的快速发展，以及业界日益增长的对语音与音频编解码应用人才的需求，高等学校里开设“语音与音频编码”课程的专业也越来越多，非常需要有相应的教材。本书就是为满足这样的需求而编写的。

本书内容体系完整，共分为九章。第一章为语音与音频编码基础，介绍语音与音频信号的数字化过程、心理声学模型以及感知编码原理，这些内容是本课程的基础。第二章为语音信号数字模型及短时时域分析，介绍语音的发音机理、数学模型，重点介绍语音信号的短时时域分析方法。第三章为语音信号的线性预测分析，主要介绍线性预测分析的原理以及方程组的解法及应用。第四章为矢量量化，介绍矢量量化的原理及相关的矢量量化器，重点介绍最佳矢量量化器的设计方法和降低复杂度的矢量量化器原理。第五章为语音编码，首先以语音编码的三种类型，即波形编码、参数编码和混合编码为主线，分别介绍每种编码类型最常用的、最流行的编码器原理；其次基于传统的窄带语音不能满足宽带信号在保持语音的自然度、听觉舒适性以及说话者在特定环境下现场感的不足，给出宽带变速率编码的必要性，并详细分析 AMR－WB 编码器的编解码原理。第六章为 MPEG 音频压缩编码，以感知音频编码为前提，详细介绍 MPEG 音频压缩编码的标准及主要的原理。第七章为环绕声编码标准及音频编码文件格式，主要介绍环绕声编码标准的两大阵营：Dolby(杜比)环绕声和 DTS 环绕声技术，分别介绍了具有代表性的 Dolby AC－3、Dolby Digital Plus、Dolby TrueHD 以及 DTS 和 DTS HD 的关键技术及编解码方式；另外，还介绍了数字音频文件的格式，其中包括无损和有损压缩。第八章主要介绍家用音频设备中的纠错编码，首先，从目前音频设备当中存在错码的事实，引出纠错编码的原理和相关定义，并简要介绍线性分组码、奇偶检验码和循环码的检错原理，为后面介绍 RS 码打下基础；其次，详细介绍了 RS 码的原理，并结合交叉交织技术，使得在家用音频设备中的纠错成为可能；最后，分别介绍了 CD、DVD、BD、HD DVD 的纠错编码原理。第九章为常用的音频信号处理软件，主要介绍 Cool Edit 和 Sound Forge 软件，并通过具体的实例对这两种软件进行阐述。

本书适合作为通信、电子信息类专业“语音与音频编码”(32 学时)的课程教材，也可供相关专业技术人员参考。为了便于读者更好地理解和掌握本书的内容及重点，本书在每章后均附有小结和习题，以帮助读者掌握要点和检验学习效果。

本书由张雪英教授和贾海蓉博士编写，张雪英统稿，张伟雄主审。具体分工是：第二、三、四、五章由张雪英编写，第一、六、七、八、九章由贾海蓉编写。

由于作者水平有限，疏漏和错误之处在所难免，敬请广大读者批评指正。

编　者

2011 年 2 月

目　录

第一章 语音与音频编码基础

1.1 概 述

随着科学技术的快速发展及生活水平的提高，人们对精神生活的要求也越来越高。人们通过电视机可以观看世界各地的奇闻轶事，通过影碟机可以欣赏扣人心弦的影片，通过便携式音乐播放器可以听到震撼人心的音乐。但是，在享受这一切的同时却会忽略了实现这一切的关键技术，那就是语音与音频信号的存储与还原，也即声音的录放技术。实际上，这一技术的存在与发展已经经历了百余年。1857 年，法国发明家斯科特(Scott)发明了声波振波器，它是留声机的鼻祖。1877 年，爱迪生发明了锡箔唱筒式留声机，记录了“玛丽抱着羊羔，羊羔的毛像雪一样白”，这总共 8 秒钟的声音成为世界录音史上的第一声，也正是从那时起音频技术开始出现。之后人们在不断地寻找新技术、新方法以便能够将声音信号更好地记录下来。从早期的钢丝钢带录音机、开盘式录音机，到后来的盒式磁带录音机，再到现在的激光唱片 CD(Compact Disk)、数字多用途盘 DVD(Digital Versatile Disc)、数字盒式磁带录音机 DCC(Digital Compact Cassette)、微型唱片 MD(Micro Disk)、MP3、MP4 以及最新的蓝光 DVD 等，各种录放设备的性能在不断增强，从而也极大地丰富了人们的生活。此外，语音与音频录放系统在电话留言、语音报警、会议录音、广播节目录制等众多领域都有着广泛应用。

早期的语音与音频系统是针对模拟声音信号的，它实现起来很容易，但是存在一些缺点。在语音与音频的录制、编辑和放音过程中容易混入各种噪声，使得原信号不能很好地恢复，从而导致声音信号的扭曲。随着信息技术的发展，数字信号处理在越来越多的领域得到了应用，数字声音信号应运而生。数字信号易于存储和远距离传输，没有累积失真，抗干扰能力强，数字化存储的信息可以被高品质地还原，这一系列的优点促使音频技术逐步向数字化方向发展，同样，语音与音频录放系统也在从模拟向数字声音系统发展。

1.2 语音与音频编码基础

语音与音频数字录放的基本过程为编码、存储与回放，这个过程中的一个非常关键的技术就是必须对声音信号进行编码，否则将需要相当大的存储容量或传输带宽来存储和传输信号，这样，数字技术的优点也就荡然无存了。例如一采样频率为 44.1 kHz、量化位数为 16 位的双声道数字音频信号，若不对其加以压缩，其传输速率达到 1.411 Mb/s，若用容量为 650 MB 的 CD-ROM 来存储，只能保存大约 7.68 分钟，约两首曲子。因此为了充分利用资源，就必须对信号进行压缩。

虽然语音编码与音频编码同属信源的压缩编码，但二者的编码算法是不同的。语音信号的来源只有一个，即人的发音器官，语音编码的基础是语音产生模型。然而，音频信号的来源包括了人耳能感觉到的所有声音，音源较多，信号复杂，无法用统一的声源模型来处理。尽管如此，各种音频信号是要被人耳接收的，因此可以利用人类听觉感知系统的特性来研究音频编码的方法，所以音频编码的基础是听觉模型。音频编码研究的问题是用最小的能量感知失真，以尽可能低的编码速率来表达音频信号，以便于音频信号的传输或存储。所谓用低速率对音频信号进行数字表达，就是设计一种音频编码或音频压缩算法，它能够在听觉意义上使信号失真降为最小，而不是仅仅使传统惯用的输入输出波形均方差为最小。音频压缩与音频编码具有相同的意义。

语音与音频编码的发展非常快，自从数字声音信号出现以来，便备受人们关注，特别是针对语音信号编码的研究发展较早也较为成熟。早在1972年，国际电报电话咨询委员会(CCITT)就制定了64 kb/s脉冲编码调制(Pulse Code Modulation，PCM)语音编码的标准，即G.711标准，用于公用电话网。G.711标准建议采用A-律或μ-律的瞬时压扩技术将8 kHz语音信号的13位或14位PCM码转换成8位二进制码。由于受当时编码技术和IC技术的限制，其后语音编码技术的发展停顿了较长一段时间。自从1984年公布32 kb/s自适应差分脉冲(Adaptive Differential Pulse Code Modulation，ADPCM)语音编码标准(G.721)以来，语音编码技术便得到了快速的发展，各种高效率编码标准不断涌现，其中包括G.723、G.728、G.729等。表1.1给出了几种主要语音编码标准的特点及应用领域。

表 1.1 几种主要语音编码标准的特点及应用领域

产生年份	描　述	比特率/(kb/s)	语音质量/MOS	应用领域
1972	G.711 PCM	64	4.4	公用电话网
1984	G.721 ADPCM	32	4.1	公用电话网
1996	G.723.1 MPLPC ACELP	5.3～6.3	3.9	数据通信
1992	G.728 LD-CELP	16	3.61	公用电话网
1995	G.729 CS-ACELP	8	3.92	公用电话网
1988	GSM RPE/LTP	13	3.7	数字移动通信
1989	CTIA VSELP	8	3.8	数字移动通信
1998	AMR ACELP	4.75～12.2	与比特率有关	数字移动通信
2002	G.722.2 ACELP	6.6～23.85	与比特率有关	数字移动通信
2004	AMR-WB+ACELP 和 TCX	6～48	与比特率有关	数字移动通信

音频信号编码是先制定标准，后发展产品，虽然起步较晚，却得到了快速发展。从MPEG-1到MPEG-21，取得巨大成功的是MPEG-1音频，它是ISO\IEC批准的第一个高保真音频压缩标准，规定了3个不同层次的编码方案，其中层Ⅰ多用于数字盒式磁带，层Ⅱ常用于VCD和数字音频广播，层Ⅲ则已成为网络音乐传输标准。随着人们对音乐认知水平的提高，传统的立体声已经不能满足要求，环绕立体声应运而生，比如Dolby AC-3、DTS、THX和MPEG-2等。这些技术不仅应用在家庭影院系统，也应用在影剧院，并

且会在高清晰度数字电视等系统中得到应用。表1.2给出了几种主要的音频编码标准。

表1.2　几种主要的音频编码标准

产生年份	标准形式	输出比特率/(kb/s)	压缩比	应用领域
1992	MPEG-1 layer Ⅰ	384	4∶1	DCC
	MPEG-1 layer Ⅱ	192	6∶1～8∶1	数字广播、CD-ROM及CD-I
	MPEG-1 layer Ⅲ	64	10∶1～12∶1	ISDN上的音频传输
1994	MPEG-2	64/每声道	11∶1	DAB、DVD
1998	MPEG-4	2～64	据比特率计算	移动通信、Internet
1991	杜比AC-3	32～640	据比特率计算	HDTV、DVD、家庭影院
2006	AVS	16～96	据比特率计算	移动通信、Internet

语音与音频编码不仅应用于数字声音录放系统，在数字声音通信系统中也占据着重要地位。另外，语音与音频编码技术的发展与成熟，为通信领域、广播电视领域和多媒体技术方面进一步研究编码技术的发展提供了理论依据。

1.2.1　声音信号的数字化

自然界的声音是模拟信号，经过数字化处理后的声频信号必须还原为模拟信号，才最终转换成声音。其中，数字化处理过程包括采样、量化和编码，这一过程的处理直接影响到所恢复出来的信号的质量，是否能与原始的波形保持一致，是语音和音频数字化的基础，也是人们可以利用心理声学模型不影响听音效果的基础。数字技术使处理信息的能力大大提高，音频记录、信号处理和硬件设计的水平随着数字技术的发展而提高，有利于计算机的处理，更有利于向多媒体方向发展。

信息的数字化很早就进入了人们的生活，如明码电报中用数字化代码表示汉字就是一个实例。在音频信号当中，将时间域中幅度上连续变化的声音信号变换为脉冲数据的过程称为数字化。音频信号数字化的框图如图1.1所示。

图1.1　音频信号数字化框图

其中，低通滤波器的作用是去除高频频率分量，在数字音频系统的输出部分也要用低通滤波器来滤除系统内产生的高频成分，以重建原始的波形。

1. 采样

声波是声压幅度随时间连续变化的模拟量，它由传声器转换成声音信号后，是时间和电压幅度都连续变化的模拟信号。采样就是从时间上连续变化的声频信号中取出若干个有代表性的样本值，这些样本值能唯一地用来表征这一信号，并且能从这些样本中把信号完全恢复出来。采样的时间间隔称为采样周期，每秒内采样的次数称为采样频率，采样频率一般用 f_s 表示，声频信号的最高频率用 f_H 表示。当满足条件 $f_s \geqslant 2f_H$ 时，能够不失真地重建原模拟信号的波形，这就是著名的奈奎斯特(Nyquist)采样定理。$2f_H$ 称为奈奎斯特频率。

1）采样的数学描述

一个声频信号 $x(t)$，经采样后的信号为 $x_s(t)$，ω 为原信号的角频率，ω_H 为信号最高角频率，ω_s 为采样角频率，T_s 为采样周期，且 $\omega_s=2\pi f_s=2\pi/T_s$。

时域：

$$x_s(t)=x(t)\cdot\delta_T(t) \tag{1-1}$$

频域：

$$X_s(\omega)=\frac{1}{2\pi}[X(\omega)*\delta_T(\omega)] \tag{1-2}$$

有

$$X_s(\omega)=\frac{1}{T_s}\left[X(\omega)*\sum_{n=-\infty}^{\infty}\delta(\omega-n\omega_s)\right]=\frac{1}{T_s}\sum_{n=-\infty}^{\infty}X(\omega-n\omega_s) \tag{1-3}$$

采样的频谱图如图 1.2 所示。从图中可以看出：原信号被采样之后的频谱 $X_s(\omega)$ 为原信号频率 $X(\omega)$ 按周期作重复延拓。不难看出，只要满足 $f_s\geqslant 2f_H$，在样值序列信号的频谱中可以完整地恢复出包含有原信号的频谱成分，即包含原模拟信号的全部信息，通过一个低通滤波器就能从样值信号中恢复出原信号。如果不满足奈奎斯特采样定理，将会发生频谱混叠，这样，它就无法不失真地恢复原模拟信号，由此产生的失真称为频谱混叠失真。如图 1.3 所示。

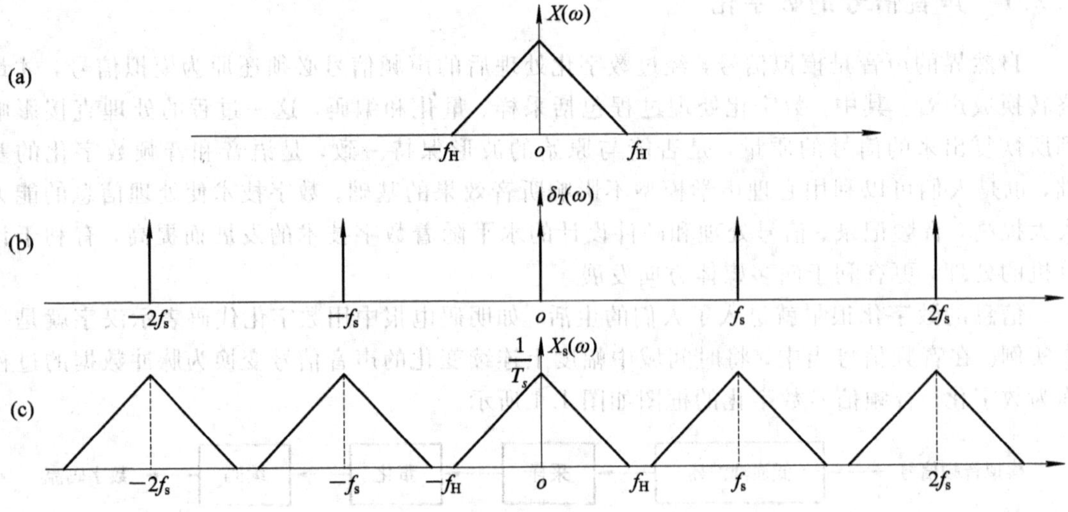

图 1.2　采样频谱变化图

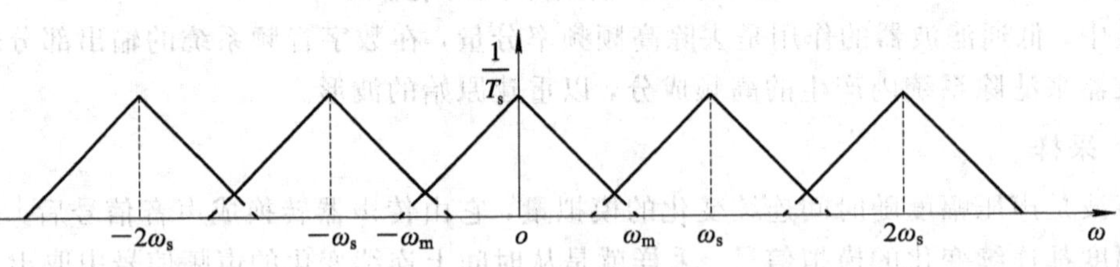

图 1.3　频谱混叠

2）不失真恢复信号的条件

要避免信号发生频谱混叠失真，就必须满足以下两个条件：

（1）用低通滤波器限制带宽，使 f_H 以上频谱分量为零。虽然人耳听不出 20 kHz 以上频率的声音，但乐器频谱具有 20 kHz 以上的频率成分，若不去除，则会产生频谱混叠，所以要加一低通滤波器。

设采样频率 $f_s \geqslant 2f_H$，且采样后使原信号变成理想脉冲串。即脉冲幅值与原信号一致，各脉冲宽度无限小。一般在音频信号中，是按照 $f_s=(2.1\sim2.5)f_H$ 来选取的。频率太高，会浪费带宽，降低有效性；频率太低，会发生混叠失真。目前，常用的音频采样频率有 32 kHz、44.1 kHz、48 kHz、96 kHz、192 kHz。采样频率与信号最高频率的关系不难做到，但理想脉冲串在现实中不存在，因为实际的脉冲都有一定的宽度。不过，当脉冲宽度为零时，采样输出也为零，所以现实的采样脉冲必须具有有限的时间宽度。另外，因为采样输出和脉冲宽度成比例，所以为了增大输出，确有必要采用一定时间宽度的脉冲。如果采样脉冲过宽，解调后的频率特性会在高频段下降，此即孔径效应。

(2) 插补用滤波器为理想滤波器，其截止频率为 f_h，一般选取 $f_h=f_H$，通带内衰减为零，阻带的衰减为无穷大。实际上，数字系统无法达到上述理想状态，会产生一定误差。但是在设计音频设备时，应充分考虑实际滤波器与理想滤波器的差异，并进行适当补偿，才能使此种误差在听觉上不会造成问题。

2. 量化

采样是指把模拟信号变成时间上离散的脉冲信号，但脉冲信号的幅度仍然是模拟且连续的，因此还必须对其进行离散化处理，才能最终用数字信号来表示。这就要对幅值进行舍零取整的处理，即需要用有限个电平来表示模拟信号的抽样值，这个过程我们称之为量化。量化有两种形式：均匀量化和非均匀量化。下面将分别进行介绍。

1) 均匀量化

均匀量化是把输入信号的取值域按等距离分割。在均匀量化中，每个量化区间的量化电平均取在各区间的中间点，如图 1.4 所示。均匀量化的量化台阶 Δ 取决于输入信号的变

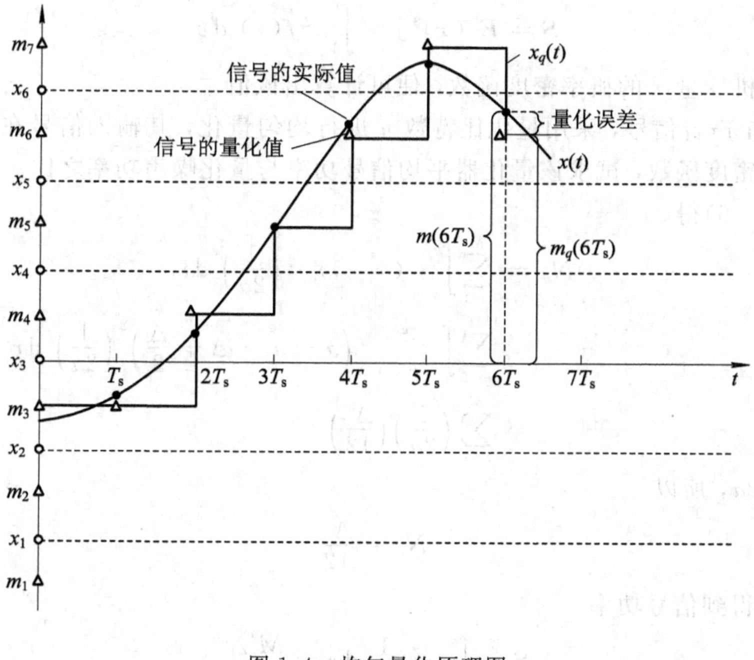

图 1.4　均匀量化原理图

化范围和量化电平数，即当信号的变化范围和量化电平数确定后，量化台阶也被确定。例如，信号的最小值和最大值分别用 a 和 b 来表示；量化电平数为 $M(M=2^n)$，也称为量化级数，其中 n 是量化比特数，量化时采用二进制时的有效位数，如 CD 中采用的是 16 bit，它的量化级数就是 2^{16}，DVD 中采用的是 16 bit、20 bit 和 24 bit。那么，其量化台阶为

$$\Delta=\frac{b-a}{2^n} \tag{1-4}$$

量化器的输出

$$x_q=m_i \quad (x_{i-1}<x\leqslant x_i) \tag{1-5}$$

式中，x_i——第 i 个量化区间的终点，可写成 $x_i=a+i\Delta$；

m_i——第 i 个量化区间的量化电平，可表示为 $m_i=\dfrac{x_i+x_{i-1}}{2}(i=1, 2, \cdots, M)$。

信号功率与量化噪声功率之比是量化器的主要指标之一，下面简单分析均匀量化时的信号量化噪声比。

在均匀量化时，量化噪声功率 N_q 可由下式给出：

$$\begin{aligned}N_q&=E[(x-x_q)^2]=\int_a^b(x-x_q)^2f(x)\,\mathrm{d}x\\&=\sum_{i=1}^{M}\int_{x_{i-1}}^{x_i}(x-m_i)^2f(x)\,\mathrm{d}x\end{aligned} \tag{1-6}$$

其中，$f(x)$为 x 的概率密度函数，且

$$\begin{cases}x_i=a+i\Delta\\m_i=a+i\Delta-\dfrac{\Delta}{2}\end{cases} \tag{1-7}$$

信号功率为

$$S=E[(x)^2]=\int_a^b x^2f(x)\,\mathrm{d}x \tag{1-8}$$

若已知随机变量 x 的概率密度函数，便可计算出该值。

例如：一个声音信号，采用量化比特数 n 进行均匀量化，其输入信号在$[-a, a]$区间具有均匀概率密度函数，试求该量化器平均信号功率与量化噪声功率之比。

由方程(1-6)得

$$\begin{aligned}N_q&=\sum_{i=1}^{M}\int_{x_{i-1}}^{x_i}(x-m_i)^2\left(\frac{1}{2a}\right)\mathrm{d}x\\&=\sum_{i=1}^{M}\int_{-a+(i-1)\Delta}^{-a+i\Delta}\left(x-a-i\Delta+\frac{\Delta}{2}\right)^2\left(\frac{1}{2a}\right)\mathrm{d}x\\&=\sum_{i=1}^{M}\left(\frac{1}{2a}\right)\left(\frac{\Delta^3}{12}\right)\end{aligned}$$

又因为 $M\Delta=2a$，所以

$$N_q=\frac{\Delta^2}{12}$$

又由式(1-8)得到信号功率

$$S=\int_{-a}^{a}x^2\,\frac{1}{2a}\,\mathrm{d}x=\frac{M^2\Delta^2}{12}$$

因此，信号量化噪声功率比为

$$\mathrm{SNR} = \frac{S}{N_q} = M^2 \tag{1-9}$$

用 dB 表示时，有

$$\mathrm{SNR(dB)} = 20\ \lg M = 20\ \lg 2^n = 20n\ \lg 2 = 6.02n \tag{1-10}$$

其中，n 是量化比特即编码采用的比特位数。可以看出，量化比特每增加一位，信噪比提高约 6 dB。

信噪比的提高意味着声音动态范围的加宽，若将量化比特数为 16 bit 的数字声记录在磁带上，声音动态范围可扩展至约 98 dB，接近于交响乐动态范围，若将量化比特提高到 20 bit，其声音动态范围可扩展至约 122 dB。由此看来，量化比特数是个很重要的参数。要想提高信噪比，提高量化比特数是一种可行的方法，但是，量化比特数不能无限制地提高，它会带来量化级数的增加，增大计算的复杂度。

2）非均匀量化

非均匀量化是根据信号的不同区间来确定量化间隔的。对于信号取值小的区间，其量化间隔也小；反之，量化间隔就大。与均匀量化相比，它有两个主要的优点：

(1) 当输入量化器的信号具有非均匀分布的概率密度时，非均匀量化器的输出端可以得到较高的平均信号量化噪声功率比，并且，非均匀量化时，量化噪声功率的均方根值基本上与信号抽样值成比例。因此，量化噪声对大、小信号的影响大致相同，即改善了小信号时的量化信噪比。

(2) 非均匀量化一般用于声音信号，这不仅因为其动态范围大，也因为人耳在弱信号时对噪声很敏感，在强信号时不宜觉察出噪声。

非均匀量化一般可分为 A -律和 μ -律量化。

3. 编码

采样、量化后的信号不是数字信号，需要把它转换成数字脉冲编码，这一过程称为编码。最简单的编码方式是二进制编码，它用 n 比特二进制码来表示量化等级电平值，每个二进制数对应一个量化电平，然后把它们排列，得到由二值脉冲串组成的数字信息流。用二进制数表示某一数值时，该二进制数称为字。若以 8 位二进制数作为一个字，则字内各位的名称如图 1.5 所示，最左端的位称为最高有效位 MSB(Most Significant Bit)，以下依次是第二有效位(2SB)，…… 第七有效位(7SB)，最右端的位称为最低有效位 LSB(Least Significant Bit)。

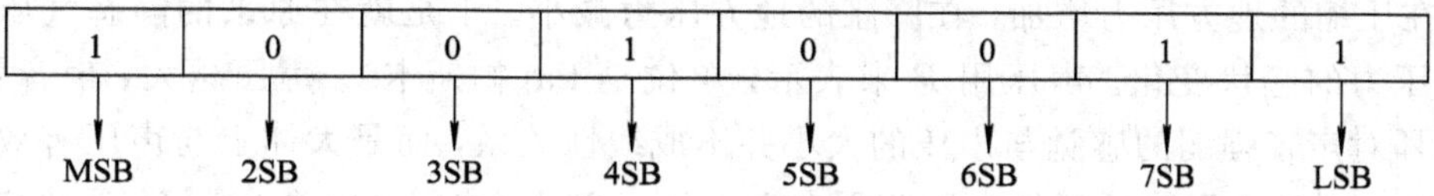

图 1.5　编码位数示意图

常用的二进制码主要有自然二进制码、偏移二进制码、补码、反射二进制码、格雷码等。

1.2.2 声音压缩编码的声学原理

1. 声音的特性参数

声音是通过空气传播的一种连续波，也可以说是机械振动或气流扰动引起周围弹性介质发生波动的现象，是声源(扬声器)振动引起的声波传播到听觉器官所产生的感受。所以说，声音是由声源振动、声波传播和听觉感受这三个环节所形成的。研究声音的目的是为了研究与声音有关的音频技术，研究音频技术是为了满足人们的听觉要求，而听觉不但取决于声音的特性，也与人的心理因素有关。由于人的个体差异，对声音这一客观现象的判断和感觉也有所不同，如对听觉的频率范围、对不同频率的感受程度以及对响度的反应等均有差异。所以，对声音进行定性分析是复杂的，而要对声音进行精确的定量分析更是相当困难的。下面先介绍一些与音频技术有关的声学参量。

1）*频率与倍频程*

声波在每秒钟周期性振动的次数称为频率。频率与声音的对应关系是：频率低，相应的音调就低，声音就越低沉；频率高，相应的音调就高，声音就越尖锐。人耳可以听到的声音频率范围是 20 Hz～20 kHz，频率低于 20 Hz 的声音叫次声波，许多自然灾害如地震、火山爆发、龙卷风等在发生前都会发出次声波，次声波能够对人体造成危害，引起头痛、呕吐、呼吸困难等症状；高于 20 kHz 的声音叫超声波，医院中常用的 B 超检查就是把超声波射入人体，根据人体组织对超声波的传导和反射能力的变化来判断有无异常，如对人体脏器做病变检查、结石检查等，B 超检查具有对人体无损伤、简便迅速的优点。

倍频程定义为两个声音的频率或音调之比的对数，其公式为

$$n = \mathrm{lb}\,\frac{f_2}{f_1} \tag{1-11}$$

其中，f_1 为基准频率；f_2 为欲求其倍频程数的信号频率；n 为倍频程数，可正可负，也可以是分数或整数。例如，$n=1$ 称为“倍频程”，$n=1/2$ 称为“1/2 倍频程”。

两个频率相差 1 个倍频程，意味着其频率之比为 2^1；两个频率相差 2 个倍频程，意味着其频率之比为 2^2，…… 相差 n 个倍频程，意味着两个频率之比为 2^n。按倍频程数均匀划分频率区间，相当于对频率按对数关系加以标度。

2）*声压与声压级*

为了定量描述声音的强弱，引入两个概念，即声压和声压级。声压是由声波引起的交变压强，大气静止时存在一个压力，称为大气压。当有声波存在时，局部空间产生压缩或膨胀，在压缩的地方压力增加，在膨胀的地方压力减小。于是就在原来的静态气压上附加了一个压力的起伏变化。声压用 P 来表示，单位是 Pa(帕斯卡)。声压越大，声音就越大。但是人耳对声音强弱的感觉与声压的大小并不成线性关系，而是大体上与声压有效值的对数成正比，而且人耳能听到的声压范围在 20 μPa～20 Pa 之间，相差 10^6 倍，这给描述带来了不便，为了便捷描述且能适应人类听觉的特性，将有效声压与基准声压的比值取对数来表示声音的强弱，这种表示方式称为声压级，具体是指有效声压和基准声压比值取常用对数后的 20 倍，用 SPL 来表示，单位是分贝(dB, decibel)，数学表达式为

$$\mathrm{SPL} = 20\ \lg\frac{P_e}{P_r} \tag{1-12}$$

其中，P_e 为有效值声压；P_r 为基准声压，为 2×10^{5} Pa，是正常的青年人能听到的最弱声音。

3）响度和响度级

无论是声压还是声压级，都属于客观的物理量，它们都是对客观事物的真实描述。另外，对声音的描述，除了客观方式外，主观感受也是非常重要的，描述声音强弱的主观感受的方式有响度和响度级。

响度表示人耳对声音大小及强弱的主观感受。响度主要依赖于引起听觉的声压，但也与声音的频率和波形有关。响度的单位是“sone（宋）”，国际上规定，频率为 1 kHz、声压级为 40 dB 时的响度为 1 宋。1 宋＝1000 毫宋，1 毫宋约相当于人耳刚能听到的声音响度。

大量统计表明，一般人耳对声压的变化感觉是声压级每增加 10 dB，响度增加 1 倍，响度与声压级有如下关系：

$$N = 2^{0.1(\mathrm{SPL}-40)} \tag{1-13}$$

式中，N 为响度，SPL 为声压级。

表 1.3 列出了用这个公式计算出的部分响度与声压级的关系。

表 1.3　响度与声压级的关系

响度/宋	1	2	4	8	16	32	64	128	256
声压级/dB	40	50	60	70	80	90	100	110	120
响度级/方	40	50	60	70	80	90	100	110	120

声音响度级也是声音强弱的主观量，即是凭人的听觉主观地判断声音强弱的量，是人耳判断各种频率纯音响度级指标之一。响度级表示的是某响度与基准响度比值的对数值，规定为等响度的 1 kHz 纯音（单一频率成分的音）的声压级，单位是“方（phon）”。响度级为 40 方时，响度为 1 宋，响度级每增加 10 方，响度增加 1 倍。

4）音质

声音的质量由多种因素确定，其中音调、音色、音量及音品是决定音频效果的四大要素。可以说音调由声波的频率决定，音色由声波的频谱决定，音量由声波的振幅决定，而音品则由声波的波形包络决定。所有这些都是声音信号的物理量，是可以进行客观技术测量的。

（1）音调（Pitch）。音调表示声音频率的高低，主要与声源每秒钟振动的次数有关，是人耳对声调高低的主观评价尺度。它的客观评价尺度是声波的频率。音调低，表示振动频率低，声音显得深沉；音调高，表示振动频率高，声音就尖刺。例如 C 的音符 6，相当于 440 Hz，而音符 $\dot{6}$，相当于 880 Hz，音符 $\ddot{6}$，相当于 1760 Hz。

（2）音色（Timbre）。音色是指声音的色彩和特点。不同的人和不同的乐器都会发出各具特色的声音，可以说它与声源振动的频谱有关。如果说音调是单一频率的象征，那么音色则是由多种频率所组成的复合频率的表现。图 1.6 所示为钢琴弹奏某一音阶时的声谱。由图可见，这个声音的基频是 440 Hz，除基频外，至少包含有其他 15 种不同频率的振动。

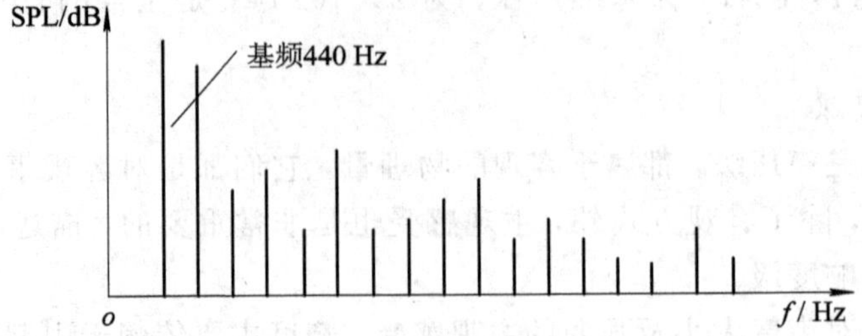

图 1.6　钢琴的频谱

声谱中的基频成分形成了声音的基音，音调由基频的高低所决定；声谱中的其他成分是泛音，泛音是基音的整数倍，音色是由泛音的结构所确定的。

(3) 音量(Intensity)。音量是指声音的强度或响度，标志声音的强弱程度。它主要与声源振动幅度的大小有关，太弱了听不见，太强了会使人受不了。人耳所能听到的声强约为0～120 dB，寂静的室内噪声约为30 dB，而白天室内噪声可达45 dB。

2. 人耳的结构

人类听觉系统由外耳、中耳、内耳和中枢听觉神经系统组成。人耳的外耳包括耳廓、耳道和鼓膜，如图1.7所示，其主要作用是将声音的能量集中于鼓膜上，由于外耳具有特殊的解剖结构，使3 kHz左右的声音能被选择性地放大30～100倍。这是人耳对这一频率范围的声音最为敏感的主要原因，同时它也解释了为何在这一频率范围内人耳最容易受到声音损伤和造成听力缺损。

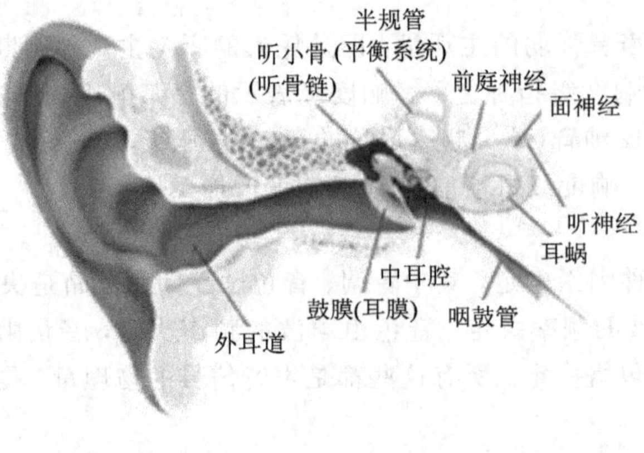

图 1.7　人耳的结构

中耳是鼓膜后面的一个小小的骨腔，里面有锤骨、砧骨和镫骨等三块小骨，中耳的主要功能是阻抗匹配。声音通过阻抗较小的空气介质向阻抗较大的液体传导时，绝大部分的能量被反射，因而传导的效率极低。中耳结构却巧妙地解决了这一问题，它以其听骨链分别连接鼓膜和卵圆窗，听骨链作为杠杆使声音通过机械作用得到了增益，鼓膜面积比卵圆窗面积大得多，这一面积上的差异也导致声压得到了很大的增益，这样有效地补偿了上述能量反射。

内耳深埋在头骨中，由半规管、前庭窗和耳蜗三个部分组成。声波引起外耳腔空气振动，由鼓膜经三块小骨传到内耳的前庭窗。由于鼓膜的面积比前庭窗大25倍左右，因此传到内耳的振动强度可放大25倍。

另外，耳蜗是一条像盘起来的蜗牛形状的管子，里面充满淋巴液。耳蜗中间和外面包着前庭膜和基底膜。基底膜上附有数以万计的纤毛细胞，纤毛细胞把接收到的机械振动转化为神经冲动，由听神经传到大脑，基底膜有着与频谱分析器相似的作用。

耳蜗中真正的声音感受器是位于基底膜上的螺旋器或称柯替氏器。螺旋器上的毛细胞是声音的感受器细胞，毛细胞分外毛细胞和内毛细胞两类。外毛细胞共约20 000个，沿基底膜纵向分三行排列。内毛细胞共约3500个，沿基底膜纵向排列成一行。内外毛细胞都是长柱状细胞，在毛细胞的上部表面，有卵圆形或三角形小皮板，板上排列着听毛突出。在毛细胞的上方有一层盖膜(Tectorial Membrane)，它悬浮于内淋巴液内，支配毛细胞的神经纤维，穿过基底膜并通过细胞间隙到达细胞底部，神经纤维末端在细胞附近变粗并紧贴细胞，形成突触结构。神经纤维包含传入纤维和传出纤维，其中，与3500个内毛细胞形成突触连接的有20 000根传入神经纤维，而与20 000个外毛细胞形成突触连接的传入神经纤维仅约1000根。大量的传入神经纤维与内毛细胞形成突触联系，说明内毛细胞在听觉信息传导的过程中起主要作用。来自耳蜗听觉感受器的信号经听神经纤维向听觉中枢传导。听觉中枢由多个核团组成，每个核团中存在着具有不同形态和功能的神经元，各核团之间有着非常复杂的连接，使听觉中枢可以进行非常复杂的信息处理。

声音到达内耳后引起了基底膜的振动，了解基底膜的振动形式是理解耳蜗生理功能的前提。有关基底膜振动形式的研究始于VonBekesy对动物和人体耳蜗的观察，他在光学显微镜下观察到，声音引起的基底膜振动从耳蜗基部开始，逐渐向蜗顶传播，此即行波(Travelling Wave)。在行波的传播过程中，振幅逐渐增大，到达某一部位后便迅速衰减。行波在基底膜上传播的距离以及振幅最大点的位置均与刺激音的频率有关：刺激音频率越高，行波传播距离越短，振幅最大点位置就越靠近蜗底。这种声音频率和基底膜部位之间的对应关系称为频率组织结构。

3. 听觉特性

人耳构造对声音的感受具有双耳效应、频率响应以及声掩蔽，从而形成人的听觉特性。人的听觉特性具有方向性、带通滤波器的频率特性以及非线性的掩蔽效应。

1) 人的双耳效应

人耳是一个非常精细的器官，但它只有在大脑的配合下才能发挥效用。人的左耳和右耳在结构上并不存在对声音判断的差异，它们之间的差异是由分别与其相连的右脑和左脑之间的差异造成的。人的右耳连接左脑，而左耳连接右脑。人的左脑多用来处理语音信息，左耳对于语音的感知自然就逊于右耳。另外，对于旋律信息的处理多由右脑来完成，因此，对于旋律的感知左耳就胜出一筹了。

另外，所有的声音都可以只用一个耳朵感知到，而定位则需要两个耳朵都工作。当声音从一边发出时，耳朵和大脑一起通过一些复杂的因素来定位，当两个扬声器发出相同的声音时，耳朵并不去定位左、右声源，而只是认为声音从两个音源之间的空间发出。由于两个耳朵都接收同样的信息，声音就像是从正前方传来的那样被感知。

2) 人的频率特性

人耳能听到的声音频率范围为20 Hz～20 kHz，语音的频率范围为200～3400 Hz，由于外耳具有一定长度的耳道，会对某段频率产生共鸣，致使灵敏度提高。灵敏度与频率有关，最高灵敏度在 3～5 kHz 范围内，对于过高或者过低的频率，人耳的灵敏度都会降低，同一响度级上的不同频率信号所对应的声压级也不同，但对人耳来说其声响的程度是相等的。以 1 kHz 纯音为基准音，通过对比试验，可以得到整个可比范围内的声音的响度级。如果把响度级相同的各点都连接起来，得到一组曲线，这就是等响度曲线。图 1.8 是 ISO 于 1961 年颁布的纯音等响度曲线。这组等响度曲线的测试条件是自由声场，受测试人均是 18～25 岁的年轻人。图中的每一条曲线上表示的声音，即使它们的声压级和频率不同，但听起来其响度是一样的。图中最下面的一条是听阈曲线，最上面的一条是痛阈曲线，听阈曲线与痛阈曲线之间包括了正常人耳可听的全部声音。等响度曲线显示出全部可听声音的频率和响度的响应。

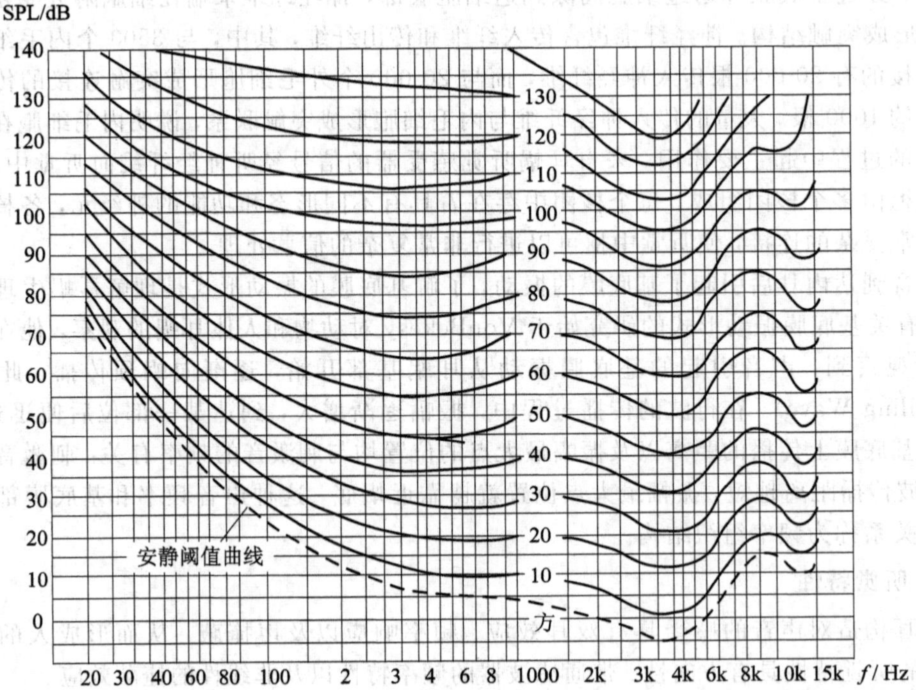

图 1.8 纯音等响度曲线

从图 1.8 的等响度曲线可以看出：

(1) 两个声音的响度级相同，但强度不一定相同，它们与频率有关。比如，两个响度级都是 30 方的声音，一个频率是 200 Hz，另一个频率是 1 kHz，它们的声压级分别为 34 dB、29 dB。频率越低，声压级与响度级的差别就越大。如声压级都是 40 dB，频率为 1 kHz 的声音响度级为 40 方(差值为 0)，频率为 80 Hz 时声音响度级为 20 方(差值为 20)，频率为 50 Hz 时声音响度级为 0 方(差值为 40)。

(2) 声压级越高，等响度曲线越平坦。这说明声音强度达到一定程度后，声压级相同的各频率几乎是一样响，而与频率的关系却不大。平时听收音机时，当音量开得很小时，总感到缺少低音，当音量开大后，就感到低音也比较丰富了，其原因就在于当音量增大后(即声压值增高了)，人耳对低频和高频的响应近乎平直了。此外，高频部分下凹的更突出，说明人对高频的抑制远大于低频。

(3) 人耳对频率为 3～4 kHz 的声音最敏感，而对低频声和 8 kHz 的特高频声不敏感。从图中可以看出，在同一个响度级，频率为 3～4 kHz 时处于曲线的低谷，也就是说，只要用很低的声音人耳就能听到，从图中可以看出声压级是－5 dB，而对于低频声和 8 kHz 的特高频声处于曲线的峰值，也就是说需要很高的声音才能听到，即 15 dB，两个频段就相差 20 dB。

当声音减弱到人耳刚刚能听见时，此时的声音强度称为可听阈值，简称为"听阈"。一般以 1 kHz 纯音为准进行测量，人耳刚能听到的声压级为 0 dB。在等响度曲线图中最下面的一条曲线就是最小可听阈值曲线，曲线下面的值是人耳听不到的。对于频率为 200 Hz 的声音，只有它的声压级高于 22 dB 时人耳才能听到；而当声音增强到使人耳感到疼痛时，这个听觉阈值称为"痛阈"，在等响度曲线图中最上面的一条曲线就是痛阈曲线，曲线上面的值使人耳感到疼痛，一般来说，当声音的响度超过了 120 方时，人耳会感到疼痒；最下面的一条曲线就为听阈曲线，曲线上面的值人耳才能够听到，一般响度为 0 方。对于1 kHz 纯音，0～20 dB 为宁静声，30～40 dB 为微弱声，50～70 dB 为正常声，80～100 dB 为响音声，110～130 dB 为超响声。

3) 人耳的掩蔽效应

(1) 掩蔽效应的概念。当一个复合声音信号作用到人耳时，如果其中有响度较高的频率分量，则人耳不易觉察到那些低响度的频率分量，这种生理现象称为"掩蔽效应"。例如在一个安静的环境中，吉他手的手指轻轻滑过琴弦的响声都能听到，但如果同样的响声在一个正在播放摇滚乐曲的环境中，一般人就听不到了。也可以说，一个较弱声音的听觉感受受同时存在的另一个较强的声音影响的现象称为人耳的"听觉掩蔽效应"。其中，听不到的声音为被掩蔽音，而起掩蔽作用的声音为掩蔽音。一个声音对另一个声音的掩蔽值，被规定为由于掩蔽音的存在，被掩蔽音的听阈必须提高的量，提高后的听阈曲线称为掩蔽阈值曲线，提高的分贝数叫做掩蔽量。如图 1.9 所示，最下面的虚线为安静环境下的听阈曲线，称为安静阈值曲线，在没有其他声音的干扰下，f_1 本来高出虚线很多，是能够听得到的，但是由于另外一个声音 f_2 的存在，使得听阈曲线发生变化，也就是由于掩蔽音 f_2 的存在，使得 f_1 被掩蔽，它叫被掩蔽音，必须提高 10 dB 才能听得见，这个 10 dB 叫掩蔽量，被提高的那条曲线叫做掩蔽阈值曲线。

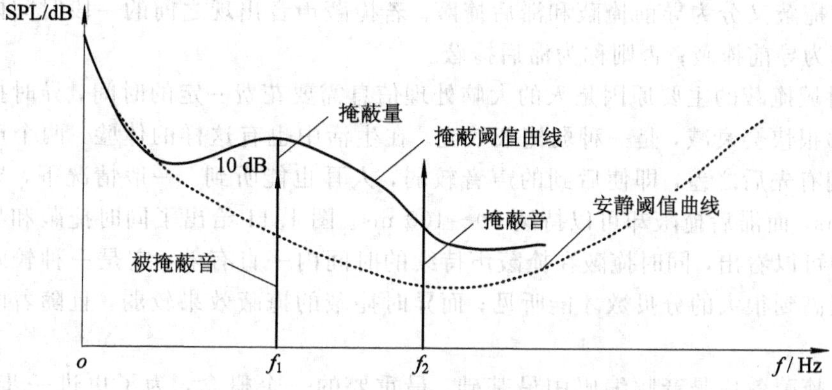

图 1.9　掩蔽效应图

(2) 掩蔽类型。

① 频域掩蔽。频域掩蔽指在不同频率成分同时作用时彼此之间发生的掩蔽效应，也就是掩蔽音与被掩蔽音同时存在，也称为同时掩蔽。由于频率低的声音在内耳耳蜗基底膜上行波传递的距离远于频率较高的声音，故而低频声音容易掩蔽高频声音。

掩蔽音的实质是掩蔽音的出现使人耳听觉的等响度曲线最小可闻阈提高，对于一个单一频率的声音信号，当它单独存在时形成一条可闻阈的曲线，而当出现另一个与它频率相近，或者比它强度大的信号时，要听到原来的声音信号，必须提高一定的声压级才行，这时将出现另一条可闻阈的曲线。如图 1.10 所示。

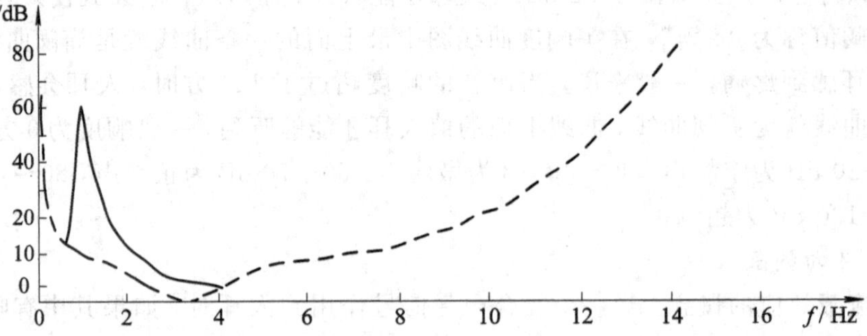

图 1.10 频率为 1 kHz、声压级为 60 dB 的声音信号的掩蔽阈值曲线

例如，一个 1 kHz 的音比另一个 900 Hz 的音高 18 dB，则 900 Hz 的音将被 1 kHz 的音掩蔽。而若 1 kHz 的音比离它较远的另一个 1800 Hz 的音高 18 dB，则这两个音将同时被人耳听到。若要让 1800 Hz 的音听不到，则 1 kHz 的音要比 1800 Hz 的音高 45 dB。

当一个信号的声压级低于掩蔽音的掩蔽阈值时，这个信号被掩蔽，即不被人耳所察觉。利用人类听觉系统的这一特性，一方面可以把被掩蔽的弱信号看做与人耳无关的信号，不必对其进行编码处理；另一方面，通过对量化噪声的频谱进行适当整形，使量化噪声低于掩蔽阈值曲线，在主观听觉上能够被音频信号所掩蔽，这样既降低了量化的码率，又提高了音频编码的主观质量。

② 时域掩蔽。时域掩蔽是指掩蔽效应发生在掩蔽音与被掩蔽音不同时出现，又称异时掩蔽。异时掩蔽又分为导前掩蔽和滞后掩蔽。若掩蔽声音出现之前的一段时间内发生掩蔽效应，则称为导前掩蔽；否则称为滞后掩蔽。

产生时域掩蔽的主要原因是人的大脑处理信息需要花费一定的时间，异时掩蔽也随着时间的推移很快会衰减，是一种弱掩蔽效应。在生活中也有这样的体验，两个声音到达耳朵处的时间有先后之差，即使后到的声音较弱，人耳也能听到。一般情况下，导前掩蔽只有 3～20 ms，而滞后掩蔽却可以持续 50～100 ms。图 1.11 给出了同时掩蔽和异时掩蔽现象。从图中可以看出，同时掩蔽在掩蔽声持续的时间内一直有效，它是一种较强的掩蔽效应，需要提高到很大的分贝数才能听见；而异时掩蔽的掩蔽效果较弱，且随着时间的推移很快衰减。

总之，掩蔽效应是音频编码中最基础、最重要的一个概念，为了更进一步加深理解，表 1.4 给出了掩蔽效应的分类及听觉感受。

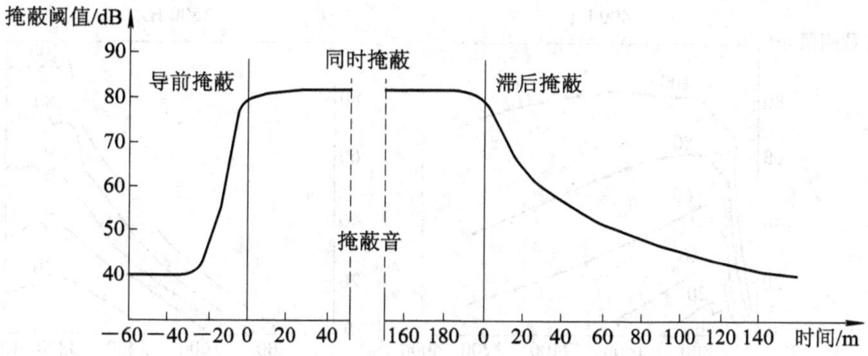

图 1.11　时域掩蔽特性

表 1.4　掩蔽效应的分类及听觉感受

类　别	名　称	掩蔽出现时间	掩蔽持续时间	听 觉 感 受
同时掩蔽	同时掩蔽	与掩蔽音同时	同掩蔽音	在掩蔽音持续时间内，对被掩蔽音的掩盖最为明显
异时掩蔽	导前掩蔽	在掩蔽音之前	20 ms	由于人耳的积累效应，被掩蔽音尚未被听到，掩蔽音已经出现，其掩盖效果很差
	滞后掩蔽	在掩蔽音之后	100 ms	由于人耳的存储效应，掩蔽音虽未消失，掩蔽效应仍然存在

音频信号是分帧处理的，帧长的选择受一些因素的制约，如过长的帧会使时间分辨率浪费下降，产生严重的预回声。而导前掩蔽，对抑制因时间分辨率不够而造成的预回声起着重要的作用。解决预回声的方法是缩短帧长，以提高时间分辨率，这样预回声的影响就被限制在一个较短的时间内。当帧长缩短到 2～5 ms 时，由于导前掩蔽效应，预回声会被随之而来的冲击响应所掩蔽。

(3) 噪声对掩蔽效果的影响。有实验证明：在有或无噪声掩蔽的两种环境中，声压级变化引起人耳听到声音的响度变化有所差别。在无噪声掩蔽环境中，声音的声压级每增加 10 dB，人耳感到的声音响度会相应地提高 1 倍；而在噪声环境中，有可能听不到这个声音，必须高于掩蔽阈值才能听到。而在声音的声压级刚刚超过掩蔽阈值 20 dB 的范围内，人耳感到的响度随声压级的增加比在无噪声的环境下明显，直到声压级超过掩蔽阈值 20 dB 以上时，人耳感觉到的响度随声压级变化将恢复到安静环境中的变化规律。所以，对于不同的掩蔽音和被掩蔽音，有不同的掩蔽效果，下面分别加以介绍。

① 纯音信号间的掩蔽及无噪声的情况下的掩蔽效果。这是指掩蔽音和被掩蔽音都是纯音信号，这种掩蔽效应比较简单，且对处于中等强度时的纯音最有效的掩蔽是出现在它的频率附近的。图 1.12 所示为声压级为 60 dB，频率为 400 Hz 和 3500 Hz 的掩蔽谱。从图中可以看出，首先，掩蔽谱的峰值都是频谱的本身，也就是在频率附近形成峰值，对于 400 Hz 的声音，掩蔽峰值也就出现在 400 Hz 的频率周围，对于 3500 Hz 的声音，掩蔽峰值也出现在 3500 Hz 的频率附近，这正好说明对于纯音最有效的掩蔽是出现在它的频率附近的；其次，400 Hz 的声音掩蔽声压级为 100 dB、频率为 3500 Hz 的声音的时候，掩蔽阈

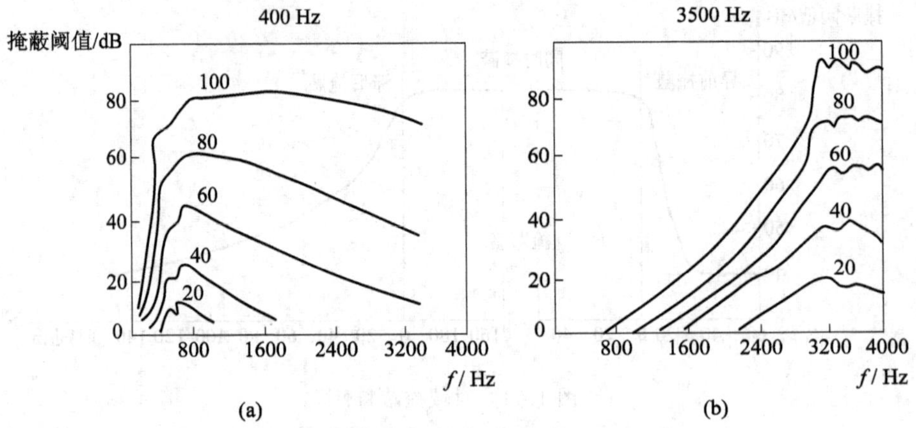

图 1.12 不同频率纯音对纯音的掩蔽谱

值为 72 dB，也就是说，它必须提高 72 dB 才能够听到；反过来，频率为 3500 Hz 的声音掩蔽声压级为 100 dB、频率为 400 Hz 的声音的时候，掩蔽阈值几乎为零。这就更好地说明了低频可以很好地掩蔽高频；反之作用很差。

② 窄带噪声对纯音的掩蔽，即在有噪声情况下的掩蔽。如果掩蔽音为窄带噪声，被掩蔽音为纯音。这是一种比较复杂的掩蔽效应，掩蔽阈值随声压级的不同而有所变化，并且随着窄带噪声中心频率的变化，掩蔽阈值也相应地随着变化。下面分别从这两个方面来考虑窄带噪声对纯音的掩蔽效应。

一方面是图 1.13 给出了中心频率为 1 kHz、声压级不同的窄带噪声对纯音的掩蔽阈值曲线。从图中可以看出，曲线的峰值出现在掩蔽音的中心频率处，说明位于被掩蔽音附近的由纯音分量组成的窄带噪声的掩蔽作用最明显。

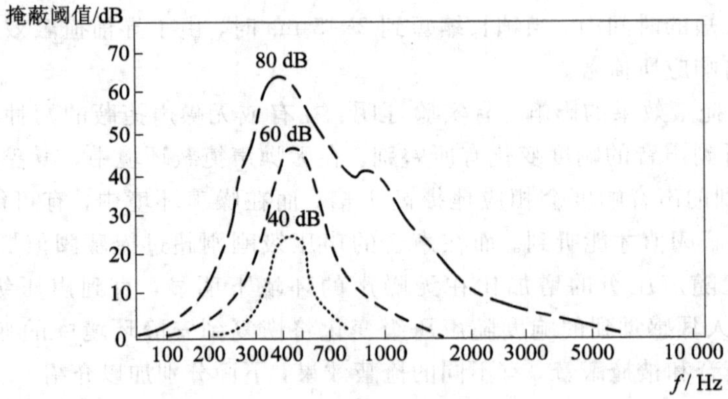

图 1.13 中心频率为 400 Hz，声压级不同的窄带噪音对纯音的掩蔽阈值曲线

另一方面是中心频率不同的窄带噪声产生的掩蔽阈值曲线的形状是不同的，图 1.13 显示了声压级相同但中心频率不同的窄带噪声对纯音的掩蔽阈值曲线。从图中可以看出，掩蔽阈值曲线是不等宽的。当声压级较低时，窄带噪声的掩蔽仅局限于中心频率附近较窄的频率范围；随着声压级的提升，掩蔽区的频率范围加宽，对高于中心频率的声音掩蔽作用加强。

这里要引入临界带宽的概念。所谓临界带宽，是指当某个纯音被以它为中心频率，且具有一定带宽的连续噪声所掩蔽时，如果这个频带内噪声功率等于该纯音的功率，这个时候该纯音处于刚好能听到的临界状态，即称这一带宽为临界带宽。临界带宽有许多近似表示，一般在低于 500 Hz 的频带内，临界带宽约为 100 Hz，在高于 500 Hz 的频带内，临界带宽约为中心频率的 20%，最后一个频带可达到 4 kHz，临界频带的位置不很固定，以任何频率为中心都有一个临界频带。连续的临界频带序号记为临界频带域，或者称为 Bark（巴克）域。Bark 是感知频率的单位，1 个临界频带的宽度等于 1 Bark，使用 Bark 来标度，需要把物理频率转化为心理声学频率。这样，一个纯音就可以用心理掩蔽曲线来表示。通常将20 Hz～16 kHz 之间的频率用 24 个频带群来划分，第 25 个临界频带占据 15 Hz～20 kHz。如表 1.5 所示，可以用临界频段来解释和音及不和谐音。

表 1.5　临界带宽表

临界	频率/Hz				临界	频率/Hz			
Bark 频带	中心	低端	高端	宽度	Bark 频带	中心	低端	高端	宽度
1	150	100	200	100	13	2500	2000	2320	320
2	250	200	300	100	14	2900	2320	2700	380
3	350	300	400	100	15	2900	2700	3150	450
4	450	400	510	110	16	3400	3150	3700	550
5	570	510	630	129	17	4000	3700	4400	700
6	700	630	770	140	18	4800	4400	5300	900
7	840	770	920	150	19	5800	5300	6400	1100
8	1000	920	1080	160	20	7000	6400	7700	1300
9	1170	1080	1270	190	21	8500	7700	9500	1800
10	1370	1270	1480	210	22	10 500	9500	12 000	2500
11	1600	1480	1720	240	23	13 500	12 000	15 500	3500
12	1850	1720	2000	280	24	18 775	15 500	22 050	6550

当音调间的频率差大于临界频段时，就是一般的和音；当频率差小于临界频段时，就是不和谐音；当频率差等于临界频段的 0.2 倍时，将产生最不和谐音。在低频区域容易产生不和谐音，因此，音乐家很少在低频区用三度和音。

除了按照表格划分 Bark 域外，还有一种简单的计算方法：

$$1\ \text{Bark} \approx \begin{cases} \dfrac{\text{freq}}{100}, & \text{freq} < 500\ \text{Hz} \\ 9 + 41\ \text{lb}\left(\dfrac{\text{freq}}{100}\right), & \text{freq} > 500\ \text{Hz} \end{cases}$$

在 Bark 域上描述窄带噪声对纯音的掩蔽效应，声压级相同但临界频带域不同的掩蔽阈值曲线如图 1.14 所示。从图中可以看出，当一个声音比较大时，掩蔽可以重叠相邻的临界频段。例如，一个 1 kHz 的信号可以掩蔽 2 kHz 的信号；另外，掩蔽阈值曲线在 Bark 尺度上是等宽的。

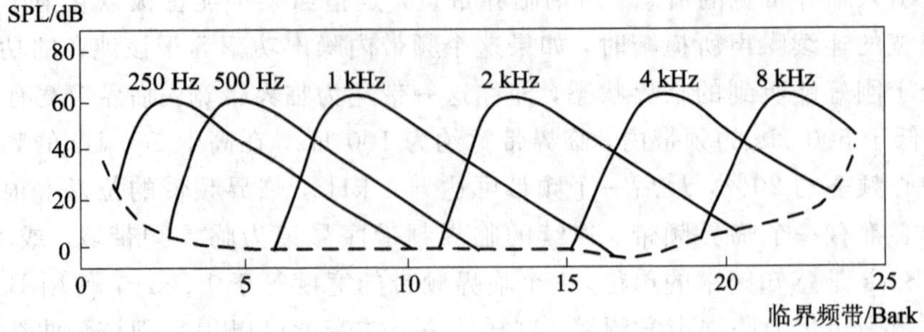

图 1.14 声压级相同但临界频带域不同的窄带噪声对纯音的掩蔽阈值曲线

1.3 小 结

本章首先简要介绍了语音与音频编码的发展，并比较了目前较为流行的编码方式。详细地分析了声音信号的数字化三部曲，即采样、量化和编码。采样就是从时间上连续变化的声频信号中取出若干个有代表性的样本值，这些样本值能唯一地用来表征这一信号，并且能从这些样本中把信号完全恢复出来，为了满足不失真的条件，必须满足采样定理；采样是把模拟信号变成时间上离散的脉冲信号，但脉冲的幅度仍然是模拟的、连续的，还必须对其进行离散化处理，才能最终用数码来表示，这就要对幅值进行舍零取整的处理，即用有限个电平来表示模拟信号的抽样值，此过程称为量化，包括均匀量化和非均匀量化。还必须注意量化误差、量化台阶以及量化信噪比之间的关系。采样、量化后的信号还不是数字信号，需要把它转换成数字脉冲编码，这才完成了编码的全过程。

其次，简单介绍了语音与音频压缩编码声学原理中的声音的特性参数和人耳的结构，包括所涉及的定义，详细分析了语音的听觉特性，比如等响度曲线、安静阈值曲线等，最关键的是其中的掩蔽效应，即一个较弱声音的听觉感受受同时存在的另一个较强的声音影响的现象。在声音压缩编码时，充分利用了人耳的这一特性，可以把人耳听不到的声音不分配比特，从而达到压缩的目的，同时也作为以有用的信息掩蔽掉无用的噪声信息的依据，它是贯穿音频编码的基础，是语音与音频编码标准中的心理声学模型的重点。

最后，着重分析了掩蔽类型和掩蔽效果。掩蔽类型包括频域掩蔽和时域掩蔽。频域掩蔽是指在不同频率成分同时出现时它们之间的掩蔽，也就是掩蔽音与被掩蔽音同时存在，也称为同时掩蔽；时域掩蔽是指掩蔽效应发生在掩蔽音与被掩蔽音不同时出现时，又称异时掩蔽。在声音压缩中，最常用的是频域掩蔽。掩蔽效果包括纯音对纯音、纯音对噪音的掩蔽，以及它们的性质，并提出临界频带的概念与划分。本章内容对后面章节的学习打下了坚实的理论基础。

习 题 一

1. 简要介绍声音信号的三部曲。
2. 列出不失真恢复信号的两个条件。
3. 叙述量化比特数、量化级数、量化台阶、量化误差以及量化信噪比之间的关系。

4. 描述声音的主观参量和客观参量各是什么？它们之间有什么关系？

5. 什么是等响度曲线？根据它可以分析出人耳对什么频段的声音最为敏感？并分析它的其他性质。

6. 什么是掩蔽效应？什么是掩蔽阈值？什么是安静阈值曲线？

7. 简述纯音对纯音的掩蔽性质。

8. 对比说明纯音对纯音、纯音对噪音的掩蔽性质。

9. 什么是同时掩蔽？什么是时域掩蔽？

10. 什么是临界频带？

第二章 语音信号数字模型及短时时域分析

2.1 概 述

语言是人类最重要、最常用和最方便的通信形式。语音信号处理就是研究用数字信号处理技术对语音信号进行处理的一门学科。为了用数字信号处理方法对语音信号进行处理，首先需要建立语音信号产生的数字模型，因此，必须对人的发音器官和发音机理进行研究，从而建立起语音信号数字模型。但是，由于人类语音产生过程的复杂性和语音信息的丰富性及多样性，迄今为止还没有找到一种能够精确描述语音产生过程的理想模型。本章介绍的二元激励模型是一种经典的模拟语音信号产生过程的模型，它简单实用，是学习语音编码理论的基础。建立起语音信号的数字模型后，我们就可以用以前学过的时域或频域信号处理知识对其进行分析和处理。本章我们只介绍语音信号的短时时域分析方法。

2.2 语音的发音机理

2.2.1 人的发音器官

人类的语音是由人的发音器官在大脑控制下的生理运动产生的。人的发音器官由三部分组成：肺和气管产生气源；喉和声带组成声门；咽腔、口腔、鼻腔组成声道。其发音器官机理模型见图 2.1。

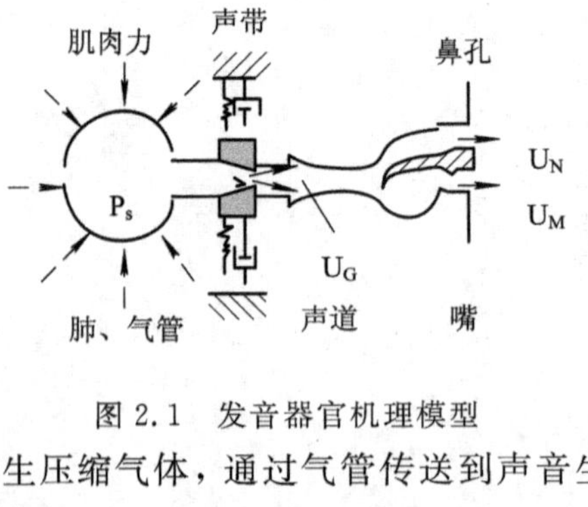

图 2.1 发音器官机理模型

肺的发音功能主要是产生压缩气体，通过气管传送到声音生成系统。气管连接着肺和喉，它是肺与声道联系的通道。

喉是控制声带运动的软骨和肌肉的复杂系统，它主要包括：环状软骨、甲状软骨、杓状软骨和声带。其中，声带是重要的发音器官，它是伸展在喉前、后端之间的褶肉。如图 2.2 所示，喉的前端由甲状软骨支撑，后端由杓状软骨支撑，而杓状软骨又与环状软骨的较高部分相联。这些软骨在环状软骨上肌肉的控制下，能将两片声带合拢或分离。声带之间的间隙称为声门。声带的声学功能主要是产生激励。位于喉前端呈圆形的甲状软骨称为喉结。

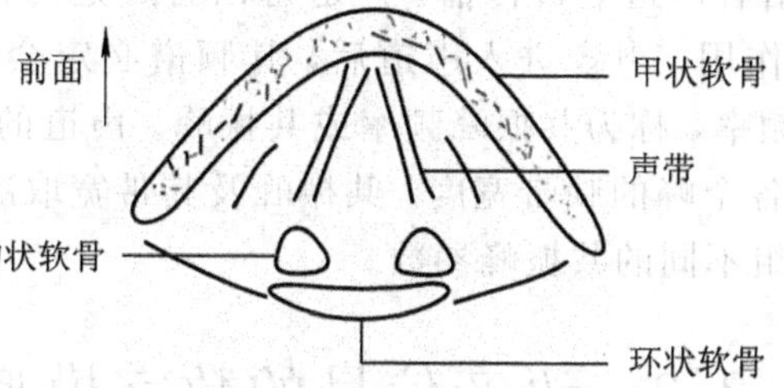

图 2.2　喉的平面解剖示意图

声道是指声门至嘴唇的所有发音器官，其中包括：咽喉、口腔和鼻腔。口腔和鼻腔都是发音时的共鸣器。口腔中各器官能够协同动作，使空气流通过时形成各种不同情况的阻碍并产生振动，从而发出不同的声音。声道可以看成是一根从声门一直延伸到嘴唇的具有非均匀截面的声管，其截面积主要取决于唇、舌、腭和小舌的形状和位置，最小截面积可以为零(对应于完全闭合的部位)，最大截面积可以达到约 20 cm^2。在语音产生过程中，声道的非均匀截面又是随着时间在不断地变化的。成年男性的声道的平均长度约为 17 cm。当小舌下垂使鼻腔和口腔耦合时，将产生出鼻音来。

2.2.2　语音生成

参考图 2.1 所示的语音生成机理模型，空气由肺部排入喉部，经过声带进入声道，最后由嘴辐射出声波，这就形成了语音。声门(声带)以左是“声门子系统”，它负责产生激励振动；右边是“声道系统”和“辐射系统”。当发出不同性质的语音时，激励和声道的情况是不同的，它们对应的模型也是不同的。

1. 浊音

空气流经过声带时，如果声带是崩紧的，声带将产生张弛振动，即声带将周期性地启开和闭合。声带启开时，空气流从声门喷射出来，形成一个脉冲，声带闭合时相应于脉冲序列的间隙期。因此，这种情况下，在声门处产生出一个准周期脉冲状的空气流。该空气流经过声道后最终从嘴唇辐射出声波，这便是浊音语音。这个准周期脉冲的周期即为基音周期。声门处产生的准周期脉冲周期、宽度以及形状与声带的长度、厚度及张力等参数有关。声带越短，厚度越薄，张力越大，声音听起来感觉音调就越高，也就是浊音的基音频率越高。因此，基音频率是由声带张开闭合的周期所决定的。男性的基音频率一般为 50～250 Hz，女性的基音频率为 100～500 Hz。

2. 清音

空气流经过声带时，如果声带是完全舒展开来的，则肺部发出的空气流将不受影响地通过声门。空气流通过声门后，会遇到两种不同情况。一种情况是，如果声道的某个部位发生收缩形成了一个狭窄的通道，当空气流到达此处时被迫以高速冲过收缩区，并在附近产生出空气湍流，这种空气湍流通过声道后便形成了所谓摩擦音或清音；另一种情况是，如果声道的某个部位完全闭合在一起，当空气流到达时便在此处建立起空气压力，闭合点突然开启便会让气压快速释放，经过声道后便形成了所谓爆破音。这两种情况下发出的音均称为清音。

当声音产生后，便沿着声道进行传播。声道可以看成是一根具有非均匀截面的声管，在发音时起着共鸣器的作用。声音进入声道后，其频谱必定会受到声道的共振特性的影响，声道具有一组共振频率，称为共振峰频率或共振峰。声道的频谱特性主要反映出这些共振峰的不同位置以及各个峰的频带宽度。共振峰及其带宽取决于声道的形状和尺寸，因而不同的语音对应于一组不同的共振峰参数。

2.3 语音信号的数字模型

由 2.2 节介绍的发音机理和发音机理模型图可知，语音生成系统包含三部分：由声门产生的激励函数 $G(z)$、由声道产生的调制函数 $V(z)$和由嘴唇产生的辐射函数 $R(z)$。语音生成系统的传递函数由这三个函数级联而成，即

$$H(z) = G(z)V(z)R(z) \tag{2-1}$$

2.3.1 激励模型

发浊音时，由于声门不断开启或关闭，从而产生间隙的脉冲。经仪器测试，它类似于斜三角形的脉冲。也就是说，这时的激励波是一个以基音周期为周期的斜三角脉冲串。斜三角波及其频谱如图 2.3 所示。

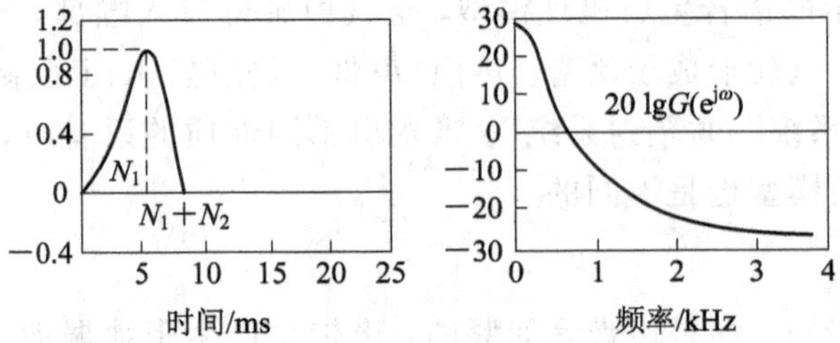

图 2.3 斜三角波及其频谱

单个三角形波的数学表达式为

$$g(n)=\begin{cases}\dfrac{1}{2}\left[1-\cos\dfrac{n\pi}{N_1}\right] & (0\leqslant n\leqslant N_1)\\ \cos\left[\dfrac{n-N_1}{2N_2}\pi\right] & (N_1\leqslant n\leqslant N_1+N_2)\\ 0 & (\text{其他})\end{cases} \tag{2-2}$$

式中，N_1 为斜三角波的上升时间，N_2 为其下降时间。由图 2.3 可以看出单个斜三角波的频谱 $G(e^{j\omega})$表现出一个低通滤波器的特性，可以把它表示成 z 变换的全极点形式，即

$$G(z)=\frac{1}{(1-e^{-cT}\cdot z^{-1})^2} \tag{2-3}$$

其中，c 是一个常数，$T=N_1+N_2$，显然上式表示一个两极点模型。因此，作为激励的斜三角波串可以用一串加了权的单位脉冲序列去激励上述单位斜三角波模型实现。单位脉冲串

序列和幅值因子可以表示为 $e(n)-e(n-1)=A_v$，$e(n)$为离散阶跃函数，它的 z 变换形式为

$$E(z)=\frac{A_v}{1-z^{-1}} \tag{2-4}$$

所以整个激励模型可表示为

$$U(z)=\frac{A_v}{1-z^{-1}}\cdot\frac{1}{(1-e^{-cT}z^{-1})^2} \tag{2-5}$$

在发清音的场合，声道被阻碍形成湍流，所以可以模拟成随机白噪声。

2.3.2 声道模型

典型的声道模型有两种，即无损声管模型和共振峰模型。这两种数字模型本质上没有区别。无损声管模型比较复杂，故本节只介绍共振峰模型。

当声波通过声道时，受到声腔共振的影响，在某些频率附近形成谐振。反映在信号频谱图上，在谐振频率处其谱线包络产生峰值，一般把它叫做共振峰，如图 2.4 所示。

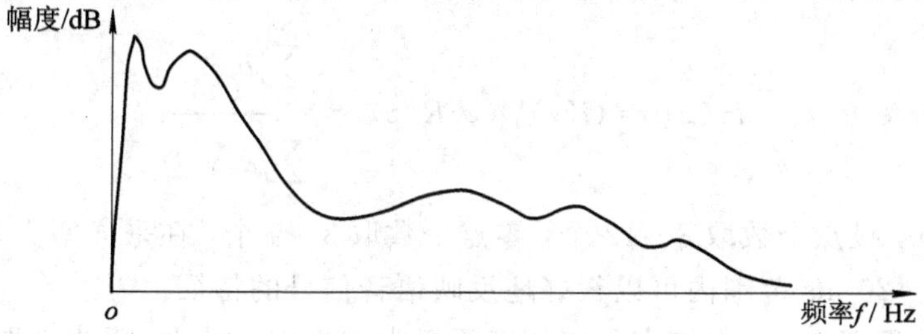

图 2.4 语音信号的频谱

一个二阶谐振器的传输函数可以写成

$$V_i(z)=\frac{A_i}{1-B_iz^{-1}-C_iz^{-2}} \tag{2-6}$$

实践表明，用前三个共振峰代表一个元音就足够了。对于较复杂的辅音或鼻音，共振峰的个数要达到五个以上。多个 V_i 叠加可以得到声道的共振峰模型为

$$V(z)=\sum_{i=1}^{M}V_i(z)=\sum_{i=1}^{M}\frac{A_i}{1-B_iz^{-1}-C_iz^{-2}}=\frac{\sum\limits_{r=0}^{R}b_iz^{-r}}{1-\sum\limits_{k=1}^{N}a_kz^{-k}} \tag{2-7}$$

通常 $N>R$，且分子与分母无公共因子及分母无重根。可见，声道模型的传递函数是一个零极点模型，即 ARMA 模型。

2.3.3 辐射模型

从声道模型输出的是速度波，而语音信号是声压波。二者的倒比称为辐射阻抗 Z_l，它表征口唇的辐射效应。如果认为口唇张开的面积远远小于头部的表面积，则利用单板开槽辐射的处理方法，可以得到辐射阻抗为

$$Z_l(\Omega)=\frac{j\Omega L_rR_r}{R_r+j\Omega Lr}=R_0(1-z^{-1}) \tag{2-8}$$

式中：

$$\begin{cases} R_r = \dfrac{128}{9\pi^2} \\ L_r = \dfrac{8a}{3\pi c} \end{cases} \tag{2-9}$$

上式中，a 是口唇张开的半径，c 是声波传播速度。由辐射引起的能量损耗正比于辐射阻抗的实部，其频响曲线表现出一阶高通滤波器的特性。在实际信号分析时，常用所谓的预加重技术，即在取样之后加入一个一阶高通滤波器。这样，模型只剩下声道部分，对参数分析就方便了，在语音合成时再进行解加重处理。常用的预加重因子为$\left[1-\dfrac{R(1)}{R(0)}z^{-1}\right]$，这里$R(n)$是信号 $s(n)$的自相关函数，对浊音，$R(1)/R(0)\approx 1$；对清音，该值可取得很小。

2.3.4 语音信号数字模型

前面我们分别得到了语音信号激励模型 $G(z)$、辐射模型 $R(z)$和声道模型 $V(z)$，并且知道它们的级联组合形式为 ARMA 模型。这说明语音信号数字模型的传递函数为

$$H(z) = G(z)V(z)R(z) = \frac{\sum_{i=0}^{M} b_i z^{-i}}{\sum_{j=0}^{N} a_j z^{-j}} \tag{2-10}$$

一般情况下，极点个数取 8～12 个，零点个数取 3～5 个，在采样率为 8 kHz 或10 kHz 时，$H(z)$在 10～20 ms 范围内可以很好地反映语音信号的特征。

根据随机过程理论，一个零点可以用若干极点来近似。因此，适当选取极点个数 p，可以用全极点模型即 AR(p)过程来表达语音信号，即

$$H(z) = \frac{G}{1 - \sum_{i=1}^{p} a_i z^{-i}} \tag{2-11}$$

语音信号产生的二元激励模型图如图 2.5 所示。为简单起见，将图中的冲激序列发生器和声门波模型合并为周期脉冲发生器，将声道模型和辐射模型合并在一起成为时变数字滤波器，清音和浊音的振幅统一起来用 G 表示，这样就成为图 2.6 所示的简化数字模型图，这就是经典的语音信号数字模型图。

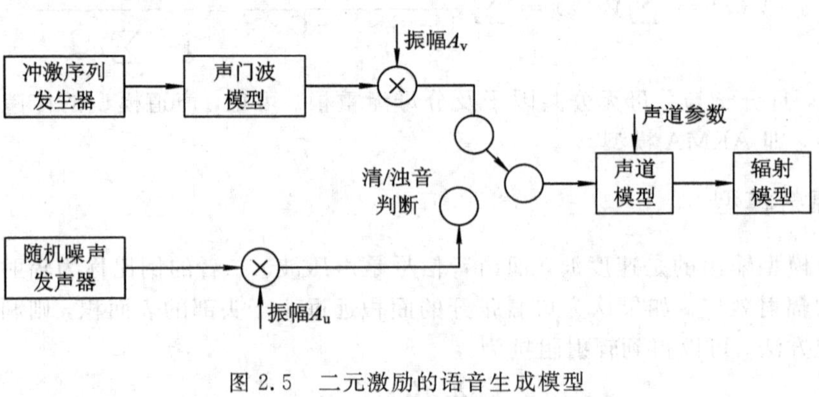

图 2.5 二元激励的语音生成模型

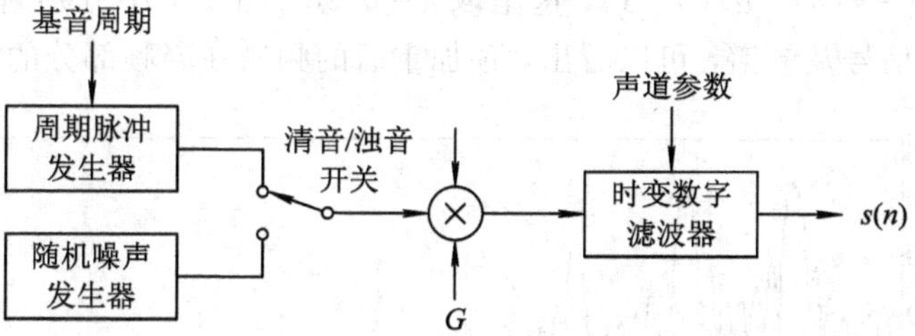

图 2.6　语音信号数字模型简化图

声道的传输函数具有全极点的性质，这对于元音和大多数辅音来说是比较符合实际的，但对于鼻音和阻塞音来说，由于出现了零点，这种模型就不够准确了。一种解决问题的方案是在 $V(z)$ 中引入若干零点，但这将使模型复杂化；另一种方法是适当提高阶数 p，使得全极点模型能更好地逼近具有此种零点的传输函数。数字模型的基本思想是认为任何语音都是由一个适当的激励源作用于声道而产生的，这意味着激励源与声道系统是互相独立的。上述假定对于大多数语音是合适的，但在有些情况下，例如某些瞬变音，实际上声门和声道是互相耦合的，这便形成了这些语音的非线性特性。

并非任何语音都能够明显地按清音和浊音来划分，有的音甚至也不是清音和浊音的简单叠加。这种将语音信号截然分为周期脉冲激励和噪声激励两种情况的“二元激励”法在高质语音的合成中是不适用的。但二元激励模型，由于其简单性，在早期的语音信号处理研究中使用了许多年。直到 20 世纪 80 年代中期，新的激励模型才取代了二元激励模型。

2.4　短时时域分析方法

语音信号分析可以分成时域分析和变换域(频域、倒谱域)分析。其中，时域分析方法是最简单、最直观的方法，它直接对语音信号的时域波形进行分析，提取的特征参数主要有语音的短时能量和平均幅度、短时平均过零率、短时自相关函数和短时平均幅度差函数等。

实际的语音信号是模拟信号，因此在对语音信号进行数字处理之前，首先要将模拟信号离散化。在对离散后的语音信号进行量化处理过程中会带来一定的量化噪声和失真。实际中获得数字语音的途径一般有两种，即正式的和非正式的。正式的是指大公司或语音研究机构发布的被大家认可的语音数据库，非正式的则是研究者个人用录音软件或硬件电路加麦克风随时随地录制的一些发音或语句。通常作为初级学习者，使用多媒体计算机，安装相关的音频处理软件即可获得语音数据文件。语音信号的频率范围通常是 200～3400 Hz，一般情况下取采样率为 8 kHz 即可。有了语音数据文件后，就可对语音信号进行预处理，包括预加重、加窗分帧等处理。

2.4.1　语音信号的预加重处理

对输入的数字语音信号进行预加重，通常是对语音的高频部分进行加重，以去除口唇辐射的影响。一般通过传递函数为 $H(z)=1-\alpha z^{-1}$ 的一阶 FIR 高通数字滤波器来实现预加重，其中 α 为预加重系数，$0.9<\alpha<1.0$。设 n 时刻的语音采样值为 $x(n)$，经过预加重处

理后的结果为 $y(n)=x(n)-\alpha x(n-1)$，这里取 $\alpha=0.98$。图 2.7 中分别给出了预加重前和预加重后的一段浊音信号及频谱，可以看出，预加重后的频谱在高频部分的幅度得到了提升。

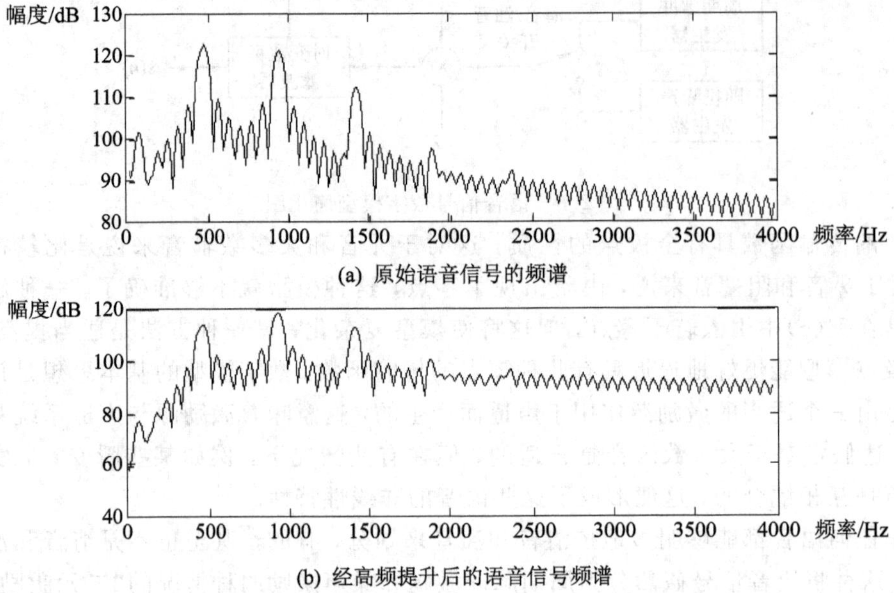

图 2.7 预加重前和预加重后的一段语音信号及频谱

2.4.2 语音信号的加窗处理

进行预加重数字滤波处理后，接下来进行加窗分帧处理。语音信号是一种随时间而变化的信号，主要分为浊音和清音两大类。浊音的基音周期、清浊音信号幅度和声道参数等都随时间而缓慢变化。由于发音器官的惯性运动，可以认为在一小段时间里(一般为 10～30 ms)语音信号近似不变，即语音信号具有短时平稳性。这样，可以把语音信号分为一些短段(称为分析帧)来进行处理。语音信号的分帧是采用可移动的有限长度窗口进行加权的方法来实现的。一般每秒的帧数约为 33～100 帧，视实际情况而定。分帧虽然可以采用连续分段的方法，但为了使帧与帧之间平滑过渡，保持其连续性，一般前后两帧要重叠一部分。

常用的窗有两种，一种是矩形窗，窗函数如下：

$$w(n)=\begin{cases}1 & (0\leqslant n\leqslant N-1)\\ 0 & (\text{其他})\end{cases} \tag{2-12}$$

另一种是汉明(Hamming)窗，窗函数如下：

$$w(n)=\begin{cases}0.54-0.46\cos\left(\dfrac{2\pi n}{N-1}\right) & (0\leqslant n\leqslant N)\\ 0 & (\text{其他})\end{cases} \tag{2-13}$$

图 2.8 和图 2.9 分别为矩形窗和汉明窗的时域波形和幅度特性图。

对比图 2.8 与图 2.9 可以看出，矩形窗的主瓣宽度小于汉明窗，具有较高的频谱分辨率，但是矩形窗的旁瓣峰值较大，因此其频谱泄漏比较严重。相比较，虽然汉明窗的主瓣宽度较宽，约大于矩形窗的一倍，但是它的旁瓣衰减较大，具有更平滑的低通特性，能够在较高的程度上反映短时信号的频率特性。

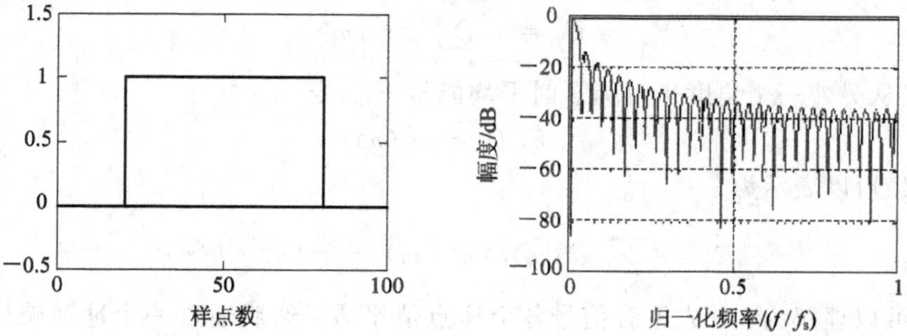

(a) 矩形窗时域波形　(b) 矩形窗幅度特性

图 2.8　矩形窗及其频谱

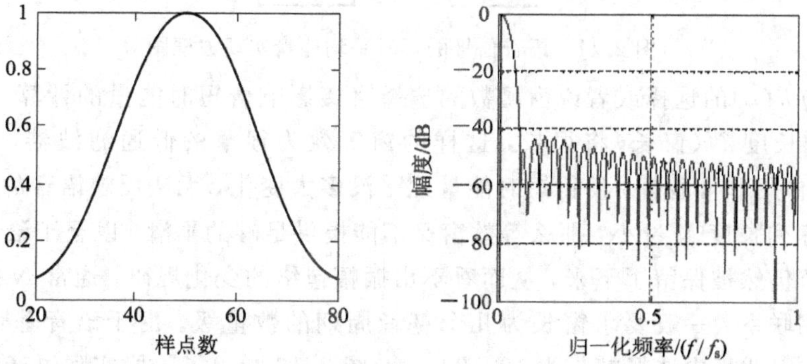

(a) 汉明窗时域波形　(b) 汉明窗幅度特性

图 2.9　汉明窗及其频谱

图 2.10 说明了加窗方法，其中窗序列沿着语音样点值序列 $x(m)$ 逐帧从左向右移动，窗 $w(n)$ 长度为 N。

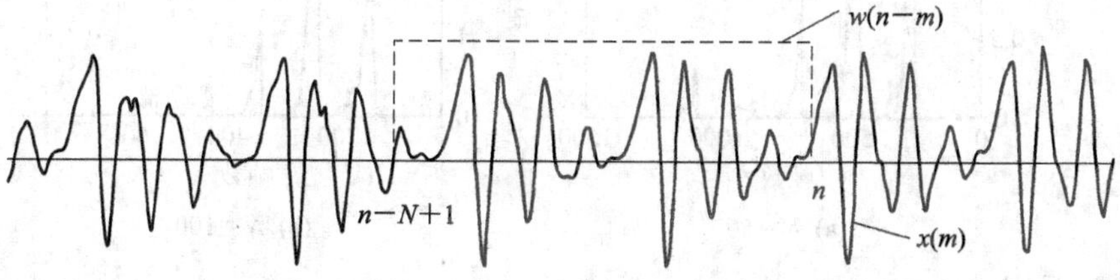

图 2.10　加窗方法示意图

2.4.3　短时平均能量

由于语音信号的能量随时间而变化，清音和浊音之间的能量差别相当显著，因此对短时能量和短时平均幅度进行分析，可以描述语音的这种特征变化情况。

定义 n 时刻某语音信号的短时平均能量 E_n 为

$$E_n = \sum_{m=-\infty}^{+\infty} [x(m)w(n-m)]^2 = \sum_{m=n-(N-1)}^{n} [x(m)w(n-m)]^2 \tag{2-14}$$

式中，N 为窗长，可见短时能量为一帧样点值的加权平方和。特殊地，当窗函数为矩形窗时，有

$$E_n = \sum_{m=n-(N-1)}^{n} x^2(m) \tag{2-15}$$

也可以从另外一个角度来解释短时平均能量 E_n。令

$$h(n) = w^2(n) \tag{2-16}$$

则式(2－14)可以表示为

$$E_n = \sum_{m=-\infty}^{+\infty} x^2(m)h(n-m) = x^2(n) * h(n) \tag{2-17}$$

式(2－17)可以理解为：首先语音信号各个样点值平方，然后通过一个冲激响应为 $h(n)$ 的滤波器，输出为由短时能量构成的时间序列，如图 2.11 所示。

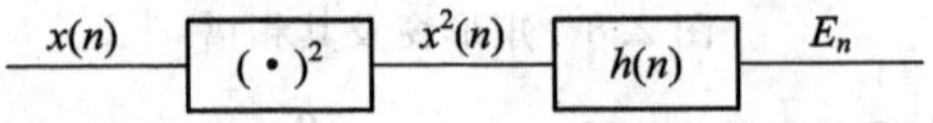

图 2.11　语音信号的短时平均能量实现方框图

冲激响应 $h(n)$ 的选择或者说窗函数的选择直接影响着短时能量的计算。若 $h(n)$ 幅度恒定，其序列长度 N（窗长）将很长，这样的窗等效为很窄的低通滤波器，此时 $h(n)$ 对 $x^2(n)$ 的平滑作用非常显著，使得短时能量几乎没多大变化，无法反映语音的时变特性。反之，若 $h(n)$ 序列长度 N 过小，那么等效窗又不能提供足够的平滑，以至于语音振幅瞬时变化的许多细节仍然被保留了下来，从而看不出振幅包络的变化规律。通常 N 的选择与语音的基音周期相联系，一般要求窗长为几个基音周期的数量级。由于语音基音频率范围为 50～500 Hz，因此折中选择帧长为 10～20 ms。图 2.12 画出了一段实际语音（女声“我到北

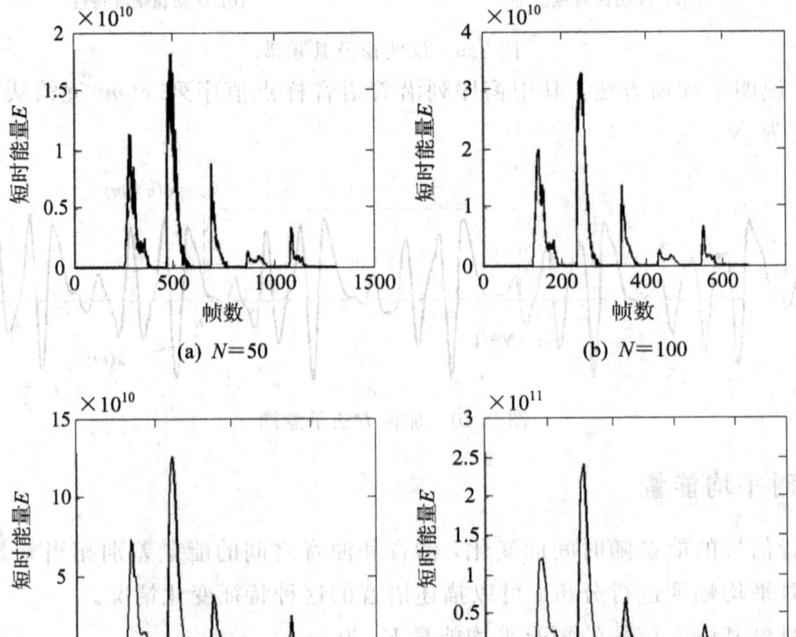

图 2.12　不同矩形窗长 N 时的短时能量函数

京去”)的短时能量函数随矩形窗长的变化曲线，横坐标为帧数，帧间无交叠。图中的四幅图分别对应序列长度 $N=50$，$N=100$，$N=400$，$N=800$。从图中可以看到，$N=50$ 和 $N=100$ 的短时平均能量曲线不够平滑；而 $N=800$ 的曲线又过于平滑，将个别的细节变化平滑掉了；$N=400$ 的曲线就比较合适。

2.4.4 短时平均幅度函数

短时能量的一个主要问题是 E_n 对信号电平值过于敏感。由于需要计算信号样值的平方和，在定点实现时很容易产生溢出。为了克服这个缺点，可以定义一个短时平均幅度函数 M_n 来衡量语音幅度的变化：

$$M_n=\sum_{m=-\infty}^{+\infty}|x(m)|w(n-m)=\sum_{m=n-N+1}^{n}|x(n)|w(n-m) \tag{2-18}$$

式(2-18)可以理解为 $w(n)$ 对 $|x(n)|$ 的线性滤波运算，实现框图如图 2.13 所示。与短时能量比较，短时平均幅度相当于用绝对值之和代替了平方和，从而简化了运算。

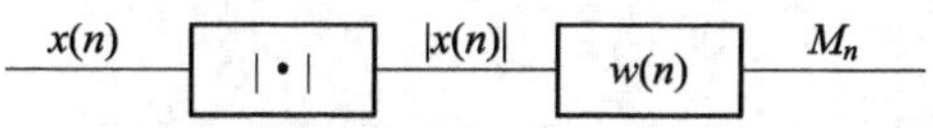

图 2.13 短时平均幅度平均框图

图 2.14 画出了短时平均幅度函数随矩形窗窗长 N 变化的情况，帧间无交叠。比较图 2.12 和图 2.14，窗长 N 对平均幅度函数的影响与短时能量的分析结论是完全一致的。但

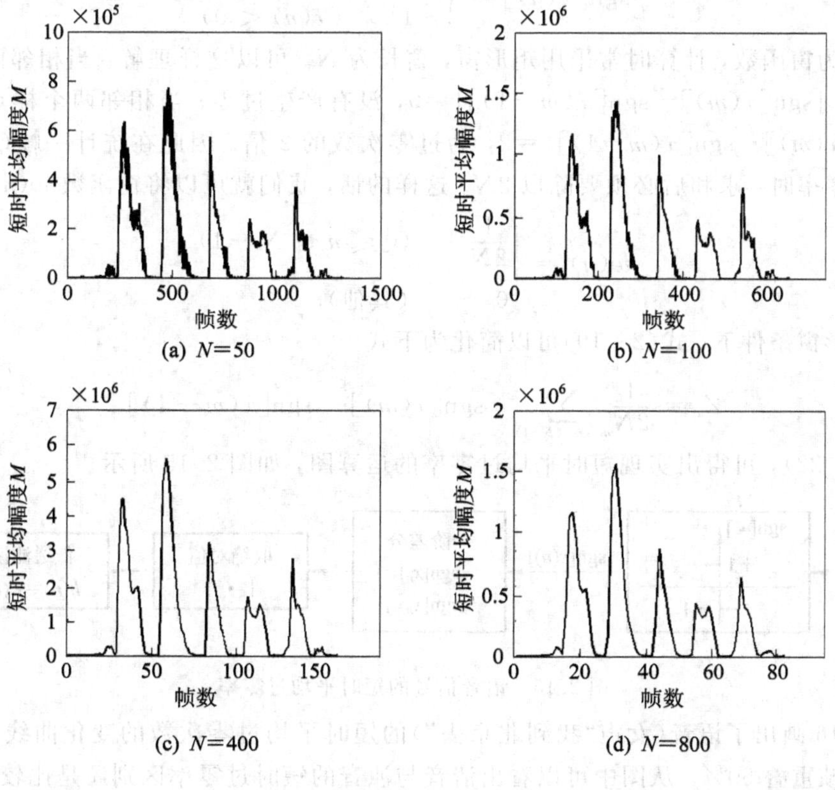

(a) $N=50$　(b) $N=100$　(c) $N=400$　(d) $N=800$

图 2.14 不同矩形窗长 N 时的短时平均幅度函数

由于平均幅度函数没有平方运算，因此其动态范围(最大值与最小值之差)要比短时能量小，接近于标准能量计算的动态范围的平方根。所以，尽管短时平均幅度也可以用来区分清音和浊音、无声和有声，但是二者之间的幅度差就不如短时能量那么明显。

2.4.5 短时平均过零率

短时平均过零率是语音信号时域分析中的一种特征参数，它是指每帧内信号通过零值的次数。对有时间横轴的连续语音信号，可以观察到语音的时域波形通过横轴的情况。在离散时间语音信号情况下，如果相邻的采样具有不同的代数符号就称其发生了过零，单位时间内过零的次数就称为过零率。一段长时间内的过零率称为平均过零率。如果是正弦信号，其平均过零率就是信号频率的两倍除以采样频率，而采样频率是固定的。过零率在一定程度上可以反映信号的频率信息。语音信号不是简单的正弦序列，因此平均过零率的表示方法就不那么确切。但由于语音是一种短时平稳信号，采用短时平均过零率仍然可以在一定程度上反映其频谱性质，由此可获得频谱特性的一种粗略估计。短时平均过零率的定义为

$$Z_n = \sum_{m=-\infty}^{+\infty} |\operatorname{sgn}[x(m)] - \operatorname{sgn}[x(m-1)]| w(n-m) = |\operatorname{sgn}[x(n)] - \operatorname{sgn}[x(n-1)]| * w(n) \tag{2-19}$$

其中，sgn[·]为符号函数，即

$$\operatorname{sgn}[x(n)] = \begin{cases} 1 & (x(n) \geqslant 0) \\ -1 & (x(n) < 0) \end{cases} \tag{2-20}$$

$w(n)$为窗函数，计算时常采用矩形窗，窗长为 N。可以这样理解：当相邻两个样点符号相同时，$|\operatorname{sgn}[x(m)]-\operatorname{sgn}[x(m-1)]|=0$，没有产生过零；当相邻两个样点符号相反时，$|\operatorname{sgn}[x(m)]-\operatorname{sgn}[x(m-1)]|=2$，为过零次数的 2 倍。因此在统计一帧($N$ 点)的短时平均过零率时，求和后必须要除以 $2N$。这样的话，我们就可以将窗函数 $w(n)$表示为

$$w(n) = \begin{cases} \dfrac{1}{2N} & (0 \leqslant n \leqslant N-1) \\ 0 & (\text{其他}) \end{cases} \tag{2-21}$$

在矩形窗条件下，式(2-19)可以简化为下式

$$Z_n = \frac{1}{2N} \sum_{m=n-(N-1)}^{n} |\operatorname{sgn}[x(m)] - \operatorname{sgn}[x(m-1)]| \tag{2-22}$$

按照式(2-22)，可得出实现短时平均过零率的运算图，如图 2.15 所示。

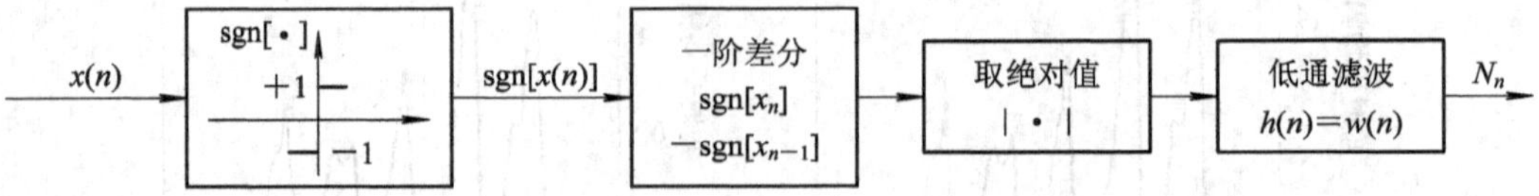

图 2.15 语音信号的短时平均过零率

图 2.16 画出了语音(女声"我到北京去")的短时平均过零次数的变化曲线，图中窗长 $N=220$，帧重叠 50%。从图中可以看出清音与浊音的短时过零率区别还是比较明显的。短时平均过零率可以用于语音信号清、浊音的判断。语音产生模型表明，由于声门波引起了

谱的高频跌落，所以浊音语音能量约集中在 3 kHz 以下。但对于清音语音，多数能量却出现在较高的频率上。所以，如果过零率高，语音信号就是清音；如果过零率低，语音信号就是浊音。但有的音位于浊音和清音的重叠区域，如果只根据短时平均过零率就不可能明确地判别清、浊音。这时可把短时能量和过零率结合起来使用，也可以使用其他改进方法。

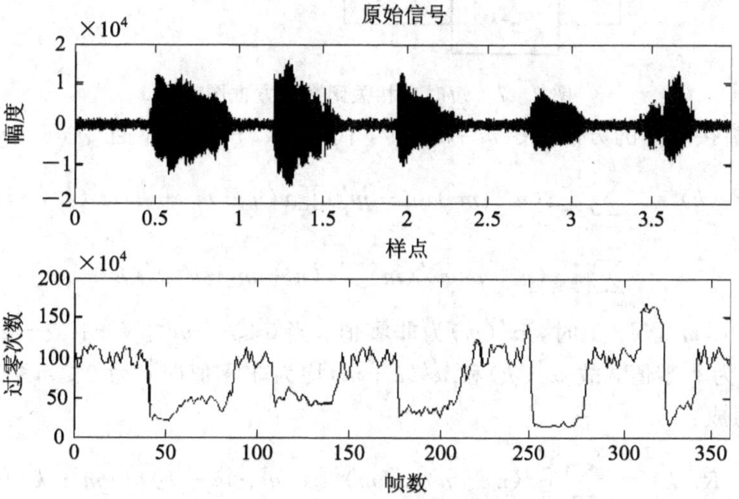

图 2.16 一句语音的短时平均过零率

2.4.6 短时自相关函数

由以前学过的信号处理知识可知，自相关函数 $R(k)$ 具有下述性质：

(1) 对称性 $R(k)=R(-k)$；

(2) 在 $k=0$ 处，$R(k)$ 为最大值，即对于所有 k 来说，$|R(k)|\leqslant R(0)$；

(3) 对于确定信号，值 $R(0)$ 对应于能量，而对于随机信号，$R(0)$ 对应于平均功率。

在上述的第(2)个性质中，如果是一个周期为 P 的信号，则在取样 0，$\pm P$，$\pm 2P$ 处，其自相关函数也是最大值，因此可以根据自相关函数的最大值的位置来估计周期信号的周期值。

定义语音信号的短时自相关函数为

$$R_n(k)=\sum_{m=-\infty}^{+\infty}x(m)w(n-m)x(m+k)w(n-k-m) \tag{2-23}$$

因为 $R_n(-k)=R_n(k)$，所以

$$R_n(k)=R_n(-k)=\sum_{m=-\infty}^{+\infty}[x(m)x(m-k)][w(n-m)w(n-m+k)] \tag{2-24}$$

定义

$$h_k(n)=w(n)w(n+k) \tag{2-25}$$

那么式(2-24)可以写成：

$$R_n(k)=\sum_{m=-\infty}^{+\infty}x(m)x(m-k)h_k(n-m) \tag{2-26}$$

上式表明，序列 $x(n)x(n-k)$ 经过一个冲激响应为 $h_k(n)$ 的数字滤波器滤波即得到短时自相关函数 $R_n(k)$，如图 2.17 所示。

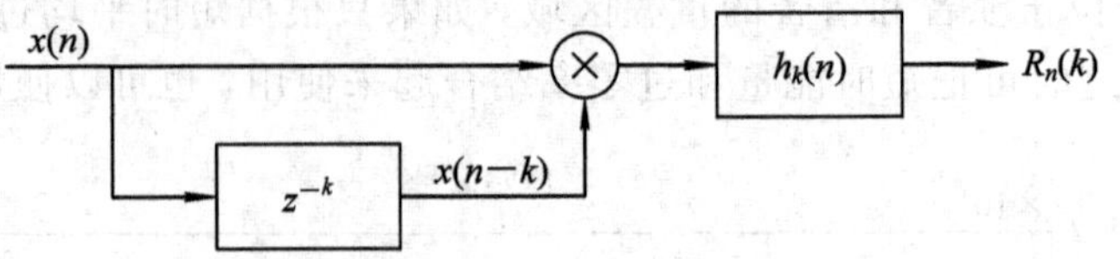

图 2.17　短时自相关函数的方框图表示

也可采用直接运算的方法。令 $m=n+m'$，代入式(2-27)中，且令 $w(-m)=w'(m)$，则

$$R_n(k)=\sum_{m'=-\infty}^{+\infty}[x(n+m')w(-m')][x(n+m'+k)w'(k+m)]$$

$$=\sum_{m=-\infty}^{+\infty}[x(n+m)w'(m)][x(n+m+k)w'(k+m)] \tag{2-27}$$

注意：当 $0\leqslant m\leqslant N-1$ 时，$w'(m)$ 为非零值；当 $0\leqslant k+m\leqslant N-1$ 或 $-k\leqslant m\leqslant N-1-k$ 时，$w'(k+m)$ 为非零值，故 $w'(m)$ 和 $w'(k+m)$ 均为非零值时，为 $0\leqslant m\leqslant N-1-k$，故式(2-28)可以写成：

$$R_n(k)=\sum_{m=0}^{N-1-k}[x(n+m)w'(m)][x(n+m+k)w'(m+k)] \tag{2-28}$$

上式这种直接计算 $R_n(k)$ 的运算量较大，可用 FFT 法来减小运算量。

图 2.18 和图 2.19 分别给出了浊音和清音的短时自相关函数曲线，分别画出了时域波形、加矩形窗和加汉明窗后用式(2-28)计算短时自相关归一化后的结果。语音的抽样频率为 8 kHz，窗长为 320。

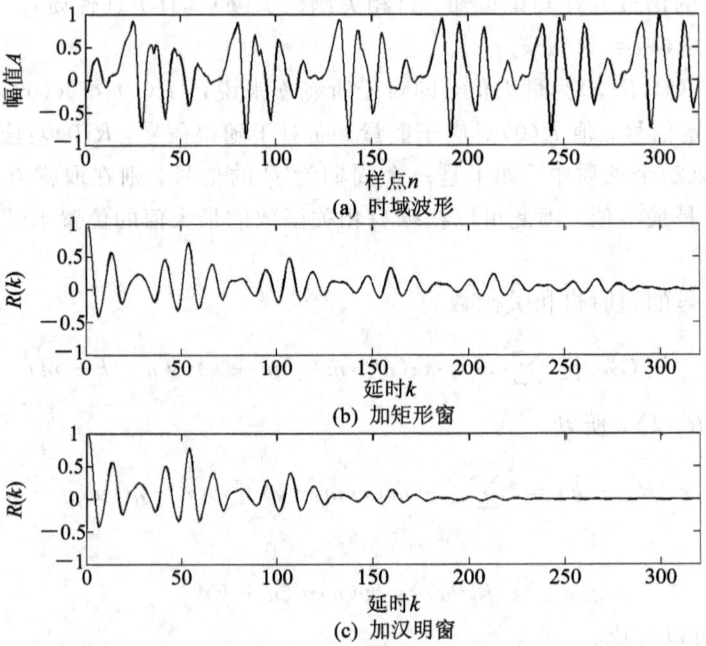

图 2.18　浊音的短时自相关函数

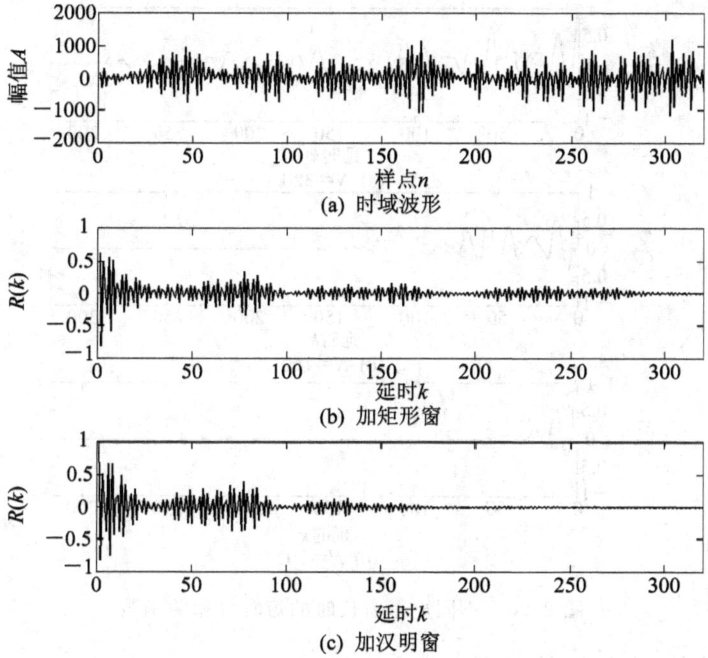

图 2.19　清音的短时自相关函数

从图 2.18 和图 2.19 中我们可以看出，浊音和清音的短时自相关函数有如下几个特点：

(1) 短时自相关函数可以很明显地反映出浊音信号的周期性。

(2) 清音的短时自相关函数没有周期性，也不具有明显突出的峰值，其性质类似噪声。

(3) 不同的窗对短时自相关函数结果有一定的影响。采用矩形窗时，浊音自相关曲线显示出比用汉明窗时更明显的周期性。其主要原因是加汉明窗后，语音段两端的幅度逐渐下降，从而模糊了信号的周期性。

窗长对浊音的短时自相关性有着直接的影响。一方面，由于语音信号的特性是变化的，因此要求 N 应尽量小。但与之相矛盾的另一方面是：为了充分反映语音的周期性，又必须选择足够宽的窗，以使得选出的语音段包含两个以上的基音周期。由于基音频率分布在 50～500 Hz 的范围内，采用 8 kHz 采样频率时对应于 16～160 点，那么窗长 N 的选择要求$N \geqslant 320$。如图 2.20 所示，分别用 $N=320$，$N=160$，$N=70$ 的矩形窗对图 2.18 所示的浊音段加窗。当 $N=70$ 时，由于窗长不足两个基音周期，所以不能正确检测基音周期。从图2.20 也可看到，采用式(2-29)计算出的短时自相关函数，其幅度是一个逐渐衰减的曲线。这是由于在计算短时自相关时，窗选语音段为有限长度 N，而求和上限为 $N-1-k$，因此当 k 增加时，可用于计算的数据就越来越少了，从而导致 k 增加时自相关函数的幅度减小。

根据上面的分析，如果长基音周期用窄的窗，将得不到预期的基音周期；但是如果是短的基音周期用长的窗，自相关函数将对多个基音周期作平均计算，从而模糊语音的短时特性，这是不希望的。最理想的方法是让窗长自适应于基音周期的变化，但这样会增加计算复杂度。为了解决这个问题，可以采用修正的短时自相关函数。这种方法可以采用较窄的窗，同时避免了短时自相关函数随 k 增加而衰减的不足。

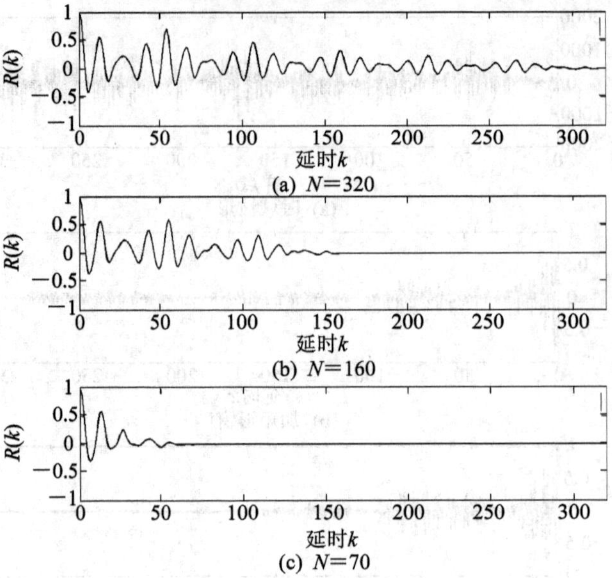

图 2.20 不同矩形窗长时的短时自相关函数

2.4.7 修正的短时自相关函数

修正的短时自相关函数定义如下：

$$R_n(k)=\sum_{m=-\infty}^{+\infty}x(m)w_1(n-m)x(m+k)w_2(n-m-k) \qquad (2-29)$$

若令 $m=n+m'$，代入式(2-29)中，可得

$$\hat{R}_n(k)=\sum_{m'=-\infty}^{+\infty}x(n+m')w_1(-m')x(n+m'+k)w_2(-m'-k) \qquad (2-30)$$

定义

$$\begin{cases}\hat{w}_1(m)=w_1(-m)\\ \hat{w}_2(m)=w_2(-m)\end{cases}$$

则有

$$\hat{R}_n(k)=\sum_{m=-\infty}^{+\infty}x(n+m)\hat{w}_1(m)x(n+m+k)\hat{w}_2(m+k) \qquad (2-31)$$

$$\begin{cases}\hat{w}_1(m)=\begin{cases}1 & (0\leqslant n\leqslant N-1)\\ 0 & (\text{其他})\end{cases}\\ \hat{w}_2(m)=\begin{cases}1 & (0\leqslant n\leqslant N-1+K(0\leqslant k\leqslant K))\\ 0 & (\text{其他})\end{cases}\end{cases} \qquad (2-32)$$

由式(2-32)可知，要使 $\hat{w}_2(m+k)$ 为非零值，必须使 $m+k\leqslant N-1+K$，考虑到 $k\leqslant K$，可得 $m=N-1$，故式(2-31)可以写成

$$\hat{R}_n(k)=\sum_{m=0}^{N-1}x(n+m)x(n+m+k) \qquad (2-33)$$

因为求和上限是 $N-1$，与 k 无关，故当 k 增加时，$\hat{R}_n(k)$ 值不下降。与图 2.20 对应的

修正自相关函数示于图 2.21 中，可以看到，自相关函数相关峰值下降很小。式(2-31)可以看做是两个不同的有限长度段 $x(n+m)\hat{w}_1(m)$ 与 $x(n+m)\hat{w}_2(m)$ 的互相关函数。故 $\hat{R}_n(k)$ 有互相关函数的性质，而不具备自相关函数的性质，即 $\hat{R}(k)=\hat{R}_n(-k)$ 等，但这个 $\hat{R}_n(k)$ 最近的第二个最大值点仍代表了基音周期的位置，而使 N 的长度压缩到最小，K 值可以做到大于 N 值。

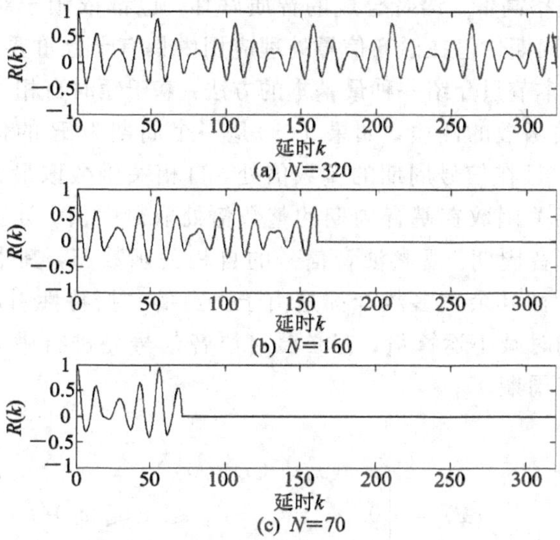

图 2.21　不同矩形窗长时的修正短时自相关函数

计算短时自相关函数需要很大的运算量，有时为简化运算，常使用一种与自相关函数有相似作用的另一参量，即短时平均幅度差函数(AMDF)。

2.4.8　短时平均幅度差函数

对一个周期为 P 的周期信号 $x(n)$，在 $k=0$，$\pm P$，$\pm 2P\cdots$时，$d(n)=x(n)-x(n-k)=0(k=0, \pm P, \pm 2P, \cdots)$。

对于浊音语音，在基音周期的整数倍上，$d(n)$ 总是很小，但不是零。因此，定义短时平均幅度差函数(AMDF)为

$$r_n(k)=\sum_{m=-\infty}^{+\infty}|x(n+m)w_1(m)-x(n+m-k)w_2(m-k)| \tag{2-34}$$

显然，如果 $x(n)$ 的周期为 P，则当 $k=P$，$\pm 2P$，…时，$r_n(k)$ 有最小值。应该注意的是，取矩形窗是很合适的。如果 $w_1(n)$ 和 $w_2(n)$ 有同样的宽度，可得到类似于短时自相关函数的幅度差函数；如果两个窗口长度不同，则将得到类似于修正自相关函数的幅度差函数。使用矩形窗时，短时平均幅度差函数可写成

$$r_n(k)=\sum_{n=0}^{N-1}|x(n)-x(n+k)| \quad (k=0, 1, \cdots, N-1) \tag{2-35}$$

$r_n(k)$ 与 $\hat{R}_n(k)$ 之间的关系为

$$r_n(k)\approx\sqrt{2}\beta(k)[\hat{R}_n(0)-\hat{R}_n(k)]^{1/2} \tag{2-36}$$

式中，$\beta(k)$对不同语音段可在0.6～1.0之间变化，但对于一个特定的语音段，它随k值的变化并不明显。

2.4.9 基于短时自相关法的基音周期估值

基音周期是表征语音信号本质特征的参数，属于语音分析的范畴，只有准确分析并且提取出语音信号的特征参数，才能够利用这些参数进行语音编码、语音合成和语音识别等处理。语音编码的压缩率高低、语音合成的音质好坏，也都依赖于对语音信号分析的准确性和精确性，因此基音周期估值在语音信号处理应用中具有十分重要的作用。语音信号基音周期估值的方法很多，本节只介绍一种最基本的方法：基于短时自相关法的基音周期估值。

前文介绍过自相关函数的性质，如果$x(n)$是一个周期为P的信号，则其自相关函数也是周期为P的信号，且在信号周期的整数倍处，自相关函数取最大值。语音的浊音信号具有准周期性，其自相关函数在基音周期的整数倍处取最大值。计算两相邻最大峰值间的距离，就可以估计出基音周期。观察浊音信号的自相关函数图，其中真正反映基音周期的只是其中少数几个峰，而其余大多数峰都是由于声道的共振特性引起的。因此为了突出反映基音周期的信息，同时减小运算量，有必要对语音信号先进行中心削波处理，再进行自相关计算，以获得基音周期。

中心削波函数如下

$$f(x)=\begin{cases}x-x_L & (x>x_L)\\ 0 & (-x_L\leqslant x\leqslant x_L)\\ x+x_L & (x<-x_L)\end{cases} \tag{2-37}$$

其中，x_L为削波电平，一般取本帧语音最大幅度的60%～70%。将削波后的序列$f(x)$用短时自相关函数估计基音周期，位于基音周期位置的峰值更加尖锐，有利于检出基音周期。图2.22和图2.23分别给出了削波前后语音信号对比图及修正自相关对比图。可以看到，削波后的语音信号峰值更加突出，零值点增多，有利于减小自相关的计算量。

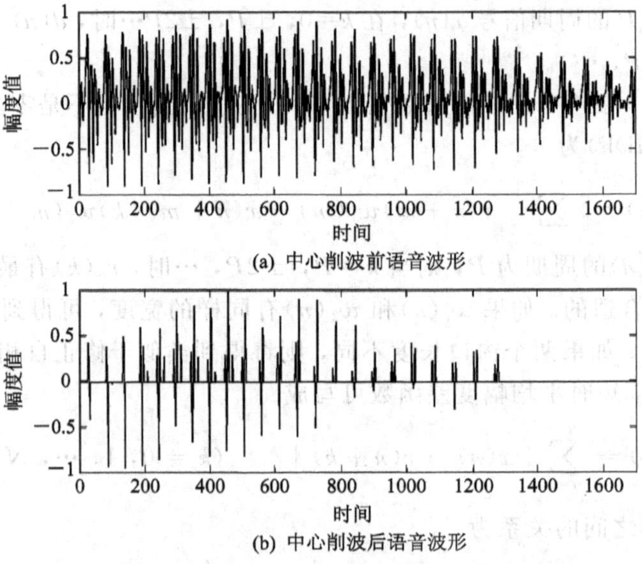

(a) 中心削波前语音波形

(b) 中心削波后语音波形

图2.22 中心削波前后语音信号对比图

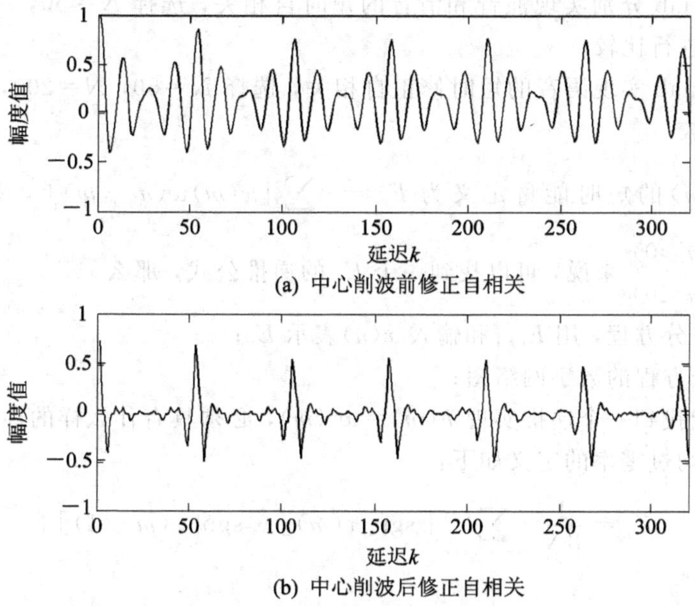

图 2.23　中心削波前后修正自相关对比图

2.5　小　　结

本章主要讲述了语音信号数字模型及短时时域分析。首先从语音的发音器官以及它们的功能得到语音的生成机理，即空气由肺部排入喉部，经过声带进入声道，最后由嘴辐射出声波，这就形成了语音。其次导出语音信号的数字模型，包括三部分，即由声门产生的激励函数 $G(z)$、由声道产生的调制函数 $V(z)$和由嘴唇产生的辐射函数 $R(z)$，语音生成系统的传递函数由这三个函数级联而成，由此得到语音信号的二元激励模型。最后根据语音的发音惯性，在短时间内的特性保持稳定，详细介绍了语音信号的时域分析，包括对短时能量、短时平均过零率、短时自相关以及修正自相关这些时域特征参数的定义和作用说明，通过对它们分别加不同的窗长进行讨论和比较，并给出实际波形图，可以直观地看到结果，便于加强理解。

习　题　二

1. 简述语音的发音机理，并介绍它们的功能。

2. 解释下列名词的定义：浊音，清音，基音周期，共振峰，预加重技术。

3. 画出语音信号的二元激励模型，并简述每一部分的功能。

4. 分析二元激励模型的局限性。

5. 解释为什么语音信号可以进行短时分析。

6. 用 Matlab 分别实现加汉明窗时的浊音和清音的短时能量，选择 $N=50$，$N=200$，$N=400$，$N=800$ 来分别实现，并进行比较。

7. 试用 Matlab 分别实现浊音和清音的短时自相关，选择 $N=50$，$N=200$，$N=400$ 来分别实现，并进行比较。

8. 试用 Matlab 实现语音的短时修正自相关，选择 $N=50$，$N=200$，$N=400$ 来分别实现，并进行比较。

9. 序列 $x(n)$ 的短时能量定义为 $E_n = \sum_{m=-\infty}^{+\infty}[x(m)w(n-m)]^2$，对于特定的选择 $w(m)=\begin{cases}a^m & (m\geqslant 0)\\ 0 & (m<0)\end{cases}$ 来说，可以找到一个 E_n 的递推公式，那么

① 找一个差分方程，用 E_{n-1} 和输入 $x(n)$ 表示 E_n；

② 画出这个方程的数字网络图；

③ 为了可能找到一个递推实现 $h(m)=w^2(m)$，必须具有什么样的性质。

10. 短时平均过零率的定义如下：

$$Z_n = \frac{1}{2N}\sum_{m=n-(N-1)}^{n}|\operatorname{sgn}[x(m)]-\operatorname{sgn}[x(m-1)]|$$

证明

$$\begin{aligned}Z_n = Z_{n-1} + \frac{1}{2N}\{&|\operatorname{sgn}[x(n)]-\operatorname{sgn}[x(n-1)]|\\ &-|\operatorname{sgn}[x(n-N)]-\operatorname{sgn}[x(n-N-1)]|\}\end{aligned}$$

11. 短时自相关函数定义为

$$R_n(k) = \sum_{m=-\infty}^{+\infty}x(m)w(n-m)x(m+k)w(n-k-m)$$

① 证明 $R_n(k)=R_n(-k)$；

② 证明 $R_n(k)$ 可以表示为

$$R_n(k) = \sum_{m=-\infty}^{+\infty}x(m)x(m-k)h_k(n-m)$$

其中，$h_k(n)=w(n)w(n+k)$；

③ 假定 $w(m)=\begin{cases}a^m & (m\geqslant 0)\\ 0 & (m<0)\end{cases}$，求 $h_k(n)$；

④ 求出③中的 $h_k(n)$ 的 $\mathscr{Z}$ 变换，并且从它得到对 $R_n(k)$ 的递推实现，画出为计算 $R_n(k)$ 的一个数字网络实现，$R_n(k)$ 作为 n 的函数，且对应于③的窗。

第三章　语音信号线性预测分析

3.1 概　　述

通过前面语音信号的数字模型可知，若要分析语音信号，则必须通过某种方法先得到它的特征参数。线性预测分析法就是最有效的语音分析技术之一，它所包含的基本概念是：一个语音取样的现在值可以用若干个语音取样过去值的加权线性组合来逼近。线性组合中的加权系数称为预测器系数。通过使实际语音抽样和线性预测抽样之间差值的平方和达到最小值，能够决定唯一的一组预测器系数。

线性预测的基本原理是建立在语音的数字模型基础上的，为估计数字模型中的参数，线性预测法提供了一种可靠精确而有效的方法。

3.2 语音信号线性预测分析的基本原理

在图 2.6 所示的情况下，辐射、声道以及声门激励的组合谱效应用一个时变数字滤波器来表示，其稳态传输函数的形式为

$$H(z)=\frac{S(z)}{U(z)}=\frac{G}{1-\sum_{i=1}^{p}\alpha_i z^{-i}} \tag{3-1}$$

采用这样一个简化模型的主要优点在于可以用线性预测分析法对增益 G 和滤波器系数 $\{\alpha_i\}$ 进行直接而高效的计算。

对图 3.1 的系统，语音抽样信号 $s(n)$ 和激励信号 $u(n)$ 之间的关系可用下列简单的差分方程来表示，即

$$s(n)=\sum_{i=1}^{p}\alpha_i s(n-i)+Gu(n) \tag{3-2}$$

p 阶线性预测是根据信号过去 p 个取样值 $\{s(n-1),\ s(n-2),\ \cdots,\ s(n-p)\}$ 的加权和来预测信号当前取样值 $s(n)$ 的。设 $\hat{s}(n)$ 为预测值，则有

$$\hat{s}(n)=\sum_{i=1}^{p}a_i s(n-i) \tag{3-3}$$

p 阶线性预测器的系统函数为

$$P(z)=\sum_{i=1}^{p}a_i z^{-i} \tag{3-4}$$

预测误差定义为

$$e(n)=s(n)-\hat{s}(n)=s(n)-\sum_{i=1}^{p}a_i s(n-i) \tag{3-5}$$

其系统函数为

$$A(z)=1-\sum_{i=1}^{p}a_i z^{-i} \tag{3-6}$$

比较式(3-2)和式(3-5)，可以看出，如果语音信号准确服从式(3-2)的模型，且 $a_i=\alpha_i$，则 $e(n)=Gu(n)$。所以，预测误差滤波器 $A(z)$ 是式(3-1)中的 $H(z)$ 的逆滤波器，故有下式成立

$$H(z)=\frac{G}{A(z)} \tag{3-7}$$

线性预测的基本问题是由语音信号直接求出一组预测系数$\{a_i\}$，这组预测系数就被看做是语音产生模型中系统函数 $H(z)$ 的参数，它使得在一短段语音波形中均方预测误差最小，即

$$\varepsilon=E[e^2(n)]=\min \tag{3-8}$$

3.3 线性预测误差滤波

为了根据式(3-8)的最小均方误差准则来求预测系数，对 ε 关于 a_j 求导数，并令其结果为 0，即

$$\frac{\partial\varepsilon}{\partial a_j}=-2E\left[e(n)\frac{\partial e(n)}{\partial a_j}\right]=0 \tag{3-9}$$

由式(3-5)可知

$$\frac{\partial e(n)}{\partial a_j}=-s(n-j) \qquad (j=1,2,\cdots,p) \tag{3-10}$$

将式(3-10)代入式(3-9)，得到

$$E[e(n)s(n-j)]=0 \qquad (j=1,2,\cdots,p) \tag{3-11}$$

上式称为正交方程。它表明预测误差与信号的过去 p 个取样值是正交的。

将式(3-5)代入上式中，得到

$$E\left[\left[s(n)-\sum_{i=1}^{p}a_i s(n-i)\right]s(n-j)\right]=E[s(n)s(n-j)]-\sum_{i=1}^{p}a_i E[s(n-i)s(n-j)]$$
$$=0 \qquad (j=1,2,\cdots,p) \tag{3-12}$$

如果信号的自相关函数用 $R(j-i)$ 表示，即

$$R(j-i)=E[s(n-i)s(n-j)] \qquad (i,j=1,2,\cdots,p) \tag{3-13}$$

则式(3-12)可以写为

$$R(j)-\sum_{i=1}^{p}a_i R(j-i)=0 \qquad (j=1,2,\cdots,p) \tag{3-14}$$

上式称为标准方程式。

为求出最小均方误差，将式(3-8)写成下面的形式：

$$\varepsilon=E\left[e(n)\left[s(n)-\sum_{i=1}^{p}a_i s(n-i)\right]\right] \tag{3-15}$$

将正交方程(3-11)代入上式，得 ε 的最小值 E_p：

$$\begin{aligned} E_p &= E[e(n)s(n)] \\ &= E\Big[\Big[s(n) - \sum_{i=1}^{p} a_i s(n-i)\Big]s(n)\Big] \\ &= R(0) - \sum_{i=1}^{p} a_i E[s(n-i)s(n)] \\ &= R(0) - \sum_{i=1}^{p} a_i R(0-i) \\ &= R(j) - \sum_{i=1}^{p} a_i R(j-i) \qquad (j=0) \end{aligned} \tag{3-16}$$

将式(3-14)和上式合并，可得

$$R(0) - \sum_{i=1}^{p} a_i R(j-i) = E_p \qquad (j=1, 2, \cdots, p) \tag{3-17}$$

上式即为著名的尤拉-沃尔克(Yule-Walker)方程。写成矩阵形式为

$$\begin{bmatrix} R(0) & R(1) & \cdots & R(p) \\ R(1) & R(0) & \cdots & R(p-1) \\ R(2) & R(1) & \cdots & R(p-2) \\ \vdots & \vdots & & \vdots \\ R(p) & R(p-1) & \cdots & R(0) \end{bmatrix} \begin{bmatrix} 1 \\ -a_1 \\ -a_2 \\ \vdots \\ -a_p \end{bmatrix} = \begin{bmatrix} E_p \\ 0 \\ 0 \\ \vdots \\ 0 \end{bmatrix} \tag{3-18}$$

注意：上面方程组的系数矩阵中，沿任何一条对角线上的元素都相同，这样的矩阵称为托布利兹(Toeplitz)矩阵；同时系数矩阵还是一个对称矩阵。它是由 $p+1$ 个方程构成的方程组，其中包含 $p+1$ 个未知数(p 个预测系数和一个最小均方误差 E_p)。如果已知信号的 $p+1$ 个自相关系数，就可以求出所有 $p+1$ 个未知数。

3.4　模型增益 G 的计算

式(3-2)亦可写为

$$Gu(n) = s(n) - \sum_{i=1}^{p} a_i s(n-i) \tag{3-19}$$

对式(3-19)两边同乘以 $s(n)$，求均值，等式右边为

$$\begin{aligned} E\Big[\Big[s(n) - \sum_{i=1}^{p} a_i s(n-i)\Big]s(n)\Big] &= E[s^2(n)] - \sum_{i=1}^{p} a_i E[s(n-i)s(n)] \\ &= R(0) - \sum_{i=1}^{p} a_i R(i) \end{aligned} \tag{3-20}$$

等式左边为

$$\begin{aligned} G \cdot E[u(n)s(n)] &= E\Big[G \cdot u(n)\Big[G \cdot u(n) + \sum_{i=1}^{p} a_i s(n-i)\Big]\Big] \\ &= G^2 \cdot E[u^2(n)] + G \cdot \sum_{i=1}^{p} a_i E[u(n)s(n-i)] \end{aligned} \tag{3-21}$$

因为假设 $u(n)$ 为零均值、单位方差的白噪声序列，所以 $E[u^2(n)]=1$，又由于 $u(n)$ 和

$s(n-i)$不相关，因此，$E[u(n)s(n-i)]=0$。最后得到

$$G^2 = R(0) - \sum_{i=1}^{p} a_i R(i) \tag{3-22}$$

将上式与式(3-16)比较，可以得出

$$G^2 = E_p \tag{3-23}$$

当一个语音信号序列确实是由图 2.6 的信号模型产生的，并且激励源是具有平坦谱包络特性的白噪声时(相当于清音语音)，应用线性预测误差滤波方法可以求得预测系数和增益，并且 $H(z)$和所分析的语音序列有相同的谱包络特性；在浊音语音情况下，激励源是一间隔为基音周期的冲激序列，这与线性预测分析中信号源的假设有所不同。但考虑到这一个事实：$u(n)$是一串冲激组成，意味着大部分时间里它的值是非常小的(零值)。由于采用均方预测误差最小准则来使预测误差 $e(n)$逼近 $u(n)$和 $u(n)$能量很小这一事实并不矛盾，因此，为简化运算，我们认为，无论是清音还是浊音，图 2.6 所示的模型都是适合于线性预测分析的。

3.5 线性预测方程组的自相关解法

3.5.1 用 Levinson - Durbin 算法解自相关方程组

对于式(3-18)所示的这种具有对称性质的 Toeplitz 矩阵方程组，可用一种高效算法来求解该方程组，这就是著名的莱文逊-杜宾(Levinson - Durbin)算法。这个算法是一个迭代计算过程，它从最低阶预测器开始，由低阶到高阶，逐级进行递推计算。这样迭代的最后结果，不仅求出了所要求的 p 阶预测器系数，而且得到了所有低阶预测器的系数。其具体推导过程可参考有关资料，这里只给出以下递推公式。

令 i 阶预测器的第 j 个系数为 $a_j^{(i)}$，那么，递归公式为

$$\begin{cases} E_0 = R(0) \\ k_i = \dfrac{R(i) - \sum_{j=1}^{i-1} a_j^{(i-1)} R(i-j)}{E_{i-1}} & (1 \leqslant i \leqslant p) \\ a_i^{(i)} = k_i \\ a_j^{(i)} = a_j^{(j-1)} - k_i a_{i-j}^{(i-1)} & (1 \leqslant j \leqslant i-1) \\ E_i = (1-k_i^2)E_{i-1} \end{cases} \tag{3-24}$$

对 $i=1, 2, \cdots, p$，利用式(3-24) 可以递推计算出各阶预测系数为

$$\begin{cases} a_j = a_j^{(p)} & (1 \leqslant j \leqslant p) \\ G^2 = E_p \end{cases} \tag{3-25}$$

从式(3-24)中还可以得到

$$E_p = R(0) \prod_{i=1}^{p} (1-k_i^2) \tag{3-26}$$

因为预测误差能量 E_p 和 $R(0)$均大于 0，所以有

$$|k_i| < 1 \quad (1 \leqslant i \leqslant p) \tag{3-27}$$

参数 k_i 称做反射系数。$|k_i|<1$ 这个条件很重要，它是保证系统 $H(z)$稳定的条件，也就是保证 $H(z)$的根在单位圆内的充分必要条件。

以上讨论都是基于 $s(n)$由理想全极点模型构成的。事实上，实际的语音序列 $s(n)$以及其他实际序列都不完全符合这个理想模型。例如，某些语音序列是由包括传输零点的模型所产生的(鼻音、摩擦音等)，当 $s(n)$由非理想模型产生，而用一个全极点模型来估计其参数时，只能说是用此理想模型来逼近实际的模型。理论上提高 p 值总是可以改善逼近效果的，但是在实际运算中，p 值增加到一定程度以后，预测误差的减小就很微弱了。实际的语音信号处理中，预测阶数 p 一般选在 8～12 之间。

3.5.2　自相关法解线性方程组误差分析

自相关法假定语音段 $s_n(m)$在区间 $0\leqslant m\leqslant N-1$ 以外等于零，也就是

$$s_n(m)=s(m+n)w(m) \tag{3-28}$$

式中，$w(m)$是一个有限长度窗，其非零值的范围为 $0\leqslant m\leqslant N-1$。预测误差 $e(m)$定义为

$$e(m)=s_n(m)-\hat{s}_n(m)=s_n(m)-\sum_{k=1}^{p}a_k s_n(m-k) \tag{3-29}$$

如果 $s_n(m)$只在区间 $0\leqslant m\leqslant N-1$ 范围内不为零，那么对于一个 p 阶预测器可以求得其求和范围为 $0\leqslant m\leqslant N+k-1$，所以，$E_n$ 可以表示为

$$E_n=\sum_{m=0}^{N+p-1}e_n^2(m) \tag{3-30}$$

在利用式(3-29)计算 $e(m)$时，在计算区间的开始端($0\leqslant m\leqslant p-1$)和结束端($N\leqslant m\leqslant N+p-1$)处误差比较大。这是因为信号预测是在假设区间外的取样为零的条件下来进行的。从物理意义上说，在开始端，相当于试图从一些零值来预测当前值；在结束端，则相当于从实际的样本值去预测零值。为减少上述两端的误差，应使用两端具有平滑过渡特性的窗口。但不管采用何种形状的窗口，总会引入误差，这是自相关法的缺点。当 $N\gg p$ 时，具有较大误差的段落在整个语音段中所占的比例很小，这时用自相关算法得到的参数估值是较准确的，但当 N 和 p 可比拟时，误差段所占比例很大，估计误差必然很大。语音信号处理中一般满足 $N\gg p$ 的条件，所以，可以采用自相关法。另外，自相关法有较好的递推算法，从而使它获得了广泛的应用。

3.6　LPC 导出的其他语音参数

在线性预测语音编码过程中，如果直接在信道传输线性预测滤波器系数，则对误差会非常敏感，使线性预测滤波器变得不稳定。因此在语音编码算法中，通常将线性预测滤波器系数转换为与之等效的参数，再进行量化编码。这些参数一般是由线性预测滤波器系数推演出来的，因而称之为线性预测的推演参数。这些参数包括 LSP、反射系数、对数面积比系数、LPC 倒谱等，它们各有不同的物理意义和特性，这里简单介绍前三种。

3.6.1　LSP 的定义和特点

设线性预测逆滤波器 $A(z)=1-\sum_{i=1}^{p}a_i z^{-i}\,(i=1,2,\cdots,p)$。LSP 作为线性预测参数

的一种表示形式，可通过求解 $p+1$ 阶对称和反对称多项式的共轭复根得到。其中，$p+1$ 阶对称和反对称多项式分别表示如下：

$$P(z)=A(z)+z^{-(p+1)}A(z^{-1}) \tag{3-31}$$

$$Q(z)=A(z)-z^{-(p+1)}A(z^{-1}) \tag{3-32}$$

将式(3-31)和式(3-32)中的 $z^{-(p+1)}A(z^{-1})$ 写为

$$z^{-(p+1)}A(z^{-1})=z^{-(p+1)}-a_1z^{-p}-a_2z^{-p+1}-\cdots-a_pz^{-1} \tag{3-33}$$

可以推出

$$P(z)=1-(a_1+a_p)z^{-1}-(a_2+a_{p-1})z^{-2}-\cdots-(a_p+a_1)z^{-p}+z^{-(p+1)} \tag{3-34}$$

$$Q(z)=1-(a_1-a_p)z^{-1}-(a_2-a_{p-1})z^{-2}-\cdots-(a_p-a_1)z^{-p}-z^{-(p+1)} \tag{3-35}$$

可见，$P(z)$和 $Q(z)$分别为对称和反对称的实系数多项式，它们都有共轭复根。可以证明，当 $A(z)$的根位于单位圆内时，$P(z)$和 $Q(z)$的根都位于单位圆上，而且相互交替出现。如果阶数 p 是偶数，则 $P(z)$和 $Q(z)$各有一个实根，其中 $P(z)$有一个根 $z=-1$，$Q(z)$有一个根 $z=1$。如果阶数 p 是奇数，则 $Q(z)$有 ±1 两个实根，$P(z)$没有实根。此处假定 p 是偶数，这样 $P(z)$和 $Q(z)$各有 $p/2$ 个共轭复根位于单位圆上，共轭复根的形式为 $z_i=\mathrm{e}^{\pm \mathrm{j}\omega_i}$。设 $P(z)$的零点为 $\mathrm{e}^{\pm \mathrm{j}\omega_i}$，$Q(z)$的零点为 $\mathrm{e}^{\pm \mathrm{j}\theta_i}$，则满足

$$0<\omega_1<\theta_1<\cdots<\omega_{p/2}<\theta_{p/2}<\pi$$

其中，ω_i 和 θ_i 分别为 $P(z)$和 $Q(z)$的第 i 个根。

$$P(z)=(1+z^{-1})\prod_{i=1}^{p/2}(1-z^{-1}\mathrm{e}^{\mathrm{j}\omega_i})(1-z^{-1}\mathrm{e}^{-\mathrm{j}\omega_i})=(1+z^{-1})\prod_{i=1}^{p/2}(1-2\cos\omega_i z^{-1}+z^{-2}) \tag{3-36}$$

$$Q(z)=(1-z^{-1})\prod_{i=1}^{p/2}(1-z^{-1}\mathrm{e}^{\mathrm{j}\theta_i})(1-z^{-1}\mathrm{e}^{-\mathrm{j}\theta_i})=(1-z^{-1})\prod_{i=1}^{p/2}(1-2\cos\theta_i z^{-1}+z^{-2}) \tag{3-37}$$

其中，$\cos\omega_i$，$\cos\theta_i(i=1, 2, \cdots, p/2)$是 LSP 系数在余弦域的表示；$\omega_i$，$\theta_i$ 则是与 LSP 系数对应的线谱频率 LSF。由于 LSP 参数 ω_i 和 θ_i 成对出现，且反映了信号的频谱特性，因此称为线谱对。

LSP 参数具有以下特性：

(1) LSP 参数都在单位圆上且满足降序排列的特性。

(2) 与 LSP 参数对应的 LSF 都满足升序排列的顺序特性，且 $P(z)$和 $Q(z)$的根相互交替出现，这可使与 LSP 参数对应的 LPC 滤波器的稳定性得到保证。因为它保证了在单位圆上，任何时候 $P(z)$和 $Q(z)$不可能同时为零。

(3) LSP 参数具有相对独立的性质，如果某个特定的 LSP 参数中只移动其中任意一个线谱频率 ω_i 的位置，那么它所对应的频谱只在 ω_i 附近与原始语音频谱有差异，而在其他 LSP 频率上则变化很小。这一特性有利于 LSP 参数的量化和内插。

(4) 相邻帧 LSP 参数之间都具有较强的相关性，便于语音编码时帧间参数的内插。

3.6.2 反射系数

反射系数也称为部分相关系数，即 PARCOR 系数，用 k_i 表示。由于它是与多节级联无损声管模型中的反射波相联系的，因而通常称之为反射系数。已知线性预测系数 a_i

$(i=1, 2, \cdots, p)$，则反射系数 k_i 的递推过程如下：

$$\begin{cases} a_j^{(p)} = a_j \quad (1 \leqslant j \leqslant p) \\ k_i = a_i^{(i)} \\ a_j^{(i-1)} = [a_j^{(i)} + a_i^{(i)} a_{i-j}^{(i)}]/(1-k_i^2) \quad (1 \leqslant j \leqslant i-1) \end{cases} \tag{3-38}$$

反过来，已知反射系数 k_i，求相应的线性预测系数 $a_i (i=1, 2, \cdots, p)$ 的递推过程如下：

$$\begin{cases} a_i^{(i)} = k_i \\ a_j^{(i)} = a_j^{(i-1)} - k_i a_{i-j}^{(i-1)} \quad (1 \leqslant j \leqslant i-1) \\ a_j = a_j^{(p)} \quad (1 \leqslant j \leqslant p) \end{cases} \tag{3-39}$$

为了保证相应的线性预测合成滤波器的稳定性，反射系数 k_i 通常取为 $-1 \leqslant k_i \leqslant 1$。但是 k_i 具有不平坦的频谱灵敏度，其靠近 1 的值比远离 1 的值需要更高的量化精度。因此需要将 k_i 进行非线性变换，下面的对数面积比系数就是被广泛采用的一种非线性函数。

3.6.3 对数面积比系数 LAR

由反射系数 k_i 可进一步推导出对数面积比系数，其定义为

$$g_i = \lg \frac{A_{i+1}}{A_i} = \lg \frac{1-k_i}{1+k_i} \quad (1 \leqslant i \leqslant p) \tag{3-40}$$

对上式两边取以 e 为底的指数整理可得

$$k_i = \frac{1-\exp(g_i)}{1+\exp(g_i)} \quad (1 \leqslant i \leqslant p) \tag{3-41}$$

其中，A_i 是多节级联无损声管模型中第 i 节的截面积。由于 g_i 相对于谱的变化的灵敏度比较平缓，因而特别适合量化。但是采用 LAR 量化时，要想使频谱失真最小，每一个系数大约需要 4 bit 进行编码，这将占编码器容量的一大部分。另外，当用 LAR 表示时，LPC 参数帧与帧之间的相关性将不再显著。由于 LSF 参数所具有的帧到帧的优良的内插特性，在语音编码系统中 LAR 渐渐被 LSF 参数取代。

3.7 小　　结

本章主要介绍了语音信号线性预测分析，它是一个语音取样的现在值，可以用若干个语音取样过去值的加权线性组合来逼近，从语音的数学模型的基础上，为估计数字模型中的参数，与线性预测分析从时域和频域上对等，为计算模型参数提供了可靠精确而有效的方法。

另外，根据线性预测的基本问题是由语音信号直接求出一组预测系数，这组预测系数就被看做是语音产生模型中系统函数的参数。它使用均方预测误差最小这一原则，推导出求取线性预测系数和增益的自相关线性方程组，并通过 Levinson - Durbin 算法求解方程组。由于线性预测系数 LPC 量化编码过程中存在不稳定性，实际系统中使用更多的参数是 LPC 的等价参数。本章介绍了 LSP、反射系数、对数面积比系数的定义及物理意义。

习　题　三

1. 简述为什么可以用线性预测分析的方法分析语音信号。

2. 设有差分方程

$$h(n)=\sum_{k=1}^{p}a_k h(n-k)+G\delta(n)$$

$h(n)$的自相关函数定义为

$$\widetilde{R}(m)=\sum_{n=0}^{\infty}h(n)h(n+m)$$

① 证明 $\widetilde{R}(m)=\widetilde{R}(-m)$；

② 将差分方程代入 $\widetilde{R}(m)$的表示式，证明

$$\widetilde{R}(m)=\sum_{k=1}^{p}a_k\widetilde{R}(|m-k|)(m=1,2,\cdots,p)$$

3. 线性预测分析可以看成是在一定假设的基础上，一个线性系统的最佳估计方法，题3图表明线性系统能够用另一种方法来估计。假定 $x(n)$和 $y(n)$这二者我们都能观察到，并设 $e(n)$是白色高斯噪声，其平均值为零，方差为 σ_e^2，且 $e(n)$与 $x(n)$统计无关。若试图对线性系统的冲激响应作出估计，使得均方误差 $\varepsilon=E[y(n)-\hat{h}(n)*x(n)]^2$ 为最小，其中 $\hat{h}(n)(0\leqslant n\leqslant M-1)$是 $h(n)$的估值。那么，

① 对于 $\hat{h}(n)$，求一组用 $x(n)$的自相关函数和 $y(n)$与 $x(n)$的互相关函数表示的线性方程组。

② 如何针对①中导出的方程组去求一组解？它们和本章讨论的 LPC 法有何关系？

③ 导出最小均方误差 ε 的表示式。

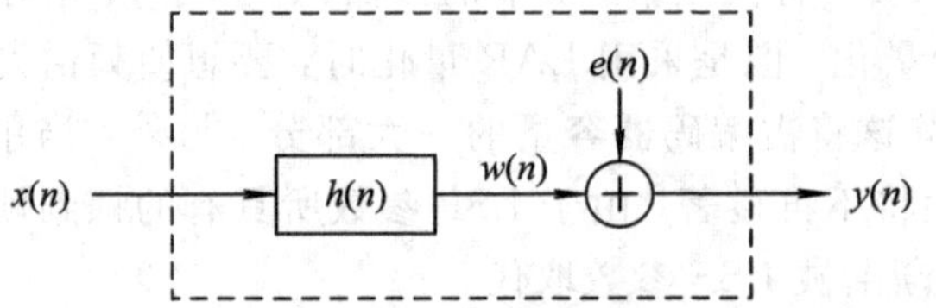

题3图

4. 有一种以 LPC 为基础的基音检测方法，利用 LPC 误差信号 $e(n)$的自相关函数，$e(n)$可以写成 $e(n)=s(n)-\sum_{i=1}^{p}a_i\hat{s}(n-i)$，如果设 $a_0=-1$，则有 $e(n)=-\sum_{i=0}^{p}a_i\hat{s}(n-i)$，对于窗选信号 $\hat{s}(n)=s(n)w(n)$，它在 $0\leqslant n\leqslant N-1$ 范围内不为零，在其他各处均为零。

① 证明 $e(n)$的自相关函数 $R_e(n)$可以写成如下形式：

$$R_e(m)=\sum_{l=-\infty}^{+\infty}R_a(l)R_{\hat{s}}(m-l)$$

其中 $R_a(l)$是 LPC 系数的自相关函数，$R_{\hat{s}}(l)$是 $\hat{s}(n)$的自相关函数。

② 当语音抽样频率为 10 kHz 时，为了估计 m 值在 3～15 ms 间隔内的 $R_e(m)$，需要做多少次计算(即相乘和相加的次数)？

5. LSP 参数的定义是什么？它有何特性？

第四章 矢量量化

4.1 概述

数字通信系统以其抗干扰能力强，保密性好，便于传输、存储、交换和处理等优点得到广泛应用，但数字信号的数据量通常很大，给存储器的存储容量、通信信道的带宽及计算机的处理速度带来压力，因此必须对其进行量化压缩。

量化可以分为两大类：一类是标量量化，另一类是矢量量化 VQ（Vector Quantization）。标量量化是把抽样后的信号值逐个进行量化，而矢量量化是先将 $k(k\geqslant 2)$ 个抽样值形成 k 维空间 R^k 中的一个矢量，然后将此矢量进行量化，并设法使其失真或量化噪声最小，它可以极大地降低数码率，优于标量量化。各种数据都可以用矢量表示，直接对矢量进行量化，可以方便地对数据进行压缩。矢量量化属于不可逆压缩方法，能够有效地利用矢量中各分量间相互关联的性质(线性依赖性、非线性依赖性、概率密度函数的形状及矢量维数)以消除冗余度，具备比特率低、解码简单、失真较小的优点。矢量量化压缩技术不但广泛应用于图像和语音压缩编码等传统领域，而且在移动通信、语音识别、文献检索及数据库检索等领域得到愈来愈广泛的应用。

在信息论中，香农提出了两个重要观点。第一个观点是：一个有效的通信系统总能通过良好的信源编码系统和良好的信道编码系统级联而成。这种编码功能的分离并非总能产生一个最佳编码系统，但可保证系统是局部最优的。事实上，现在大多数实际通信系统的设计都基于这种分离方式。第二个观点是：可引入一种所谓的“块源编码系统”，该系统先将输入信号进行分段(块)处理，然后将每一块(矢量)映射为信道代号(通常是二进制数)。这种映射方法对过去的信号矢量不具有记忆性。这种块源码的解码过程是把块的代码(二进制数)映射为原输入块的重构块或矢量。通常，用失真测度来衡量给定输入矢量与其重构矢量之间的差异。香农把这种类型的编码系统称为矢量量化器，这种编码操作称为矢量量化。事实上，从术语“块源码”到“矢量量化”的改变反映了从无结构的理论研究到有结构的算法设计(包括硬件设计)的改变。所有矢量量化器都把最小失真映射作为编码核心。香农的矢量量化理论认为编码器应以块与块之间不相关的方式工作，而现在的矢量量化理论则在此基础上提出了与预测量化类似的有记忆矢量量化器(块间相关)。此外，香农理论表明在速率受限条件下或在平均失真受限条件下，许多基于无记忆“块编码”的通信系统可通过设计达到最优性能。然而这个理论并未考虑实现的复杂度问题，也未考虑信号编码和解码过程所带来的编码延迟，在许多应用中这些都是关键问题。但这个理论并未忽视这样一个众所周知的事实：使用具有存储功能的编码系统可在给定速率和复杂程度下取得更好的编码性能。

矢量量化的发展大致可以分为两个阶段：

第一阶段约为1956年～1977年。1956年，Steinhaus第一次系统地阐述了最佳矢量量化问题。1957年，在Loyd的“PCM中的最小平方量化”一文中给出了如何划分量化区间和如何求量化值问题的结论。约与此同时，Max也得出了同样的结果。虽然他们谈论的都是标量量化问题，但他们的算法对后来的矢量量化的发展有着深刻的影响。1964年，Newman研究了正六边形定理。1977年，Berger的《率失真理论》一书出版。总体来说，这一阶段的工作多是理论性的，但它们为第二阶段的发展奠定了一定的基础。

第二阶段约为1978年至今。1978年，Buzo第一个提出实际的矢量量化器。他提出的量化系统的组成分为两步：第一步将语音做线性预测分析，求出预测系数；第二步对这些系数做矢量量化。于是得到压缩数码的语音编码器。1980年，Linde、Buzo和Gray将Lloyd-Max算法推广，发表了第一个矢量量化器的设计算法，通常称为LBG算法。这就使矢量量化的研究向前推进了一大步。这一时期，人们对矢量量化问题展开了全面的研究，其中主要是对失真测度的探讨、码书的设计、各种矢量量化系统的研究、快速搜索算法的寻找等。

矢量量化研究的进展是很快的，1980年，美国加州公司的Wong和Juang等人在原来编码速率为2.4 kb/s的线性预测声码器上，仅将滤波系数由标量量化改为矢量量化，就可使编码速率降低到800 b/s，而声音质量基本未下降。1983年，美国BBN公司的Makhoul等人研制了一种分段式声码器。由于该声码器采用了矢量量化，所以可以用150 b/s的速率来传送可懂的话音。近几十年来在已经提出的各种矢量量化方法和系统的基础上，再与其他编码技术相结合，得到了更好的矢量量化方法。在图像数据压缩和语音识别的应用方面，矢量量化研究也得到了很快的发展，提出了各种各样的矢量量化系统，用硬件实现矢量量化系统的方法也日益增多。

4.2 矢量量化的基本原理

4.2.1 矢量量化的定义

矢量量化先把信号序列的每K个连续样点分成一组，形成K维欧氏空间中的一个矢量，然后对此矢量进行量化。

图4.1中的输入信号序列$\{x_n\}$每4个样点构成一个矢量(取$K=4$)，共得到$n/4$个四维矢量，即$\boldsymbol{X}_1$，$\boldsymbol{X}_2$，$\boldsymbol{X}_3$，…，$\boldsymbol{X}_{n/4}$。矢量量化就是先集体量化$\boldsymbol{X}_1$，然后量化$\boldsymbol{X}_2$，再依次向下量化。下面以$K=2$为例进行说明。

当$K=2$时，所得到的是一些二维矢量，所有可能的二维矢量就形成了一个平面。如果记二维矢量为(a_1, a_2)，所有可能的(a_1, a_2)就是一个二维欧氏空间。如图4.2(a)所示，矢量量化就是先把这个平面划分成N块(相当于标量量化中的量化区间)，即S_1，S_2，…，S_N，然后从每一块中找一个代表值$\boldsymbol{Y}_i$($i=1, 2, \cdots, N$)(相当于标量量化中的量化值)，这就构成了一个有N个区间的二维矢量量化器。图4.2(b)所示的是一个7区间的二维矢量量化器，即$K=2$，$N=7$，有$\boldsymbol{Y}_1$，$\boldsymbol{Y}_2$，…，$\boldsymbol{Y}_7$共7个代表值，通常把这些代表值$\boldsymbol{Y}_i$称为量化矢量。

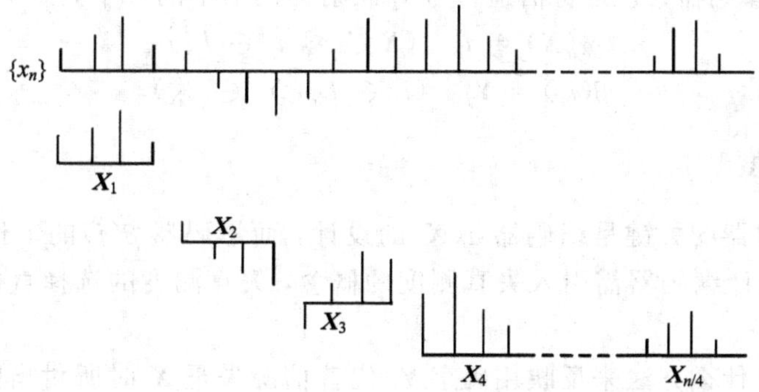

图 4.1 4 维矢量形成示意图

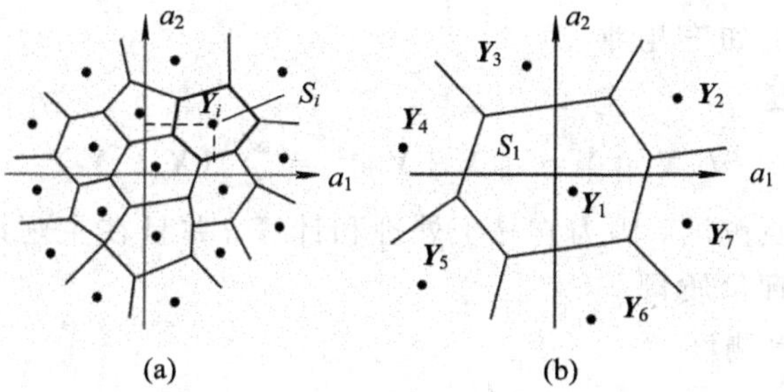

图 4.2 矢量量化示意图

若要对落在二维矢量空间中的一个模拟矢量 $\boldsymbol{X}=(a_1, a_2)$进行量化，首先要选择一个合适的失真测度，而后利用最小失真原则，分别计算用量化矢量 $\boldsymbol{Y}_i(i=1, 2, \cdots, 7)$替代 $\boldsymbol{X}$ 所带来的失真。其中最小失真值所对应的那个量化矢量 $\boldsymbol{Y}_i(i=1, 2, \cdots, 7)$中某一个，就是模拟矢量 $\boldsymbol{X}$ 的重构矢量(或称恢复矢量)。通常把所有 N 个量化矢量(重构矢量或恢复矢量)构成的集合$\{\mathscr{Y}_i\}$称之为码书(codebook)或码本。码书中的矢量称为码字(codeword)或码矢(codevector)。例如图 4.2(b)中所示的矢量量化器的码书 $\mathscr{Y}=\{\boldsymbol{Y}_1, \boldsymbol{Y}_2, \cdots, \boldsymbol{Y}_7\}$，其中每个量化矢量 $\boldsymbol{Y}_1, \boldsymbol{Y}_2, \cdots, \boldsymbol{Y}_7$ 称为码字或码矢。不同的划分或不同的量化矢量选取就可以构成不同的矢量量化器。

根据上面对矢量量化的描述，我们可以把矢量量化定义为

$$\boldsymbol{Y} \in \mathscr{Y}_N = \{\boldsymbol{Y}_1, \boldsymbol{Y}_2, \cdots, \boldsymbol{Y}_N \mid \boldsymbol{Y}_i \in R^k\}$$

矢量量化是把一个 K 维模拟矢量 $\boldsymbol{X}\in\mathscr{X}\subset R^k$ 映射为另一个 k 维量化矢量，其数学表达式为

$$\boldsymbol{Y} = Q(\boldsymbol{X}) \tag{4-1}$$

式中：$\boldsymbol{X}$ 表示输入矢量；$\mathscr{X}$表示信源空间；R^k 表示 k 维欧氏空间；$\boldsymbol{Y}$ 表示量化矢量(码字或码矢)；$\mathscr{Y}_N$ 表示输出空间(即码书)；$Q(\cdot)$表示量化符号；N 表示码书的大小(即码字的数目)。

矢量量化系统通常可以分解为两个映射的乘积，即

$$Q = \alpha\beta \tag{4-2}$$

式中，α 是编码器，它是将输入矢量 $\boldsymbol{X}\in\mathscr{X}\subset R^k$ 映射为信道符号集 $I_N=\{i_1, i_2, \cdots, i_N\}$中

的一个元 i_j；β 是译码器，它是将信道符号 i_j 映射为码书中的一个码字 $\boldsymbol{Y}_i$，即

$$\alpha(\boldsymbol{X}) = i_j \quad (\boldsymbol{X} \in \mathscr{X},\ i_j \in I_N) \tag{4-3}$$

$$\beta(i_j) = \boldsymbol{Y}_j \quad (i_j \in I_N,\ \boldsymbol{Y}_i \in \mathscr{Y}_N) \tag{4-4}$$

4.2.2 失真测度

设计矢量量化器的关键是编码器 $\alpha(\boldsymbol{X})$的设计，而译码器 $\beta(i)$的工作过程仅是一个简单的查表过程。设计编码器需引入失真测度的概念，失真测度的选择直接影响矢量量化系统的性能。

失真测度是以什么方法来反映用码字 $\boldsymbol{Y}_i$ 代替信源矢量 $\boldsymbol{X}$ 时所付出的代价，这种代价的统计平均值(平均失真)描述了矢量量化器的工作特性，即

$$D = E[d[\boldsymbol{X},\ Q(\boldsymbol{X})]] \tag{4-5}$$

式中，$E[\cdot]$表示求期望。

常用的失真测度有如下几种：

(1) 平方失真测度

$$d(\boldsymbol{X},\boldsymbol{Y}) = \|\boldsymbol{X}-\boldsymbol{Y}\|^2 = \sum(\boldsymbol{X}_i-\boldsymbol{Y}_i)^2 \tag{4-6}$$

这是最常用的失真测度，因为它易于处理和计算，并且在主观评价上有意义，即小的失真值对应好的主观评价质量。

(2) 绝对误差失真测度

$$d(\boldsymbol{X},\boldsymbol{Y}) = |\boldsymbol{X}-\boldsymbol{Y}| = \sum_{i=1}^{k} |\boldsymbol{X}_i-\boldsymbol{Y}_i| \tag{4-7}$$

此失真测度的主要优点是计算简单，硬件容易实现。

(3) 加权平方失真测度

$$d(\boldsymbol{X},\boldsymbol{Y}) = (\boldsymbol{X}-\boldsymbol{Y})^{\mathrm{T}}\boldsymbol{W}(\boldsymbol{X}-\boldsymbol{Y}) \tag{4-8}$$

式中，T 表示矩阵转置符号；$\boldsymbol{W}$ 表示正定加权矩阵。

在矢量量化器的设计中，失真测度的选择是很重要的。一般来说，要使所选用的失真测度有实际意义，必须要求它具有以下几个特点：

① 必须在主观评价上有意义，即小的失真对应好的主观质量评价；

② 必须在数学上易于处理，能导致实际的系统设计；

③ 必须可计算并保证平均失真 $D=E[D[\boldsymbol{X},\ Q(\boldsymbol{X})]]$存在；

④ 所采用的失真测度应使系统容易用硬件实现。

4.2.3 矢量量化器

有了失真测度，就可以根据矢量量化的定义来具体设计矢量量化器了。通常用最小失真的方法——最近邻法 NNR(Nearest Neighbor Rule)来设计，也就是要满足下式：

$$\alpha(\boldsymbol{X}) = i \Leftrightarrow d(\boldsymbol{X},\boldsymbol{Y}_i) \leqslant d(\boldsymbol{X},\boldsymbol{Y}_j) \tag{4-9}$$

式中，$I_N=\{1,\ 2,\ \cdots,\ i,\ \cdots,\ N\}$；$N$ 为码书的大小；$\Leftrightarrow$表示当且仅当(充分必要条件)。

这样就可以得到一个如图 4.3 所示的矢量量化器实现框图。其工作过程是：在编码端，输入矢量 $\boldsymbol{X}$ 与码书(Ⅰ)中的每一个或部分码字进行比较，分别计算出它们的失真。搜索到失真最小的码字 $\boldsymbol{Y}_i$ 的序号 i(或此码字所在码书中的地址)，并将 i 的编码信号通过信

道传输到译码端；在译码端，先把信道传来的编码信号译成序号 i，再根据序号 i(或码字 $\boldsymbol{Y}_i$ 所在地址)，从码书(Ⅱ)中查出相应的码字 $\boldsymbol{Y}_i$。由于码书(Ⅰ)与码书(Ⅱ)是完全一样的，此时失真 $D(\boldsymbol{X},\boldsymbol{Y}_i)$ 最小，所以 $\boldsymbol{Y}_i$ 就是输入矢量 $\boldsymbol{X}$ 的重构矢量(恢复矢量)。很明显，由于在信道中传输的并不是矢量 $\boldsymbol{Y}_i$ 本身，而是其序号 i 的编码信号，所以传输速率还可以进一步降低。

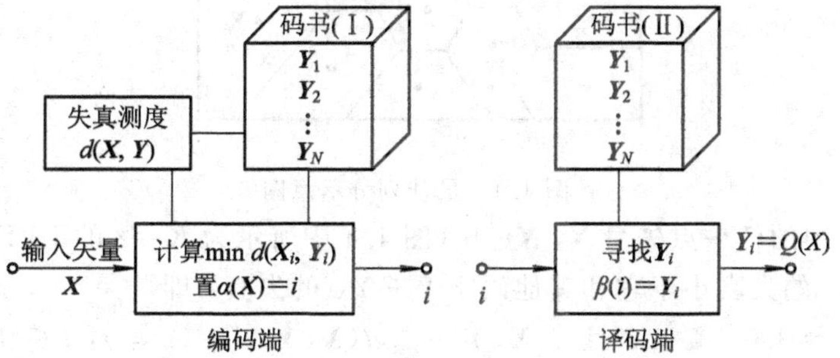

图 4.3 矢量量化原理框图

矢量量化是一种高效的数据压缩技术，和其他数据压缩技术一样，它除了有失真以外，还有一个传输速率问题，即每个样值(每维)平均编码所需的比特数。

矢量量化器的速率定义为

$$r=\frac{B}{K}=\frac{1}{K}\mathrm{lb}N \quad (\text{比特 / 样值或每维}) \tag{4-10}$$

式中，$B=\mathrm{lb}N$ 表示每个码字的编码比特数；N 表示码书的大小(即码字的数目)；K 表示维数。

由式(4-10)可见，矢量量化器的速率 r 与码书大小 N 的对数 $\mathrm{lb}N$ 成正比，与维数 K 成反比。这说明 N 越大，速率越高；而维数 K 越大，速率越低。

信道中传输速率 R_{T} 与矢量量化器速率 r 的关系为

$$R_{\mathrm{T}}=f_{\mathrm{s}}r \tag{4-11}$$

式中，f_{s} 为抽样速率。

4.3 最佳矢量量化器

在标量量化中，Lloyd - Max 算法给出了设计最佳标量量化器(失真最小)的两个必要条件：一是在预先划分定量化区间 $\Delta x_\alpha(\alpha=1, 2, \cdots, n)$情况下，集合$\{\hat{x}_\alpha\}$中每一个量化值必须是相应量化区间的质量中心；二是当量化值 $\hat{x}_\alpha(\alpha=1, 2, \cdots, n)$给定时，量化区间的端点值 $x_\alpha(\alpha=1, 2, \cdots, n-1)$必须是量化值 $\hat{x}_\alpha(\alpha=1, 2, \cdots, n)$中两个邻近点的中点值。同样，在设计最佳矢量量化器时，重要的问题是如何划分量化区间和确定量化矢量。Gray 等人把标量量化中设计最佳量化器的两个条件，推广到设计最佳矢量量化器中。分别在两个给定条件下，寻找最佳划分与最佳码书，使平均失真最小，即一是在给定条件下，寻找信源空间的最佳划分，使平均失真最小；二是在给定划分条件下，寻找最佳码书，使平均失真最小。下面分别讨论。

(1) 最佳划分。由于码书已给定，因此可以用最近邻准则 NNR(Nearest Neighbor Rule)得到最佳划分。图 4.4 为 $K=2$ 的最佳划分示意图。

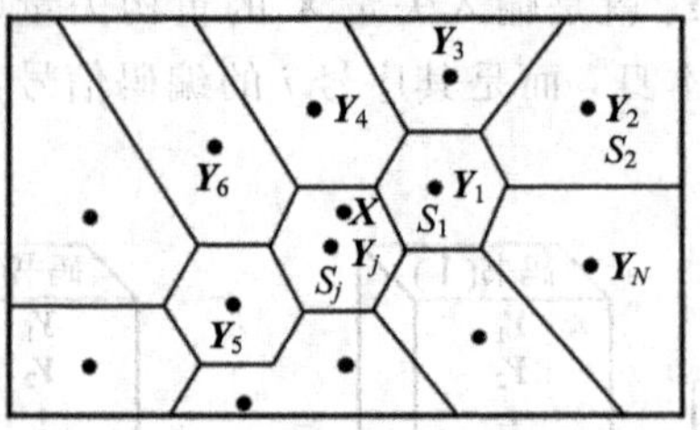

图 4.4　最佳划分示意图

信源空间 $\mathscr{X}$ 中的任一点矢量 $\boldsymbol{X}$，$\boldsymbol{X}\in S_j$(图 4.4 中所示为 $K=2$ 的平面)，如果任意输入矢量 $\boldsymbol{X}$ 和码字 $\boldsymbol{Y}_j$ 的失真小于它和其他码字 $\boldsymbol{Y}_i\in Y_N$ 的失真，即

$$S_j=\{\boldsymbol{X}\mid \boldsymbol{X}\in\mathscr{X}\text{且 } d(\boldsymbol{X},\boldsymbol{Y}_j)\leqslant d(\boldsymbol{X},\boldsymbol{Y}_j)\}\quad (i\neq j,\ i\in I_N)\tag{4-12}$$

则 S_j 为最佳划分。如果 $\boldsymbol{X}$ 落在边界上，可以在不增加失真的前提下，将 $\boldsymbol{X}$ 置于任何邻近区间中。由于给定码书 $\mathscr{Y}_N=\{\boldsymbol{Y}_1,\boldsymbol{Y}_2,\cdots,\boldsymbol{Y}_j,\cdots,\boldsymbol{Y}_N\}$ 共有 N 个码字，所以可以把信源空间划分成 N 个区间 $S_j(j=1,2,\cdots,N)$。通常把这种划分称为 Voronoi 划分，对应的子集 $S_j(j=1,2,\cdots,N)$ 称为 Voronoi 胞腔(cell)，下面简称胞腔。

(2) 最佳码书。给定了划分 S_i(并不是最佳划分)后，为了使码书的平均失真最小，码字 $\boldsymbol{Y}_i$ 必须为相应划分 $S_i(i=1,2,\cdots,N)$ 的形心，即

$$\boldsymbol{Y}_i=\min_{Y\in R^k}{}^{-1}\mathrm{E}[d(\boldsymbol{X},\boldsymbol{Y})\mid \boldsymbol{X}\in S_i]\tag{4-13}$$

式中，$\min^{-1}$ 表示选取的 $\boldsymbol{Y}$ 是平均失真 $\mathrm{E}[d(\boldsymbol{X},\boldsymbol{Y})\mid\boldsymbol{X}\in S_i]$ 为最小的 $\boldsymbol{Y}$。

对于一般的失真测度和信源分布，很难找到形心的计算方法，但对一些简单的分布和好的失真测度，则是容易找到形心的计算方法的。例如，对于由训练序列定义的样点分布和常用的均方失真测度，形心就可由下式给出：

$$\boldsymbol{Y}_i=\frac{1}{|S_i|}\sum_{x\in S_i}\boldsymbol{X}\tag{4-14}$$

式中，$|S_i|$ 表示集合 S_i 中元素的个数(S_i 集中有 $|S_i|$ 个 $\boldsymbol{X}$)。

有了上述的最佳划分和最佳码书两个条件，就可以得到矢量量化器的设计算法了。

4.4 矢量量化器的设计算法

4.4.1 LBG 算法

设计矢量量化器的主要任务是设计码书 Y_N。对于给定码字数目 N 的情况下，由上节所述的两个必要条件可以推导出一个矢量化器的设计算法。这个算法是由 Linde、Buzo 和 Gray 三人在 1980 年首次提出的，它是标量量化器中 Loyd 算法的多维推广，常称为 LBG 算法。此算法既可以用于已知信源分布特性的场合，也可以用于未知信源分布特性，但要知道它的一列输出值(称为训练序列)的场合。由于对实际信源(如语声等)很难准确地得到多维概率分布，因而通常多用训练序列来设计矢量量化器。下面分别给出这两种情况下的

迭代算法。

算法一：已知信源分布特性的设计算法。

图 4.5 所示的是已知信源分布特性的算法流程图，具体步骤如下：

① 给定初始码书 $\mathscr{Y}_N^{(0)}$，即给定码书大小 N 和码字$\{\boldsymbol{Y}_1^{(0)}, \boldsymbol{Y}_2^{(0)}, \cdots, \boldsymbol{Y}_N^{(0)}\}$，并置 $n=0$，设起始平均失真 $D^{(-1)}\to\infty$，以及给定计算停止门限 $\varepsilon(0<\varepsilon<1)$。

② 用码书 $\mathscr{Y}_N^{(0)}$ 根据最佳划分原则构成 N 个胞腔 $S_j^{(n)}(j=1, 2, \cdots, N)$。

③ 计算平均失真与相对失真：

平均失真为

$$D^{(n)} = E[d(\boldsymbol{X}, \boldsymbol{Y})] = \sum_{i=1}^{N} p_i E[d(\boldsymbol{X}, \boldsymbol{Y}_i) \mid \boldsymbol{X} \in S_i^{(n)}] \tag{4-15}$$

相对失真为

$$\widetilde{D}^{(n)} = \left| \frac{D^{(n-1)} - D^{(n)}}{D^{(n)}} \right| \tag{4-16}$$

若 $\widetilde{D}^{(n)} \leqslant \varepsilon$，则计算停止，此时的码书 $\mathscr{Y}_N^{(n)}$ 就是设计好的码书 $\mathscr{Y}_N = \mathscr{Y}_N^{(n)}$，否则进行第④步。

④ 利用式(4-14)计算这时划分的各胞腔的形心，由这 N 个新形心$\{\boldsymbol{Y}_1^{(n+1)}, \boldsymbol{Y}_2^{(n+2)}, \cdots, \boldsymbol{Y}_N^{(n+1)}\}$构成新的码书 $\mathscr{Y}_N^{(n+1)}$，并置 $n=n+1$，返回第②步再进行计算，直到 $\widetilde{D}^{(n+L)} \leqslant \varepsilon$，得到所要求设计的码书 $\mathscr{Y}_N = \mathscr{Y}_N^{(n+L)}$ 为止。

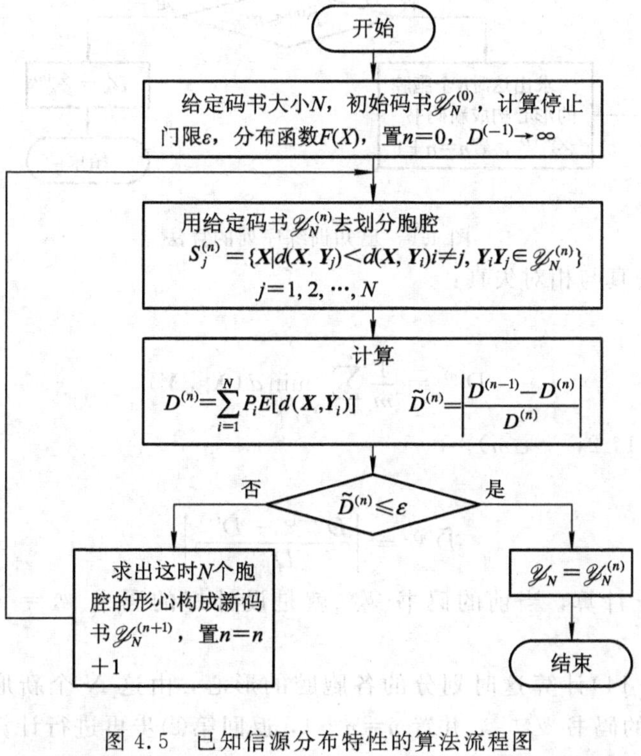

图 4.5 已知信源分布特性的算法流程图

算法二：已知训练序列的设计算法。

图 4.6 所示的已知训练序列的设计算法的流程图，具体步骤如下：

① 给定初始码书 $\mathscr{Y}_N^{(0)}$，即给定码书大小 N 和码字 $\{\boldsymbol{Y}_1^{(0)}, \boldsymbol{Y}_2^{(0)}, \cdots, \boldsymbol{Y}_N^{(0)}\}$，并置 $n=0$，设起始平均失真 $D^{(-1)}\to\infty$，给定计算停止门限 $\varepsilon(0<\varepsilon<1)$。

② 用码书 $\mathscr{Y}_N^{(n)}$ 为已知形心，根据最佳划分原则把训练序列 $\text{TS}=\{X_1, X_2, \cdots, X_m\}$ 划分为 N 个胞腔，即

$$\delta_j^{(n)} = \{\boldsymbol{X} \mid d(\boldsymbol{X}, \boldsymbol{Y}_j) < d(\boldsymbol{X}, \boldsymbol{Y}_j)\} \tag{4-17}$$

$$i \neq j, \boldsymbol{Y}_i, \boldsymbol{Y}_j \in \mathscr{Y}_N^{(n)}, \boldsymbol{X} \in \text{TS} \quad (j = 1, 2, \cdots, N)$$

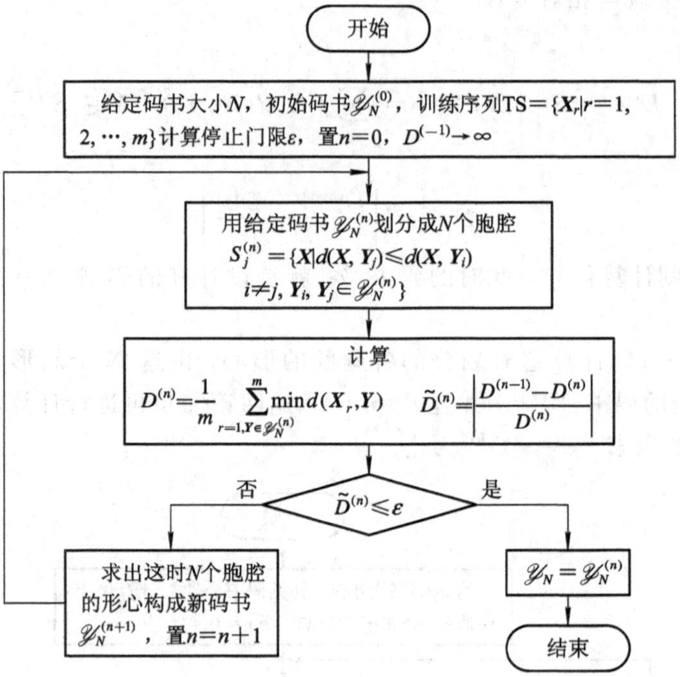

图 4.6　已知训练序列的算法

③ 计算平均失真与相对失真：

平均失真为

$$D^{(n)} = \frac{1}{m}\sum_{r=1}^{m} \min_{\boldsymbol{Y}\in\mathscr{Y}_N^{(n)}} d(\boldsymbol{X}_r, \boldsymbol{Y}) \tag{4-18}$$

式中，$\boldsymbol{X}_r \in \text{TS}(r=1, 2, \cdots, m)$。

相对失真为

$$\widetilde{D}^{(n)} = \left|\frac{D^{(n-1)} - D^{(n)}}{D^{(n)}}\right| \tag{4-19}$$

若 $\widetilde{D}^{(n)}\leqslant\varepsilon$，则停止计算，当前的码书 $\mathscr{Y}_N^{(n)}$ 就是设计好的码书 $\mathscr{Y}_N = \mathscr{Y}_N^{(n+L)}$，否则进行第④步。

④ 利用式(4-14)计算这时划分的各胞腔的形心，由这 N 个新形心 $\{\boldsymbol{Y}_1^{(n+1)}, \boldsymbol{Y}_2^{(n+1)}, \cdots, \boldsymbol{Y}_N^{(n+1)}\}$ 构成新的码书 $\mathscr{Y}_N^{(n+1)}$，并置 $n=n+1$，返回第②步再进行计算，直到 $\widetilde{D}^{(n+L)}\leqslant\varepsilon$，得到所要求的码书 $\mathscr{Y}_N=\mathscr{Y}_N^{(n+L)}$ 为止。

从理论上来讲，当训练序列充分长时，以上两种算法有某种等效性。Gray、Kieffer 和 Linde 在 1980 年证明，当信源是矢量平稳且遍历时，若训练序列长度 $m\to\infty$，算法一和算

法二是等价的。1985 年，Subin 和 Gray 又把这个结果进一步推广到一大类信源的场合。除证明了极限情况下的结论外，他们还证明了对一个固定的迭代次数，算法二设计的矢量量化器逼近于算法一设计的矢量量化器。

4.4.2 初始码书的选定与空胞腔的处理

从前面讨论的两种 LBG 实际算法中可见，初始码书如何选取对最佳码书设计是很有影响的。下面介绍两种初始码书选取方法。

(1) 随机法。这种方法是从训练序列中随机选取 N 个矢量作为初始码字，构成初始码书 $\mathscr{Y}_N^{(0)}=\{\boldsymbol{Y}_1^{(0)},\boldsymbol{Y}_2^{(0)},\cdots,\boldsymbol{Y}_N^{(0)}\}$的。此时的优点是不用初始化计算，从而可大大地减少了计算时间；另外一个优点是由于初始码字选自训练序列中，因而无空胞腔问题。它的一个缺点是可能会选到一些非典型的矢量作码字，因而该胞腔中只有很少矢量，甚至只有一个初始码字，而且每次迭代又都保留了这些非典型矢量或非典型矢量的形心；另一个缺点是会造成在某些空间把胞腔分得过细，而有些空间分得太大。这两个缺点都会导致码书中有限个码字得不到充分利用，设计的矢量量化器的性能就可能较差。

(2) 分裂法。这种方法是 1980 年由 Linde、Buzo 和 Gray 提出的，具体步骤如下：

① 计算所有训练序列 TS 的形心，将此形心作为第一个码字 $\boldsymbol{Y}_1^{(0)}$；

② 用一个合适的参数 A，乘以码字 $\boldsymbol{Y}_1^{(0)}$，形成第二个码字 $\boldsymbol{Y}_2^{(0)}$；

③ 以码字 $\boldsymbol{Y}_1^{(0)}$、$\boldsymbol{Y}_2^{(0)}$ 为简单的初始码书，即

$$\mathscr{Y}_2^{(0)}=\{\boldsymbol{Y}_1^{(0)}、\boldsymbol{Y}_2^{(0)}\}$$

用前面所述的 LBG 算法，去设计仅含 2 个码字的码书 $\mathscr{Y}_2^{(n)}=\{\boldsymbol{Y}_1^{(n)}、\boldsymbol{Y}_2^{(n)}\}$；

④ 将码书 $\mathscr{Y}_2^{(n)}$ 中的 2 个码字 $\boldsymbol{Y}_1^{(n)}$、$\boldsymbol{Y}_2^{(n)}$ 分别乘以合适的参数 B，得到 4 个码字 $\boldsymbol{Y}_1^{(n)}$、$\boldsymbol{Y}_2^{(n)}$、$\boldsymbol{BY}_1^{(n)}$、$\boldsymbol{BY}_2^{(n)}$；

⑤ 以这 4 个码矢为基础，按步骤③构成含 4 个码字的码书，再乘以合适的参数以扩大码字的数目。如此反复，经 lb$N$ 次设计，就得到所要求的有 N 个码字的初始码书 $Y_N^{(0)}$。

在此方法中，这些参数的选择对初始码书的设计性能有一定影响。这些参数可选为一个固定常数，亦可以选为码字的增益。用分裂法形成的初始码书，其性能较好。当然以此初始码书设计的矢量量化器的性能也较好，但是计算工作量较大。

在 LBG 算法中，遇到的另一个问题是空胞腔和随机选择法中的非典型矢量如何处理。下面分别说明。

(1) 去细胞分裂法。首先把某空胞腔中的形心，即码字 $\boldsymbol{Y}_z$ 去掉，然后将最大的胞腔 S_M 分裂为 2 个小胞腔。分裂方法如下：

① 用一个合适的参数 A 去乘以原形心 $\boldsymbol{Y}_M$，得到 2 个码字：$\boldsymbol{Y}_{M1}=\boldsymbol{Y}_M$，$\boldsymbol{Y}_{M2}=A\boldsymbol{Y}_M$；

② 以 $\boldsymbol{Y}_{M1}$、$\boldsymbol{Y}_{M2}$ 2 个码字来划分这个大胞腔，构成 2 个小胞腔 S_{M1}、S_{M2}。它们分别为

$$S_{M1}=\{\boldsymbol{X}\mid d(\boldsymbol{X},\boldsymbol{Y}_{M1})\leqslant d(\boldsymbol{X},\boldsymbol{Y}_{M2}),\ \boldsymbol{X}\in S_M\} \tag{4-20}$$

$$S_{M2}=\{\boldsymbol{X}\mid d(\boldsymbol{X},\boldsymbol{Y}_{M2})\leqslant d(\boldsymbol{X},\boldsymbol{Y}_{M1}),\ \boldsymbol{X}\in S_M\} \tag{4-21}$$

有时，为了更精确起见，可以再计算 S_{M1}、S_{M2} 胞腔的形心，用类似于 LBG 的算法构成含 2 个码字的码书的办法进行分裂。此方法的优点是由于用 2 个小胞腔替代了 1 个大胞腔，其量化失真减小了，量化器的总失真也减小了，因此性能得到改善。

(2) 非典型码字的处理。在随机选择法中，存在一些非典型矢量，用它们去形成胞腔

时，胞腔中往往只有少数几个矢量，甚至只有它们自己本身一个矢量。其实在别的设计算法中，也有只含很少几个矢量的胞腔，此时一般采用下面的办法来处理：

① 重新选择随机初始码字，直到没有非典型码字为止；

② 把这种胞腔中少数矢量分别归并到邻近的各个胞腔中，再用分裂法把其中一个最大的胞腔分裂为 2 个小胞腔。

4.5 降低复杂度的矢量量化系统

矢量量化是一种高效的数据压缩方法，但其复杂度随矢量维数成指数增长。复杂度通常包含两个方面：一是运算量，二是存储量。前面介绍的基本矢量量化系统是全搜索矢量量化器，实际应用中，人们致力于研究降低复杂度的矢量量化系统，这种研究大致朝两个方向进行，一是寻找好的快速算法；二是使码书结构化，以减小搜索量和存储量。人们已提出多种方法，这里只介绍几种典型的方法。

4.5.1 树形搜索矢量量化器

树形搜索矢量量化器的优点是可以减少运算量，缺点是存储量有所增加且性能也有所下降。树搜索虽有二叉树和多叉树之分，但它们的原理是相同的，这里以二叉树为例进行如下说明。

1. 树搜索原理

树图是一个连通的且无环路的有向图。由图 4.7 可见，以树根第一层为起点，第二层有 2 个节点($\boldsymbol{Y}_0$，$\boldsymbol{Y}_1$)；第三层有 4 个节点($\boldsymbol{Y}_{00}$，$\boldsymbol{Y}_{01}$，$\boldsymbol{Y}_{10}$，$\boldsymbol{Y}_{11}$)；第四层(此树的最后一层)有 8 个节点，各层上的节点又称为树叶。

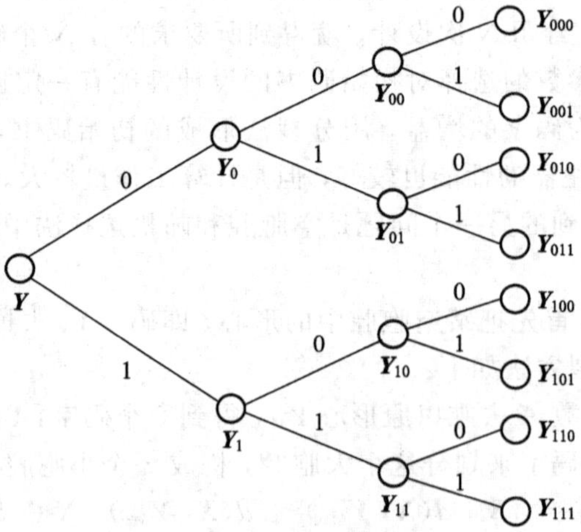

图 4.7 二叉树结构图($M=8$)

在进行矢量量化编码时，做逐层搜索，一直到最后一层，编码时的走步控制原则为

$$\text{控制逻辑值} = \begin{cases} 0(\text{当上子树的节点失真最小时}) \\ 1(\text{当下子树的节点失真最小时}) \end{cases}$$

具体量化步骤如下：

(1) 分别计算输入矢量 $\boldsymbol{X}$ 与 $\boldsymbol{Y}_0$、$\boldsymbol{Y}_1$ 的失真 $d(\boldsymbol{X},\boldsymbol{Y}_0)$和 $d(\boldsymbol{X},\boldsymbol{Y}_1)$，并且比较它们的大小。若 $d(\boldsymbol{X},\boldsymbol{Y}_0)> d(\boldsymbol{X},\boldsymbol{Y}_1)$，则走下支路(下子树)，到了节点 $\boldsymbol{Y}_1$ 处送出 1 码至信道；若 $d(\boldsymbol{X},\boldsymbol{Y}_0)< d(\boldsymbol{X},\boldsymbol{Y}_1)$，则走上支路(上子树)，到了节点 $\boldsymbol{Y}_0$ 处，就送出 0 码至信道。

(2) 若上一步走的是下支路，那么在节点 $\boldsymbol{Y}_1$ 处，再计算输入矢量 $\boldsymbol{X}$ 与节点 $\boldsymbol{Y}_{10}$、$\boldsymbol{Y}_{11}$ 的失真 $d(\boldsymbol{X},\boldsymbol{Y}_{10})$和 $d(\boldsymbol{X},\boldsymbol{Y}_{11})$，并且比较它们的大小。若 $d(\boldsymbol{X},\boldsymbol{Y}_{10})<d(\boldsymbol{X},\boldsymbol{Y}_{11})$，则走上支路，到 $\boldsymbol{Y}_{10}$ 处送出 0 码至信道；反之，就走下支路，到了 $\boldsymbol{Y}_{11}$ 处，送出 1 码至信道。

(3) 若刚才走的是上支路，那么在节点 $\boldsymbol{Y}_{10}$ 处分别计算失真 $d(\boldsymbol{X},\boldsymbol{Y}_{100})$和 $d(\boldsymbol{X},\boldsymbol{Y}_{101})$，并且比较它们的大小。若 $d(\boldsymbol{X},\boldsymbol{Y}_{100})>d(\boldsymbol{X},\boldsymbol{Y}_{101})$，则走下支路，到了树叶 $\boldsymbol{Y}_{101}$ 处送出 1 码到信道，$\boldsymbol{Y}_{101}$ 便是输入矢量 $\boldsymbol{X}$ 的量化矢量，在信道中传输的符号是 101；反之则走上支路，到了树叶 $\boldsymbol{Y}_{100}$ 处，送出 0 码到信道，$\boldsymbol{Y}_{100}$ 便是 $\boldsymbol{X}$ 的量化矢量，在信道中传输的是符号 100。

设二叉树码书大小 $M=2^k$(k 为正整数)。在形成二叉树码书时，分裂 k 次后即可得 $M=2^k$ 个码字。图 4.7 给出的是 $M=8=2^3$ 的分裂过程，每次分裂形成码书的一层，共有 $k=3$ 层。

2. 树结构的设计

树搜索矢量量化器的编码器是由树型码书和相应的搜索算法构成的。这种矢量量化器的特点是译码器的码书和编码器的码书不同。译码器采用数组型码书，因为它不必用树搜索办法去寻找相应输入矢量 $\boldsymbol{X}$ 的码字，只要根据传输来的符号到数组码书中去直读即可。图 4.8 是它的原理图。

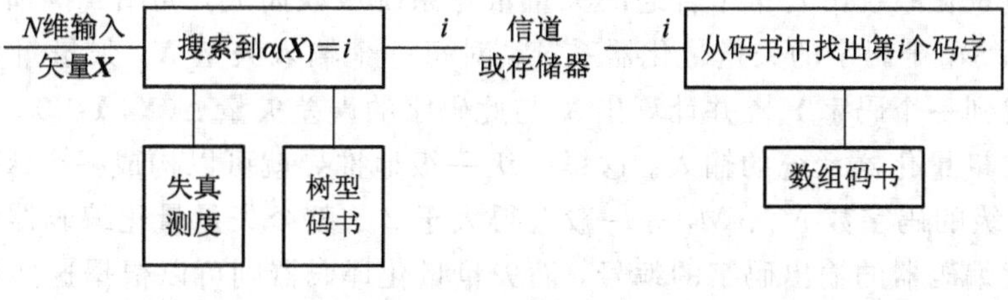

图 4.8 树搜索矢量量化器原理框图

设计树结构(找出各层的码字)的方法有两种：一种是从树叶开始设计；另一种是从树根开始设计。分别如下：

(1) 从树叶开始设计的方法。图 4.7 所示的四层二叉树矢量量化器的维数为 K，第四层有 $N=8$ 个码字(树叶数)。步骤如下：

① 假定第四层的 8 个码字，已由 LBG 设计码书的方法得到了。将这些码字按码字距离最近的原则配对(因为是二叉树型)，得到：$\{\boldsymbol{Y}_{000},\boldsymbol{Y}_{001}\}$，$\{\boldsymbol{Y}_{010},\boldsymbol{Y}_{011}\}$，$\{\boldsymbol{Y}_{100},\boldsymbol{Y}_{101}\}$，$\{\boldsymbol{Y}_{110},\boldsymbol{Y}_{111}\}$，并把它们放在相应的树叶位置上。

② 求出这些码字对的中心，如$\{\boldsymbol{Y}_{000},\boldsymbol{Y}_{001}\}$的中心为 $\boldsymbol{Y}_{00}$。总共得到四个中心：$\boldsymbol{Y}_{00}$，$\boldsymbol{Y}_{01}$，$\boldsymbol{Y}_{10}$，$\boldsymbol{Y}_{11}$，并把它们放在第三层上。

③ 将第三层上的码字仍按最近距离原则配对，得到$\{\boldsymbol{Y}_{00},\boldsymbol{Y}_{01}\}$，$\{\boldsymbol{Y}_{10},\boldsymbol{Y}_{11}\}$。再求出码字对中心 $\boldsymbol{Y}_0$ 与 $\boldsymbol{Y}_1$ 并将它们放在第二层上。

这种树形码书总的尺寸为 $N_0=8+4+2=14$，即共有 14 个码字，而译码端的码字大小

就是树叶数 $N=8$。

(2) 从树根开始设计的方法。同样以图 4.7 所示的四层二叉树为例，具体设计步骤如下：

① 求出整个训练序列的形心，作为初始码书。用一个合适的参数 A 去乘，得到另一个码字。而后以这两个值为初始码字，将训练序列按一定失真测度划分为 2 个胞腔，再计算出 2 个胞腔的形心 $\boldsymbol{Y}_0$ 与 $\boldsymbol{Y}_1$。用这种分裂法得到的 $\boldsymbol{Y}_0$、$\boldsymbol{Y}_1$ 便是第二层的 2 个码字。

② 再用上述分裂法，得到第三层的 4 个码字 $\boldsymbol{Y}_{00}$，$\boldsymbol{Y}_{01}$，$\boldsymbol{Y}_{10}$，$\boldsymbol{Y}_{11}$。这样继续下去，一直计算到树叶为止。

从上面的叙述不难看出，树搜索的过程是逐步求近似值的过程，中间的码字只起指引路线的作用。

3. 树搜索矢量量化器的复杂度

树搜索矢量量化器的特点是以适当提高空间复杂度来降低时间复杂度的。在搜索时间上，二叉树的搜索速度最快，全搜索最慢。在存储量上，二叉树多于全搜索。由于树搜索并不是从整个码书中寻找最小失真的码字的，因此它的量化器并不是最佳的，也就是说，树搜索矢量量化器的性能比全搜索矢量量化器的性能差。可以计算出，完成二叉树搜索所需的失真计算次数为 $2k$ 次，失真大小比较次数为 k 次。全搜索时失真计算次数 2^k 次，失真大小比较次数为(2^k-1)次。当 k 值较大时，二者的差异是很大的。实际应用树搜索矢量量化器时，可以适当选择各层的树叉型数，在搜索速度、存储量及质量三者之间得到一种折中。

4.5.2 多级矢量量化器

多级矢量量化系统由若干个普通的矢量量化系统级联而成，如图 4.9 所示，它的第一级是一个包括 M_1 个码字的矢量量化器系统。对每一个输入矢量 $\boldsymbol{X}$，矢量量化编码器 1 按最近邻准则找到一个码字 $\boldsymbol{Y}_i^{(1)}$ 并计算出 $\boldsymbol{X}$ 与此码字的误差矢量 $\Delta(\boldsymbol{X},\boldsymbol{Y}_i^{(1)})$。这个误差矢量即是第二级矢量量化器系统的输入。这样一级一级地推导就可以构成一个级联系统。在实际设计时，各级的码字数 M_1、M_2 等一般选得大于 2 。整个矢量量化编码器的输出即是各级联矢量量化编码器的输出码字的编号，而矢量量化译码器则可以根据这些编号恢复原始的输入矢量。

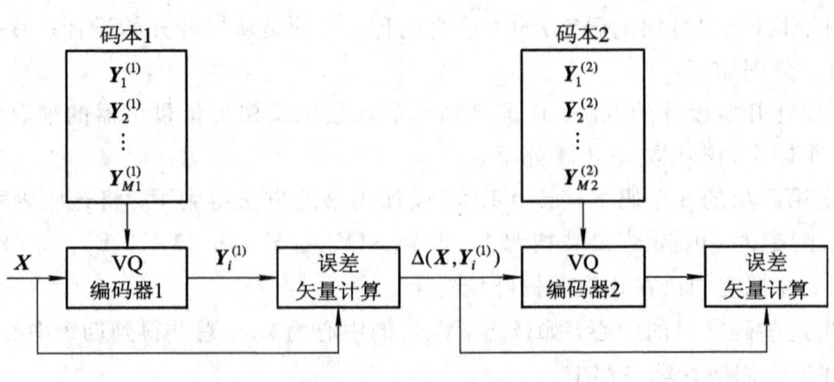

图 4.9 多级矢量量化系统编码器原理框图

多级矢量量化系统无论在减少搜索计算量方面还是减少码字存储量方面都有可观的改进，它的缺点是在同样的码书容量下，其平均量化失真大于全搜索矢量量化系统。

4.5.3 波形/增益矢量量化器

乘积码矢量量化是一种降低复杂度的量化方法，它的基本思想是将待量化的矢量的不同特征分别量化，同时又要保持它们之间的有机联系，最后将码字相乘得到重构矢量，因此称为乘积码。波形/增益矢量量化器就是一种乘积码矢量量化器，这种矢量量化器的特点是将波形与增益这两个不同特征的量分别进行量化，重构矢量由波形矢量与增益标量的乘积组成。

一般地，我们选择失真测度为加权均方误差为

$$d(\boldsymbol{X},\boldsymbol{Y})=(\boldsymbol{X}-\boldsymbol{Y})^{\mathrm{T}}\boldsymbol{W}(\boldsymbol{X}-\boldsymbol{Y}) \tag{4-22}$$

式中，$\boldsymbol{W}$ 为加权正定矩阵。将式(4-22)展开为

$$d(\boldsymbol{X},\boldsymbol{Y})=\boldsymbol{X}^{\mathrm{T}}\boldsymbol{W}\boldsymbol{X}-\boldsymbol{X}^{\mathrm{T}}\boldsymbol{W}\boldsymbol{Y}-\boldsymbol{Y}^{\mathrm{T}}\boldsymbol{W}\boldsymbol{X}+\boldsymbol{Y}^{\mathrm{T}}\boldsymbol{W}\boldsymbol{Y} \tag{4-23}$$

因为有

$$\boldsymbol{Y}^{\mathrm{T}}\boldsymbol{W}\boldsymbol{X}=\boldsymbol{X}^{\mathrm{T}}\boldsymbol{W}\boldsymbol{Y} \tag{4-24}$$

且用 $\boldsymbol{Y}_i$ 代替 $\boldsymbol{Y}$，可得

$$d(\boldsymbol{X},\boldsymbol{Y}_i)=\boldsymbol{X}^{\mathrm{T}}\boldsymbol{W}\boldsymbol{X}-2\boldsymbol{X}^{\mathrm{T}}\boldsymbol{W}\boldsymbol{Y}_i+\boldsymbol{Y}_i^{\mathrm{T}}\boldsymbol{W}\boldsymbol{Y} \tag{4-25}$$

从式(4-25)可以看出，失真 $d(\boldsymbol{X},\boldsymbol{Y}_i)$ 不受右边第一项的影响，所以在寻找最小失真 $d(\boldsymbol{X},\boldsymbol{Y}_i)$ 时，只需计算第二项和第三项。量化矢量 $\boldsymbol{Y}_{ij}$ 由波形矢量 $\hat{\boldsymbol{a}}_i$ 和增益标量 $\hat{\sigma}_j$ 的乘积组成，即

$$\boldsymbol{Y}_{ij}=\hat{\boldsymbol{a}}_i\hat{\sigma}_j \tag{4-26}$$

将 $\boldsymbol{Y}_{ij}$ 代替式(4-25)中的 $\boldsymbol{Y}_i$，可得到波形/增益矢量量化器的加权失真表示式为

$$d(\boldsymbol{X},\hat{\boldsymbol{a}}_i\hat{\sigma}_j)=\boldsymbol{X}^{\mathrm{T}}\boldsymbol{W}\boldsymbol{X}-2\hat{\sigma}_j\boldsymbol{X}^{\mathrm{T}}\boldsymbol{W}\hat{\boldsymbol{a}}_i+\hat{\sigma}_j^2\hat{\boldsymbol{a}}_i^{\mathrm{T}}\boldsymbol{W}\hat{\boldsymbol{a}}_i \tag{4-27}$$

编码过程就是选择一对下标 (i, j)，使 $d(\boldsymbol{X},\hat{\boldsymbol{a}}_i\hat{\sigma}_j)$ 最小。设

$$\hat{\boldsymbol{a}}_i^{\mathrm{T}}\boldsymbol{W}\hat{\boldsymbol{a}}_i=1 \quad (i=1,2,3,\cdots,N_1) \tag{4-28}$$

$$\hat{\sigma}_j\geqslant 0 \quad (i=1,2,3,\cdots,N_2) \tag{4-29}$$

已知波形码书含有 N_1 个码字，其维数为 K；增益码书含有 N_2 个码字，码字为标量。编码时，首先找出与输入矢量最相关的码字 $\hat{\boldsymbol{a}}_i$，使 $\boldsymbol{X}^{\mathrm{T}}\boldsymbol{W}\hat{\boldsymbol{a}}_i$ 为最大值；然后将相关值送到增益编码器进行标量量化，找到量化值 $\hat{\sigma}_j$，使 $(\hat{\sigma}_j^2-2\hat{\sigma}_j\boldsymbol{X}^{\mathrm{T}}\boldsymbol{W}\hat{\boldsymbol{a}}_i)$ 为最小值。将下标 (i, j) 编成二进制码送到信道中。根据收到的下标符号 (i, j)，译码器从收端两个码书中分别找出波形码字 $\hat{\boldsymbol{a}}_i$ 和增益码字 $\hat{\sigma}_j$，将它们相乘便得到重构矢量 $\boldsymbol{Y}_{ij}=\hat{\boldsymbol{a}}_i\hat{\sigma}_j$。

我们来分析一下波形/增益矢量量化器的复杂度。通常这样来度量：时间复杂度用每量化一个输入矢量所需要的加(减)法，乘法和比较运算的次数来度量；空间复杂度用存储单元多少来度量。为与全搜索矢量量化的复杂度进行对比，我们不计加权矩阵的计算量。对波形进行矢量量化时，为了选择到与输入矢量最相关的码字，需要进行 KN_1 次乘法，$(K-1)N_1$ 次加法和 (N_1-1) 次比较运算。对增益编码时，需要进行 N_2 次相乘，N_2 次相加和 (N_2-1) 次比较。这样，量化器的时间复杂度为

$$b=2KN_1+3N_2-2 \tag{4-30}$$

空间复杂度为

$$\mu = KN_1 + N_2 \tag{4-31}$$

与此波形/增益矢量量化器相当的全搜索矢量量化器的复杂度为

$$b = 3K(N_1N_2) - 1 \tag{4-32}$$

$$\mu = KN_1N_2 \tag{4-33}$$

由以上比较可见，波形/增益矢量量化器在复杂度方面的优点是明显的，但是它的性能不是最佳的，因为它的码书是次佳的。实际中，波形/增益矢量量化器常被用来作为一种使计算量最小的近似最佳解。

4.6　小　结

本章主要介绍了矢量量化的原理，满足最佳矢量量化器的条件，矢量量化器的设计，LBG 算法以及降低复杂度的矢量量化器的原理。

矢量量化是先把信号序列的每 K 个连续样点分成一组，形成 K 维欧氏空间中的一个矢量，然后对此矢量进行量化，优于标量量化。它的原理是：首先选一个合适的失真测度，而后利用最小失真原则，分别计算用量化矢量替代模拟矢量所带来的失真。其中最小失真值所对应的那个量化矢量中的某一个，就是模拟矢量的重构矢量，且在信道传输过程中传输的是量化矢量的脚标，而不是矢量本身，因此大大降低了数码率。

设计最佳标量量化器的两个条件，可以推广到设计最佳矢量量化器中。分别在两个给定条件下，寻找最佳划分与最佳码书，使平均失真最小，即一是在给定条件下，寻找信源空间的最佳划分，使平均失真最小；二是在给定划分条件下，寻找最佳码书，使平均失真最小，根据这个条件，得出了已知信源分布特性、已知训练序列的 LBG 算法。初始码书的选取也可以使用 LBG 算法。以 LBG 算法为基础，提出了许多改进的算法，可以参考有关文献。

矢量量化是一种高效的数据压缩方法，但其复杂度随矢量维数成指数增长，为了降低全搜索带来的复杂度，提出了降低复杂度的矢量量化器，包括树形搜索矢量量化器、多级矢量量化器、波形/增益矢量量化器等。

习　题　四

1. 简述矢量量化的定义和工作原理，并说明为什么矢量量化可以降低数码率。

2. 比较矢量量化和标量量化的不同。

3. 已知码书大小 $N=4$，给定训练序列为 $X=(1, 2, 4, 5, 7, 9, 18, 20)$，分别在下列两种情况下，用 LBG 算法设计最佳矢量量化器，在这里，量化器的维数为 1，不一定收敛，只要在这种条件下最好就行。

① 用随机法选取初始码书；

② 用分裂法选取初始码书。

4. 以上题设计出的最佳矢量量化器为例，把它设计成树形搜索的矢量量化，并比较其中的模拟矢量 5 量化为重构矢量时，采用 LBG 算法和树形搜索的失真计算次数。

5. 试自己设计二维的矢量量化器。

第五章　语 音 编 码

5.1　概　　述

语音信号的数字化传输一直是通信发展的主要方向之一。语音的数字通信与模拟通信相比，无疑具有更好的效率和性能。主要体现在：具有更好的话音质量；具有更强的抗干扰性，并易于进行加密；可节省带宽，能够更有效地利用网络资源；更加易于存储和处理。最简单的数字化方法是直接对语音信号进行模/数转换，只要满足一定的采样率和量化要求，就能够得到高质量的数字语音。但这时语音的数据量仍旧非常大，因此在进行传输和存储之前，往往要对其进行压缩处理，以减少其传输码率或存储量，即进行压缩编码。传输码率也称为数码率或编码速率，表示传输每秒钟语音信号所需的比特数。语音编码的目的就是要在保证语音音质和可懂度的条件下，采用尽可能少的比特数来表示语音。通常所说的“话音编码”则是特指通信传输系统中代表口语发声的 200～3400 Hz 的信号。

5.2　语音编码的分类及特性

语音编码按编码方式大致可以分为三种：波形编码、参数编码和混合编码。波形编码是将时间域或变换域信号直接变换为数字信号，力求使重建语音波形保持原始语音信号的波形形状。参数编码又称声码器编码，它是将信源信号在频域或其他变换域提取特征参数，然后对这些特征参数进行编码和传输，在译码端再将接收到的数字信号译成特征参数，根据这些特征参数重建语音信号。混合编码将波形编码和参数编码结合起来，克服了波形编码和参数编码的缺点，吸收了它们的长处，能够在较低速率上得到高质量的合成语音。

5.2.1　波形编码

波形编码追求的目标是降低量化每个语音样点的比特数，同时保持相对好的语音质量。在波形编码中，要求重建语音信号 $\hat{s}(n)$ 的各个样本尽可能地接近原始语音信号 $s(n)$ 的样本值，如果令 $e(n)=s(n)-\hat{s}(n)$ 表示量化误差或重构误差，那么波形编码的目的是在给定的传输比特率下，使误差序列 $e(n)$ 的能量最小。

传统的波形编码方法有脉冲编码调制（PCM）、自适应增量调制（ADM）和自适应差分脉冲编码调制（ADPCM）等。针对语音信号幅度分布不均匀的特点，PCM 中用 μ -律或 A -律对信号抽样进行不均匀量化，需要用 64 kb/s 码率实现；ADM 中对信号增量进行自适应量化，需要用16～32 kb/s码率实现；ADPCM利用波形样点之间的短时相关性，进行短时预测，对预测值与原始语音的差值(预测残差)进行编码，用32 kb/s码率可以再现高质量语音。波形编码具有语音质量好、适应能力强、算法简单、易于实现、抗噪性能强等优点；其缺点是所需的编码速率较高，一般在16～64 kb/s之间。

5.2.2 参数编码

参数编码以语音信号产生的数字模型为基础，对数字语音信号进行分析，提出一组特征参数(主要是指表征声门振动的激励参数和表征声道特性的声道参数)，这些参数携带有语音信号的主要信息，对其进行编码时只需要较少的比特数，在解码后可以由这些参数重新合成语音信号。在这种编码方式中，码率的降低主要取决于分析和提取什么样的特征参数以及合成器的类型。这种编码方法力图使重建语音信号具有尽可能高的可懂度，但重建语音信号与原始语音信号样本之间没有一一对应关系，因而合成语音的音质好坏需要借助于主观评定，而缺少客观的评定标准。共振峰声码器、线性预测声码器、余弦声码器都属于参数编码器。参数编码的优点是可实现低速率语音编码，其编码速率可低于2.4 kb/s，其缺点是语音质量差，自然度较低。这类编码器对讲话环境噪声较敏感，需要安静环境才能给出较高的可懂度。

5.2.3 混合编码

波形编码虽然能够得到很好的语音质量，但它的编码速率很高，而参数编码虽然能获得很低的编码速率，但其合成语音质量不高。混合编码在保留参数编码的技术精华的基础上，引用波形编码准则去优化激励源信号，克服了原有波形和参数编码的弱点，而吸取了它们各自的长处，在4～16 kb/s的速率上能够合成高质量语音。多脉冲激励线性预测编码(Multi-Pulse Linear Prediction Coding，MPELP)、码激励线性预测编码(Code Excited Linear Prediction，CELP)等都属于这类混合编码器。混合编码器以复杂的算法和很大的运算量为代价，在中低速率语音编码上获得了高质语音。

5.2.4 语音压缩编码的依据

一般来讲，语音编码的目的是在给定的编码速率下，使得编解码后恢复出的重构语音的质量尽可能高。提高语音编码效率的基本途径在于充分利用语音信号中的冗余度和人耳的听觉特性。

语音的冗余度主要来源于两个方面，即语音信号幅度分布的非均匀性和语音样点之间的相关性。

语音信号的幅度统计特性与信号的带宽、采样时的声学条件以及统计的时间长度都有关系。对于这样一种随机过程，它的概率密度分布不满足任何一种固定的分布，它是具有动态的、时变的、多维的暂态概率密度分布的随机过程。随着统计时间长度的不同，它表现的概率密度分布形式不同，一般认为长时(几十秒以上)统计幅度特性接近于gamma分布，而短时(几到几十毫秒)统计所得幅度特性接近于高斯分布。但无论长时或短时统计，语音信号总是小幅度出现的概率大，而大幅度出现的概率小。非均匀标量量化就是直接利用了语音信号的这一特点，使量化质量得到提高。参数编码质量的提高的理论基础也依赖于对语音信号的统计特性的进一步研究。

语音样点之间存在相关性是语音信号具有冗余度的另一原因。通过对于语音发声的机理进行研究，我们知道语音是由肺呼出的气流通过声门形成的激励信号激励声道，再经唇、口和鼻辐射出来的。从信号处理的角度出发，可以把语音看成是由白噪声或周期脉冲激励信号通过一个有色滤波器所产生的。这一过程在时域上看，相当于使样点之间产生了相关性；从频域看，相当于给频谱加色，使原来的白色谱变成了非平坦的有色谱。此外，在语音中的浊音段，信号具有准周期的特性，其频谱含有谱线结构。因此，除了谱包络代表的短时相关性外，浊音段还有长时相关性。利用语音信号的这些相关性，在时域上采用短时和长时预测，在频域上采用谱平整方法，都可以达到压缩编码比特率的目的。

语音压缩编码的第二个途径是利用人耳的“听觉掩蔽效应”。利用这一性质可以抑制与信号同时存在的量化噪声，如“噪声谱形变技术”；人的听觉对低频端比较敏感，而对高频端不太敏感，因此引出了“子带编码技术”；人的听觉对信号的相位特性不敏感，线性预测声码器利用这一特点，并不传送语音谱的相位信息，使码率能降至2.4 kb/s 以下，仍保持高的可懂度；感觉加权滤波器和后滤波技术则利用幅度谱的适度失真来降低量化噪声对语音质量的影响。

5.3　语音编码技术的发展史

早在 20 世纪 30 年代末，语音编码技术的研究已经开始。从最初的标准 64 kb/s 的 PCM 波形编码器到现在 4 kb/s 以下的参数编码的声码器，从最初的单一编码速率到现在自适应多速率，语音编码技术在最近几十年得到了迅速的发展。在数字通信领域实际需求的强力推动下，随着计算机技术的高速发展，语音编码技术的研究获得了突飞猛进的发展，并得到了广泛的应用，由此形成了比较完善的理论和技术体系。具体表现为，当今世界上存在着数量众多的语音编码的国际标准和地区性标准，并且该领域也成为国际标准化工作中最为活跃的研究领域。

1876 年，贝尔发明了电话，通过声电、电声转换技术第一次实现了远距离的语音通信。1937 年，A. H. Reeves 提出的脉冲编码调制(Pulse Code Modulation，PCM)理论则开创了语音数字化通信的历程。1939 年，美国人 Homer Dudly 研制成功了第一个声码器，从此奠定了语音产生模型的基础，语音处理开始了参数编码(或模型编码)的研究。20 世纪 60 年代，Sato Itakura(1966)和 Atal Schroeder(1967)研究出实用的共振峰声码器，最早把线性预测编码(Linear Predictive Coding，LPC)技术应用到语音分析和合成，并提出了自相关法、协方差法、格型法等实用快速算法。1966 年，J. L. Flanagan 提出了以瞬时频率为基础的相位声码器。1969 年，A. V. Oppenheim 提出了以倒谱为基础的同态声码器。1982 年，美国国家安全局(NSA)公布了 2.4 kb/s 的 LPC-10 声码器标准(FS-1015)；1984 年，美国国防部制定了 STU-Ⅲ 计划，采用 2.4 kb/s 的 LPC-10e 增强型。在众多声码器中，LPC 声码器终因其成熟的算法和参数的精确估计成为研究的主流，并逐步得到实用，参数编码在这个阶段获得了较大的发展。

20 世纪 80 年代中期到 20 世纪 90 年代这 10 年间，语音编码技术有了突破性的进展，闭环线性预测合成分析算法(Linear Prediction Analysis-By-Synthesis，LPABS)成为了主流。LPABS思想是在1981年被提出的，最早实用的LPABS方案则是1985年由B. S. Atal和M. R. Schroeder提出的码激励线性预测(Code-Excited Linear Prediction，CELP)算法。在1991年，NSA公布了4.8 kb/s的CELP联邦标准FS-1016。ITU-T在1992年和1996年公布了适用于公用网的G.728、G.729和G.729A等语音编码标准，分别采用低时延码激励线性预测(LD-CELP)、共轭结构代数码激励线性预测(CS-ACELP)等技术，1994年公布了用于因特网的双速率(5.3/6.3 kb/s)多媒体语音编码标准G.723.1，其中5.3 kb/s采用代数码激励线性预测(ACELP)技术，6.3 kb/s采用多脉冲最大似然度量化(Multi-pulse Maximum Likelihood Quantization，MPMLQ)技术。随着VoIP(Voice over Internet Protocol)的需求激增，按照ITU-T的H.323建议，VoIP主要采用的语音编码标准有G.729、G.729A、G.723.1等协议。同时，由于第二代数字蜂窝移动通信系统开始在全球商用，欧洲电信标准协会(ETSI)、美国通信工业协会(TIA)和日本数字蜂窝(JDC)分别制定了适用于本地区第二代移动通信的语音编码标准。ETSI分别在1989年、1995年和1996年公布了13 kb/s的脉冲激励-长时预测(RPE-LTP)语音编码方案(全速率语音编码FR)、6.5 kb/s的矢量和激励线性预测编码(VSELP)方案(半速率语音编码HR)和12.2 kb/s的ACELP方案(增强型全速率语音编码EFR)。TIA在1991年公布了IS-54(7.95 kb/s的VSELP技术)标准，JDC在1992年公布了JDC(6.7 kb/s的VSELP技术)标准。

以上介绍的这些算法的共同特点是采用闭环LPABS算法、感觉加权技术、复合窗技术、线谱对(LSP)技术、后置滤波技术、增益自适应技术和分数基音内插技术等，而现在一般把以LPABS为基础的用矢量量化(VQ)技术对激励信号进行量化编码的算法统称为CELP。另外，在这个阶段ITU-T还制定了一些基于自适应差分脉冲调制(ADPCM)的语音编码标准，如G.721、G.722、G.726和G.727等，采用正弦编码范畴的多带激励(MBE)、自适应变换编码(ATC)和子带编码(SBC)等技术的编码方案也有制定。但总的来说，采用混合编码CELP算法是这个阶段语音编码的主流。

自20世纪90年代中期到现在，第三代移动通信技术逐渐成熟并走向商用，变速率语音编码和宽带语音编码得到了迅速的发展，不断有新的国际标准和地区标准公布。应用于第三代移动通信的变速率语音编码主要有可变速码激励线性预测(QCELP)、增强型变速率编解码器(EVRC)、自适应多速率(AMR)、自适应多速率宽带(Adaptive Multi-rate Wideband，AMR-WB)、可选模式声码器(SMV)和变速率多模式宽带(VMR-WB)等。在3G三大标准中，中国提出的时分-码分多址(TD-SCDMA)采用了AMR语音编码技术；美国提出的CDMA 2000标准随着无线技术和编码技术的发展，先后采用了QCELP、EVRC和VMR-WB等声码器作为其语音编码方案；欧洲提出的宽带码分多址(WCDMA)标准先后采用了AMR、AMR-WB语音编码技术，SMV作为其备选语音编码方案。

宽带话音的发展也经历了一个过程，1988年国际电联(ITU)通过了第一个宽带话音编码器标准G.722，基于子带自适应差分脉码调制(SB-ADPCM)编码原理，速率为64 kb/s、56 kb/s和48 kb/s，其中64 kb/s速率的话音编码器的MOS值可以达到4.75，与现今采用的增强型全速率话音编码器(EFR)4.01的MOS值相比，话音质量的提高是很明显的，同时另一重要特点就是宽带语音编码器的合成语音更自然，非常适合应用到电视电话会议中。这种早期的宽带话音编码器的缺点就是编码效率不高，64 kb/s的速率不利于在系统中实现。ITU 公布了新的宽带语音编码国际标准 G.722.1，降低了编码速率（24 kb/s 和 32 kb/s）。2002 年国际电联（ITU）在对以往宽带话音编码算法改进的基础上提出 G.722.2 标准，由 9 种速率话音模式组成，编码速率较低，而且可以根据无线环境和本地容量需求动态选择。

变速率语音编码理论上仍属于 CELP，但在“变”上有了新的研究，由此引入了相关技术的研究，包括：用来检测语音通信时是否有话音存在的话音激活检测（Voice Activity Detector，VAD）技术，为突出“变”字而进行速率判决（Rate Decision Algorithm，RDA）的自适应技术，为避免语音帧丢失后带来负面效应的差错隐藏（Error Concealment Unit，ECU）技术，为克服背景噪声不连续的舒适背景噪声生成（Comfort Noise Generation，CNG）技术等。这些相关技术的应用使变速率语音编码之后的语音合成效果几乎没有降低。

随着移动通信的飞速发展，用变速率语音编码来提高频带的有效利用率，将是未来数字蜂窝和微蜂窝网的必然发展趋势。

5.4 语音编码性能的评价指标

编码速率、语音质量评价、编解码延时以及算法复杂度这四个因素构成了评价一个语音编码算法性能的基本指标。这四个因素之间有着密切的联系，在具体评价一种语音编码算法的优劣时，需要根据具体的实际情况，综合考虑四个因素进行性能评价。

5.4.1 编码速率

编码速率直接反映了语音编码对语音信息的压缩程度。编码速率可以用“比特每秒”（b/s）来度量，它代表编码的总速率，一般用 I 表示；也可以用“比特/样点（b/p）”来度量，它代表平均每个语音样点编码时所用的比特数，用 R 表示。两者之间可以用公式 $I=R\cdot f_s$ 互相转化，其中 f_s 为抽样频率。显然，平均每样点比特数 R 越高，语音波形或参数量化则越精细，语音质量也就越容易提高，相应地对传输带宽或存储容量的要求也就越高。

降低编码速率往往是语音编码的首要目标，它直接关系到传输资源的有效利用和网络容量的提高。根据编码速率和输入语音的关系可将编码器分成两类：固定速率编码器和可变速率编码器。

现在大部分编码标准都是固定速率编码，其范围为 0.8～64 kb/s。其中，保密电话的编码速率最低，为 0.8～4.8 kb/s，其原因是它的通信信道带宽限定在 4.8 kb/s 以下。数字蜂窝移动电话和卫星电话编码器的编码速率为 3.3～13 kb/s，它使数字蜂窝系统的容量可以达到模拟系统的 3～5 倍。需要注意的是，蜂窝系统中常伴有信道编码，使总的编码速率达到 20～30 kb/s。普通电话网的编码速率为 16～64 kb/s。其中有一类特别的编码器称为宽带编码器，其编码速率为 48/56/64 kb/s，用于传送 50 Hz～7 kHz 的高质量音频信号，如会议电视系统。在固定速率的编码器中，有些编码器采用一些特殊的技术，以提高信道利用率，例如，语音插空技术利用语音之间的自然停顿传送另一路语音或数据。

可变速率编码是近年来出现的新技术。根据统计，两方通话大约只有 40％的时间是真正有声音的，因此一个自然的想法是采用通、断状态编码。通状态对应有声期，采用固定编码速率；断状态对应无声期，传送极低速率信息（如背景噪声特征等），甚至不传送任何信息。更复杂的多状态编码还可以根据网络负荷、剩余存储容量等外部因素调节其码率。可变速率编码主要包括两个算法：一是话音激活检测(VAD)，主要用于确定输入信号是语音还是背景噪声，其难点在于正确识别出语音段的开始点，确保语音的可懂度；二是舒适噪声的生成(CNG)，主要用于接收端重建背景噪声，其设计必须保证发送端和接收端的同步。

5.4.2 编码质量

语音编码质量评价可以说是语音编码性能的最根本指标，评价语音质量的方法归纳起来可以分为两类：主观评价方法和客观评价方法。

1. 语音质量主观评价方法

主观评价方法符合人听话时对语音质量的感觉，目前得到了广泛应用。主观评价方法是在一组测试者对原始语音和合成语音进行对比试听的基础上，根据某种事先约定的尺度来对语音质量划分等级。常用的方法有平均得分意见(Mean Opinion Score，MOS)，判断韵字测试(Diagnostic Rhyme Test，DRT)和判断满意度测量(Diagnostic Acceptability Measure，DAM)。国际上应用最广的是平均意见得分评定法，一般称为MOS评分。表5.1列出了MOS判分标准及相应的语音质量级别。

表5.1 MOS评分的五个等级

MOS评分	质量等级	收听注意力等级	失真描述
5	优	可完全放松，不需要注意力	没察觉
4	良	需要注意，但不需要明显集中注意力	刚有察觉
3	满意(正常)	中等程度的注意力	有察觉且稍觉可厌
2	差	需要集中注意力	显察觉且可厌但可忍受
1	劣	即使努力去听，也很难听懂	不可忍受

在数字通信中，通常认为MOS评分在4.0～4.5分为高质量数字语音，达到长途电话网的质量要求，也常称之为网络质量。MOS评分在3.5分左右时称做通信质量，这时能感觉到重建语音质量有所下降，但不妨碍正常通话，可以满足多数语音通信系统的使用要求。MOS评分在3.0分以下的常称做合成语音质量，这是指一些声码器合成的语音所能达到的质量，它一般具有足够高的可懂度，但自然度及讲话人的确认等方面不够好。

虽然主观评价方法符合人类听话时对语音质量的感觉，但由于其测试结果的获得依赖于测听者个人的主观感受，因此为了减少个人反应的随意性和不可重复性，一般对测试所用的设备、数据、测试条件及测试人员都有严格的要求，并有繁琐的测听程序规定，需要消耗大量的时间、人力和费用，即便如此，测试结果仍然存在着一定的不可重复性，在完全相同的测试条件下重复测试，结果也会有一定的随机波动性，所以主观评价方法一般都是由较大的通信组织来完成，个人很少采用。

2. 语音质量的客观评价方法

客观评价方法是用客观测量的手段来评价语音编码质量，它是建立在原始语音和合成语音的数学对比之上的。常用的方法可分为时域客观评价和频域客观评价两大类。时域客观评价常用的方法有信噪比、加权信噪比、平均分段信噪比等；频域客观评价常用的方法有巴克谱失真测度(Bark Spectral Distortion，BSD)和MEL谱测度等。这些评价方法的特点是计算简单、结果客观、不受个人主观因素的影响，但其缺陷也很明显，就是不能完全反映人类对语音的听觉效果。虽然如平均分段信噪比、巴克谱失真测度等考虑了人耳的多种听觉特性，并做了相应的加权校正，在评价速率较高的波形编码算法时和人的主观感觉比较符合，但在参数编码算法和混合编码算法的评价中仍然存在着上述问题。

分段信噪比采用分段(10～30 ms)的方法来分别计算每一段语音信号的信噪比，因此能够反映出量化器对不同电平输入段的量化质量。设 $s_m(i)$ 为第 m 段的输入语音信号，$\hat{s}_m(i)$ 为第 m 段的合成语音信号，每段中有 M 个语音样点，则第 m 段的语音分段信噪比定义为

$$\mathrm{SNR_{seg}}(m) = 10\lg\left[\frac{\sum_{i=1}^{M} s_m^2(i)}{\sum_{i=1}^{M}(s_m(i)-\hat{s}_m(i))^2}\right] \quad (\mathrm{dB}) \tag{5-1}$$

如果输入语音共有 N 段，平均分段信噪比为

$$\mathrm{SNR_{aseg}} = \frac{1}{N}\sum_{m=1}^{N}\mathrm{SNR_{seg}}(m) \quad (\mathrm{dB}) \tag{5-2}$$

3. PESQ语音质量评价法

目前能提供主客观相关性较高的音质客观评价方法，都是考虑了人耳的听觉特性，使用听觉感知模型来模拟收听这一过程的。因此当前主流的是使用感知模型来评估非线性和易出错的音频通信系统。感知语音质量测度(Perceptual Speech Quality Measure，PSQM)在1996年被国际电联ITU-T采纳为P.861协议；1998年，一个基于归一化块测度(MNB)的可选系统作为附件添加到P.861中，MNB是在考虑听过程的基础上，采用MNB方法来模拟人的判断的过程，其评价结果与主观评价值相关度较高；Hollier扩展了巴克谱失真(BSD)模型，引领了感知分析测度系统(Perceptual Analysis Measurement System，PAMS)的发展，PAMS是第一个关注端到端行为，包括滤波和变化时延造成的影响的模型。这些影响，再加上一定类型的编码失真、包丢失和背景噪声，就是引起BSD、PSQM和MNB等早期模型产生不精确得分的原因。

ITU-T进行了一系列的实验来寻找一种新的语音质量评价模型，以期能适应更广泛的编解码器和网络情况，具有更好的性能和表现。通过实验比较，发现PAMS和PSQM99(PSQM的更新和扩展版本)两种算法的性能最好，然后就结合这两种算法产生了一个新的模型，叫做感知语音质量评价(Perceptual Evaluation of Speech Quality，PESQ)。2001年2月，在通过了由九种语言、在不同的真实和仿真的网络中采集语音构成大规模样本库的全面测试评价后，PESQ被ITU-T确定为P.862协议，成为了窄带电话网络和语音编解码器的端到端语音质量的客观评价方法。

PESQ是基于感知模型的语音质量客观评价标准，是窄带电话网络和语音编解码器的端到端语音质量的客观评价方法。如图5.1所示，PESQ总的思路是，对原始信号(参考信号)和通过测试系统的信号进行电平调整到标准听觉电平，再用输入滤波器模拟标准电话

听筒进行滤波。对通过电平调整和滤波后的两个信号在时间上对准，并进行听觉变换，这个变换包括对系统中线性滤波和增益变化的补偿和均衡。两个听觉变换后的信号之间的不同作为扰动(即差值)，分析扰动曲面提取出两个失真参数，在频率和时间上累积起来，映射得到对主观平均意见分的预测值。

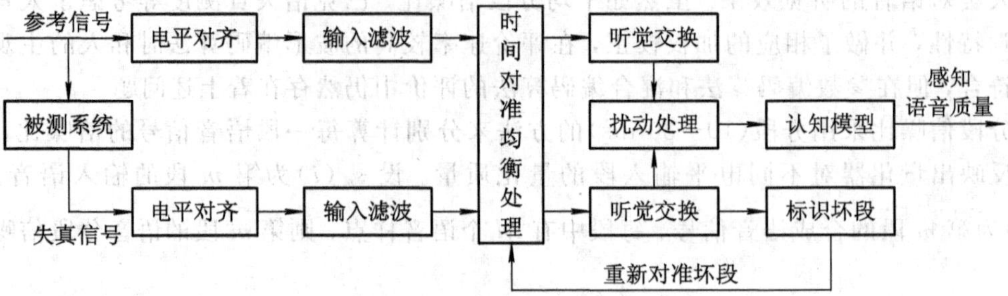

图 5.1 PESQ 的结构

ITU－T 的 P.862 协议提供了(－0.5，4.5)内的原始输出评分 PESQ 值，同时又给出一个“映射函数”将 P.862 的输出结果转换成一个 MOS－LQO(Mean Opinion Score-Listening Quality Objective)评分，以便于将 P.862 的结果和 MOS 的结果进行线性比较。P.862.1 协议即可完成这项转换工作。

PESQ 算法将语音的频率、响度等物理特性与人类心理上的感知特性的关系通过数学模型对应起来，用客观模型来模拟主观感觉的评价。该模型采用时频映射、频率弯折等方法，结合感知模型，将语音中“可感知”的特性在数学上尽可能完美的表达。PESQ 具有广泛的适用性，具有端到端的复杂信道和网络语音质量评价能力，适用于移动通信系统在内的通信网络的语音通信质量评价。

5.4.3 编解码延时

编解码延时一般用单次编解码所需的时间来表示，在实时语音通信系统中，语音编解码延时同线路传输延时的作用一样，对系统的通信质量有很大影响。过长的语音延时会使通信双方产生交谈困难，而且会产生明显的回声而干扰人的正常思维。因此，在实时语音通信系统中，必须对语音编解码算法的编解码延时提出一定的要求。对于公用电话网，编解码延时通常要求不超过 5～10 ms，而对于移动蜂窝通信系统，允许最大延时不超过 100 ms。延时影响通话质量的另一个原因是回声。当延时较小时，回声同话机侧音及房间交混回响声相混，因而感觉不到。但当往返总延时约 100 ms，发话者就能从手机中听到自己的回声，从而影响通话质量。

5.4.4 算法复杂度

算法复杂度主要影响到语音编解码器的硬件实现，它决定了硬件实现的复杂程度、体积、功耗及成本等。

编码算法的复杂程度与语音质量有密切关系。在同样速率的情况下，复杂一些的算法将会获得更好一些的语音质量。算法的复杂程度与硬件实时实现也有密切关系。它对数字信号处理芯片 DSP 的运算能力以及存储器容量都有一定的要求。运算能力可用处理每秒钟信号样本所需的数字信号处理器(Digital Signal Processor，DSP)指令条数来衡量其计算复杂度，用单位“百万次操作/秒”(Million Operations Per Second，MOPS)或“百万条指令/秒”(Million Instructions Per Second，MIPS)等来对算法复杂度进行描述。存储器容量通常用千字(kwords)或千字节(kb)的数量来衡量。算法越复杂则运算量越大，需要一片或多片DSP芯片以及较大容量的存储区方可实现。

5.5 语音信号波形编码

5.5.1 脉冲编码调制

1. 均匀量化 PCM

脉冲编码调制(Pulse Code Modulation，PCM)是最简单的波形编码方法，它把语音信号样本幅值量化为 $N=2^B$ 个码字中的一个，这样每个样本需用 B 比特来表示。假定信号带宽是 W(Hz)，根据取样定理，总的比特率(每秒钟比特数)将是 $2WB$ b/s。均匀量化 PCM 和普通的 A/D 变换是完全相同的，它没有利用语音信号的任何性质，也没有进行压缩。这种编码方法中，输入信号 $x(n)$幅值的范围被分成 N 个相同宽度的区间，所有落入同一区间的样本都编码成相同的二进制码字。语音是非平稳随机信号，电话语音电平变化超过 40 dB。对小信号电平输入，信噪比应保证约为 20～30 dB，即最大信噪比应为 60～70 dB。只要 N 足够大，我们可以合理地假定，量化误差 $e(n)$在各个宽度为 Δ 的区间里是均匀分布的，信号对量化噪声的功率比(简称信噪比)可近似地写为

$$\mathrm{SNR}=\frac{\sigma_x^2}{\sigma_e^2}=\frac{\sigma_x^2}{\Delta^2/12} \tag{5-3}$$

或用分贝表示时，有

$$\mathrm{SNR(dB)}=6.02B+4.77-20\lg\frac{X_{\max}}{\sigma_x} \tag{5-4}$$

式中，σ_x^2 和 σ_e^2 是输入信号和量化噪声的方差或平均能量，$X_{\max}$ 是输入信号的峰值，B 是量化的比特数。进一步假定，输入量化器的信号值范围限制在 $-4\sigma_x \sim +4\sigma_x$，即 $X_{\max}=4\sigma_x$，那么有

$$\mathrm{SNR(dB)}=6.02B-7.2 \tag{5-5}$$

这表明，量化器每增加一个比特，信号量化噪声比增加 6 dB。量化比特数 B 的选择要考虑到输入信号已有的信噪比。当要求 60 dB 的 SNR 时，B 至少应取 11。此时，对于带宽为 4 kHz 的电话语音信号，若采样率为 8 kHz，则 PCM 要求的速率为 88 kb/s。这样的比特率是比较高的。

均匀量化 PCM 在下列两个假设条件下效果是很好的：① 输入信号幅度变化范围是已知的；② 信号幅度值在已知的范围内是均匀分布的。然而，语音信号是一个非平稳的过程，最强的音和最弱的音之间相差 30 dB 以上，并且不同的人、不同场合、讲话的轻重相差甚远。因此均匀量化要求的两个条件对语音信号来讲实际上都不可能满足。如果我们设计的量化器动态范围太小，那么当输入语音信号幅度超过这个范围时，会出现过载噪声或者饱和噪声；反之，设计的量化器动态范围很大，那么量化间隔相应增加，量化噪声就大，有

时甚至淹没一些微弱的语音。此外，从式(5-4)还可以看到，信号量化噪声比和输入信号的方差有关，若输入信号方差只有量化器设计范围的一半，则信噪比下降 6 dB。显然一个清音段的方差也许比浊音段的方差低 30 dB，那么短时信噪比在清音段期间要比浊音段期间低得多，因此为了在均匀量化时保持听觉上满意的效果，不得不使用较多的量化比特数，而这又是不现实的，所以，必须研究更高效的编码方案。

2. 对数 PCM

改进 PCM 编码器性能的一个方法是采用非均匀的量化，即让量化间隔大小不相等。对小的输入信号值量化间隔较小，对大的信号值量化间隔较大。这样，可以对任何输入信号电平保持近似相同的信噪比。采用非均匀量化后，显然只要用较小的量化比特数，在满足小信号有一定的信噪比同时，又有足够的动态范围使大信号时不会出现过载问题。如果我们能够测定语音信号幅度的概率密度函数(pdf)，那么对于某个给定的量化比特数，非均匀量化器完全可以设计得使量化噪声达到最小。然而实际的 pdf 和设计的 pdf 往往不容易匹配，这时量化器的性能会急剧降低。

我们希望量化器性能既不敏感于输入信号的方差，又不敏感于输入信号的概率密度函数，常用的 μ-律或 A-律量化器就是具有这种特性的非均匀量化器。下面对 μ-律量化器作一介绍。非均匀量化可以等效于把信号幅度非线性地压缩后再进行线性量化，从前面的分析不难看到，对数压缩是比较理想的。这一点可以作如下简单证明。假如均匀量化前，先用对数作幅度压缩，译码后用指数函数进行扩张，即令

$$y(n) = \ln|x(n)| \tag{5-6}$$

其反变换

$$x(n) = \exp[y(n)]\,\mathrm{sgn}[x(n)] \tag{5-7}$$

式中 sgn[·]是符号函数。那么量化后有

$$\hat{y}(n) = Q[\ln|x(n)|] = \ln|x(n)| + e(n) \tag{5-8}$$

假设 $e(n)$与 $\ln|x(n)|$不相关，量化后对数幅度的反变换为

$$\begin{aligned}\hat{x}(n) &= \mathrm{sgn}[x(n)]\exp[\hat{y}(n)] = |x(n)|\,\mathrm{sgn}[x(n)]\exp[e(n)]\\ &= x(n)\exp[e(n)]\end{aligned} \tag{5-9}$$

当 $e(n)$很小时，上面公式近似为

$$\hat{x}(n) = x(n)[1+e(n)] = x(n) + x(n)e(n) = x(n) + f(n) \tag{5-10}$$

式中，$f(n)=x(n)e(n)$。由于 $x(n)$与 $e(n)$是统计独立的，因此有

$$\sigma_f^2 = \sigma_x^2\sigma_e^2, \quad \mathrm{SNR} = \frac{\sigma_x^2}{\sigma_f^2} = \frac{1}{\sigma_e^2} \tag{5-11}$$

这就证明了信噪比与信号方差无关，它仅取决于量化间隔。式(5-6)那样的量化器实际上是不能实现的，因为式(5-6)中将最大值与最小值的比假设成无限大($\ln(0)=-\infty$)，则需要无限个量化单元。在实用中是将对数压缩特性作某种近似，μ-律压缩就是最常用的一种。μ-律压缩的定义为

$$y(n) = F_\mu[x(n)] = X_{\max}\frac{\ln\left[1+\dfrac{\mu|x(n)|}{X_{\max}}\right]}{\ln(1+\mu)}\,\mathrm{sgn}[x(n)] \tag{5-12}$$

式中，X_{max}是信号 $x(n)$的最大幅值，μ 是参变量，用来控制压缩程度，$\mu=0$ 表示没有压缩，μ 值越大压缩越厉害，故称之为 μ -律压缩。

图 5.2 给出了 μ -律压缩的输入输出特性曲线。由这个特性曲线可知，当输入小幅度值时，等效量化间隔小，输入大幅度值时量化间隔大。

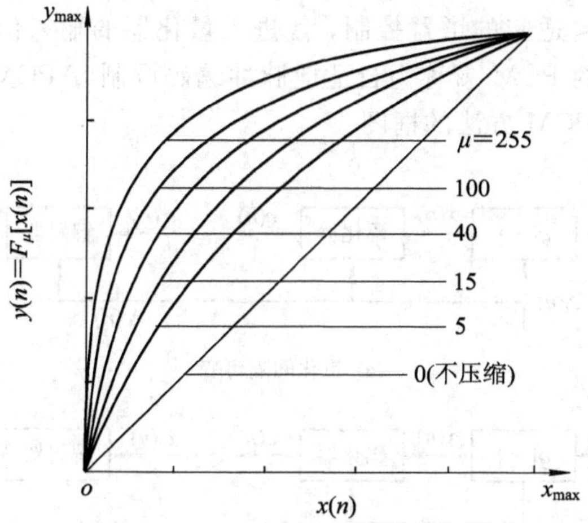

图 5.2　μ -律特性的输入输出结果

在 μ -律量化情况下，可推导出其信号量化噪声比公式为

$$\begin{aligned}\mathrm{SNR(dB)} &= 6.02B + 4.77 - 20\ \lg[\ln 91 + \mu] \\ &\quad - 10\ \lg\left[1 + \left(\frac{X_{max}}{\mu\sigma_\chi}\right)^2 + \sqrt{2}\left(\frac{X_{max}}{\mu\sigma_\chi}\right)\right]\end{aligned} \tag{5-13}$$

将此结果与式(5-4)比较可见，SNR 值与量(X_{max}/σ_χ)的依赖关系要松得多，当 μ 增大时，SNR 对(X_{max}/σ_χ)的变化越来越不敏感。

与 μ -律量化具有相同效果的还有 A -律量化，A -律压缩特性可表示成：

$$F_A[x(n)] = \begin{cases} \dfrac{\dfrac{A\,|\,x(n)\,|}{X_{max}}}{1+\ln A}\,\mathrm{sgn}[x(n)] & \left(0 \leqslant \dfrac{|\,x(n)\,|}{X_{max}} \leqslant \dfrac{1}{A}\right) \\ \dfrac{1+\ln(A\,|\,x(n)\,|/X_{max})}{1+\ln A}\,\mathrm{sgn}[x(n)] & \left(\dfrac{1}{A} \leqslant \dfrac{|\,x(n)\,|}{X_{max}} \leqslant 1\right) \end{cases} \tag{5-14}$$

与 μ -律比较，A -律压缩的动态范围略小些，在小信号时质量要较 μ -律要差些。A -律最小量化间隔是$\dfrac{2}{4096}$，而 μ -律是$\dfrac{2}{8159}$，事实上这二者的差别是不易觉察到的。无论是 A -律或 μ -律，其特性在 x 值较小时都是线性的，在 x 值较大时则呈现对数压缩特性。

采用 A -律或 μ -律量化的脉冲编码调制系统统称为对数 PCM 系统，是目前最为成熟的一种语音压缩编码方法。8 比特的对数 PCM(64 kb/s)于 1972 年被国际电联(ITU)制定为 G.711 标准，已普遍地应用于数字电话系统中。不同国家和地区的体制不同，在北美和日本 PCM 标准是采用 $\mu=255$ 的 μ -律 PCM，欧洲 PCM 标准则采用 $A=87.56$ 的 A -律 PCM，我国也采用 A -律。标准 μ -律或 A -律 PCM 编码器芯片早已问世，例如美国 TI 公司的 TCM2916、TCM2917，MOTOROLA 公司的 MC14403、MC14405 等，它们都是μ -律

或 A-律的单片对数 PCM 编解码器，并且内含编解码所需的滤波器。

3. 自适应量化 PCM

自适应量化是指量化器的特性自适应于输入信号的幅度的变化，即一个自适应量化器的量化间隔应自适应地改变，并与输入信号的幅度方差保持相匹配，或者等效地在一个固定的量化器前，加一个自适应的增益控制，使进入量化器的输入信号方差保持为固定的常数。采用自适应量化器的 PCM 就称为自适应脉冲编码调制(APCM)。

图 5.3 是这两种 APCM 方法的框图。

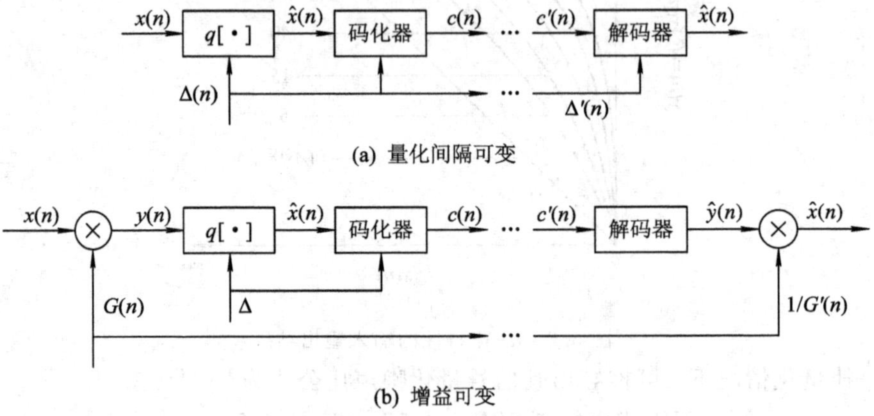

图 5.3　自适应量化框图

图 5.3 所示的两种方法中，都需要随时估计输入信号的时变幅值，以修正量化间隔 $\Delta(n)$ 或增益 $G(n)$ 的值。图中上标"′"表示接收端得到的参量，如果传输信道没有引入误码，那么有 $c'(n)=c(n)$，$\Delta'(n)=\Delta(n)$，$G'(n)=G(n)$ 等。关于自适应的速度，如果是每个样本或者几个样本就要进行自适应调整，称为"瞬时自适应"；如果是较长时间才进行自适应调整的，例如浊音与清音的幅值往往相差很大，但在浊音期间或清音期间幅度方差基本保持不变，那么这时的自适应可称为"音节自适应"。根据 $\Delta(n)$ 和 $G(n)$ 的估计方法不同，自适应方案又可分为"前馈自适应"和"反馈自适应"两种。

1) 前馈自适应

所谓前馈自适应，是指信号 $x(n)$ 的能量或方差是由输入信号 $x(n)$ 本身估算出来的，一般是先估算出 $x(n)$ 的方差 $\sigma^2(n)$ 后，令两种系统输出为

$$\Delta(n) = \Delta_0\sigma(n), \quad G(n) = \frac{G_0}{\sigma(n)} \tag{5-15}$$

即 $\Delta(n)$ 正比于 $\sigma(n)$，$G(n)$ 反比于 $\sigma(n)$，它们除了在发送端使用外，还作为边信息，随同语音样本码值一起传送到接收端去。通常认为，时变方差 $\sigma^2(n)$ 正比于语音信号的短时能量，而我们知道，短时能量可定义为 $x(n)$ 经低通滤波器 $h(n)$ 后的输出，因此有

$$\sigma^2(n) = \sum_{m=-\infty}^{+\infty} x^2(m)h(n-m) \tag{5-16}$$

式中，$h(n)$ 为低通滤波器的单位冲激响应，可由采用的窗函数求出。例如，设窗函数为

$$h(n)=\begin{cases}\alpha^{n-1} & (n\geqslant 1)\\ 0 & (\text{其他})\end{cases} \tag{5-17}$$

则

$$\sigma^2(n)=\sum_{m=-\infty}^{+\infty}x^2(m)\alpha^{n-m-1} \tag{5-18}$$

显然，$\sigma(n)$也满足差分方程

$$\sigma^2(n)=\alpha\sigma^2(n-1)+x^2(n-1) \tag{5-19}$$

为保证稳定性，要求 $0<\alpha<1$，参数 α 的取值影响$\sigma(n)$的变化速度。例如，取 $\alpha=0.9$ 时，系统自适应的速度要比 $\alpha=0.99$ 时快得多，它们可分别对应于瞬时自适应和音节自适应。但值得注意的是，$\sigma(n)$的变化快慢是由低通滤波器带宽所决定的，它又决定了$\Delta(n)$和$G(n)$所需的取样率。研究$\Delta(n)$或$G(n)$的最低取样率是重要的，因为$\Delta(n)$或$G(n)$必须作为边信息传送，它们将影响整个编码系统的数码率。如果$\Delta(n)$是按帧估算的话(一般 10～30 ms 为一帧)，则边信息所需的比特率就很低了。此外，为了在 40 dB 信号动态范围内保持一个相对稳定的 SNR，那么要求$\Delta(n)$或$G(n)$的变化在一定范围内，即$\Delta_{max}/\Delta_{min}$或$G_{max}/G_{min}$值应达到 100。

2) 反馈自适应

反馈型 PCM 系统如图 5.4 所示，其特点是输入信号的方差是由量化器输出或等效地由样本码序列估算出来的，如同前馈系统一样，量化间隔$\Delta(n)$和增益$G(n)$也按式(5-15)那样比例于方差$\sigma^2(n)$变化。

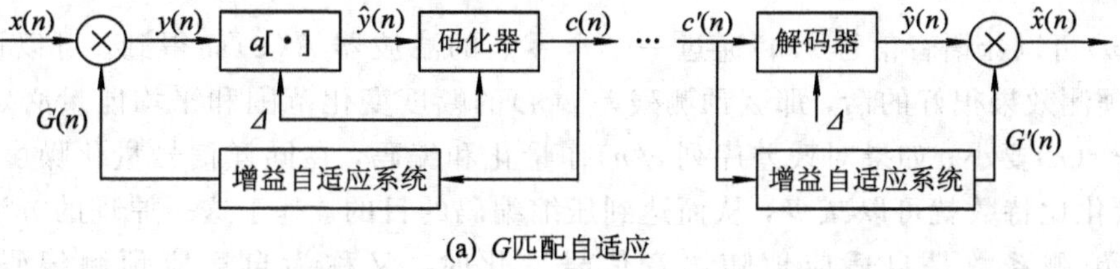

(a) G匹配自适应

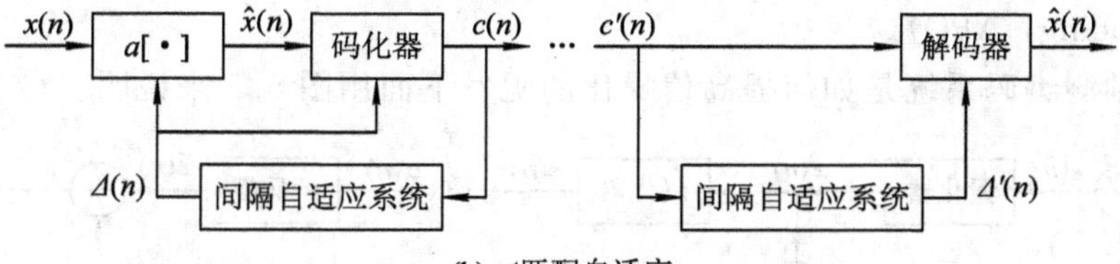

(b) Δ匹配自适应

图 5.4 两种反馈自适应量化方框图

这个方案的优点是：$\Delta(n)$或$G(n)$无需保存或传送，因为编码端可以如同解码端那样直接从码序列中估算出$\sigma^2(n)$来。由于不涉及数码率增加的问题，反馈自适应中的$\Delta(n)$或$G(n)$总是逐点自适应修正，以求得较好的自适应效果。反馈自适应方案的缺点是：对码序列中由于传输产生的误差比较敏感，因为误码还将影响到$\Delta(n)$或$G(n)$的自适应，并且这一影响会不断地传播下去。

一般来讲，前馈自适应与反馈自适应相比，信噪比略高一些，但是前馈自适应需要延迟一段时间去计算短时方差，而反馈自适应则是瞬时完成的。总之，自适应量化能给出超

过 μ-律或 A-律量化的信噪比，适当选定 $\Delta_{\max}/\Delta_{\min}$，也可使自适应动态范围与后者相当，选择较小的 $\Delta_{\min}$ 还可使无语言活动时量化噪声很低，因此自适应量化是一种很有效的编码方法。

5.5.2 自适应预测编码

1. 基本的自适应预测编码系统

我们在讨论语音信号的线性预测分析原理时，假定一个语音样本 $s(n)$ 可以近似地被它过去的 p 个样本的线性组合所预测，预测样本值为

$$\tilde{s}(n) = \sum_{i=1}^{p} a_i s(n-i) \tag{5-20}$$

式中，$a_i(1 \leqslant i \leqslant p)$ 称为预测系数，p 是预测阶数，令 $e(n)$ 表示实际值与预测值之间的误差，则

$$e(n) = s(n) - \tilde{s}(n) = s(n) - \sum_{i=1}^{p} a_i s(n-i) \tag{5-21}$$

$e(n)$ 即线性预测误差，也被称做线性预测残差。对式(5-21)两边取 z 变换后有

$$E(z) = \left[1 - \sum_{i=1}^{p} a_i z^{-i}\right] S(z) = A(z)S(z) \tag{5-22}$$

式中

$$A(z) = 1 - \sum_{i=1}^{p} a_i z^{-i} \tag{5-23}$$

因此，$e(n)$ 可以让语音信号 $s(n)$ 通过一个全零点的滤波器 $A(z)$ 而得到。可以设想，如式(5-20)预测效果很好的话，那么预测残差 $e(n)$ 的幅度变化范围和平均能量必定比原来的语音信号 $s(n)$ 要小；如果对残差序列 $e(n)$ 作量化和编码，在同样信号量化噪声比条件下，所需的量化比特数就可以减少，从而达到压缩编码的目的。基于这一原理的方法称做预测编码，当预测系数是自适应地随语音信号变化时，又称为自适应预测编码(Adaptive Predictive Coding，APC)。

自适应预测编码系统是如何提高信噪比的呢？下面用图 5.5 来说明。

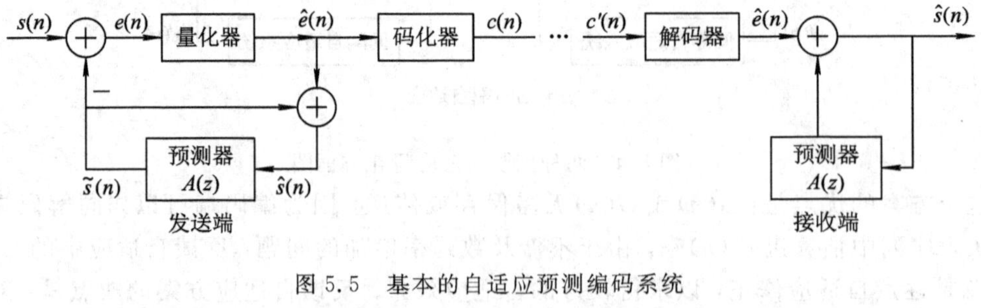

图 5.5 基本的自适应预测编码系统

从图 5.6 可以看出，不考虑传输信道的误码，系统解码后输出为

$$\begin{aligned} \hat{s}(n) &= \hat{e}(n) + \tilde{s}(n) = [e(n) + q(n)] + \tilde{s}(n) \\ &= [s(n) - s(\tilde{n}) + q(n)] + s(\tilde{n}) = s(n) + q(n) \end{aligned} \tag{5-24}$$

式中，$q(n)$ 是残差信号 $e(n)$ 的量化误差，即

$$q(n) = \hat{e}(n) - e(n) \tag{5-25}$$

应该注意的是，重构的信号 $\hat{s}(n)$ 在编码端和解码端都可以得到。根据信号量化噪声比的定义有：

$$\text{SNR} = \frac{\text{E}[s^2(n)]}{\text{E}[q^2(n)]} = \frac{\text{E}[s^2(n)]\text{E}[e^2(n)]}{\text{E}[e^2(n)]\text{E}[q^2(n)]} = G_P \cdot \text{SNR}_q$$

$\text{E}[s^2(n)]$、$\text{E}[e^2(n)]$ 和 $\text{E}[q^2(n)]$ 分别是信号、残差和量化噪声的平均能量。不难看出，$\text{SNR}_q = \dfrac{\text{E}[e^2(n)]}{\text{E}[q^2(n)]}$ 是量化器的信噪比，$G_p = \dfrac{\text{E}[s^2(n)]}{\text{E}[e^2(n)]}$ 是自适应预测增益。图 5.6 给出了固定预测和自适应预测两种情况下预测增益和预测阶数 p 的关系。

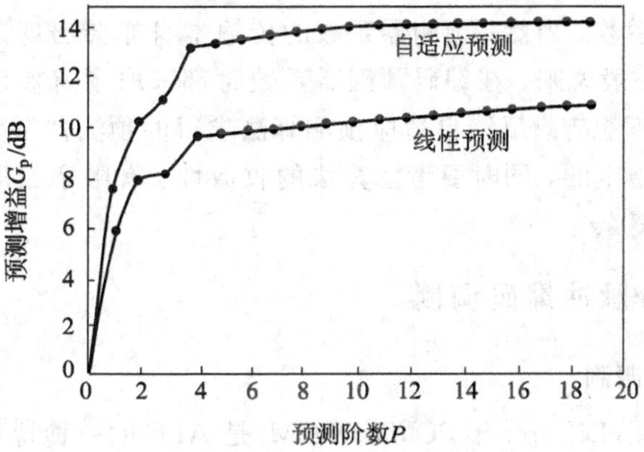

图 5.6　预测增益与预测阶数 p 的关系

由上图可见，阶数 $p>4$ 时，固定预测有 10 dB 的增益，自适应预测有约 14 dB 的增益。从以上分析可知，自适应预测编码有下列三个特性：

(1) 对同样比特数的量化器，APC 信噪比总是大于非预测编码，即 $G_p = \dfrac{\text{E}[s^2(n)]}{\text{E}[e^2(n)]}$ 总是大于 1。

(2) 增益 G_p 是随时间变化的，因为它事实上是信号频谱的函数，谱的动态范围越大，信号样本之间相关性就越强，预测增益也就越高。因此我们又把这种预测器称为基于频谱包络的预测。图 5.6 中 14 dB 增益表示了整个讲话期间的最大值。

(3) 量化噪声近似于白噪声，所以输出噪声的谱是平坦的。

2. 前馈与反馈自适应预测

与自适应量化器一样，自适应预测器也可分成前馈自适应和反馈自适应。前馈自适应预测器计算预测系数是通过误差

$$E = \sum_{n=0}^{N-1} e^2(n) = \sum_{n=0}^{N-1} \left[s(n) - \sum_{i=1}^{p} a_i s(n-i) \right]^2 \tag{5-26}$$

最小来求得的。a_i 是按帧时变的，即按 10～30 ms 为一帧来决定求和的样本点数 N 和系数。因为式(5-26)使用了输入语音信号 $s(n)$，它在接收端是得不到的，因此预测器系数必须作为边信息传输到接收端。对反馈自适应，预测器系数是从 $\hat{s}(n)$ 序列出发的，使误差

$$\hat{E}=\sum_{n=0}^{N-1}\hat{e}^2(n)=\sum_{n=0}^{N-1}\left[\hat{s}(n)-\sum_{i=1}^{p}a_i\hat{s}(n-i)\right]^2 \tag{5-27}$$

最小求得。由图 5.6 可见，$\hat{s}(n)$在发送端与接收端都是可以得到，因此除了传送 $\hat{e}(n)$，无需任何附加的边信息传给接收端。

为清楚起见，我们将前馈和反馈自适应预测方法做一下简单的比较。

前馈自适应预测的效果一般略优于反馈自适应预测，但前馈预测的问题是必须传送预测系数到接收端。为了保证精确传送，就需适当地量化和编码它们，并和 $\hat{e}(n)$有效地组合起来，达到高效率的传输，这将使发送端变得比较复杂；而反馈预测则没有这个问题。

$\hat{e}(n)$传输误码对反馈自适应预测编码的影响较大。在前馈自适应预测编码器中，$\hat{e}(n)$的误码不影响预测器系数。当然，预测器系数的传输本身亦会出现误码，但它只局限于影响本帧的结果，而且一般说来，在编码预测器系数时都采取了有效措施，即使发生了误码也不至于造成系统的不稳定。反馈自适应预测算法求得的预测器系数，不能保证它们形成的合成滤波器一定是稳定的，同时要考虑算法的收敛性、有限字长的影响等等，这都使得反馈自适应算法比较复杂。

5.5.3 自适应差分脉冲编码调制

1. 差分脉冲编码调制

差分脉冲编码调制(Difference PCM，DPCM)是 APC 的一种特殊情况，它的预测器具有以下简单的形式：

$$A(z)=1-a_1z^{-1} \tag{5-28}$$

式中，a_1 是一个固定的常数，可以根据信号频谱的长期平均估算最优 $A(z)$而得到。在 DPCM 中，被量化和编码的是 $e(n)=x(n)-a_1x(n-1)$，即传送的是相邻样本的差值，所以又称之为“差分脉冲编码调制”。因为 a_1 是固定的，显然它不可能对所有讲话者以及所有语音内容都是最佳的。采用高阶固定预测，改善效果并不明显；比较好的方法当然是采用高阶自适应预测。采用自适应量化及高阶自适应预测的 DPCM，又称之为 ADPCM，它本质上也是自适应预测编码，即属于一种 APC 系统。

2. 增量调制

增量调制(Delta Modulation，DM)基本上是一种 DPCM 方法。它与一般 DPCM 的主要区别有两点：一是增量调制中波形的取样率大大高于由取样定理确定的奈奎斯特取样速率；二是差值信号使用二电平，亦即用 1 比特的量化器。由于取样率提高使得相邻样本之间的相关性变大，差值信号能量减小，从而允许只用两个电平去粗量化。实际上，DM 中传输的仅是差值信号的极性，即表征这个取样值比上一个取样值是增加了还是减少了；在接收端根据传输的极性符号，在前一个取样值上增加或减小一个增量即可。因此，DM 系统的比特率就等于波形的取样率。图 5.7 给出了 DM 的编码情况，是一段原始语音信号(虚线)和根据增量调制编码序列所恢复的阶梯信号的波形，各阶梯的高度等于编码器中的量化电平 Δ。在均匀量化时，Δ 的大小与信号电平无关，始终保持恒定，因而 $x(n)$的量化值 $\hat{x}(n)$构成的增加和减小都将是线性的。这样，在译码器中，所恢复的阶梯波的上升或下降有可能跟不上信号的变化，因而产生滞后，这就造成了失真，称为“斜率过载”失真，如图5.7所示的AB段。斜率过载期间的码字将是一连串的“0”或一连串的“1”。为了避免这种失真，要求阶梯波的上升和下降的斜率等于或大于语音信号的最大变化斜率，即

$$\frac{\Delta}{T} \geqslant \max\left|\frac{\mathrm{d}x_a(t)}{\mathrm{d}t}\right| \tag{5-29}$$

式中，$x_a(t)$是原始模拟语音信号，T是其取样时间间隔。

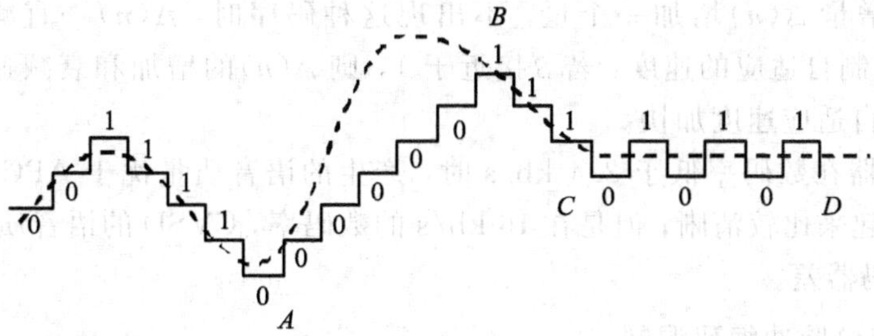

图5.7　增量调制示意图

当语音信号不发生变化或变化很缓慢时，预测误差信号将等于零或具有很小的绝对值。这种情况下预测误差信号被量化为Δ和$-\Delta$的概率是相等的，因此，经量化后成为幅度为2Δ的等幅振荡，编码为0和1交替出现的序列。在译码器中所得到的将是峰-峰值等于2Δ的等幅脉冲序列。这便形成一种噪声，称为“颗粒噪声”，如图5.7的CD段所示。

从式(5-29)可看出，为减小斜率过载失真，要求选取较大的Δ值；而为减小颗粒噪声，却应当将Δ值取得小些。这是相互矛盾的。因此，通常需要对这两方面的要求折中加以考虑。

一般情况下，人的听觉器官不易察觉斜率过载失真，而颗粒噪声在整个音频范围内都会产生影响，对音质影响严重。因此，常常将Δ取得尽可能小(但应当与语音信号电平相匹配)。与此同时，也要兼顾到斜率过载失真不能太严重。在Δ选定后，如果斜率过载失真太严重，以至于无法接受，这时可以用加大取样频率的办法来降低斜率过载失真(因为从式(5-29)可看出，减小T可以减小斜率过载失真)。然而，应当注意到不要因此让比特率增加得过多。

3. 自适应增量调制

自适应增量调制(Adaptive DM，ADM)的基本思想是：使增量Δ自适应语音信号的平均斜率变化，当信号波形平均斜率变大时，Δ自动增大、反之则减小；从而缓解DM中由于Δ固定引起的矛盾。ADM一般采用反馈自适应方式，即增量Δ由量化后的代码来控制，例如：

$$\Delta(n) = M\Delta(n-1) \quad (\Delta_{\min} \leqslant \Delta(n) \leqslant \Delta_{\max}) \tag{5-30}$$

这里，$\Delta_{\max}$、$\Delta_{\min}$是预先确定的增量的上下限，乘数M是当前码字$\boldsymbol{c}(n)$和前一个码字$\boldsymbol{c}(n-1)$的函数，一般选择

若

$$\begin{cases} \boldsymbol{c}(n) = \boldsymbol{c}(n-1) = \boldsymbol{c}(n-2) & (M > 1) \\ \boldsymbol{c}(n) \neq \boldsymbol{c}(n-1) & (M < 1) \end{cases} \tag{5-31}$$

另一种自适应增量调制是所谓"连续可变斜率增量调制"(Continuously Variable Slope Delta Modulation, CVSD),它的自适应规则是:

$$\begin{cases}\Delta(n) = \beta\Delta(n-1) + D_2 & (c(n) = c(n-1) = c(n-2)) \\ \Delta(n) = \beta\Delta(n-1) + D_1 & (\text{其他})\end{cases} \tag{5-32}$$

这里,$0<\beta<1$;$D_2 \gg D_1 > 0$;$\Delta(n)$递推公式中的最小值和最大值是固定的。与前面一样,其基本原理是:按照码序中表示斜率过载的情况增大增量,假定接连三个码字全是"1"或者全是"0",则增量$\Delta(n)$增加一个量,不出现这种码序时,$\Delta(n)$一直减小到$\Delta_{\min}$(因为$\beta<1$)。参数β控制自适应的速度,若β接近于1,则$\Delta(n)$的增加和衰减速率减慢;但若β比1小很多,则自适应速度加快。

CVSD编码器在数码率低于2.4 kb/s时,产生的语音质量优于APC编码器,主要是颗粒噪声低,听起来比较清晰;但是在16 kb/s的数码率,CVSD的语音质量要比相同数码率下的APC编码器差。

4. 自适应差分脉冲编码调制

在许多应用中,特别是长途传输系统,64 kb/s的G.711标准占用的频带太宽,通信成本太贵。CCITT从1981年起经过三年的讨论与研究,于1984年提出了G.721 32 kb/s自适应差分脉冲编码调制(ADPCM)的编码标准,并于1986年根据两年间运行中出现的问题做了进一步修正。

ADPCM将脉冲码调制、差值调制和自适应技术三者结合起来,进一步利用语音信号样点间的相关性,并针对语音信号的非平稳特点,使用了自适应预测和自适应量化,在32 kb/s速率上能够给出网络等级语音质量,从而符合进入公用网的要求。图5.8是G.721算法的框图,其中虚线部分是解码器框图。从图中可以看出,编码器中嵌入一个解码器,使得编码器的自适应修正完全取决于信号的反馈值。这个反馈值与解码器的输出是一致的,所以后续的差值采样就补偿了量化误差,从而避免了量化误差的积累。下面详细介绍G.721各部分算法。

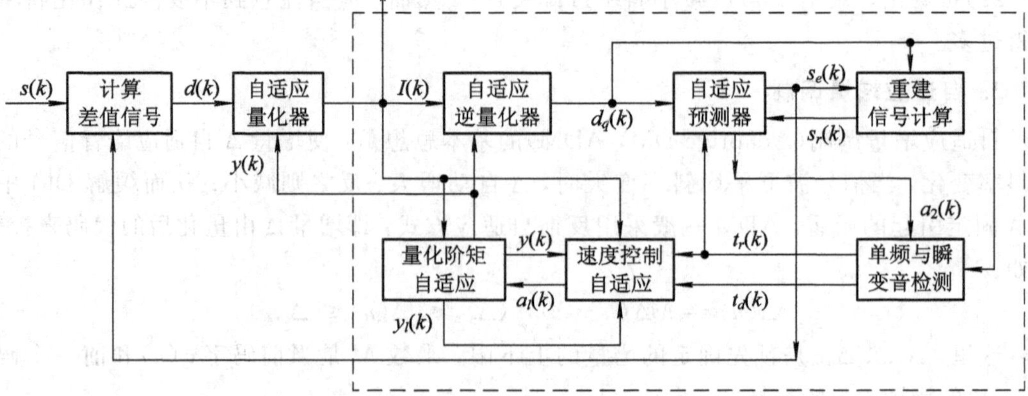

图5.8 G.721编码器原理框图

(1) 求采样值$s(k)$与其估值$s_e(k)$之差

$$d(k) = s(k) - s_e(k) \tag{5-33}$$

自适应量化 $d(k)$ 并编码输出 $I(k)$

$$I(k) = \text{lb}\,|\,d(k)\,| - y(k) \tag{5-34}$$

其中，$I(k)$ 还含有一位符号。表 5.2 给出 $I(k)$ 的编码值。$y(k)$ 是量化阶矩自适应因子，它由调整短时能量变化较快的语音信号的 $y_u(k)$ 和调整数据类慢变信号的 $y_l(k)$ 两部分，经速度调整因子 $a_l(k)$ 加权平均而成：

$$y(k) = a_l(k)\cdot y_u(k-1) + [1-a_l(k)]y_l(k-1) \qquad (0 \leqslant a_l \leqslant 1) \tag{5-35}$$

对快变信号，$a_l(k)$ 趋于 1；对慢变信号，$a_l(k)$ 趋于 0。

表 5.2 G.721 编码器量化表

归一化输入 $\text{lb}\,|d(k)|-y(k)$	输出代码 $I(k)$	归一化量化输出 $\text{lb}\,|d_q(k)|-y(k)$
[3.12，+∞)	7	3.32
[2.72，3.12]	6	2.91
[2.34，2.72]	5	2.52
[1.91，2.34]	4	2.13
[1.38，1.91]	3	1.66
[0.62，1.38]	2	1.05
[−0.98，0.62]	1	0.031
(−∞，−0.98]	0	−∞

阶矩自适应因子 $y_u(k)$ 称为快速非锁定标度因子，它的取值范围为 $1.06 \leqslant y_u(k) \leqslant 10$，对应的线性域为 $\Delta_{\min} = 2^{1.06} = 2.085$，$\Delta_{\max} = 2^{10} = 1024$。

$$y_u(k) = (1-2^{-5})y(k) + 2^{-5}w[I(k)] \tag{5-36}$$

$\mathscr{W}[I(k)]$ 的取值如表 5-3。

表 5.3 $\mathscr{W}[I(k)]$ 的取值

$|I(k)|$	7	6	5	4	3	2	1	0
$\mathscr{W}[I(k)]$	70.13	22.19	12.38	7.00	4.00	2.56	1.13	−0.75

为了适应语音预测差值信号中的基音引起的能量突变，$w[I(k)]$ 的高端取值都很大。对于带内数据，信号短时能量基本上是平稳的，阶矩自适应采用如下算法：

$$y_l(k) = (1-2^{-6})y_l(k-1) + 2^{-6}y_u(k) \tag{5-37}$$

式中，$y_l(k)$ 称为锁定标度因子。

(2) 速度控制。$a_l(k)$ 是速度控制因子，它是通过 $I(n)$ 的长时平均幅度值 $d_{ml}(k)$ 与短时平均幅度值 $d_{ms}(k)$ 的差求出的。它反映了预测余量信号的变化率。

长时的平均幅度值

$$d_{ml}(k) = (1-2^{-7})d_{ml}(k-1) + 2^{-7}\mathscr{F}[I(k)] \tag{5-38}$$

短时的平均幅度值

$$d_{ms}(k) = (1-2^{-5})d_{ms}(k-1) + 2^{-5}\mathscr{F}[I(k)] \tag{5-39}$$

函数 $\mathscr{F}[I(k)]$ 的取值如表 5-4 所示。

表 5.4 $\mathscr{F}[I(k)]$的取值

$\lvert I(k)\rvert$	7	6	5	4	3	2	1	0
$F[I(k)]$	7	3	1	1	1	0	0	0

当余量信号短时能量平稳时，$I(k)$的统计特性随时间变化很小，$d_{ml}(k)$与$d_{ms}(k)$相差不大；当余量信号短时能量起伏较大时，它们出现差值。利用这一特性先计算中间参数$a_p(k)$：

$$a_p(k)=\begin{cases}(1-2^{-4})a_p(k-1)+2^{-3} & (\lvert d_{ms}(k)-d_{ml}(k)\rvert \geqslant 2^{-3}d_{ml}(k)\ \text{或}\ y(k)<3)\\ (1-2^{-4})a_p(k-1) & (\text{其他})\end{cases} \tag{5-40}$$

显然，当$I(k)$幅度变化较大时，$a_p(k)\to 2$；而差别较小时，$a_p(k)\to 0$。条件$y(k)<3$表明输入信号很小，处于清音段或噪音段，这时也有$a_p(k)\to 2$，以便使量化器处于快速自适应状态来等待输入信号的突然变化。量化器速度控制因子$a_l(k)$可通过对$a_p(k)$限幅得到：

$$a_l(k)=\begin{cases}1 & (a_p(k-1)\geqslant 1)\\ a_p(k-1) & (a_p(k-1)<1)\end{cases} \tag{5-41}$$

这样，量化器从快速自适应向慢速自适应转变有一个延迟。对于带内调幅数据，这种延迟效应可以防止自适应速度过早变慢，从而避免脉冲沿产生太大的畸变。

(3) 自适应逆量化器输出

$$d_q(k)=2^{y(k)+I(k)} \tag{5-42}$$

(4) 自适应预测。预测器采用6阶零点，二阶极点的模型。预测信号为

$$\begin{cases}s_e(n)=\sum\limits_{i=1}^{2}a_i(n-1)s_r(n-i)+s_{ez}(n)\\ s_{ez}(n)=\sum\limits_{j=1}^{6}b_j(n-1)d_q(n-j)\end{cases} \tag{5-43}$$

重建信号为

$$s_r(n)=s_e(n)+d_q(n) \tag{5-44}$$

极点和零点预测器系数分别是a_i和b_j。其调整方式为

$$b_j(n)=(1-2^{-8})b_j(n-1)+2^{-7}\,\mathrm{sgn}[dq(n)]\cdot \mathrm{sgn}[dq(n-j)] \tag{5-45}$$

此式隐含着$\lvert b_j(n)\rvert\leqslant 2$，为保证算法稳定，二阶极点预测器系数限制如下：

$$\lvert a_2(n)\rvert \leqslant 0.75 \quad (\lvert a_1(n)\rvert \leqslant 1-a_2(n)-2^{-4})$$

它们的调整方式为

$$a_1(n)=(1-2^{-8})a_1(n-1)+3\cdot 2^{-8}\,\mathrm{sgn}[p(n)]\cdot \mathrm{sgn}[p(n-1)] \tag{5-46}$$

$$a_2(n)=(1-2^{-7})a_2(n-1)+2^{-7}\,\mathrm{sgn}[p(n)]\cdot\{\mathrm{sgn}[p(n-2)]-f[a_1(n-1)]\cdot \mathrm{sgn}[p(n-1)]\} \tag{5-47}$$

式中，

$$p(n)=dq(n)+s_{ez}(n) \tag{5-48}$$

$$f(a_1)=\begin{cases}4a_1 & \left(\lvert a_1\rvert \leqslant \dfrac{1}{2}\right)\\ 2\,\mathrm{sgn}[a_1] & \left(\lvert a_1\rvert > \dfrac{1}{2}\right)\end{cases} \tag{5-49}$$

(5) 单频和瞬变调整。当 ADPCM 编码器遇到频移键控信号(FSK)或其他窄带瞬变信号时，需要将系统从慢速自适应状态强制性地调整到快速自适应状态。为此，引入单频信号判定条件 t_d 和窄带信号瞬变判据 t_r：

$$t_d(n)=\begin{cases}1 & (a_2(n)<-0.71875)\\ 0 & (\text{其他})\end{cases} \tag{5-50}$$

$$t_r(n)=\begin{cases}1 & (t_d(n)=1,\ |d_q(n)|>24.2^{y_l(n)})\\ 0 & (\text{其他})\end{cases} \tag{5-51}$$

当 $t_d(n)=1$ 时，认为出现了单频信号或频率瞬变，这时强制将量化器处于快速自适应状态。当 $t_r(n)=1$ 时，还需将 $a_i(n)$ 和 $b_j(n)$ 同时置零。采用这些措施后，G.721 ADPCM 可以传递 4.8 kb 的 FSK 信号。同时 a_p 的判定也由下式决定：

$$a_p(n)=\begin{cases}(1-2^{-4})a_p(n-1)+2^{-3} & (|d_{ms}(n)-d_{ml}(n)|\geqslant 2^{-3}d_{ml}(n)\\ & \text{或 } y(n)<3 \text{ 或 } t_d(n)=1)\\ 1 & (t_r(n)=1)\\ (1-2^{-4})a_p(n-1) & (\text{其他})\end{cases} \tag{5-52}$$

当 ADPCM 与 PCM 之间发生换码级联时，需要在 ADPCM 内部进行 PCM 级联同步调整。方法是在解码端将重建信号 $s_r(n)$ 重新编码成 ADPCM 码 $I_{dx}(n)$ 并与输入的 $I(n)$ 比较，根据差值调整重信号 $s_r(n)$ 的电平级别。经过同步调整过程，ADPCM 可以有效地防止同步级联误差累积。

5.6 语音信号参数编码

5.6.1 通道声码器

最早的语音编码器是通道声码器，它基于短时傅里叶变换的语音分析合成系统，发送端通过若干个并联的通道对语音信号进行频谱估计，而接收端产生一个信号，使其频谱与发送端规定的频谱相匹配。通道声码器的原理如图 5.9 所示。

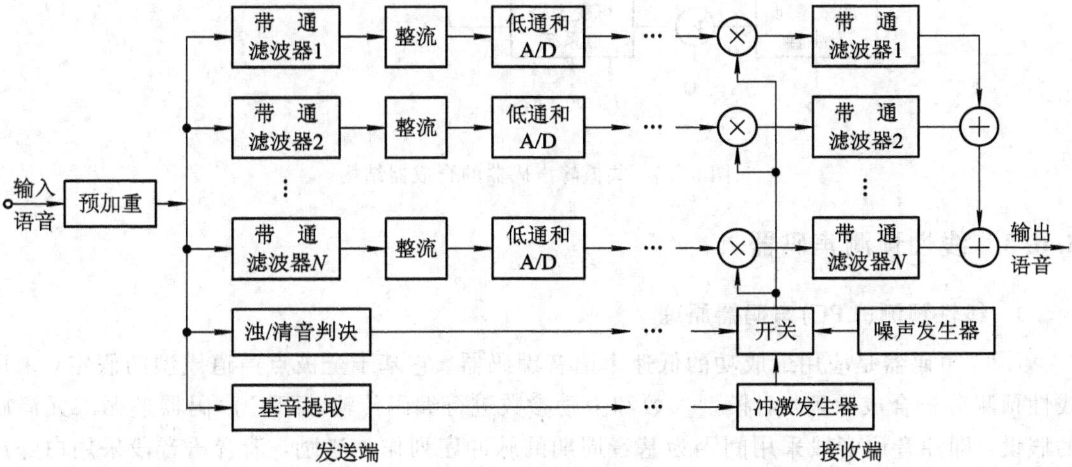

图 5.9 通道声码器原理图

在发送端，输入语音先经过预加重处理，作用是按 6 dB/倍频程的比例补偿嘴唇辐射的衰减，进行高频提升。带通滤波器组将语音的频率范围分成许多相邻的频带或通道，滤波器的个数典型值为 10～20 个。频带划分是非均匀的，低频部分带宽较窄，以保证低频段有较高的频率分辨能力。整流电路取出各频段信号幅值，低通滤波器是避免采样后产生混叠失真，同时完成信号的 A/D 转换。每一通道输出对应频带的幅度谱的均值，这组数据就反映了信号频谱的包络。将其与清/浊音判决信息和基音周期一起编码后发送到接收端。

在接收端，通过清/浊音判决信息和基音周期来提供声门激励信号，并用频谱包络信号对其进行调制，经带通滤波器输出后叠加在一起就合成为输出语音信号。在接收端对应设置一个具有－6 dB/倍频程衰减的逆滤波器进行去加重。

通道声码器的主要缺点是需要检测基音周期和进行清/浊音判决，而精确地求出这两部分数据是相当困难的，其误差会对合成语音的质量造成很大的影响。此外，由于通道数量有限，可能几个谐波分量会落入同一个通道，在合成时它们将被赋予相同的幅度，结果导致频谱畸变。

5.6.2 共振峰声码器

共振峰声码器不是将语音信号划分成多个频段，而是对整体进行分析，提取共振峰的位置、幅度、带宽等参数，构成两个声道滤波器。浊音滤波器采用全极点滤波器，由多个二阶滤波器级联而成；清音滤波器一般采用一个极点和一个零点的数字滤波器。这些滤波器的参数都是时变的。

图 5.10 为共振峰声码器的合成器结构。其中共振峰 F_1、F_2、F_3 为浊音滤波器的参数，极点 F_p 和零点 F_z 为清音滤波器的参数，F_0 为基音频率，A_u、A_v 为增益系数。与通道声码器相比，共振峰声码器合成出的语音质量更好、比特率更低。

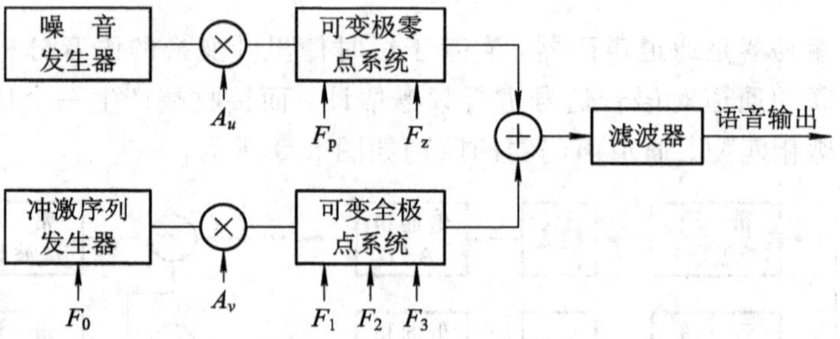

图 5.10　共振峰声码器的合成器结构

5.6.3 线性预测声码器

1. 线性预测(LPC)声码器原理

LPC 声码器是应用最成功的低速率语音编码器。它基于全极点声道模型的假定，采用线性预测分析合成原理，对模型参数和激励参数进行编码传输。LPC 声码器遵循二元激励的假设，即浊音语音段采用间隔为基音周期的脉冲序列作为激励，清音语音段采用白噪声序列作为激励。因此，声码器只需对 LPC 参数、基音周期、增益和清浊音信息进行编码。

LPC 声码器可以得到很低的比特率(2.4 kb/s 以下)。其工作原理如图 5.11 所示。

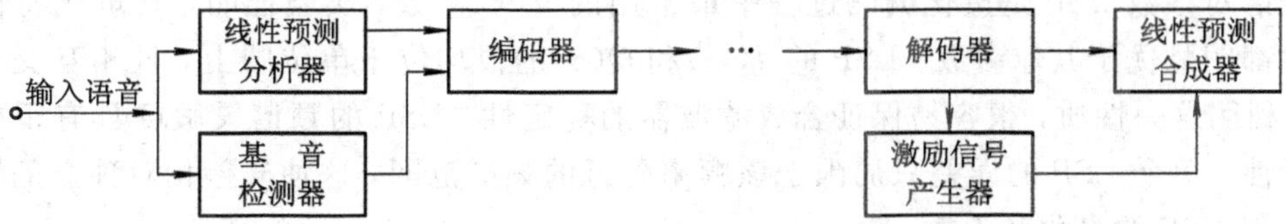

图 5.11　LPC 声码器工作原理图

虽然 LPC 声码器与 ADPCM 一样，都是基于线性预测分析来实现对语音信号编码压缩的，但是它们之间有着本质的区别。LPC 声码器不考虑重建信号波形是否与原来信号的波形相同，而努力使重建信号具有尽可能高的可懂度和清晰度，所以不必量化和传输预测残差，只需传输 LPC 参数和重构激励信号的基音周期和清浊音信息。

LPC 声码器中，必须传输的参数是 p 个预测器系数、基音周期、清浊音信息和增益参数。直接对预测系数量化后再传输是不合适的，因为它的谱灵敏度极不均匀，有些系数很小的变化都可能使频谱发生很大的变化，而且线性预测系数的内插特性也很差，内插得到的新参数不一定能够构成稳定的合成滤波器。为此，可将预测器系数变换成其他更适合于编码和传输的参数形式。归纳起来，有以下几种。

1) 反射系数

用反射系数构成的格型滤波器是一种参数灵敏度较低的合成滤波器，它稳定的充分必要条件是$|k_i<1|$。这一点无论是在对参数进行量化编码，还是在对参数进行线性内插时都容易保证。因此，反射系数被广泛地应用于语音的编码及合成。但是反射系数的谱灵敏度并不均匀，其绝对值越接近 1，谱灵敏度就越高。因此，采用反射系数进行编码时，一般都采用非线性量化，比特数分配也不是均匀的。通常 k_1，k_2 用 5～6 bit 来表示，其他各阶，随阶数增加量化比特数逐渐减少。

2) 对数面积比

对数面积比参数可由下式计算：

$$g_i = \lg \frac{A_{i+1}}{A_i} = \lg \frac{1-k_i}{1+k_i} \quad 1 \leqslant i \leqslant p \tag{5-53}$$

式中，A_i 就是多节无损声管中第 i 节的截面积。

由于式(5-53)将域[-1, +1]映射到(-∞, +∞)，它使 g_i 呈现相当均匀的幅度分布，可以进行均匀量化。此外，对数面积比参数各维之间相关性很低，因此能够保证通过线性内插得到的滤波器的稳定性。

3) 预测多项式的根

对预测多项式 $A(z)$ 做以下简单的因式分解：

$$A(z) = 1 - \sum_{i=1}^{p} a_i z^{-i} = \prod_{i=1}^{p}(1 - z_i z^{-i}) \tag{5-54}$$

取 $A(z)=0$，即可求得一组根。其中每一对根与信号谱中的一个共振峰相对应。只要 $A(z)$ 的根都在单位圆内就可以保证合成滤波器的稳定性，其主要缺点是求解多项式的根需要相当大的计算量。

4）线谱对参数

线谱对参数 LSP 是量化编码过程中最常用的 LPC 参数，实验证明，其量化特性和内插特性都明显优于其他参数。LSP 的 $P(z)$和 $Q(z)$的根均位于单位圆上，且相互交替间隔排列，利用这一性质，很容易保证合成滤波器的稳定性。LSP 的频谱灵敏度具有很好的频率选择性，单个 LSP 的误差只局限于该频率附近的频谱范围，这种误差相对独立的性质非常有利于 LSP 的量化和内插。

2. LPC－10 编码器

LPC 声码器在通信领域，尤其是在军事通信领域得到了广泛的应用。1976 年，美国确定用 LPC 声码器标准 LPC－10 作为 2.4 kb/s 速率上的推荐编码方式。1981 年这个算法被官方接受，作为联邦政府标准 FS－1015 被公布。利用这个算法可以合成清晰、可懂的语音，但是抗噪声能力和自然度比较差。自 1986 年以来，美国第三代保密电话装置采用了速率为 2.4 kb/s 的 LPC－10e（LPC－10 的增强型）作为语音处理手段。下面介绍图 5.12 所示的 LPC－10 的编码器工作原理和一些改进措施。

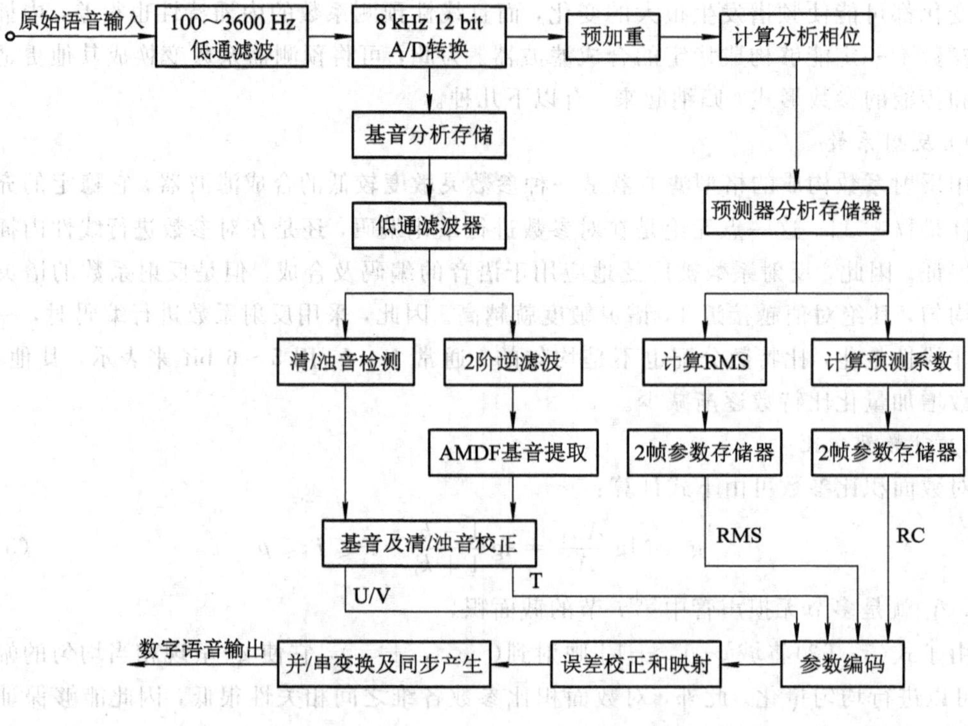

图 5.12　LPC－10 的编码器框图

1）编码器

图 5.13 为 LPC－10 的编码器框图。原始语音经过 100～3600 Hz 的锐截止的低通滤波器之后，输入 A/D 转换器，以 8 kHz 采样率 12 bit 量化得到数字化语音，然后每 180 个采样点(22.5 ms)为一帧，以帧为处理单元。编码器分两个支路同时进行，其中一个支路用于提取基音周期 T 和清浊音 U/V 判决信息；另一支路用于提取声道滤波器参数 RC 和增益因子 RMS。提取基音周期的支路把 A/D 变换后输出的数字化语音缓存，经过低通滤波、

二阶逆滤波后，再用平均幅度差函数 AMDF 计算基音周期，经过平滑、校正得到该帧的基音周期。与此同时，对低通滤波后输出的数字语音进行清浊音标志。提取声道参数支路需先进行预加重处理。预加重的目的是加强语音谱中的高频共振峰，使语音短时谱以及 LPC 分析中的残差频谱变得更为平坦，从而提高了谱参数估值的精确性。预加重滤波器的传递函数为

$$H_{pw}(z) = 1 - 0.9375z^{-1} \tag{5-55}$$

2）声道滤波器参数的计算

采用 10 阶 LPC 分析滤波器，利用协方差法对 LPC 分析滤波器 $A(Z) = 1 - \sum_{i=1}^{10} a_i z^{-i}$ 计算预测系数 $a_1, a_2, \cdots, a_{10}$，并将其转换成反射系数 RC，或者用部分相关系数(PARCOR)来代替预测系数进行量化编码。理论上 RC 参数和 PARCOR 参数互为相反数，系统稳定条件是其绝对值小于 1，这在量化时是容易保证的。LPC 分析采用半基音同步算法，即浊音帧的分析帧长取为 130 个样本以内的基音周期整数倍值来计算 RC 和 RMS。这样，每一个基音周期都可以单独用一组系数处理。在收端恢复语音时也是如此处理。清音帧是取长度为 22.5 ms 的整帧中点为中心的 130 个样本形成分析帧来计算 RC 和 RMS。

3）增益因子 RMS 的计算

RMS 的计算公式如下：

$$\text{RMS} = \sqrt{\frac{1}{N}\sum_{i=1}^{N} x^2(i)} \tag{5-56}$$

式中，$x(i)$是经过预加重的数字语音；N 是分析帧的长度。

4）基音周期提取和清/浊音检测

输入数字语音经 3 dB 截止频率为 800 Hz 的 4 阶 Butterworth 低通滤波器滤波，滤波后的信号再经过二阶逆滤波(逆滤波器的系数为前面 LPC 分析得到的短时谱参数 a_1，a_2，…，a_{10})。把取样频率降低至原来的 1/4，再计算延迟时间为 20～256 个样点的平均幅度差函数 AMDF，由 AMDF 的最小值确定基音周期。计算 AMDF 的公式为

$$\text{AMDF}(k) = \sum_{m=1}^{130} |\, x(m) - x(m+k) \,| \tag{5-57}$$

式中，k=20，21，22，…，40，42，44，…，80，84，88，…，156。这相当于在 50～400 Hz 范围内计算 60 个 AMDF 值。清/浊音判决是利用模式匹配技术，基于低带能量、AMDF 函数最大值与最小值之比、过零率做出的。最后对基音值、清/浊音判决结果用动态规划算法，在 3 帧范围内进行平滑和错误校正，从而给出当前帧的基音周期 T、清/浊音判决参数 U/V。每帧清/浊音判决结果用两位码表示 4 种状态，这 4 种状态为：00——稳定的清音；01——清音向浊音转换；10——浊音向清音转换；11——稳定的浊音。

5）参数编码与解码

在 LPC-10 的传输数据流中，将 10 个反射系数(k_1，k_2，…，k_{10})、增益因子(RMS)、基音周期 T、清/浊音判决参数 U/V、同步信号 Sync 编码成每帧 54 bit。由于传输速率为 44.4 帧/s，因此码率为 2.4 kb/s。同步信号采用相邻帧 1、0 码交替的模式。表 5.5 是 LPC-10 浊音帧和清音帧的比特数分配。

表 5.5 LPC－10 清音帧和浊音帧的比特数分配

各 项	清音/bit	浊音/bit
T/Voicing	7	7
RMS	5	5
Sync	1	1
k_1	5	5
k_2	5	5
k_3	5	5
k_4	5	5
k_5	4	
k_6	4	
k_7	4	
k_8	4	
k_9	3	
k_{10}	2	
误差校正	0	20
总计	54	53

3. LPC－10 解码器

LPC－10 收端解码器框图如图 5.13 所示。接收到的语音信号经串/并变换及同步检测后，利用查表法对数码流进行检错、纠错。纠错译码后的数据经参数解码得到基音周期、清/浊音标志、增益以及反射系数的数值，解码结果延时一帧输出。输出数据在过去的一帧、当前帧和将来的一帧共 3 帧内进行平滑。由于每帧语音只传输一组参数，但一帧之内可能有不止一个基音周期，因此要对接收数值进行由帧块到基音块的转换和插值。

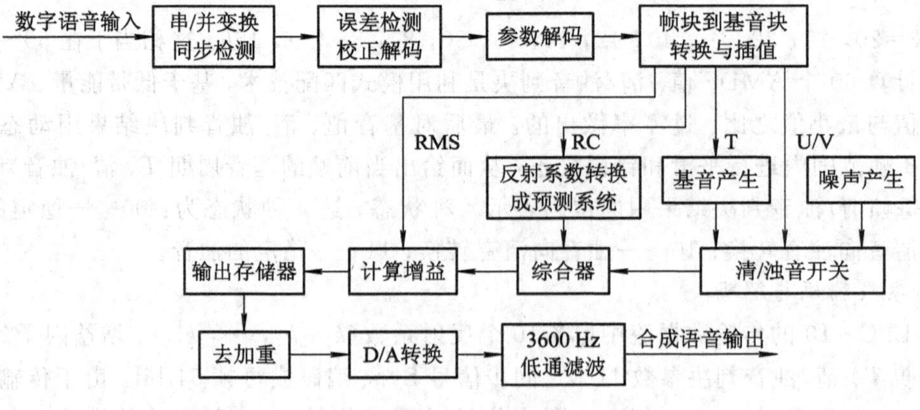

图 5.13 LPC－10 收端解码器框图

1）参数插值原则

对数面积比参数值每帧插值两次；RMS 参数值在对数域进行基音同步插值；基音参数值用基音同步的线性插值；在浊音向清音过渡时对数面积比不插值。每个基音周期更新一次预测系数、增益、基音周期、清/浊音等参数，这个过程在帧块到基音块的转换和插值中完成。

2）激励源

根据基音周期和清/浊音标志决定要采用的激励信号源。清音帧用随机数作为激励源；浊音帧用周期性冲激序列通过一个全通滤波器来生成激励源，这个措施改善了合成语音的尖峰性质。语音合成滤波器输入激励的幅度保持恒定不变，输出幅度受 RMS 参数加权。下面给出一组有 41 个样点的浊音激励信号：

$$e(n)=\{0,0,0,0,0,0,0,0,5,-8,13,-24,43,-83,147,-252,359,-364,92,336,-306,-336,92,364,359,252,147,81,43,24,13,8,5,0,0,0,0,0,0,0,0\}$$

若当前的基音周期不等于 41 个样点，则将此激励源截短或者填零，使之与基音周期等长。

3）语音合成

用 Levinson 递推算法将反射参数 $k_1, k_2, \cdots, k_p$，变换成预测系数 $a_1, a_2, \cdots, a_p$。收端合成器应用直接型递归滤波器 $H(z)=1/\left(1-\sum_{i=1}^{p}a_i z^{-i}\right)$ 合成语音。对其输出进行幅度校正、去加重，并变换为模拟信号，最后经 3600 Hz 的低通滤波器后输出模拟语音。

4. LPC－10 编解码器的缺点及改进

LPC－10 虽然有编码速率低的优点，但是合成语音听起来很不自然，即使提高编码速率也无济于事。这主要是因为清/浊音判决和浊音信号的基音检测很难做到十分可靠。有些摩擦音本身就清浊难分，在辅音与元音的过渡段或者有背景噪声的情况下，检测结果就更容易发生错误。这种错误对合成语音的清晰度影响特别严重。此外采用简单的二元激励形式，也不符合实际情况，因而造成自然度的下降。在增强型 LPC－10e 中采用了如下一些措施来改善语音的质量。

(1) 改善激励源。采用混合激励代替简单的二元激励。此时，浊音的激励源是由经过低通滤波的周期脉冲序列与经过高通滤波的白噪声相加而成的，周期脉冲与噪声的混合比例随输入语音的浊化程度变化。清音的激励源是白噪声加上位置随机的一个正脉冲跟随一个负脉冲的脉冲对形成的爆破脉冲。对于爆破音，脉冲对的幅度增大，与语音的突变成正比。采用混合激励可以使原来二元激励合成引起的金属声、重击声、音调噪声等得到改善。

采用激励脉冲加抖动的方式。将基音相关性不是很强或残差信号中有大的峰值的语音帧判定为抖动的浊音帧。除采用脉冲加噪声的混合激励外，激励信号中的周期脉冲的相位要做随机地抖动，即对每个基音周期的长度乘上一个 0.75～1.25 之间均匀分布的随机数，这样可以改善语音的自然度。

采用单脉冲与码本相结合的激励模式。可取多脉冲激励线性预测编码与码本激励线性预测编码各自的长处，对不同的语音段采用不同的激励模式。对于具有周期性的语音段用以基音周期重复的单脉冲作为激励源，非周期性语音段用从码本中选择的随机序列作为激励源。

(2) 改进基音提取方法。计算线性预测残差信号或者语音信号的自相关函数，并利用动态规划的平滑算法来更准确地提取基音周期。将一帧的线性预测残差信号低通滤波后，求出所有可能的基音时延点上的归一化自相关系数，选出其中 L 个最大值，再用相邻 3 帧的每帧 L 个最大值，用动态规划算法求得最佳基音值。

(3) 选择线谱对参数 LSP 作为声道滤波器的量化参数。

5.7 语音信号混合编码

混合编码是在保留参数编码技术精华的基础上，引用波形编码准则去优化激励源信号，克服原有波形编码和参数编码的弱点，而吸取它们各自的长处，在 4～16 kb/s 的速率上能够合成高质量语音。其中用到的主要技术就是合成分析技术和感觉加权滤波器，目标是改进激励模型，合成高质语音。

5.7.1 合成分析技术和感觉加权滤波器

近几十年来，人们在 LPC 算法的基础上，对 16 kb/s 以下的高质量语音编码技术进行了广泛深入的研究和实践。在此速率下，能用于残差信号编码的比特数是较少的。若对残差信号进行直接量化并且使残差信号与它的量化值之间的误差达到最小，并不能保证原始语音与重建语音之间的误差最小，而只有采用合成分析法来计算残差信号的编码量化值才能使得重建语音与原始语音的误差最小。换句话说，合成分析法的改进主要就是对激励的改进，它不是寻找与残差信号相匹配的激励，而是寻找给定合成滤波器的最优激励，使其通过合成滤波器时产生的合成语音最接近于原始语音。由于合成滤波器具有递归结构，因此激励信号的每个样点将影响合成语音的许多样点。也就是说，最佳量化模型的选择不是立即决定的，而是要延迟至少几个样点才被决定。因为这种决定依赖于原始语音和合成语音的残差信号，分析过程即包含有合成过程，所以称为“合成分析技术”。

感觉加权滤波器的依据是利用人耳听觉的掩蔽效应(Masking Effect)，在语音频谱中能量较高的频段即共振峰处的噪声相对于能量较低频段的噪声而言不易被感知。因此在度量原始语音与合成语音之间的误差时可以计入这一因素，在语音能量较高的频段，允许二者的误差大一些，反之则小一些。为此可以引入一频域感觉加权滤波器 $W(f)$，算得二者的误差如下：

$$e=\int_0^{f_s}|s(f)-\hat{s}(f)|^2W(f)\,\mathrm{d}f \tag{5-58}$$

其中，f_s 是抽样率，$s(f)$、$\hat{s}(f)$分别是原始语音与合成语音的傅里叶变换。不难证明：只要使积分项在整个域内保持常数值，就可以使 e 达到最小值。这样，只要在能量最大的语音频段内使 $W(f)$较小，而能量较小的频段内 $W(f)$较大，就能抬高前者的误差而降低后者的误差能量。为此选取感觉加权滤波器的 z 域表达式 $W(z)$为

$$W(z)=\frac{A(z)}{A(z/\gamma)}=\frac{1-\sum_{i=1}^{p}a_iz^{-i}}{1-\sum_{i=1}^{p}a_i\gamma^iz^{-i}} \tag{5-59}$$

感觉加权滤波器的特性由预测系数$\{a_i\}$和γ来确定。γ取值在0～1之间，由它控制共振峰区域误差的增加。当$\gamma=1$时，$W(z)=1$，此时没有进行感觉加权；当$\gamma=0$时，

$$W(z)=1-\sum_{i=1}^{p}a_i z^{-i} \tag{5-60}$$

它等于语音的p阶全极点模型谱的倒数，由此得到的噪声频谱能量分布与语音频谱的能量分布是一致的。图5.14中示出了一段原始语音的谱，经感觉加权后所得的误差信号的谱以及感觉加权滤波器的频率响应。由图不难看出，感觉加权滤波器的作用就是使实际误差信号的谱不再平坦，而有着与语音信号谱具有相似的包络形状，这就使得误差度量的优化过程与感觉上的共振峰对误差的掩蔽效应相吻合，产生较好的主观听觉效果。实际听音的结果表明：在8 kHz采样率下，γ取值为0.8左右较为适宜。注意到加权过程既不会引起位率的增加，也不会增加合成过程的复杂度，它仅使编码器的复杂性有所增加。

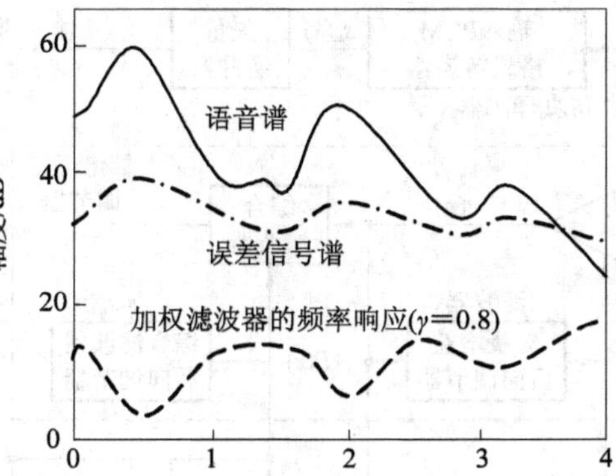

图5.14 频率响应/kHz

5.7.2 激励模型的改进

过于简单的二元激励模型是制约LPC编码器声音质量的主要因素。针对此问题，1982年，Bishnu S. Atal和Joel R. Remde首先提出多脉冲激励线性预测编码(MPE-LPC)算法，在该算法中，每20 ms语音帧里，传送16～20个激励脉冲的位置和幅度信息，能够在9.6～16 kb/s速率上，获得相当于6位PCM编码的质量。1985年，Ed. F. Deprettere和Perter Kroon首先提出规则脉冲激励线性预测编码(RPE-LPC)算法，1986年，K. Hellwig R. Hojmann和P. Wary R. J. sluyter等人在此基础上将它简化成实时算法，并用三片DSP芯片(μPD7720)实现了编、译码器，编码速率是16 kb/s。以后他们与人合作，改进算法，加入了长时预测LTP(Long-Term Prediction)，并使速率降为13 kb/s，形成长时预测规则脉冲激励(LTP-RPE-LPC)编码方案。它的特点是算法简单，语音质量达到了通信等级。该算法在1988年被确定为泛欧标准全速率语音编码方案，称为GSM标准。1985年，Manfred R. Schroeder和Bishnu S. Atal首次提出了用矢量量化码本作为激励源的线性预测编码技术(Code Excited Linear Predictive Coding，CELP)。CELP以高质量的合成语音及优良的抗噪声和多次转接性能，在4.8～16 kb/s速率上得到广泛的应用。1988年，美国政府采用由美国国防部与AT&T贝尔实验室共同研制的4.8 kb/s CELP声码器(FED-STD-1016)作为语音编码器标准；1989年8 kb/s速率的北美数字移动通信全速率编译码

器标准采用了修改的 CELP 技术——矢量和激励线性预测编码（Vector Sum Excited Linear Predictive Coding，VSELP）；1991 年 ITU 通过了用短延时码激励线性预测编码（Low-Delay Code Excited Linear Predictive Coding，LD-CELP）作为 16 kb/s 语音编码器的 G.728 标准。1996 年 ITU 通过了共轭结构代数码激励线性预测编码器（CS-ACELP）作为8 kb/s 语音编码器 G.729 标准，这些是码激励的典型算法。本节只给出 G.728 标准的较详细介绍，对其他算法感兴趣的读者可以参考其他语音信号处理的书籍。

5.7.3 G.728 语音编码标准

1. 原理概述

图 5.15 和图 5.16 分别是 G.728 标准算法中语音编码器和解码器部分的原理框图。

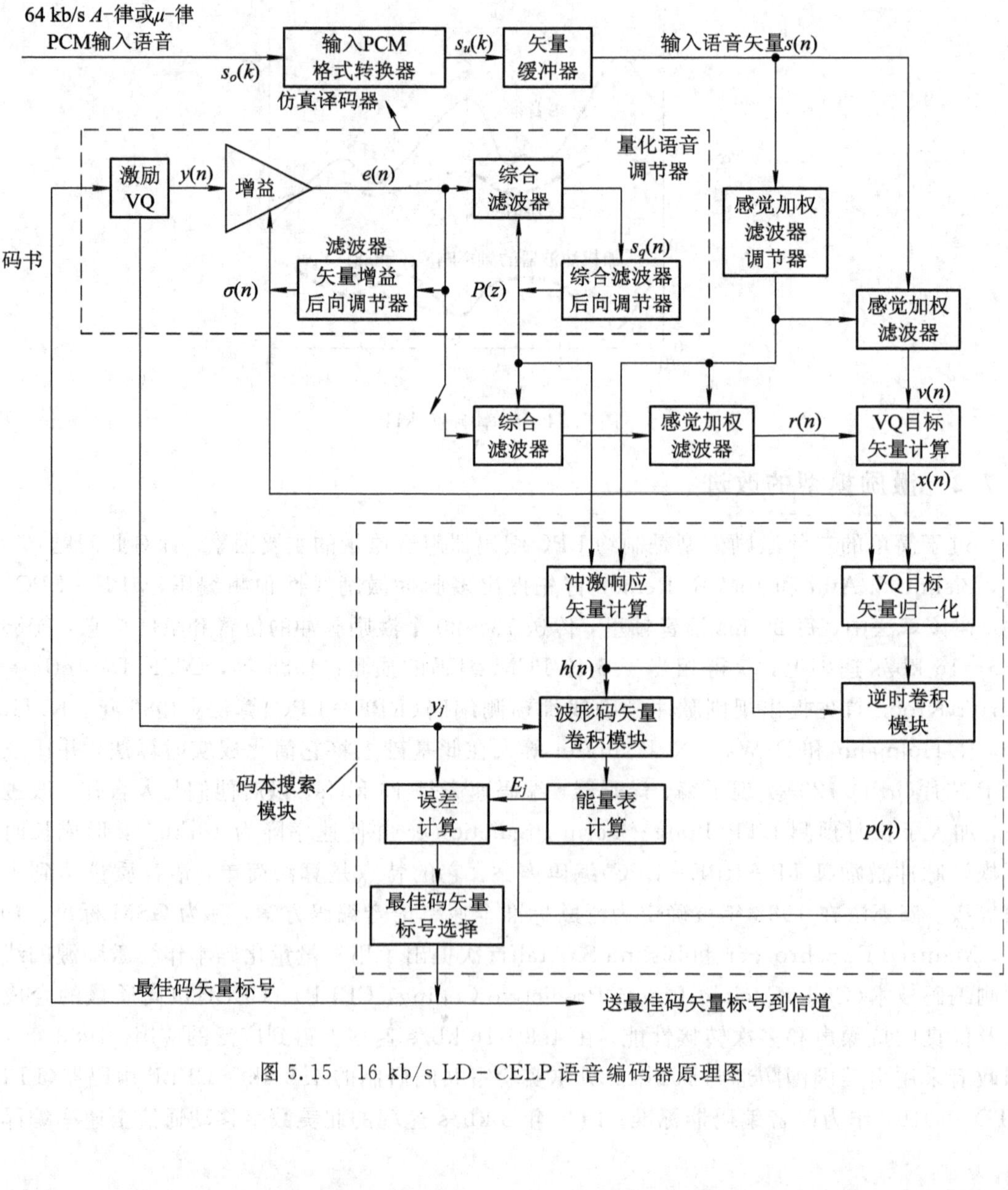

图 5.15 16 kb/s LD-CELP 语音编码器原理图

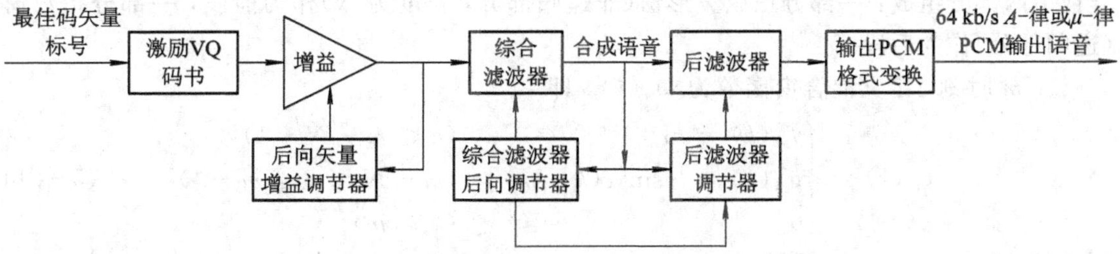

图 5.16 16 kb/s LD-CELP 语音解码器原理图

编码部分的工作原理是：首先将速率为 64 kb/s 的 A-律或 μ-律 PCM 输入信号转换成均匀量化的 PCM 信号，接着由 5 个连续的语音样点 $s_u(5n)$，$s_u(5n+1)$，…，$s_u(5n+4)$ 组成一个 5 维语音矢量 $\boldsymbol{s}(n)=[s_u(5n), s_u(5n+1), \cdots, s_u(5n+4)]$。激励码书中共有 1024 个 5 维的码矢量。对于每个输入语音矢量，编码器利用合成分析方法从码书中搜索出最佳码矢量，然后将 10 bit 的码矢标号通过信道传送给解码器。每 4 个相邻的输入矢量(共 20 个样点)构成一个自适应周期，或者称为帧，每帧更新一次 LPC 系数。因为在 LD-CELP 算法中采用的是后向自适应预测技术，当前的激励增益和综合滤波器的输出是分别对先前量化过的增益和语音信息进行 LPC 分析而得出的，所以向解码器传送的信息只是激励矢量的地址标号，这就使得编码器只有 5 个样点的缓冲延迟，对于 8 kHz 的采样率就是 0.625 ms 的延迟。把处理延迟和传输延迟包括在内，总的一路编译码延迟不超过 2 ms。

解码操作也是逐个矢量地进行的。根据接收到的码矢标号，从激励码书中找到对应的激励矢量，经过增益调整后，得到激励信号，将激励信号输入合成滤波器，就得到合成语音信号。再将合成语音信号进行自适应后滤波处理，以增强语音的主观感觉质量。

2. LPC 系数的计算

语音信号被看做短时平稳过程，通常在进行 LPC 分析前都要加窗。G.728 标准算法中加的是混合窗，如图 5.17 所示。这种混合窗将用于三种 LPC 分析中，即感觉加权滤波器、综合滤波器和对数增益滤波器中。

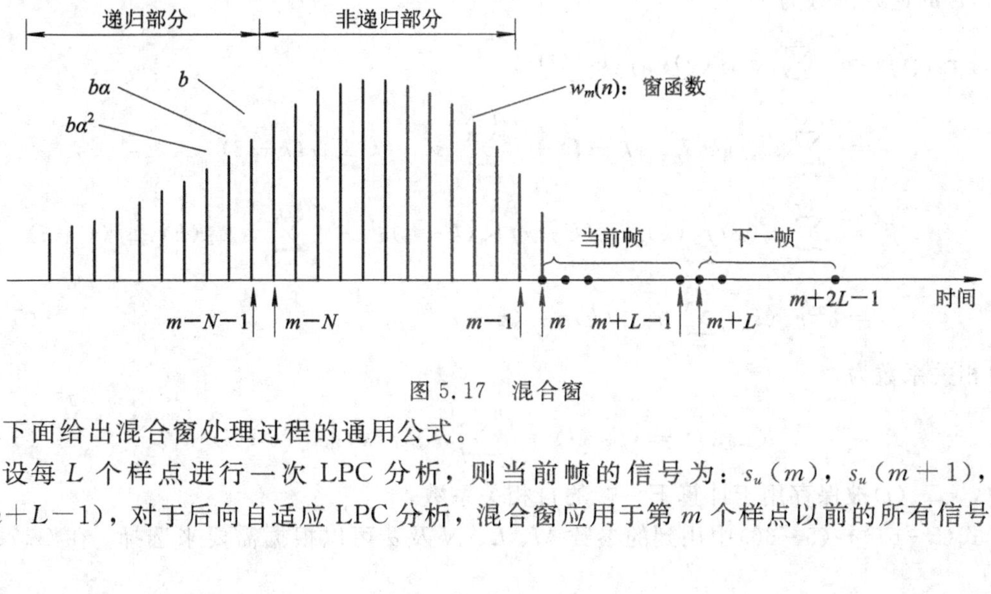

图 5.17 混合窗

下面给出混合窗处理过程的通用公式。

设每 L 个样点进行一次 LPC 分析，则当前帧的信号为：$s_u(m)$，$s_u(m+1)$，…，$s_u(m+L-1)$，对于后向自适应 LPC 分析，混合窗应用于第 m 个样点以前的所有信号。混合窗由两部分组成：一部分正弦波形窗(非递归部分，长度为 N)作为前段，一部分指数窗(递归部分)作为后段。

在 m 时刻，定义混合窗函数为 $w_m(k)$，即

$$w_m(k)=\begin{cases}f_m(k)=b\alpha^{-[k-(m-N-1)]} & (k\leqslant m-N-1)\\ g_m(k)=-\sin[c(k-m)] & (m-N\leqslant k\leqslant m-1)\\ 0 & (k\geqslant m)\end{cases}\tag{5-61}$$

加窗后的信号为

$$\begin{aligned}s_m(k)&=s_u(k)w_m(k)\\&=\begin{cases}s_u(k)f_m(k)=s_u(k)b\alpha^{-[k-(m-N-1)]} & (k\leqslant m-N-1)\\ s_u(k)g_m(k)=-s_u(k)\sin[c(k-m)] & (m-N\leqslant k\leqslant m-1)\\ 0 & (k\geqslant m)\end{cases}\end{aligned}\tag{5-62}$$

对 M 阶 LPC 分析，需要计算 $M+1$ 个自相关系数 $R_m(i)$：

$$R_m(i)=\sum_{k=-\infty}^{m-1}s_m(k)s_m(k-i)=r_m(i)+\sum_{k=m-N}^{m-1}s_m(k)s_m(k-i)\tag{5-63}$$

其中，$r_m(i)$是 $R_m(i)$的递归部分，可用下式计算：

$$r_m(i)=\sum_{k=-\infty}^{m-N-1}s_m(k)s_m(k-i)=\sum_{k=-\infty}^{m-N-1}s_u(k)s_u(k-i)f_m(k)f_m(k-i)\tag{5-64}$$

式(5-62)中右边第二项为非递归部分。

为了计算下一帧的自相关系数 $R_{m+L}(i)$，需要保存当前帧的 $r_m(i)$。下一帧的样点从 $s_u(m+L)$开始，混合窗向右移 L 个样点后，新的加窗信号为

$$\begin{aligned}s_{m+L}(k)&=s_u(k)w_{m+L}(k)\\&=\begin{cases}s_u(k)f_{m+L}(k)=s_u(k)f_m(k)\alpha^L & (k\leqslant m-N-1)\\ s_u(k)g_{m+L}(k)=s_u(k)\sin[c(k-m-N)] & (m-N\leqslant k\leqslant m+L-1)\\ 0 & (k\geqslant m+L)\end{cases}\end{aligned}\tag{5-65}$$

$R_{m+L}(i)$的递归部分为

$$\begin{aligned}r_{m+L}(i)=&\sum_{k=-\infty}^{m+L-N-1}s_{m+L}(k)s_{m+L}(k-i)\\=&\sum_{k=-\infty}^{m-N-1}s_{m+L}(k)s_{m+L}(k-i)+\sum_{k=m-N}^{m+L-N-1}s_{m+L}(k)s_{m+L}(k-i)\\=&\sum_{k=-\infty}^{m-N-1}s_u(k)f_m(k)\alpha^Ls_u(k-i)f_m(k-i)\alpha^L+\sum_{k=m-N}^{m+L-N-1}s_{m+L}(k)s_{m+L}(k-i)\\=&\alpha^{2L}r_m(i)\sum_{k=m-N}^{m+L-N-1}s_{m+L}(k)s_{m+L}(k-i)\end{aligned}\tag{5-66}$$

则自相关系数为

$$R_{m+L}(i)=r_{m+L}(i)+\sum_{k=m+L-N}^{m+L-1}s_{m+L}(k)s_{m+L}(k-i)\tag{5-67}$$

其中，$r_{m+L}(i)$被保存用于计算下一帧的自相关系数。

式(5-61)～(5-66)中用到的参数 M、L、N 及 α 可以根据需要来选择，在 G.728 标

准算法中，对应于感觉加权滤波器、综合滤波器和对数增益滤波器的 M、L、N 及 α 的值见表 5.6。

表 5.6 三种滤波器的 M、L、N 及 α 的值

滤波器名称	M	L	N	α
感觉加权滤波器	10	20	30	0.992 833 749
综合滤波器	50	20	35	0.982 820 598
对数增益滤波器	10	4	20	0.964 678 630

根据式(5-67)计算出自相关系数、开始 Levinson-Durbin 递推之前，将 $i=0$ $(0\leqslant i\leqslant p)$ 时的自相关值 $R(0)$ 乘以白噪声修正因子 WNCF=1.003 906 25。

利用白噪声修正后的自相关系数和 Levinson-Durbin 递推公式，就可以计算出 LPC 系数。

3. 感觉加权滤波器

如图 5-15 所示，当前的输入语音矢量 $\boldsymbol{s}(n)$ 经过加权滤波器，得到加权的语音矢量 $\boldsymbol{v}(n)$。加权滤波器的传递函数为

$$W(z)=\frac{1-Q(z/\gamma_1)}{1-Q(z/\gamma_2)}\qquad(0<\gamma_2<\gamma_1\leqslant 1)\tag{5-68}$$

式中，$Q(z)$ 为线性预测器的传递函数，即

$$Q(z)=-\sum_{i=1}^{10}q_i z^{-i}\tag{5-69}$$

q_i 即为求得的预测系数，$q_0=1$。r_1 和 r_2 为根据人耳的听觉特性经实验得出的加权因子，在这里，$\gamma_1=0.9$，$\gamma_2=0.6$。所以

$$W(z)=\frac{1+\sum_{i=1}^{10}(q_i\gamma_1^i)z^{-i}}{1+\sum_{i=1}^{10}(q_i\gamma_2^i)z^{-i}}\tag{5-70}$$

感觉加权滤波器分子分母系数的更新每帧进行一次，更新发生在每帧的第三个矢量。图 5.18 为感觉加权滤波器系数更新框图。经过综合滤波器后合成的语音也需经同样的加权滤波器处理，以提高听觉质量。这两个感觉加权滤波器是完全一样的。其工作过程如下：首先对输入语音或量化语音的前一帧加混合窗，计算出加窗后的自相关系数，利用 Levinson-Durbin 递推公式将自相关系数转换为预测系数，再计算出加权滤波器系数，对当前帧的语音矢量进行滤波，输出加权后的语音矢量。

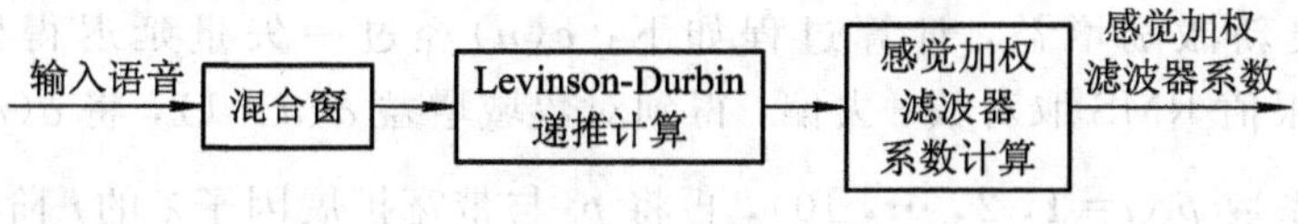

图 5.18 感觉加权滤波器系数更新

4. 综合滤波器

在图 5.15 中可以看到两个综合滤波器，它们是分别用来计算合成语音的零输入响应

和零状态响应的。二者有相同的滤波器系数，每帧更新一次，更新时刻也在每帧的第三个矢量处。其传递函数为

$$F(z)=\frac{1}{1-P(z)} \tag{5-71}$$

$P(z)$是 50 阶 LPC 预测器的传递函数，即

$$P(z)=-\sum_{i=1}^{50}a_i z^{-i} \tag{5-72}$$

其中，$a_i=\lambda^i\hat{a}_i(i=1, 2, 3, \cdots, 50)$，$\hat{a}_i$ 为由 Levinson - Durbin 公式计算出的 LPC 系数，λ 为带宽扩展因子，$\lambda=0.9883$，带宽扩展 $B=15$ Hz。

从图 5.15 中也可以看到，编码器中并未象其他的编码器那样包含基音预测器。其原因在前面已有解释，这里不再重复。

综合滤波器系数更新框图如图 5.19 所示。

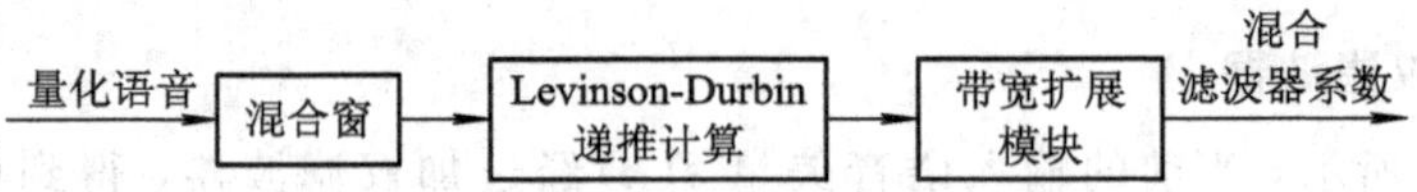

图 5.19 综合滤波器系数更新

5. 对数增益滤波器

设矢量 $\boldsymbol{y}(n)$是在 n 时刻时的激励矢量，$\boldsymbol{e}(n)$是经过增益调节后的激励矢量，$\sigma_y(n)$和 $\sigma_e(n)$分别对应于 $\boldsymbol{y}(n)$和 $\boldsymbol{e}(n)$的均方根(RMS)，$\sigma(n)$是用于调节 $\boldsymbol{e}(n)$的后向自适应激励增益。则有

$$\boldsymbol{e}(n)=\sigma(n)\boldsymbol{y}(n) \tag{5-73}$$

$$\lg[\sigma_e(n)]=\lg[\sigma(n)]+\lg[\sigma_y(n)] \tag{5-74}$$

线性预测的目的是使 $\sigma(n)$尽可能接近 $\sigma_e(n)$，因此，可以使 $\lg[\sigma(n)]$成为 $\lg[\sigma_e(n)]$的预测，而 $\lg[\sigma_e(n)]$是基于 $\lg[\sigma_e(n-1)]$, $\lg[\sigma_e(n-2)]$, $\cdots$, $\lg[\sigma_e(n-i)]$等。所以

$$\begin{aligned}\lg[\sigma(n)] &= \sum_{i=1}^{10}p_i\lg[\sigma_e(n-i)]\\ &= \sum_{i=1}^{10}p_i\lg[\sigma(n-i)]+\sum_{i=1}^{10}p_i\lg[\sigma_y(n-i)]\end{aligned} \tag{5-75}$$

上式实际上是一个以 $\lg[\sigma_y(n-1)]$为输入，$\lg[\sigma(n)]$为输出的 10 阶零极点滤波器。

通过对先前的 $\lg[\sigma_e(n)]$序列加混合窗，进行 LPC 分析，求得预测系数 $\hat{p}_i(i=1, 2, \cdots, 10)$，再进行带宽扩展，求得 $p_i=\lambda^i\hat{p}_i(i=1, 2, \cdots, 10)$，这里 $\lambda=0.906\ 25$，带宽扩展 $B=125$ Hz，改善了增益调节器的鲁棒性。图 5.20 为后向自适应增益调节器框图，这个调节器逐个矢量更新激励增益，计算过程如下：$\boldsymbol{e}(n)$经过一矢量延迟得到 $\boldsymbol{e}(n-1)$，对 $\boldsymbol{e}(n-1)$的均方根值 RMS 取对数、去偏，得到对数域增益 $\delta(n-1)$，将 $\delta(n-1)$加混合窗，然后计算 LPC 系数 $\hat{p}_i(i=1, 2, \cdots, 10)$，再将 $\hat{p}_i$ 与带宽扩展因子λ 的i 阶指数λ^i 相乘，得到预测系数 p_i，即 $p_i=\lambda^i\hat{p}_i$，将预测系数用于对数域线性预测器得到预测值

$$\hat{\delta}(n)=\sum_{i=1}^{10}p_i\delta(n-i) \tag{5-76}$$

上式中的预测系数每 4 个语音矢量更新一次，在第二个语音矢量处更新。得到 $\hat{\delta}(n)$之后，再经过反对数变换及平滑，最后得到激励增益 $\sigma(n)$。

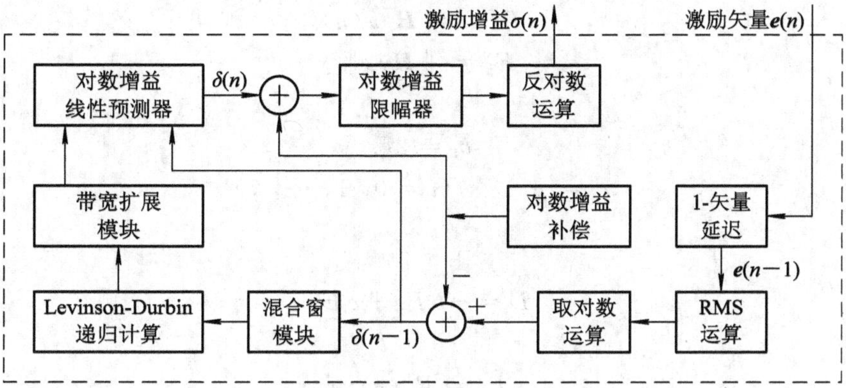

图 5.20　矢量增益后向调节器

6. 码书搜索

在 16 kb/s LD - CELP 算法中，码书为固定码书，为减小计算量，采用了乘积码书中的波形/增益码书法。

设全搜索矢量编码中的码本大小为 2^M，相应地，编码时搜索一次的最小失真运算量也在 2^M 次数量级。如果将总码数 M 分成两部分 $M=M_1+M_2$，把 M_1 用于增益编码，M_2 用于波形编码，这样，增益码本中的码字数为 2^{M_1}，波形码本中的码字数为 2^{M_2}，根据计算可知，总存储量及搜索时计算距离的次数都降低到与 $2^{M_1}+2^{M_2}$ 相同的数量级，这就减小了存储量和运算量。在 G.728 算法中，$M=0$，$M_1=3$，$M_2=7$，即波形码书含有 $2^7=128$ 个码字；增益码书含有 $2^3=8$ 个增益，且其中有一位为符号位。

设加权的综合滤波器其传递函数为 $H(z)$，$h(n)$是其冲激响应，y_j 是第 j 个波形码矢，g_i 是第 i 个增益电平，下标为 i、j 的码矢经过 $H(z)$滤波，输出为

$$\tilde{x}_{ij} = \boldsymbol{H}\sigma(n) g_i y_j \tag{5-77}$$

式中，

$$\boldsymbol{H} = \begin{bmatrix} h(0) & 0 & 0 & 0 & 0 \\ h(1) & h(0) & 0 & 0 & 0 \\ h(2) & h(1) & h(0) & 0 & 0 \\ h(3) & h(3) & h(1) & h(0) & 0 \\ h(4) & h(4) & h(2) & h(1) & h(0) \end{bmatrix} \tag{5-78}$$

i 和 j 的组合应使下面的均方误差最小：

$$D = \| x(n) - \tilde{x}_{ij} \|^2 = \sigma^2(n) \| \hat{x}(n) - g_i \boldsymbol{H} y_j \|^2 \tag{5-79}$$

这里，$\hat{\boldsymbol{x}}(n)=\dfrac{x(n)}{\sigma(n)}$为归一化目标矢量，展开上式：

$$D = \sigma^2(n)[\, \| \hat{\boldsymbol{x}}(n) \|^2 - 2g_i \hat{x}^{\mathrm{T}}(n) \boldsymbol{H} y_j + g_i^2 \| \boldsymbol{H} y_j \|^2] \tag{5-80}$$

使 D 最小，等价于使下面的 $\hat{D}$ 最小：

$$\hat{D} = -2g_i P^{\mathrm{T}}(n) y_j + g_i^2 E_j \tag{5-81}$$

式中，

$$P(n) = \boldsymbol{H}^{\mathrm{T}} \hat{x}(n) \tag{5-82}$$

$$E_j = \| \boldsymbol{H} y_j \|^2 \tag{5-83}$$

又设

$$b_i = 2g_i \tag{5-84}$$

$$c_i = g_i^2 \qquad (i = 0, 1, \cdots, 7) \tag{5-85}$$

则 $\hat{D}$ 为

$$\hat{D} = -b_i P_j + c_i E_j \tag{5-86}$$

其中，

$$P_j = P^{\mathrm{T}}(n) y_j \tag{5-87}$$

因为 b_i、c_i 和 E_j 都可以在下一次搜索前预先计算和保存起来，所以，当前搜索的主要计算量在于计算 P_j 和寻找最小 $\hat{D}$ 值所对应的增益标号 i。

在式(5-86)中，设 $\hat{D}=0$，则可得 $P_j=E_j g_i/2$。令 $\hat{g}=P_j/E_j=g_i/2$，所以，$\hat{g}$ 与 g_i 有一定的比例关系。量化 $\hat{g}$ 等于 g_i 的 8 个增益电平之一，对应的索引值 i 即为本次搜索的增益电平下标值。但由于计算需要除法，故将此方法稍微改变一下，以利于 DSP 实现。设 d_i 是两相邻同符号增益电平中点值，将 $\hat{g}$ 的量化看做是与 d_i 的比较，而比较 $\hat{g}<d_i$ 就等价于比较 $P_j<d_i E_j$，这样就避免了使用除法。

7. 后滤波器

在解码端，为在听觉上改善语音质量，除了包含有与编码器中的仿真译码器相同的结构外，还有一个后滤波器。这个后滤波器的系数调节考虑到了三级编码器的级联的情况，因此，它不仅满足了单路编译码器对语音质量的要求，还满足了三路级联的要求。因为后滤波器必然要引入相位误差，所以当信道中通过相位中含有信息的调制信号时，应关闭后滤波器和感觉加权滤波器。

后滤波器的框图如图 5.21 所示。后滤波器由三个主要部分组成：长时后滤波器、短时后滤波器和输出增益调节单元。下面分别叙述这三部分的原理。

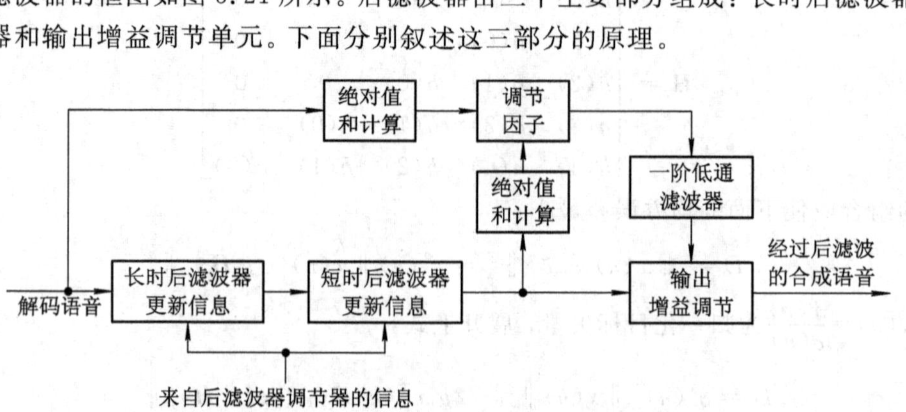

图 5.21 后滤波器原理框图

长时后滤波器是一个梳状滤波器，谱峰位于解码语音基频的整数倍处。基频的倒数即为基音周期。令 p 是基音周期，则长时后滤波器的传递函数可以表示为

$$H_l(z) = g_l(1 + bz^{-p}) \tag{5-88}$$

g_l、b 为滤波器系数，它们和 p 每帧更新一次，在第三个矢量处更新。从解码信号中检测出基音周期，并计算出一阶预测系数 β，就可以得到长时后滤波器的系数 g_l 和 b：

$$b = \begin{cases} 0 & (\beta < 0.6) \\ 0.15\beta & (0.6 \leqslant \beta \leqslant 1) \\ 0.15 & (\beta > 1) \end{cases} \tag{5-89}$$

$$g_l = \frac{1}{1+b} \tag{5-90}$$

短时后滤波器的传递函数 $H_s(z)$ 为

$$H_s(z) = \frac{1 - \sum_{i=1}^{10} \bar{b}_i z^{-i}}{1 - \sum_{i=1}^{10} \bar{a}_i z^{-i}} (1 + \mu z^{-1}) \tag{5-91}$$

其中，

$$\bar{b}_i = \tilde{a}^i (0.65)^i \quad (i = 1, 2, \cdots, 10) \tag{5-92}$$

$$\bar{a}_i = \tilde{a}_i (0.75)^i \quad (i = 1, 2, \cdots, 10) \tag{5-93}$$

$$\mu = (0.15) k_1 \tag{5-94}$$

$\bar{a}_i$ 是通过对解码语音进行 LPC 分析而获得的 10 阶 LPC 预测器系数，k_1 是相应的一阶反射系数。系数 $\bar{a}_i$、$\bar{b}_i$ 和 μ 每帧更新一次，更新发生在第一个矢量处。

为防止后滤波器引起大幅度的增益偏移，在后滤波器中采用了自动增益控制单元，使经过后滤波的语音能量与未经过后滤波的语音能量大致相同。具体方法是：逐帧对经过后滤波的语音与未经过后滤波的语音各自的绝对值求和，将其结果在校正因子计算器中相除，逐个矢量输出校正因子。因为对后滤波器的解码语音要逐个样点调整，为防止“台阶”效应，让校正因子经过一个一阶低通滤波器进行平滑。这个一阶低通滤波器的传递函数为 $\frac{0.01}{1-0.99z^{-1}}$。

5.8　语音信号宽带变速率编码

5.8.1　概述

传统的数字语音通信标准都基于 300～3400 Hz 的电话带宽，这种窄带语音仅可以保证语音的可理解性，但在语音的自然度及一些特殊音处理方面还不尽人意。近年来一些新兴的应用，如视频会议、第三代移动通信、高保真存储、交互式多媒体服务器等，都要求更大的信号带宽来保持语音的自然度、听觉舒适性以及说话者在特定环境下的现场感。

50～7000 Hz 的语音带宽通常被称为宽带语音频带，包括了人类发声的绝大部分能量范围。同窄带语音相比，宽带语音信号 50～300 Hz 的低频部分增加了语音的自然度、现场感和听觉舒适性，3400～7000 Hz 的高频部分，可以更好地区分摩擦音，从而增强了语音的可理解性。因此宽带语音不仅提高了语音的可理解性和自然度，还增加了透明传输的感觉，使说话方的声音特征体现得更充分。

传统的定速率语音编码从总体上来讲，较高速率的编码算法对话音质量较易保证，但占用网络资源较大；较低速率的编码算法占用网络资源小，但对话音质量较难保证。语音激活检测(Voice Activity Detector，VAD)技术的出现和发展，使对有无语音进行判决成为可能，从而可以对背景噪声和激活的语音部分以不同的速率进行编码，降低了平均速率，也就是采用变速率语音编码的方法。人类在进行语音通信时，大约有 70%的空闲时间没有讲话，始终用一个速率进行语音编码对信道资源是一个浪费。变速率语音编码算法可以根据需要动态调整编码速率，在合成语音质量和系统容量之间取得灵活的折中，最大限度地发挥系统的效能，而且非常适合分组交换网络。

国际标准组织多年来一直在努力定义宽带语音编码标准。早期定义的宽带语音编码标准主要应用于会议电视，近期定义的则主要应用于移动通信和 VoIP。宽带语音编码标准 G.722、G.722.1 及 G.722.2(AMR－WB)的详细对比如表 5.7 所示。

表 5.7 宽带语音编码标准对比

标 准	G.722	G.722.1	G.722.2(AMR－WB)
公布年份	1988	1999	2002
编码速率/(kb/s)	64、56、48	32、24	23.85、23.05、19.85、18.25、15.85、14.25、12.65、8.85、6.60
编码算法	Sub－Band ADPCM	Transform Coder	Algebraic Code Excited Linear Prediction
性 能	在 64 kb/s 接近于透明编码	一些条件下语音质量差，音乐性能较好	12.65 kb/s 以上语音质量高；15.85 kb/s 与 G.722 56 kb/s 相当；23.85 kb/s ≥G.722 64 kb/s 相当；音乐性能较差
复杂度	10 MIPS	15 MIPS	38 WMOPS
VAD/DTX/CNG	无	无	有
RAM/K	1	2	5.3
应 用	ISDN、视频会议	ISDN、视频会议、VoIP	ISDN、视频会议、VoIP、GSM、WCDMA

G.722是ITU-T 64 kb/s宽带语音编码标准，也是第一个采样率为16 kHz的宽带语音编码算法。G.722有三种速率模式，分别为64 kb/s、56 kb/s和48 kb/s，其中64 kb/s速率的话音编码器的MOS值可以达到4.75，它使用了子带-自适应差分脉冲编码(Sub-Band Adaptive Differential Pulse Code Modulation，SB-ADPCM)技术。

G.722的编码器有两个子带，每个子带的信号用ADPCM编码，使用的技术是类似于G.726的窄带标准。在编码器端，语音信号以16 kHz的速率采样，并被分解成相同带宽的两个子带，每个子带的信号在编码前采样速率减半。在解码器端，量化的子带语音信号的采用频率被使用同编码器端分解信号相同的滤波器加倍。重新建立的子带信号被加到一起形成合成信号。

1999年，美国PictureTel公司的Siren编码算法被ITU-T确立为新的宽带语音编码国际标准G.722.1。G.722.1主要是为了降低G.722的编码速率，可实现比G.722编码器更低的比特率以及更大的压缩，它有两种编码速率，分别为24 kb/s和32 kb/s。G.722.1使用了变换编码(Transform Coder)技术。

2000年12月，3GPP(3rd Generation Partnership Project)选择AMR-WB(Adaptive Multi-Rate Wideband)语音编码算法作为第三代移动通信推荐使用的语音编解码算法，于2001年3月最终确定并正式公布。2002年1月，ITU-T采纳了AMR-WB作为宽带语音编码的新标准，AMR-WB是通信史上第一种可以同时用于有线与无线业务的语音编码系统。这种算法支持九种速率模式(6.6、8.85、12.65、14.25、15.85、18.25、19.85、23.05和23.85 kb/s)。相对于AMR，AMR-WB语音带宽有所扩展，采样率提升了一倍，音质更加接近面对面交流的效果。

为了满足CDMA系统对语音编码高质量和变速率的要求，第三代合作伙伴计划(3GPP2)在2001年12月制定SMV算法标准。在SMV中，对每一语音帧，速率选择算法根据声码器的工作模式和输入语音信号的帧类型来选择4种可能的速率。SMV算法有6种可选工作模式，不同模式在平均码率和语音质量之间的侧重点略有不同。

3GPP2为了满足CDMA 2000的需要，于2003年选择了由诺基亚公司设计的变速率多模式宽带(Variable Rate Multimode Wideband codec，VMR-WB)语音编码器作为标准，VMR-WB是一种新型可变速率多模式宽带语音声码器，VMR-WB根据每一帧信号的特点和选择的运行模式通过内置的速率选择机制来选择一个对应的编码类型，有四种编码速率可供选择，VMR-WB语音声码器是基于自适应多速率宽带(AMR-WB)语音声码器的核心算法上实现的，因此可以和AMR-WB的其中一种运行模式兼容。

5.8.2　AMR-WB编码算法原理

AMR-WB编码器输入语音的采样频率为16 kHz，有9种速率模式，语音信号经过降采样和预处理后，以12.8 kHz的采样率进行ACELP分析，每帧语音的长度为20 ms，256个样点。对于每一帧，对语音信号进行分析提取ACELP模型需要的参数(LP滤波器系数，自适应和固定码书索引和增益)，在23.85 kb/s速率模式下还需要计算高频段的参数。图5.22为AMR-WB算法的编码器框图。

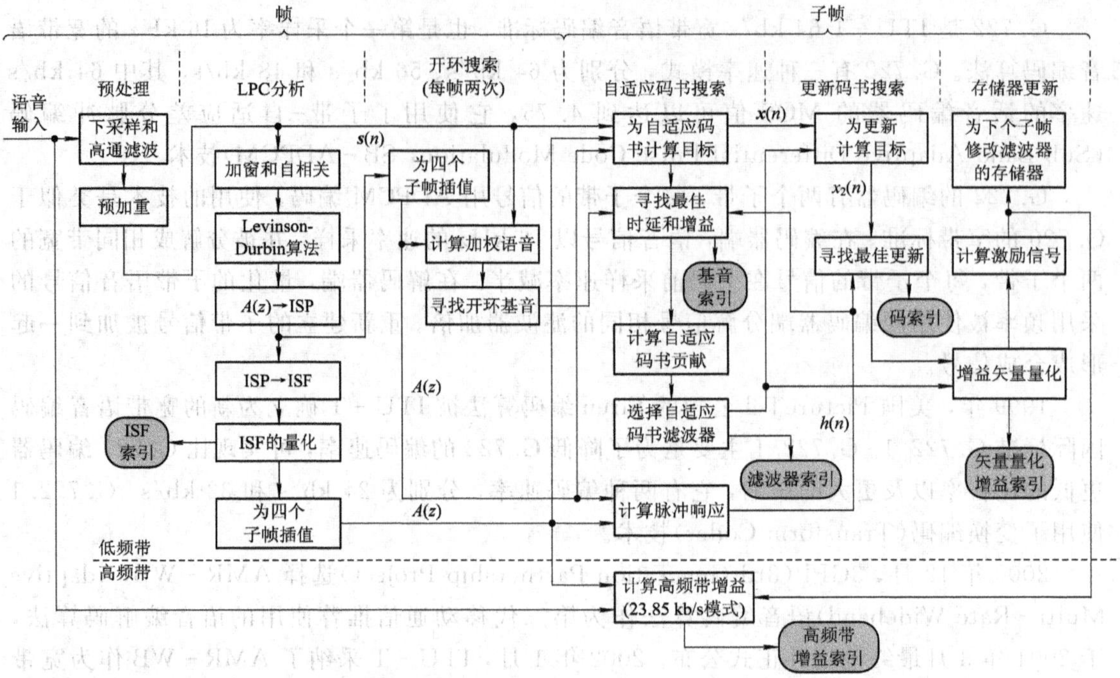

图 5.22　AMR-WB算法的编码器框图

1. 预处理

编码器是在 12.8 kHz 的采样率下进行了 LPC 分析、长时预测分析和固定码书范围分析的，所以输入信号的采样率必须从 16 kHz 降为 12.8 kHz。首先要进行 4 倍的上采样，再用截止频率为 6.4 kHz 的低通 FIR 滤波器对输出信号进行滤波，然后再对信号进行 5 倍的下采样，滤波延时通过在输入矢量的末端补零进行补偿。

采样率降低后的信号在编码前要应用两个预处理函数：高通滤波和预加重(在这之前要减小信号的动态范围，即把信号除一个因子 2，来降低在定点执行中的溢出概率)。

高通滤波器用来去掉不想要的低频成分，滤波器的截止频率为 50 kHz，表达式如下：

$$H_{h1}(z)=\frac{0.989\,502-1.979\,004z^{-1}+0.989\,502z^{-2}}{1-1.978\,882z^{-1}+0.979\,912\,6z^{-2}} \tag{5-95}$$

减小信号的动态范围是通过把滤波器 $H_{h1}(z)$ 表达式中的分子系数除以 2 来实现的。在预加重中，一阶高通滤波器 $H_{\text{pre-emph}}(z)=1-0.68z^{-1}$ 用来加重较高频率的信号。

2. 线性预测分析和量化

线性预测分析就是用线性预测器(LP)对语音信号作短时分析，在 AMR-WB 中采用了 16 阶线性预测，与窄带 AMR 算法中的 10 阶线性预测模型相比，可以更好的反应宽带语音信号高频部分的共振峰信息。16 阶线性预测模型和 10 阶线性预测模型用于宽带语音信号的谱估计包络，10 阶线性预测分析只能得到 3000 Hz 以下的共振峰信息，高频部分的共振峰信息丢失了，而 16 阶线性预测分析则可以获得高频部分的共振峰信息。

在 AMR-WB 中，每个语音帧都要进行一次线性预测分析，分析采用自相关的方法和 30 ms 的不对称窗。在 LP 分析中，有一个 5 ms 的提前，对应于一个 5 ms 的额外算法延迟。LP 分析窗中包含过去帧的 64 个样点，当前帧的 256 个样点和下一帧的 64 个样点。

加窗后的语音信号计算自相关函数，通过 Levinson - Durbin 算法计算得到 LP 系数，然后把 LP 系数转化到导抗谱对 ISP(Immittance Spectral Pair)域进行量化和内插。内插后的量化和未量化的滤波器系数再转化为 LP 滤波器系数(解码时用来在每个子帧构造合成加权滤波器)。

1) 加窗和自相关计算

每个语音帧用不对称窗进行一次 LP 分析，该窗集中于第四子帧，它由两部分组成：第一部分是一个半汉明窗，第二部分是 1/4 周期的汉明-余弦函数，该窗的表达式是：

$$w(n)=\begin{cases}0.54-0.46\cos\left(\dfrac{2\pi n}{2L_1-1}\right) & (n=0,\cdots,L_1-1)\\ \cos\left(\dfrac{2\pi(n-L_1)}{4L_2-1}\right) & (n=L_1,\cdots,L_1+L_2-1)\end{cases} \tag{5-96}$$

其中，$L_1=256$，$L_2=128$。

设加窗后的语音信号为 $s'(n)(n=0,\cdots,383)$，它的自相关函数按下式计算：

$$r(k)=\sum_{n=k}^{383}s'(n)s'(n-k)\quad(k=0,\cdots,16) \tag{5-97}$$

然后用一个滞后窗乘以自相关函数使其具有 60 Hz 的带宽扩展，所使用的滞后窗的表达式为

$$w_{lag}(i)=\exp\left[-\frac{1}{2}\left(\frac{2\pi f_0 i}{f_s}\right)^2\right]\quad(i=1,\cdots,16) \tag{5-98}$$

其中，$f_0=60$ Hz，为扩展带宽；$f_s=12.8$ kHz，为采样率。对 $r(0)$ 乘以白噪声校正因子 1.0001。

2) Levinson - Durbin 算法

由自相关函数得到的修正自相关函数为 $r'(0)=1.0001r(0)$ 和 $r'(k)=r(k)w_{lag}(k)$ $(k=1,\cdots,16)$，用修正自相关函数构建下列方程组，求解得到 LP 滤波器系数为

$$\sum_{k=1}^{16}a_k r'(|i-k|)=-r'(i)\quad(i=1,\cdots,16;\ k=1,\cdots,16) \tag{5-99}$$

这个方程组是用 Levinson - Durbin 算法求解的，即采用如下递归算法：

$$k_i=\frac{r'(i)-\sum_{j=1}^{i-1}a_j^{i-1}r(i-j)}{E_{(i-1)}}\quad(1\leqslant i\leqslant p) \tag{5-100}$$

$$E_{(0)}=r(0) \tag{5-101}$$

$$E(i)=(1-k_i^2)E_{(i-1)} \tag{5-102}$$

$$a_i^{(i)}=k_i \tag{5-103}$$

$$a_j^{(i)}=a_j^{(i-1)}-k_i a_{i-j}^{(i-1)}\quad(1\leqslant j\leqslant i-1) \tag{5-104}$$

式(5-100)～(5-104)可对 $i=1,2,\cdots,p$ 进行递推求解，其最终解为

$$a_j=a_j^{(p)}\quad(1\leqslant j\leqslant p)$$

在上面的一组式子中，i 表示预测器阶数，如 $a_j^{(i)}$ 表示 i 阶预测器的第 j 个预测系数。对于 p 阶预测器，在上述求解预测器函数的过程中，阶数低于 p 的各阶预测器系数也同时得到。

3) LP 系数到 ISP 系数的转换

LP 滤波器系数 $a_k(k=1, \cdots, 16)$为了量化和内插要转化为 ISP 表示。对于 16 阶 LP 滤波器，ISP 定义为下式和多项式和差分多项式的根。

$$f_1'(z) = A(z) + z^{-16}A(z^{-1}) \tag{5-105}$$

$$f_2'(z) = A(z) - z^{-16}A(z^{-1}) \tag{5-106}$$

多项式 $f_1'(z)$和 $f_2'(z)$分别是对称和反对称的。可以证明这些多项式的根都在单位圆上，而且相互交替出现。多项式 $f_2'(z)$在 $z=1(\omega=0)$和 $z=-1(\omega=\pi)$各有两个根，为了排除这种情况，定义了新的多项式，即

$$f_1(z) = f_1'(z) \tag{5-107}$$

$$f_2(z) = \frac{f_2'(z)}{1-z^{-2}} \tag{5-108}$$

多项式 $f_1(z)$和 $f_2(z)$在单位圆($e^{\pm j\omega_i}$)内分别有 8 个和 7 个共轭根。因此，这两个多项式可以写为

$$F_1(z) = (1+a[16]) \prod_{i=0,2,\cdots,14} (1-2q_iz^{-1}+z^{-2}) \tag{5-109}$$

$$F_2(z) = (1+a[16]) \prod_{i=1,3,\cdots,13} (1-2q_iz^{-1}+z^{-2}) \tag{5-110}$$

这里，$q_i=\cos(\omega_i)$，ω_i 是导抗谱频率(ISF)；$a[16]$是最后一个预测器系数，ISF (Immittance Spectrum Frequency)满足顺序特性 $0<\omega_1<\omega_2<\cdots<\omega_{16}<\pi$；$q_i$ 是 ISP 系数在余弦域的表示。因为多项式 $f_1(z)$和 $f_2(z)$都是对称的，所以只计算各多项式的前 8 个和前 7 个系数及最后一个预测器的系数即可。

这些多项式的系数通过下面的递推关系可以得到：

for $i=0$ to 7

$f_1(i)=a_i+a_{m-i}$

$f_2(i)=a_i-a_{m-i}+f_2(i-2)$

$f_1(8)=2a_8$

其中初始值 $f_2(-2)=f_2(-1)=0$。

ISP 系数的估算是将 $0\sim\pi$ 之间均分为 100 个点，将这 100 个点的频率值代入 $F_1(z)$和 $F_2(z)$，检查它们的符号变化，符号变化一次表明存在一个根。把符号变化的两点间再均分 4 份，将这三点的频率值代入 $F_1(z)$和 $F_2(z)$，符号变化的点即为所求的解。

可以用 Chebyshev 多项式估计 $F_1(z)$和 $F_2(z)$的解，这种方法可以直接从余弦域$\{q_i\}$得到解。当 $z=e^{j\omega}$时，$F_1(z)$和 $F_2(z)$可以写为

$$F_1(\omega) = 2e^{-j8\omega}C_1(x) \tag{5-111}$$

$$F_2(\omega) = 2e^{-j7\omega}C_2(x) \tag{5-112}$$

其中，

$$C_1(x) = \sum_{i=0}^{7} f_1(i)T_{8-i}(x) + \frac{f_1(8)}{2} \tag{5-113}$$

$$C_2(x) = \sum_{i=0}^{6} f_2(i)T_{8-i}(x) + \frac{f_2(7)}{2} \tag{5-114}$$

$T_m=\cos(m\omega)$，是 m 阶的 Chebyshev 多项式。$f(i)$是由式(5-106)的递推关系计算得

到的 $F_1(z)$ 或 $F_2(z)$ 的每个系数。多项式 $C(x)$ 在 $x=\cos(\omega)$ 时的递推关系是

for $k=n_f-1$ down to 1

$b_k=2xb_{k+1}-b_{k+2}+f(n_f-k)$

end

$C(x)=xb_1-b_2+f(n_f)/2$

其中，在 $C_1(x)$ 中，$n_f=8$；在 $C_2(x)$ 中，$n_f=7$；初始值 $b_{nf}=f(0)$，$b_{nf+1}=0$。

4) ISP 到 LP 的转化

ISP 系数被量化和内插后，(在解码时)应转换回 LP 系数域 $\{a_k\}$。已知量化和内插的 ISP 系数 $q_i(i=0, \cdots, 15)$，用扩展方程(5-109)和(5-110)计算 $F_1(z)$ 和 $F_2(z)$ 的系数，由以下递推关系来计算 $f_1(z)$：

for $i=2$ to $m/2$

$f_1(i)=-2q_{2i-2}f_1(i-1)+2f_1(i-2)$

for $j=i-1$ down to 2

$f_1(j)=f_1(j)-2q_{2i-2}f_1(j-1)+f_1(j-2)$

end

$f_1(1)=f_1(1)-2q_{2i-2}$

end

其中，初始值 $f_1(0)=1$，$f_1(1)=-2q_0$。把上面递推关系中的 q_{2i-2} 替换为 q_{2i-1}，$m/2$ 替换为 $m/2-1$，就可以得到 $f_2(i)$，初始条件为 $f_2(0)=1$，$f_2(1)=-2q_1$。

一旦得出系数 $f_1(z)$ 和 $f_2(z)$，就可以得到 $F_2(z)$，$F_2(z)$ 乘以 $1-z^{-2}$ 可得到 $F_2'(z)$，即

$$\begin{cases} f_2'(i)=f_2(i)-f_2(i-2) & (i=2, \cdots, m/2-1) \\ f_1'(i)=f_1(i) & (i=0, \cdots, m/2) \end{cases} \tag{5-115}$$

然后 $F_1'(z)$ 和 $F_2'(z)$ 分别乘以 $1+q_{m-1}$ 和 $1-q_{m-1}$，得到：

$$\begin{cases} f_2'(i)=(1-q_{m-1})f_2'(i) & (i=2, \cdots, m/2-1) \\ f_1'(i)=(1+q_{m-1})f_1'(i) & (i=0, \cdots, m/2) \end{cases} \tag{5-116}$$

最后得到 LP 系数为

$$a_i=\begin{cases} 0.5f_1'(i)+0.5f_2'(i) & (i=1, \cdots, m/2-1) \\ 0.5f_1'(i)-0.5f_2'(i) & (i=m/2+1, \cdots, m-1) \\ 0.5f_1'(m/2) & (i=m/2) \\ q_{m-1} & (i=m) \end{cases} \tag{5-117}$$

这是直接从关系式 $A(z)=[F_1'(z)+F_2'(z)]/2$ 得到的，并且考虑了 $F_1'(z)$ 和 $F_2'(z)$ 分别是对称和反对称多项式。

5) ISP 系数的量化

LP 滤波器系数在频域内要采用 ISF 的形式进行量化：

$$f_i=\begin{cases} \dfrac{f_s}{2\pi}\arccos(q_i) & (i=0, \cdots, 14) \\ \dfrac{f_s}{4\pi}\arccos(q_i) & (i=15) \end{cases} \tag{5-118}$$

其中，$f_i\in[0, 6400]$ Hz 是线谱频率，$f_s=12\ 800$ 是采样率，线谱频率矢量可表示为 $\boldsymbol{f}^t=[f_0, f_1, \cdots, f_{15}]$，$t$ 表示次序。

用一阶滑动平均(Moving Average，MA)预测法求出当前帧的 ISF 残差矢量，然后用分裂-多级矢量量化法(Split-MultiStage Vector Quantization，S-MSVQ)共同量化 ISF 残差矢量，这种量化法是分裂矢量量化法和多级矢量量化法的结合。

预测和量化按以下步骤进行，首先计算预测残差信号 $\boldsymbol{r}(n)$：

$$\boldsymbol{r}(n)=\boldsymbol{z}(n)-\boldsymbol{p}(n) \tag{5-119}$$

其中 $\boldsymbol{z}(n)$ 表示第 n 帧去掉均值的 ISF 矢量：

$$\boldsymbol{z}(n)=\left|f-\frac{1}{16}\sum_{i=0}^{15}f_i\right| \qquad (i=0, \cdots, 15) \tag{5-120}$$

$\boldsymbol{p}(n)$ 是第 n 帧的预测 ISF 矢量：

$$\boldsymbol{p}(n)=\frac{1}{3}\hat{\boldsymbol{r}}(n-1) \tag{5-121}$$

这里 $\boldsymbol{r}(n-1)$ 是前一帧的量化残差矢量。

ISF 残差矢量 $\boldsymbol{r}(n)$ 采用分裂-多级矢量量化法进行量化。$\boldsymbol{r}(n)$ 分别分裂为 9 维的 $\boldsymbol{r}_1(n)$ 和 7 维的 $\boldsymbol{r}_2(n)$ 两个矢量。这两个子矢量分两级进行量化。第一级，$\boldsymbol{r}_1(n)$ 和 $\boldsymbol{r}_2(n)$ 都采用 8 bit 进行量化。在 8.85、12.65、14.25、15.85、18.25、19.85、23.05 和 23.85 kb/s 等几种模式下，量化误差矢量 $\boldsymbol{r}_i^{(2)}=\boldsymbol{r}-\boldsymbol{r}_i'$ $(i=1, 2)$ 在第二步的量化中被分别分裂为 3 个和 2 个子矢量，子矢量的量化比特如表 5.8 所示。

表 5.8　8.85、12.65、14.25、15.85、18.25、19.85、23.05 和 23.85 kb/s 模式下 ISP 矢量的量化

第一级量化	(r_1) 8 bit 量化			(r_2) 8 bit 量化	
第二级量化	$(r_1^{(2)}, 0-2)$ 6 bit 量化	$(r_1^{(2)}, 3-5)$ 7 bit 量化	$(r_1^{(2)}, 6-8)$ 7 bit 量化	$(r_2^{(2)}, 0-2)$ 5 bit 量化	$(r_2^{(2)}, 3-6)$ 5 bit 量化

在 6.60 kb/s 模式下，量化误差矢量 $\boldsymbol{r}_i^{(2)}=\boldsymbol{r}_i-\hat{\boldsymbol{r}}_i$ $(i=1, 2)$ 在第二步的量化中被分别分裂为 2 个和 1 个子矢量，子矢量的量化比特数如表 5.9 所示。

表 5.9　6.60 kb/s 模式下 ISP 的矢量量化

第一级量化	(r_1)8 bit 量化		(r_2)8 bit 量化
第二级量化	$(r_1^{(2)}, 0-4)$ 7 bit 量化	$(r_1^{(2)}, 5-8)$ 7 bit 量化	$(r_2^{(2)}, 0-6)$ 6 bit 量化

在量化过程中，应用了均方误差失真测度法。一般情况下，对于误差残差子矢量 $\boldsymbol{r}_i(i=1, 2)$ 和索引为 k 的量化矢量 $\hat{\boldsymbol{r}}_i^k$，量化是通过寻找使两者均方误差 $E=\sum_{i=m}^{n}[\boldsymbol{r}_i-\hat{\boldsymbol{r}}_i^k]^2$ 最小的索引 k 来进行的，这里 m 和 n 分别是第一个和最后一个子矢量。采用全搜索方法找到失真最少的矢量量化值，并将其索引值 k 输出，以完成 ISP 矢量的量化。

6) ISP 系数的内插

每一组量化的和未量化的 LP 系数用于第 4 子帧，对于第 1、第 2 和第 3 子帧，量化的 LP 系数是用相邻子帧的对应参数线性内插得到的。ISP 系数的内插是在 q 域上进行的，设

$\hat{\boldsymbol{q}}_4^{(n)}$ 为第 n 帧中第 4 子帧的 ISP 矢量，则 $\hat{\boldsymbol{q}}_4^{(n-1)}$ 为前一帧(第 $n-1$ 帧)第 4 子帧的 ISP 矢量。第 1、第 2 和第 3 子帧的内插 ISP 矢量的表达式为

$$\begin{cases}\hat{\boldsymbol{q}}_1^{(n)} = 0.55\hat{\boldsymbol{q}}_4^{(n-1)} + 0.45\hat{\boldsymbol{q}}_4^{(n)} \\ \hat{\boldsymbol{q}}_2^{(n)} = 0.2\hat{\boldsymbol{q}}_4^{(n-1)} + 0.8\hat{\boldsymbol{q}}_4^{(n)} \\ \hat{\boldsymbol{q}}_3^{(n)} = 0.04\hat{\boldsymbol{q}}_4^{(n-1)} + 0.96\hat{\boldsymbol{q}}_4^{(n)}\end{cases} \tag{5-122}$$

同样的表达式也可用于非量化 ISP 系数的内插。内插的 ISP 矢量用于计算每一帧的不同的 LP 滤波器系数。

3. 感觉加权滤波器

传统的感觉加权滤波器的表达式为 $W(z)=\dfrac{A(z/\gamma_1)}{A(z/\gamma_2)}$。传统的感觉加权滤波器适用于 300～3400 Hz 的电话带宽(窄带)信号，但是它不适合宽带信号中的感觉加权，因为传统的 $W(z)$在调整共振峰结构和频谱倾斜方面存在着固有的局限性。在宽带信号中由于低频到高频的动态范围更大，其频谱倾斜更为明显。解决的办法是在输入端的预处理阶段引进一个预加重滤波器对宽带信号进行滤波，在预加重后的信号 $s(n)$基础上计算 LP 滤波器 $A(z)$，并且采用了将分母固定的修正滤波器 $W(z)$，这个结构充分减少了共振峰的倾斜性。

新的感觉加权滤波器 $W(z)$的表达式是：

$$W(z) = A(z/\gamma_1)A_{\text{de-emph}}(z) \tag{5-123}$$

其中，

$$H_{\text{de-emph}} = \frac{1}{1-\beta_1 z^{-1}} \qquad (\beta_1 = 0.68) \tag{5-124}$$

$A(z)$的计算是基于预加重语音信号 $s(n)$进行的，所以相对于 $A(z)$在原始语音信号基础上的计算，滤波器$\dfrac{1}{A(z/\gamma_1)}$的频谱倾斜没有 $A(z)$明显了。因为在解码器的末端要进行去加重，所以量化误差谱是通过一个具有传输函数为 $W^{-1}(z)H_{\text{de-emph}}(z)=\dfrac{1}{A(z/\gamma_1)}$的滤波器而形成的。

4. 开环基音分析

进行开环分析的主要目的是为了简化基音周期分析，将闭环基音周期分析的范围限制在开环分析周期附近的小范围内。AMR－WB 的开环基音分析采用自相关函数法。在不同的速率模式下，开环基音分析每帧进行一次(6.60 kb/s 模式，每次 20 ms)或者两次(其他模式，每次 10 ms)。

开环基音分析是基于加权语音信号 $s_w(n)$进行的，$s_w(n)$是输入的语音信号经过感觉加权滤波器滤波后得到的。设子帧的长度为 L，则加权后的信号为

$$s_w(n) = s(n) + \sum_{i=1}^{16} a_i\gamma_1^i s(n-i) + \beta_1 s_w(n-1) \qquad (n = 0, \cdots, L-1) \tag{5-125}$$

为降低复杂度，进行开环分析的信号 $s_{wd}(n)$是 $s_w(n)$通过一个四阶 FIR 滤波器 $H_{\text{decim2}}(z)$，然后 2 倍下采样所获得的信号。

1) 6.60 kb/s 模式下的开环基音分析

6.60 kb/s 模式下，开环基音分析在每帧进行一次(每次 20 ms)，在每帧中寻找基音周期的估计值。开环基音分析的过程如下：首先，对每个基音延时值 d 计算抽取加权后的语音信号的相关函数，表达式为

$$C(d) = \sum_{n=0}^{128} s_{ud}(n)s_{ud}(n-d)w(d) \qquad (d = 17, \cdots, 115) \tag{5-126}$$

其中，$w(d)$是加权函数。所求的基音周期值就是使加权相关函数 $C(d)$最大的基音延时 d。加权函数 $w(d)$加重了低延时对应的自相关系数，从而减少了误将基音周期的整数倍作为基音周期的可能性。加权函数 $w(d)$包括两部分：一个低延时加权函数 $w_l(d)$和一个前一帧延时加权函数 $w_n(d)$。$w(d)$的表达式为

$$w(d) = w_l(d)w_n(d) \tag{5-127}$$

$w_l(d)$的表达式为

$$w_l(d) = cw(d) \tag{5-128}$$

其中，$cw(d)$是一个预先给定的数据表格。前一帧延时加权函数 $w_n(d)$是依靠前面语音帧的基音延时得到的：

$$w_n(d) = \begin{cases} cw(|T_{\text{old}} - d| + 98) & (v > 0.8) \\ 1.0 & (\text{其他}) \end{cases} \tag{5-129}$$

其中，T_{old}是前五个半语音帧(half-frames)的基音延时的中值滤波值，v 是一个自适应参数。如果开环增益 $g>0.6$，则这一帧就被判断为话音信号，然后 v 在下一帧中将被置为1.0；否则，v 值就要被置为 $v=0.9v$。开环增益的表达式为

$$g = \frac{\sum_{n=0}^{63} s_{ud}(n)s_{ud}(n-d_{\max})}{\sqrt{\sum_{n=0}^{63} s_{ud}^2(n)\sum_{n=0}^{63} s_{ud}^2(n-d_{\max})}} \tag{5-130}$$

其中，$d_{\max}$是使 $C(d)$最大化的基音延时值。中间滤波器系数仅在浊音帧时进行更新。加权函数依赖于前面基音延时的可靠性，如果前一帧包含清音或静音，则加权函数就会因为 v 值的减小而衰减。

2) 其他模式下的开环基音分析

在除 6.60 kb/s 以外的其他模式下，开环基音分析每帧进行两次(每次 10 ms)，在每帧中寻找两个基音延时的估计值。其他模式下的开环基音分析方法与 6.60 kb/s 的一样，也需要对每个可能的基音延时值 d 计算抽取并加权后的语音信号的相关函数，求出使加权相关函数 $C(d)$最大的基音延时 d，最终得出基音周期值的估计值。

在另外 8 种模式下，自相关函数 $C(d)$的表达式为

$$C(d) = \sum_{n=0}^{63} s_{ud}(n)s_{ud}(n-d)w(d) \qquad (d = 17, \cdots, 115) \tag{5-131}$$

使用相同的加权函数 $w(d)$加重低延时对应的自相关系数，来减少误将基音周期的整数倍作为基音周期的可能性。

在另外 8 种模式下，开环基音增益的表达式为

$$g = \frac{\sum_{n=0}^{63} s_{ud}(n)s_{ud}(n-d_{\max})}{\sqrt{\sum_{n=0}^{63} s_{ud}^2(n)\sum_{n=0}^{63} s_{ud}^2(n-d_{\max})}} \tag{5-132}$$

5. 脉冲响应计算

AMR－WB算法中要计算的脉冲响应是指感觉加权合成滤波器的单位脉冲响应 $h(n)$，感觉加权合成滤波器的表达式为

$$H_w(z) = H(z)W(z) = \frac{A(z/\gamma_1)H_{\text{de-emph}}(z)}{\hat{A}(z)} \tag{5-133}$$

脉冲响应计算即要计算每个子帧，用于自适应码书搜索和固定码书搜索。可以通过对滤波器 $A(z/\gamma_1)$ 的系数矢量零扩展后再用滤波器 $1/\hat{A}(z)$ 和 $H_{\text{de-emph}}(z)$ 进行滤波而得到脉冲响应 $h(n)$。

6. 目标信号计算

目标信号用于自适应码书搜索，它的计算通常是通过从加权语音信号 $s_w(n)$ 中去掉加权合成滤波器 $H_w(z)$ 的零输入响应而得到的，这个过程是在子帧的基础上进行的。

在本编码器中，应用一种等效的方法来计算目标信号，即用合成滤波器 $1/\hat{A}(z)$ 和感觉加权滤波器 $A(z/\gamma_1)H_{\text{de-emph}}(z)$ 的组合对 LP 残差信号 $r(n)$ 进行滤波。在确定了子帧的激励信号后，通过消除 LP 残差和激励的不同来对滤波器的状态进行更新。不仅在寻找目标矢量时需要用到残差信号 $r(n)$，在自适应码书搜索中也要用残差信号来扩大过去激励的缓存。

首先计算 LP 残差信号，表达式为

$$r(n) = s(n) - \sum_{i=1}^{16} \hat{a}_i s(n-i) \qquad (n = 0, \cdots, 63) \tag{5-134}$$

其中，$s(n)$ 是经过预处理的语音信号，$\hat{a}_i\,(i=1, 2, \cdots, 16)$ 是量化了的预测系数。然后将残差信号 $r(n)$ 通过感觉加权合成滤波器 $H_w(z)$ 得到目标信号 $x(n)$，即

$$x(n) = r(n) * h(n) \tag{5-135}$$

其中，$h(n)=\mathscr{Z}^{-1}[H_w(z)]$。

7. 自适应码书

自适应码书搜索是在子帧的基础上进行的，每一子帧(5 ms)搜索一次，每帧进行 4 次。自适应码书搜索包括闭环基音搜索和自适应码矢量的计算(后者通过在基音分数延时处内插过去的激励来得到)。自适应码书的参数(或基音参数)就是基音延时值和基音滤波器增益。在搜索阶段，LP 残差扩展激励使闭环搜索简单化。

在 12.65、14.25、15.85、18.25、19.85、23.05 和 23.85 kb/s 模式的第一和第三子帧，基音周期在$[34, 127\frac{3}{4}]$范围，可精确到 1/4 分数延时；基音周期在$[128, 159\frac{1}{2}]$范围，可精确到 1/2 分数延时；基音周期在$[160, 231]$范围内，搜索得到的基音周期可精确到整数。在第二和第四子帧，基音延时总是在$[T_1-8, T_1+7\frac{3}{4}]$范围内，可精确到 1/4 分数延时，这里 T_1 是距离前一子帧(第一或第三子帧)分数基音延时最近的整数。

在 8.85 kb/s 模式的第一和第三子帧，基音周期在[34, $91\frac{1}{2}$]范围，可精确到 1/2 分数延时；基音周期在[92, 231]范围内，可搜索得到的基音周期精确到整数。在第二和第四子帧内，基音延时总是在[T_1-8, $T_1+7\frac{1}{2}$]范围内，可精确到 1/2 分数延时，这里 T_1 是距离前一子帧(第一或第三子帧)分数基音延时最近的整数。

在 6.60 kb/s 模式的第一子帧，基音周期在[34, $91\frac{1}{2}$]范围，可精确到 1/2 分数延时；基音周期在[92, 231]范围内，搜索得到的基音周期可精确到整数。在第二、第三和第四子帧，基音延时总是在[T_1-8, $T_1+7\frac{1}{2}$]范围内，可精确到 1/2 分数延时，这里 T_1 是与第一子帧分数基音延时的最接近的整数。

闭环基音分析是在开环基音估值的附近进行的。在 8.85、12.65、14.25、15.85、18.25、19.85、23.05 和 23.85 kb/s 模式的第一子帧(和第三子帧)，基音延时(周期)的搜索范围为 $T_{op}\pm7$(T_{op} 为最佳开环基音周期)，取值范围为[34, 231]。在 6.60 kb/s 模式的第一子帧，基音延时的搜索范围为 $T_{op}\pm7$，取值范围为[34, 231]。对于所有模式下的其他子帧，闭环基音分析都如前面所述在前子帧所选整数基音延时值附近搜索得到。

在 12.65、14.25、15.85、18.25、19.85、23.05 和 23.85 kb/s 模式下，第一和第三子帧的基音延时值用 9 比特进行编码，其他子帧对应的延时用 6 bit 进行编码。在 8.85 kb/s 模式下，第一和第三子帧的基音延时用 8 比特进行编码，其他子帧对应的延时值用 5 比特进行编码。在 6.60 kb/s 模式下，第一子帧的基音延时用 8 bit 进行编码，其他子帧对应的延时用 5 bit 进行编码。

闭环基音搜索准则是使原始语音和合成语音之间均方加权误差最小，即使 T_k 最大：

$$T_k = \frac{\sum_{n=0}^{63} x(n) y_k(n)}{\sqrt{\sum_{n=0}^{63} y_k(n) y_k(n)}} \tag{5-136}$$

其中，$x(n)$是目标信号，$y_k(n)$是延时为 k 的过去滤波激励(过去激励和 $h(n)$的卷积)。对于第一个延时值，$y_k(n)$是在搜索范围内用卷积进行计算的；对于其他延时值，$y_k(n)$是用下面的递推式进行计算的：

$$y_k(n) = y_{k-1}(n-1) + u(-k)h(n) \tag{5-137}$$

其中，$u(k)$($k=-(231+17)$, …, 63)是激励缓冲器的值。在搜索阶段，$u(k)$($k=0$, …, 63)是未知的，而且只有基音延时小于 64 时才需要。为了简化搜索，将 LP 残差存入 $u(k)$，使式(5-137)对所有的延时都有效。

一旦最佳整数基音延时被确定，最佳整数延时附近的分数延时从−3/4 到 3/4 以 1/4 为步长作测试。通过在式(5-136)中内插归一化相关系数并搜索它的最大值以得到分数基音周期。一旦分数基音周期被确定，$v'(n)$的计算就得通过在给定段内插过去激励信号$u(k)$来进行。内插用到了两个 FIR 滤波器(sinc 函数上加汉明窗得到)，一个截断在±17 处用来内插式(5-136)中的相关项，另一个截断在±63 处用于内插过去的激励。该滤波器在过采样域的截至频率为 6 kHz，这意味着内插滤波器表现为低通频率响应。这样，即使基音延时是整数值，自适应码书激励也是由给定延时的过去激励的低通滤波构成的，而非其直接拷贝。进一步，对于小于子帧大小的延时，自适应码书激励以过去激励的低通内插值计算得到，而不是重复过去激励。

在宽带信号中，为了增强基音预测，使用了频率依赖(frequency - dependent)基音预测器，这是因为信号的周期性并不会必然地扩展到整个频谱。本算法中的两个信号路径组合分别对基音码书系数进行设置，每个信号路径包含一个基音预测误差计算设备，用来计算基音码书搜索中基音码矢量的基音预测误差。其中的一条路径包含了一个低通滤波器，这个滤波器用来滤波基音码矢量。选定计算的最小基音预测误差的信号路径及其相应的基音增益。在第二路径中用到的低通滤波器的表达式为 $B_{LP}(z)=0.18z+0.64+0.18z^{-1}$。对选中的路径用 1 bit 进行编码。因此，在 8.85、12.65、14.25、15.85、18.25、19.85、23.05 和 23.85 b/s 模式下，码书 $\boldsymbol{v}(n)$ 的生成有两种可能，在第一条路径中，$\boldsymbol{v}(n)=\boldsymbol{v}'(n)$；或者在第二条路径中，$\boldsymbol{v}(n)=\sum_{i=1}^{1}b_{LP}(i+1)\boldsymbol{v}'(n+i)$，其中 $b_{LP}=[0.18, 0.64, 0.18]$。

对于 6.60 kb/s 模式，$\boldsymbol{v}(n)$ 总是等于 $\sum_{i=1}^{1}b_{LP}(i+1)\boldsymbol{v}'(n+i)$。

自适应码书增益的表达式为

$$g_p=\frac{\sum_{n=0}^{39}x(n)\boldsymbol{y}(n)}{\sqrt{\sum_{n=0}^{39}\boldsymbol{y}(n)\boldsymbol{y}(n)}}\quad(0\leqslant g_p\leqslant 1.2)\tag{5-138}$$

其中，$\boldsymbol{y}(n)=\boldsymbol{v}(n)*h(n)$ 是被滤波的自适应码书矢量($H(z)W(z)$ 对 $v_i(n)$ 的零状态响应)。如果前一子帧的自适应码书增益较小，并且前一子帧的 LP 滤波器系数趋于不稳定，那么为了保证稳定性，自适应码书增益 g_p 应被限定为 0.95。

8. 代数码书

1) 码书结构

代数码书的结构是基于正负号脉冲交错(Interleaved Single-Pulse Permutation，ISPP)而设计的。码书矢量中的每 64 个样点位置被划分为 4 个位置交错的轨道，每个轨道有 16 个位置。对于不同的速率模式，码书结构也是不一样的，其轨道上放置的有符号脉冲的数量是不同的(每个轨道可以放置 1～6 个脉冲)。码书索引(即码字)代表每个轨道上脉冲的位置和符号，因为解码器中的激励矢量能够通过包含在索引本身里的信息得到重建，所以不需要存储码书。

(1) 23.85 和 23.05 kb/s 模式下的码书结构。在 23.85 和 23.05 kb/s 模式下的码书中，固定码书矢量包含 24 个非零脉冲，每个脉冲的幅度为+1 或−1。在一个子帧中，每 64 个样点位置被划分为 4 个轨道，用 22 bit 进行编码，总共用了 88 bit(4×22=88)进行编码。且每个轨道均包含 6 个脉冲，其可能出现的位置如表 5.10 所示。

表 5.10 23.85 和 23.05 kb/s 模式下代数码书中单个脉冲可能出现的位置

轨道	脉 冲	位 置
1	i_0, i_4, i_8, i_{12}, i_{16}, i_{20}	0, 4, 8, 12, 16, 20, 24, 28, 32, 36, 40, 44, 48, 52, 56, 60
2	i_1, i_5, i_9, i_{13}, i_{17}, i_{21}	1, 5, 9, 13, 17, 21, 25, 29, 33, 37, 41, 45, 49, 53, 57, 61
3	i_2, i_6, i_{10}, i_{14}, i_{18}, i_{22}	2, 6, 10, 14, 18, 22, 26, 30, 34, 38, 42, 46, 50, 54, 58, 62
4	i_3, i_7, i_{11}, i_{15}, i_{19}, i_{23}	3, 7, 11, 15, 19, 23, 27, 31, 35, 39, 43, 47, 51, 55, 59, 63

(2) 19.85 kb/s 模式下的码书结构。在这个模式下的码书中，固定码书矢量包含 18 个非零脉冲，每个脉冲的幅度为+1 或−1。在一个子帧中，每 64 个样点位置被划分为 4 个轨道，前两个轨道各包含 5 个脉冲，后两个轨道各包含 4 个脉冲，其可能出现的位置如表 5.11 所示。

表 5.11　19.85 kb/s 模式下代数码书中单个脉冲可能出现的位置

轨道	脉　冲	位　置
1	i_0, i_4, i_8, i_{12}, i_{16}	0, 4, 8, 12, 16, 20, 24, 28, 32, 36, 40, 44, 48, 52, 56, 60
2	i_1, i_5, i_9, i_{13}, i_{17}	1, 5, 9, 13, 17, 21, 25, 29, 33, 37, 41, 45, 49, 53, 57, 61
3	i_2, i_6, i_{10}, i_{14}	2, 6, 10, 14, 18, 22, 26, 30, 34, 38, 42, 46, 50, 54, 58, 62
4	i_3, i_7, i_{11}, i_{15}	3, 7, 11, 15, 19, 23, 27, 31, 35, 39, 43, 47, 51, 55, 59, 63

含有 5 个脉冲的轨道用 20 bit 进行编码，含有 4 个脉冲的轨道用 16 bit 进行编码，因此总共用了 72 bit(2×20+2×16=72)进行编码。

(3) 18.25 kb/s 模式下的码书结构。在这个模式下的码书中，固定码书矢量包含 16 个非零脉冲，每个脉冲的幅度或为+1 或为−1。在一个子帧中，每 64 个样点位置被划分为 4 个轨道，每个轨道包含 4 个脉冲，其可能出现的位置如表 5.12 所示。

表 5.12　18.25 kb/s 模式下代数码书中单个脉冲可能出现的位置

轨道	脉　冲	位　置
1	i_0, i_4, i_8, i_{12}	0, 4, 8, 12, 16, 20, 24, 28, 32, 36, 40, 44, 48, 52, 56, 60
2	i_1, i_5, i_9, i_{13}	1, 5, 9, 13, 17, 21, 25, 29, 33, 37, 41, 45, 49, 53, 57, 61
3	i_2, i_6, i_{10}, i_{14}	2, 6, 10, 14, 18, 22, 26, 30, 34, 38, 42, 46, 50, 54, 58, 62
4	i_3, i_7, i_{11}, i_{15}	3, 7, 11, 15, 19, 23, 27, 31, 35, 39, 43, 47, 51, 55, 59, 63

每个轨道用 16 bit 进行编码，因此总共用了 64 bit(4×16=64)进行编码。

(4) 15.85 kb/s 模式下的码书结构。在这个模式下的码书中，固定码书矢量包含 12 个非零脉冲，每个脉冲的幅度或为+1 或为−1。在一个子帧中，每 64 个样点位置被划分为 4 个轨道，每个轨道包含 3 个脉冲，其可能出现的位置如表 5.13 所示。

表 5.13　15.85 kb/s 模式下代数码书中单个脉冲可能出现的位置

轨道	脉　冲	位　置
1	i_0, i_4, i_8	0, 4, 8, 12, 16, 20, 24, 28, 32, 36, 40, 44, 48, 52, 56, 60
2	i_1, i_5, i_9	1, 5, 9, 13, 17, 21, 25, 29, 33, 37, 41, 45, 49, 53, 57, 61
3	i_2, i_6, i_{10}	2, 6, 10, 14, 18, 22, 26, 30, 34, 38, 42, 46, 50, 54, 58, 62
4	i_3, i_7, i_{11}	3, 7, 11, 15, 19, 23, 27, 31, 35, 39, 43, 47, 51, 55, 59, 63

每个轨道用 13 bit 进行编码，因此总共用了 52 bit(4×13=52)进行编码。

(5) 14.25 kb/s 模式下的码书结构。在这个模式下的码书中，固定码书矢量包含 10 个非零脉冲，每个脉冲的幅度为+1 或−1。在一个子帧中，每 64 个样点位置被划分为 4 个轨道，每个轨道包含 2 个或 3 个脉冲，其可能出现的位置如表 5.14 所示。

表 5.14 14.25 kb/s 模式下代数码书中单个脉冲可能出现的位置

轨道	脉 冲	位 置
1	i_0, i_4, i_8	0, 4, 8, 12, 16, 20, 24, 28, 32, 36, 40, 44, 48, 52, 56, 60
2	i_1, i_5, i_9	1, 5, 9, 13, 17, 21, 25, 29, 33, 37, 41, 45, 49, 53, 57, 61
3	i_2, i_6	2, 6, 10, 14, 18, 22, 26, 30, 34, 38, 42, 46, 50, 54, 58, 62
4	i_3, i_7	3, 7, 11, 15, 19, 23, 27, 31, 35, 39, 43, 47, 51, 55, 59, 63

在一个轨道中每两个脉冲位置用 8 bit 进行编码(每个脉冲的位置用 4 bit 进行编码)，轨道中第一个脉冲的符号用 1 bit 进行编码。含有 3 个脉冲的轨道用 13 bit 进行编码，总共用了 44 bit($2\times13+2\times9=44$)进行编码。

(6) 12.65 kb/s 模式下的码书结构。在这个模式下的码书中，固定码书矢量包含 8 个非零脉冲，每个脉冲的幅度为+1 或－1。在一个子帧中，每 64 个样点位置被划分为 4 个轨道，每个轨道包含 2 个脉冲，其可能出现的位置如表 5.15 所示。

表 5.15 12.65 kb/s 模式下代数码书中单个脉冲可能出现的位置

轨道	脉 冲	位 置
1	i_0, i_4	0, 4, 8, 12, 16, 20, 24, 28, 32, 36, 40, 44, 48, 52, 56, 60
2	i_1, i_5	1, 5, 9, 13, 17, 21, 25, 29, 33, 37, 41, 45, 49, 53, 57, 61
3	i_2, i_6	2, 6, 10, 14, 18, 22, 26, 30, 34, 38, 42, 46, 50, 54, 58, 62
4	i_3, i_7	3, 7, 11, 15, 19, 23, 27, 31, 35, 39, 43, 47, 51, 55, 59, 63

在一个轨道中每两个脉冲位置用 8 bit 进行编码(总共 32 bit，每个脉冲的位置用 4 bit 进行编码)，轨道中第一个脉冲的符号用 1 bit 进行编码(总共 4 bit)，总共用了36 bit 进行编码。

(7) 8.85 kb/s 模式下的码书结构。在这个模式下的码书中，固定码书矢量包含 4 个非零脉冲，每个脉冲的幅度为+1 或－1。在一个子帧中，每 64 个样点位置被划分为 4 个轨道，每个轨道包含 1 个脉冲，其可能出现的位置如表 5.16 所示。

表 5.16 8.85 kb/s 模式下代数码书中单个脉冲可能出现的位置

轨道	脉 冲	位 置
1	i_0	0, 4, 8, 12, 16, 20, 24, 28, 32, 36, 40, 44, 48, 52, 56, 60
2	i_1	1, 5, 9, 13, 17, 21, 25, 29, 33, 37, 41, 45, 49, 53, 57, 61
3	i_2	2, 6, 10, 14, 18, 22, 26, 30, 34, 38, 42, 46, 50, 54, 58, 62
4	i_3	3, 7, 11, 15, 19, 23, 27, 31, 35, 39, 43, 47, 51, 55, 59, 63

在一个轨道中，每个脉冲位置用 4 bit 进行编码，每个脉冲的符号用 1 bit 进行编码，总共用了 20 bit 进行编码。

(8) 6.60 kb/s 模式下的码书结构。在这个模式下的码书中，固定码书矢量包含 2 个非零脉冲，每个脉冲的幅度为+1 或－1。在一个子帧中每 64 个样点位置被划分为 2 个轨道，每个轨道包含 1 个脉冲，其可能出现的位置如表 5.17 所示。

表 5.17　6.60 kb/s 模式下代数码书中单个脉冲可能出现的位置

轨道	脉　冲	位　置
1	i_0	0, 2, 4, 6, 8, 10, 12, 14, 16, 18, 20, 22, 24, 26, 28, 30, 32, 34, 36, 38, 40, 42, 44, 46, 48, 50, 52, 54, 56, 58, 60, 62
2	i_1	1, 3, 5, 7, 9, 11, 13, 15, 17, 19, 21, 23, 25, 27, 29, 31, 33, 35, 37, 39, 41, 43, 45, 47, 49, 51, 53, 55, 57, 59, 61, 63

在一个轨道中，每个脉冲位置用 5 bit 进行编码，每个脉冲的符号用 1 bit 进行编码，总共用了 12 bit 进行编码。

2）脉冲索引的编码方法

前面给出了一个轨道中的脉冲编码所需的编码比特数，这一小节的主要内容是对每个轨道(含有 1～6 个脉冲)的编码进行描述。每个子帧包括 4 个轨道，每个轨道含有 16 个样点位置和长度为 4 个样点的脉冲间隔(除了 6.6 kb/s 模式)。具体编码方法如下：

(1) 对含有一个带符号脉冲的轨道进行编码。脉冲位置索引用 4 bit 进行编码，符号索引用 1 bit 进行编码。位置索引是通过用脉冲间隔(整数间隔)分离出来的子帧中的脉冲位置得到的。分割后的余数做为轨道索引。例如，位置为 31 的脉冲，位置索引为 31/4≈7，它属于索引为 3 的轨道(第四个轨道)。

正符号的索引设为 0，负符号的索引设为 1。

带符号脉冲的索引由式 $I_{1p}=p+s\times 2^M$ 而得。其中，p 是位置索引，s 是符号索引，$M=4$ 是每个轨道的比特数。

(2) 对含有两个带符号脉冲的轨道进行编码。对于含有两个带符号脉冲的轨道，有 $K=2^M$ 个可能出现脉冲的位置($M=4$)，每个脉冲的符号需要用 1 bit 进行编码，脉冲位置索引用 M bit 进行编码，整个轨道的编码比特数为 $2M+2$。脉冲顺序会产生冗余，例如，把第一个脉冲放在位置 p，第二个脉冲放在位置 q，等同于第一个脉冲放在位置 q，第二个脉冲放在位置 p。只对一个脉冲进行编码可以节省 1 bit，第二个脉冲可以通过位置索引的顺序递推得到。索引由下式得出：

$$I_{2p} = p_1 + p_0 \times 2^M + s \times 2^{2M} \tag{5-139}$$

其中，s 是在位置索引为 p_0 的脉冲的符号索引。如果两个符号是相同的，那么较小的位置设为 p_0，较大的位置设为 p_1。另一方面，如果两个符号不相同，那么较大的位置设为 p_0，较小的位置设为 p_1。在解码器中，位置 p_0 处的脉冲符号是立刻就可以得到的，p_1 则根据脉冲顺序推得。如果 p_0 大于 p_1，那么位置 p_1 的脉冲符号与位置 p_0 是相反的；反之，两个符号是相同的。

(3) 对含有三个带符号脉冲的轨道进行编码。对于每个轨道含有 3 个脉冲的情况，可以采用与含有 2 个脉冲的情况相似的思路。对于一个有 2^M 个脉冲位置的轨道，整个轨道的编码比特数需要($3M+1$) bit。一个脉冲编号简单的办法是把一条轨道分为两段，使其中一段至少包含 2 个脉冲，在这一段中有 $K/2=2^M/2=2^{M-1}$ 个位置，可以用($M-1$) bit 表示。处于同一段的两个有符号脉冲用 $2(M-1)+1$ bit 进行编码，余下的一个脉冲可以放置在轨道另一段的任意位置，用($M+1$) bit 进行编码。最后，包含两个脉冲的段索引用 1 bit

进行编码。这样总共需要的比特数为 $2(M-1)+1+M+1+1=3M+1$。

检查两个脉冲是否被放在了同一个段中，一个简单的办法是检查它们位置索引的最高有效位(MSB)是否相等。如果最高有效位为 0，则意味着脉冲位置位于较低的轨道段(0～7)；最高有效位为 1，则意味着脉冲位置位于较高的轨道段(8～15)。如果两个脉冲属于较高的轨道段，在编码前需要先把它们转化到低轨道段(0～7)范围内，可以通过用$M-1$个 1 屏蔽掉 $M-1$ 位的最低有效位(LSB)来实现。索引的表达式为

$$I_{3p}=I_{2p}+k\times 2^{2M-1}+I_{1p}\times 2^{2M} \tag{5-140}$$

其中，I_{2p}是在同一个轨道段中两个脉冲的索引，k 是轨道段的索引(0 或者 1)，I_{1p}是轨道中第三个脉冲的索引。

(4) 对含有四个带符号脉冲的轨道进行编码。

在一个长度为 $K=2^M$ 的轨道中含有 4 个脉冲，这个轨道能够用 $4M$ bit 进行编码。同含有 3 个脉冲的情况类似，轨道中的 K 个位置被分为两段(各半)，每段包含 $K/2=8$ 个位置。这里我们把位置从 0 到 $K/2-1$ 的段称为 section A，位置从 $K/2$ 到 $K-1$ 的段称为 section B，每段可能包含 0～4 个脉冲。表 5-18 给出了在每段中可能含有脉冲数的 5 种情况，每种情况按顺序分别称为 case-0、case-1、case-2、case-3 和 case-4。

表 5.18 每个轨道段中可能含有的脉冲数

case	section A 中的脉冲	section B 中的脉冲	所需比特数
0	0	4	$4M-3$
1	1	3	$4M-2$
2	2	2	$4M-2$
3	3	1	$4M-2$
4	4	0	$4M-3$

在 case-0 或 case-4 中，长度为 $K/2=2^{M-1}$的段中的 4 个脉冲能够用 $4(M-1)+1=(4M-3)$ bit 进行编码；在 case-1 或 case-3 中，长度为 $K/2=2^{M-1}$的段所包含的 1 个脉冲能够用 $M-1+1=M$ bit 进行编码，另一段中的 3 个脉冲能够用 $3(M-1)+1=(3M-2)$ bit 进行编码，总共需要 $M+3M-2=(4M-2)$ bit；在 case-2 中，长度为 $K/2=2^{M-1}$的段中的脉冲能够用 $2(M-1)+1=(2M-1)$ bit 进行编码，这样对于 case-2 中的两段，共需要 $2(2M-1)=(4M-2)$ bit。

假设把 case-0 和 case-4 结合起来进行编码，那么 case 索引就能够用 2 bit 进行编码。对于 case-1、case-2 和 case-3，脉冲编码所需的比特数为 $4M-2$，总共需要 $4M-2+2=4M$ bit。对于 case-0 或 case-4，分清两者需要用 1 bit 进行编码，对脉冲编码需要的比特数为 $4M-3$，通用的 case 索引编码需要 2 bit，因此这两种情况分别需要 $1+4M-3+2=4M$ bit 进行编码。

所以索引的表达式为

$$I_{4p}=I_{AB}+k\times 2^{4M-2} \tag{5-141}$$

其中，k 是 case 索引(2 bit)，I_{AB}是 case-0 和 case-4 的两条轨道中各自两段的脉冲索引。

对于 case-0 和 case-4，$I_{AB\_0,4}=I_{4p\_section}+j\times 2^{4M-3}$，其中 j 为一个 1 bit 的索引编码，

用来标识含有 4 个脉冲的轨道段，$I_{4p\_section}$ 为四个脉冲的索引((4M−3) bit)。

对于 case-1，$I_{AB\_1}=I_{3p\_B}+I_{1p\_A}\times 2^{3(M-1)+1}$，其中 I_{3p_B} 是 section B 中 3 个脉冲的索引(3(M−1)+1 bit)，I_{1p_A} 是 section A 中 1 个脉冲的索引(((M−1)+1) bit)。

对于 case-2，$I_{AB\_2}=I_{2p\_B}+I_{2p\_A}\times 2^{2(M-1)+1}$，其中 I_{2p_B} 是 section B 中 2 个脉冲的索引(2(M−1)+1 bit)，I_{2p_A} 是 section A 中 2 个脉冲的索引((2(M−1)+1) bit)。

对于 case-3，$I_{AB\_3}=I_{1p\_B}+I_{3p\_A}\times 2^{M}$，其中 I_{1p_B} 是 section B 中 1 个脉冲的索引((M−1)+1 bit)，I_{3p_A} 是 section A 中 3 个脉冲的索引((3(M−1)+1) bit)。

(5) 对含有五个带符号脉冲的轨道进行编码。一个长度为 $K=2^M$ 的轨道中含有 5 个脉冲，这个轨道能够用 5M bit 进行编码。同含有 4 个脉冲的情况类似，轨道中的 K 个位置被分为两段(section A 和 section B)，每段可能包含 0～5 个脉冲。让其中一段至少包含 3 个脉冲，对这 3 个脉冲用 3(M−1)+1=(3M−2) bit 进行编码，剩余的 2 个脉冲在整个轨道用(2M+1) bit 进行编码。另外还需要 1 bit 来标识含有 3 个脉冲的轨道段。因而总共需要(3M−2)+(2M+1)+1=5M 来编码 5 个带符号脉冲。

索引的表达式为

$$I_{5p}=I_{2p}+I_{3p}\times 2^{2M}+k\times 2^{5M-1} \tag{5-142}$$

其中，k 是含有 3 个脉冲的轨道段的索引，I_{3p} 是 3 个脉冲的索引((3(M−1)+1) bit)，I_{2p} 是剩余 2 个脉冲的索引((2M+1) bit)。

(6) 对含有六个带符号脉冲的轨道进行编码。在一个长度为 $K=2^M$ 的轨道中含有六个脉冲，这个轨道能够用(6M−2) bit 进行编码。同含有 5 个脉冲的情况类似，轨道中的 K 个位置被分为两段(section A 和 section B)，每段可能包含 0～6 个脉冲。表 5.19 给出了在每段中可能含有脉冲数的 7 种情况，每种情况按顺序分别称为 case-0、case-1、case-2、case-3、case-4、case-5 和 case-6。

表 5.19 每个轨道段中可能含有脉冲数

case	section A 中的脉冲	section B 中的脉冲	所需比特数
0	0	6	6M−5
1	1	5	6M−5
2	2	4	6M−5
3	3	3	6M−4
4	4	2	6M−5
5	5	1	6M−5
6	6	0	6M−5

注意：case-0 和 case-6 是类似的，只是含有 6 个脉冲的轨道段是不同的。同样 case-1 和 case-5、case-2 和 case-4 仅是含有较多脉冲的轨道段不同。这些 case 可以两两组合，用 1 bit 来标识含有较多脉冲的轨道段。最初单个的 case 需要(6M−5) bit 进行编码，组合起来的 case 则只需要(6M−4) bit，这样就形成了 4 个组合状态，分别是(case-0，case-6)、 (case-1，case-5)、(case-2，case-4)和(case-3)，用 2 bit 来区分这些组合。这样对于各个组合的 6 个脉冲共需要 $6M-4+2=(6M-2)$ bit 进行编码。

对于 case-0 和 case-6，1 bit 用来标识含有 6 个脉冲的部分，其中的 5 个脉冲可以用 $(5(M-1))$ bit 进行编码，剩余的一个脉冲用 $((M-1)+1)$ bit 进行编码。因而对于case-0 和 case-6 的组合，总共需要 $1+5(M-1)+M=(6M-4)$ bit，另外还需要 2 bit 来区分组合中的两种 case，于是共需要 $(6M-2)$ bit。对于这两个 case 的组合，索引公式为

$$I_{6p} = I_{1p} + I_{5p} \times 2^{M} + j \times 2^{6M-5} + k \times 2^{6M-4} \tag{5-143}$$

其中，k 是组合 case 的索引(2 bit)，j 是包含 6 个脉冲的轨道段的索引(1 bit)，I_{5p}是 5 个脉冲的索引($5(M-1)$ bit)，I_{1p}是剩余 1 个脉冲的索引($((M-1)+1)$ bit)。

对于 case-1 和 case-5，1 bit 用来标识含有 5 个脉冲的轨道段，其中的 5 个脉冲可以用$(5(M-1))$ bit 进行编码，另一个轨道段剩余的脉冲用$((M-1)+1)$ bit 进行编码。对于这两个 case 的组合，索引表达式为

$$I_{6p} = I_{1p} + I_{5p} \times 2^{M} + j \times 2^{6M-5} + k \times 2^{6M-4} \tag{5-144}$$

其中，k 是组合 case 的索引(2 bit)，j 是包含 5 个脉冲的轨道段的索引(1 bit)，I_{5p}是 5 个脉冲的索引($5(M-1)$ bit)，I_{1p}是另一个轨道段剩余 1 个脉冲的索引($((M-1)+1)$ bit)。

对于 case-2 和 case-4，1 bit 用来标识含有 4 个脉冲的轨道段，其中的 4 个脉冲可以用 $4(M-1)$ bit 进行编码，另一个轨道段剩余的 2 个脉冲用$(2(M-1)+1)$ bit 进行编码。对于这两个 case 的组合，索引公式为

$$I_{6p} = I_{2p} + I_{4p} \times 2^{2(M-1)+1} + j \times 2^{6M-5} + k \times 2^{6M-4} \tag{5-145}$$

其中，k 是组合 case 的索引(2 bit)，j 是包含 4 个脉冲的轨道段的索引(1 bit)，I_{4p}是 4 个脉冲的索引($4(M-1)$ bit)，I_{2p}是另一个轨道段剩余 2 个脉冲的索引($(2(M-1)+1)$ bit)。

对于 case-3，每个脉冲段中的 3 个脉冲用 $3(M-1)$ bit 进行编码，对于 case-3，索引表达式为

$$I_{6p} = I_{3pB} + I_{3pA} \times 2^{3(M-1)+1} + k \times 2^{6M-4} \tag{5-146}$$

其中，k 是组合 case 的索引(2 bit)，I_{3pB}是 section B 中 3 个脉冲的索引($(3(M-1)+1)$ bit)，I_{3pA}是 section A 中 3 个脉冲的索引($(3(M-1)+1)$ bit)。

3) 代数码书搜索

本编码器采用的码书不但具有动态特点，而且运用自适应预滤波器 $F(z)$加强特殊谱分量来提高合成语音的质量。预滤波器 $F(z)$包括两部分：一个周期性的增强部分 $1/(1-0.85z^{-T})$和一个倾斜加重部分$(1-\beta_1 z^{-1})$，其中 T 是基音延时的整数部分，β_1 是和前一子帧的声音相关的值，其取值范围为[0.0，0.5]。码书搜索前需要将滤波器 $F(z)$和加权合成滤波器组合起来，即对脉冲响应 $h(n)$进行修正，使其包含预滤波器 $F(z)$，即 $h(n) \leftarrow h(n) * f(n)$。

代数码书搜索的准则是加权输入语音和加权合成语音之间的均方误差最小。目标信号减去自适应码书的贡献得到固定码书搜索的目标信号：

$$x_2(n) = x(n) - g_p \boldsymbol{y}(n) \qquad (n = 0, \cdots, 6) \tag{5-147}$$

这里，$\boldsymbol{y}(n)=v(n) * h(n)$是自适应码书滤波矢量，$g_p$ 是未量化的自适应码书增益。

设 $\boldsymbol{c}_k$ 是索引为 k 的代数码书矢量，代数码书通过使下式中的 Q_k 最大化的准则进行搜索：

$$Q_k=\frac{(\boldsymbol{x}_2^t\boldsymbol{H}\boldsymbol{c}_k)^2}{\boldsymbol{c}_k^t\boldsymbol{H}^t\boldsymbol{H}\boldsymbol{c}_k}=\frac{(\boldsymbol{d}^t\boldsymbol{c}_k)^2}{\boldsymbol{c}_k^t\boldsymbol{\Phi}\boldsymbol{c}_k}=\frac{(R_k)^2}{E_k} \tag{5-148}$$

其中，矩阵 $\boldsymbol{H}$ 是下三角的 Toeplitz 卷积矩阵，其主对角线元素为 $h(0)$，依次往下的对角线为 $h(1)$，…，$h(63)$，$\boldsymbol{d}=\boldsymbol{H}^t\boldsymbol{x}_2$ 是目标信号 $x_2(n)$ 和脉冲响应 $h(n)$ 的相关矩阵；$\Phi=\boldsymbol{H}^t\boldsymbol{H}$ 是 $h(n)$ 的自相关矩阵。

矢量 $\boldsymbol{d}$ 和矩阵 $\boldsymbol{\Phi}$ 通常是在码书搜索前进行计算的，其中矢量 $\boldsymbol{d}$ 的各个元素按下式计算：

$$d(n)=\sum_{i=n}^{63}x_2(i)h(i-n) \quad (n=0, \cdots, 63) \tag{5-149}$$

对称矩阵 $\boldsymbol{\Phi}$ 的各元素按下式计算：

$$\phi(i, j)=\sum_{n=j}^{63}h(n-i)h(n-j) \quad (i=1, \cdots, 63;\ j=1, \cdots, 63) \tag{5-150}$$

因为固定码书矢量 $\boldsymbol{c}_k$ 仅包含几个非零脉冲，代数结构的码书允许快速搜索。式(5-148)中的分子的相关函数可由下式给出：

$$R=\sum_{i=0}^{N_p-1}a_i d(m_i) \tag{5-151}$$

其中，m_i 是第 i 个脉冲的位置，a_i 是它的幅度，N_p 是脉冲的个数。式(5-148)的分母项可由下式给出：

$$E=\sum_{i=0}^{N_p-1}\phi(m_i, m_i)+2\sum_{i=0}^{N_p-2}\sum_{j=i+1}^{N_p-1}a_i a_j\phi(m_i, m_j) \tag{5-152}$$

为了简化搜索过程，AMR-WB 算法使用了几项技术。针对一个确定的信号 $b(n)$ 对脉冲幅度进行预判决，这种方法被称为脉冲幅度信号选择法，位置 i 的脉冲符号等于在此位置上参考信号 $b(n)$ 的符号，这里参考信号 $b(n)$ 的表达式为

$$b(n)=\sqrt{\frac{E_d}{E_r}}r_{\mathrm{LTP}}(n)+\alpha d(n) \tag{5-153}$$

其中，$E_d=d^t d$ 是信号 $d(n)$ 的能量函数，$E_r=\boldsymbol{r}_{\mathrm{LTP}}^t\boldsymbol{r}_{\mathrm{LTP}}$ 是信号 $r_{\mathrm{LTP}}(n)$ 的能量函数，$r_{\mathrm{LTP}}(n)$ 是长时预测后的残差信号。比例因子 α 用来控制参考信号 $b(n)$ 对于 $d(n)$ 的依赖性，α 随着比特率的增加而降低。在 6.60 kb/s 和 8.85 kb/s 模式下，$\alpha=2$；在 12.65 kb/s、14.25 kb/s 和 15.85 kb/s 模式下，$\alpha=1$；在 18.25 kb/s 模式下，$\alpha=0.8$；在 19.85 kb/s 模式下，$\alpha=0.75$；在 23.05 kb/s 和 23.85 kb/s 模式下，$\alpha=0.5$。

为了简化搜索过程，对信号 $d(n)$ 和矩阵 $\boldsymbol{\Phi}$ 结合预选符号进行了修正，$s_b(n)$ 表示包含 $b(n)$ 符号信息的矢量，修正后的信号 $d'(n)$ 的表达式为

$$d'(n)=s_b(n)d(n) \quad (n=0, \cdots, N-1) \tag{5-154}$$

修正自相关矩阵 $\boldsymbol{\Phi}'$ 的表达式为

$$\boldsymbol{\Phi}'(i, j)=s_b(i)s_b(j)\phi(i, j) \quad (i=0, \cdots, N-1;\ j=i, \cdots, N-1) \tag{5-155}$$

则式(5-157)可以转化为

$$R=\sum_{i=0}^{N_p-1}d'(i) \tag{5-156}$$

则式(5-158)可以转化为

$$E=\sum_{i=0}^{N_p-1}\phi(m_i,m_i)+2\sum_{i=0}^{N_p-2}\sum_{j=i+1}^{N_p-1}a_ia_j\phi(m_i,m_j) \tag{5-157}$$

在各速率模式下，代数码书搜索的方法都是类似的，区别仅在于脉冲数和相应的搜索树的级数不一样。以 12.65 kb/s 的模式为例，其码书结构如表 2-8 所示，在这个模式中，每个轨道放两个脉冲，在 64 个位置上共放 8 个非零脉冲。一次搜索两个脉冲，并且这两个脉冲放在连续的轨道上，被搜索的两个脉冲的轨道是 T_0-T_1、T_1-T_2、T_2-T_3、T_2-T_0，这个搜索的树有四层：在第一层，脉冲 P_0 被分配轨道 T_0，脉冲 P_1 分配轨道 T_1，在这一层不需要搜索，脉冲 P_0 和 P_1 被放在每个轨道使 $b(n)$最大的位置。在第二层，脉冲 P_2 被分配到轨道 T_2，脉冲 P_3 被分配到轨道 T_3，脉冲 P_2 搜索 4 个位置，脉冲 P_3 搜索 16 个位置，在脉冲 P_2 测试的轨道上选择的 4 个测试位置是由 $b(n)$最大的 4 个值决定的。在第三层，脉冲 P_4 被分配到轨道 T_1，脉冲 P_5 被分配到轨道 T_2，脉冲 P_4 搜索 8 个位置，脉冲 P_5 搜索 16 个位置，和上一层类似，在脉冲 P_4 测试的轨道上选择的 8 个测试位置是由 $b(n)$最大的 8 个数值决定的。在第四层，脉冲 P_6 被分配到轨道 T_3，脉冲 P_7 被分配到轨道 T_4，脉冲 P_6 搜索 8 个位置，脉冲 P_7 搜索 16 个位置。结果所有测试的次数为：$4\times16+8\times16+8\times16=320$。由于需要把脉冲分配到不同的 4 个轨道上，因而整个搜索过程重复 4 次。结果整个位置搜索次数为 $4\times320=1280$，其计算的次数比全搜索降低了很多。

9. 自适应码书增益和固定码书增益的量化

自适应码书增益和固定(代数)码书增益量化主要是对基音增益 g_c 和固定码书增益的校正因子 γ 进行联合矢量量化编码。在 8.85 kb/s 和 6.60 kb/s 模式下使用一个 6 bit 的码书进行量化，在其他模式下使用 7 bit 的码书进行量化。

固定码书的量化使用固定参数的滑动平均预测法(MA prediction)，令 $E(n)$为第 n 子帧去均值的更新能量，它的表达式为

$$E(n)=10\lg\left(\frac{1}{N}g_c^2\sum_{i=0}^{N-1}c^2(i)\right)-\bar{E} \tag{5-158}$$

其中，子帧长度 $N=64$，$c(i)$为固定码书激励，$\bar{E}=30$ dB 为更新能量的均值。$\tilde{E}(n)$为通过 4 阶滑动平均预测法求得的能量预测值，即

$$\tilde{E}(n)=\sum_{i=1}^{4}b_i\hat{R}(n-i) \tag{5-159}$$

其中，$[b_1\ b_2\ b_3\ b_4]=[0.5,0.4,0.3,0.2]$是滑动平均预测系数，$\hat{R}(k)$是第 k 子帧的量化能量预测误差。预测能量 $\tilde{E}(n)$用来计算预测固定码书增益 g_c'，通过式(5-158)进行计算(用 $E(n)$代替 $\tilde{E}(n)$，g_c'代替 g_c)。首先计算平均更新能量，其表达式为

$$E_i=10\lg\left(\frac{1}{N}\sum_{i=0}^{N-1}c^2(i)\right) \tag{5-160}$$

然后计算预测增益，其表达式为

$$g_c'=10^{0.05(\tilde{E}(n)+\bar{E}-E_i)} \tag{5-161}$$

基音增益 g_c 和预测增益的校正因子的表达式为

$$\gamma=\frac{g_c}{g_c'} \tag{5-162}$$

那么预测误差的表达式为

$$R(n)=E(n)-\widetilde{E}(n)=20\lg(\gamma) \tag{5-163}$$

增益码书的搜索的准则是使原始语音和合成语音的加权均方误差最小，即使下式最小

$$E=x^tx+g_p^2y^ty+g_c^2z^tz-2g_px^ty-2g_cx^tz+2g_pg_cy^tz \tag{5-164}$$

其中，x 是目标矢量，y 是滤波的自适应码书矢量，z 是滤波的固定码书矢量。

10. 存储器更新

在下一子帧计算目标信号时，感觉加权合成滤波器的状态则需要更新。两个增益被量化后，在当前子帧激励信号 $u(n)$ 可表示为

$$u(n)=\hat{g}_pv(n)+\hat{g}_cc(n)\quad(n=0,\cdots,63) \tag{5-165}$$

其中，$\hat{g}_p$ 和 $\hat{g}_c$ 为量化的自适应码书增益和固定码书增益，$v_i(n)$是通过内插过去的激励信号得到的自适应码书矢量，$c(n)$为固定码书矢量。感觉加权合成滤波器状态的更新可以让 $r(n)-u(n)$（残差信号与激励信号的差值）通过滤波器 $1/\hat{A}(z)$ 和 $A(z/\gamma_1)H_{\text{de-emph}}(z)$ 来进行，然后存储滤波器的状态，但这种方法需要进行三次滤波。

一个更简单的方法是：仅需要一次滤波就可完成滤波器状态的更新。本地合成语音 $\hat{s}(n)$是通过用滤波器 $1/\hat{A}(z)$滤波激励信号得到的，当输入为 $r(n)-u(n)$时，其输出等效于 $e(n)=s(n)-\hat{s}(n)$，于是合成滤波器 $1/\hat{A}(z)$的状态可由 $e(n)(n=48,\cdots,63)$来进行更新。滤波器 $A(z/\gamma_1)=H_{\text{de-emph}}(z)$的状态通过滤波误差信号 $e(n)$得到感觉加权误差信号 $e_w(n)$进行更新，而 $e_w(n)$可等效为

$$e_w(n)=x(n)-\hat{g}_py(n)=\hat{g}_cz(n) \tag{5-166}$$

因信号 $x(n)$、$y(n)$和 $z(n)$已知，感觉加权滤波器的状态修改可利用计算 $e_w(n)$来进行，所以省掉了两个滤波器。

11. 高频段增益

为了计算速率为 23.85 kb/s 模式下的高通增益，7 kHz 的输入语音要通过一个 6.4～7.0 kHz 的带通滤波器得到 6.4～7.0 kHz 的高频段信号，高通增益 g_{HB} 可通过下式得到：

$$g_{\text{HB}}=\frac{\sum\limits_{i=0}^{63}(s_{\text{HB}}(i))^2}{\sum\limits_{i=0}^{63}(s_{\text{HB2}}(i))^2} \tag{5-167}$$

其中，$s_{\text{HB}}(i)$是带通滤波的输入信号，$s_{\text{HB2}}(i)$是高频合成信号，它是高频段激励信号$u_{\text{HB2}}(i)$通过高频段合成滤波器 $A_{\text{HB}}(z)$后得到的。

5.8.3 AMR－WB 解码算法原理

AMR－WB 算法的解码部分的流程如图 5.23 所示。解码过程主要包括解码编码器发送的参数（包括 LP 参数、自适应码书矢量、自适应码书增益、固定码书矢量、固定码书增益以及高频段增益）和通过合成滤波器重建语音。重建后的合成语音要经过后处理和上采

样，然后加入 3～7 kHz 的高频段信号，直至输出最终语音信号。

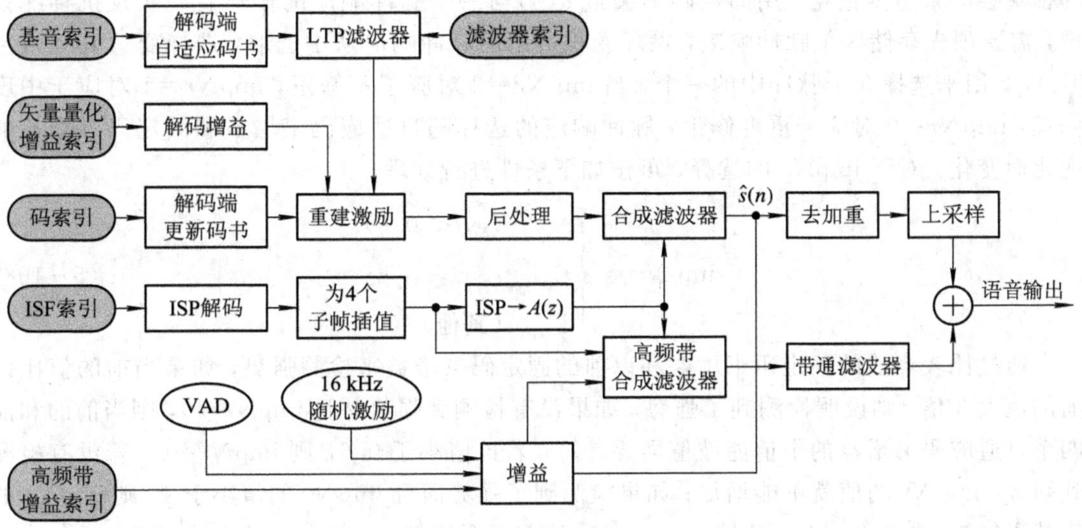

图 5.23　AMR－WB 算法的解码器框图

1. 解码和合成语音

AMR－WB 算法的解码过程按以下步骤进行。

(1) 首先对 LP 滤波器参数进行解码。接收到的 ISP 系数索引用于重建 ISP 系数，然后将 ISP 系数内插得到 4 组内插 ISP 矢量(对应于 4 个子帧)，对于每一子帧，内插 ISP 矢量都要转化为 LP 滤波器系数，该系数用来在子帧中合成重建语音信号。

(2) 然后每一子帧都要重复以下操作：

① 解码自适应码书矢量。接收到的基音索引(自适应码书索引)用于寻找基音延时的整数部分和分数部分。自适应码书矢量 $\boldsymbol{v}(n)$ 通过用 FIR 滤波器在基音延时处内插过去的激励信号 $u(n)$ 获得。接收到的自适应滤波器索引用于判断滤波后的自适应码书矢量是 $\boldsymbol{v}_1(n)=\boldsymbol{v}(n)$ 还是 $\boldsymbol{v}_2(n)=0.18\boldsymbol{v}(n)+0.64\boldsymbol{v}(n-1)+0.18\boldsymbol{v}(n-2)$。

② 解码固定码书矢量。接收的代数码书索引(固定码书索引)用于提取激励脉冲的位置、符号和构造代数码矢量 $\boldsymbol{c}(n)$。如果基音延时整数部分小于子帧长度 64，则 $\boldsymbol{c}(n)$ 被一个包含周期加强部分 $1/(1-0.85z^{-T})$ 和频率倾斜部分 $(1-\beta_1 z^{-1})$ 的自适应预滤波器 $F(z)$ 进行滤波修正以体现基音包络。其中，T 是基音延迟整数部分，$\beta_1(n)$ 与前一子帧是否为浊音有关，其大小位于[0.0, 0.5]范围内。

③ 解码固定码书和自适应码书增益。接收的增益码书索引用于从相应的量化表中寻找已量化的自适应码书增益 $\hat{g}_c$。通过固定码书索引获取增益校正因子 $\hat{\gamma}$，然后计算出固定码书增益 $\hat{g}_p$。

④ 重建语音计算。重建总激励由 $u(n)=\hat{g}_p v(n)+\hat{g}_c c(n)$ 给出，其中 $n=0, \cdots, 63$，重建激励要进行后处理以便最终合成语音信号。

⑤ 抗稀疏处理(只用于 6.60 kb/s 和 8.85 kb/s 模式)。在 6.60 kb/s 和 8.85 kb/s 模式，代数码书(固定码书)矢量每一子帧只有很少的非零样点，我们称之为稀疏的。抗稀疏

处理就是用来减少由于每一子帧非零脉冲数少而引起的固定码书矢量稀疏，固定码书矢量的稀疏会导致感觉错觉。用固定码书矢量 $\boldsymbol{c}(n)$ 与一个脉冲响应的循环卷积实现抗稀疏处理，需要预先存储 3 个脉冲响应，循环卷积所用的脉冲响应从中选取，选择变量 $\mathrm{imp}Nr=0,1,2$ 用来选择 3 个脉冲中的一个，当 $\mathrm{imp}Nr=2$ 对应于不修正，$\mathrm{imp}Nr=1$ 对应于中度修正，$\mathrm{imp}Nr=0$ 对应于重度修正，脉冲响应的选择随自适应码书增益和固定码书增益的变化而变化。对于 $\mathrm{imp}Nr$ 的选择，可按如下条件进行处理：

$$\mathrm{imp}Nr=\begin{cases}0 & (\hat{g}_p<0.6)\\ 1 & (\hat{g}_p<0.9)\\ 2 & (\text{其他})\end{cases} \tag{5-168}$$

通过比较当前的固定码书增益和以前的固定码书增益来检测强势，如果当前的值比以前的值大 3 倍，则说明检测到了强势。如果没有检测到强势并且 $\mathrm{imp}Nr=0$，则当前的和前四个自适应码书增益的中值滤波值需要计算，若该值小于 0.6，则 $\mathrm{imp}Nr=0$，若没有检测到强势，$\mathrm{imp}Nr$ 的值就不能增加；如果检测到了强势而且 $\mathrm{imp}Nr$ 的值小于 2，则 $\mathrm{imp}Nr$ 的值就要加 1。在 8.85 kb/s 模式下，$\mathrm{imp}Nr$ 的值都要增加 1。

⑥ 噪声增强。为了增强噪声激励，对固定码书增益 $\hat{g}_c$ 采用非线性平滑技术。当语音段平稳且为浊音时，平滑固定码书增益可以减小信号平稳情况下的激励信号能量的波动，这样可以提高平稳背景噪声的性能。

浊音因子为 $\lambda=0.5(1-r_v)$，其中，$r_v=(E_v-E_c)/(E_v+E_c)$。式中，E_v 和 E_c 分别是缩放的基音码书矢量和缩放的固定码书矢量的能量。r_v 的值在$[-1,1]$的范围内，因而 λ 的大小范围为$[0,1]$。当信号为浊音段时，λ 为 0；当信号为清音段时，λ 为 1。

平稳因子 θ 是基于邻近 LP 滤波器之间的距离测度来计算的。在这里 θ 依赖于 ISP 系数的距离测度，且 $0\leqslant\theta\leqslant1$，$\theta$ 值越大，信号越稳定。

最终通过浊音因子 λ 和平稳因子 θ 得到一个增益平滑因子，$S_m=\lambda\theta$。对于清音信号和平稳信号，S_m 接近 1；对于浊音信号和非平稳信号，S_m 接近 0。

初始修正增益 g_0 通过将固定码书增益 $\hat{g}_c$ 与前一子帧初始修正增益 g_{-1} 比较进行计算。如果 $\hat{g}_c\geqslant g_{-1}$，将 $\hat{g}_c$ 衰减 1.5 dB，即得到 g_0 并使 $g_0\geqslant g_{-1}$；如果 $\hat{g}_c<g_{-1}$，将 $\hat{g}_c$ 增大 1.5 dB，即得到 g_0 并使 $g_0\leqslant g_{-1}$。

最后，增益 $\hat{g}_c$ 的更新如下所示：

$$\hat{g}_c=S_m g_0+(1-S_m)\hat{g}_c \tag{5-169}$$

⑦ 基音增强。将固定码书矢量 $\boldsymbol{c}(n)$通过一个更新滤波器来修正重构总激励 $u(n)$，这个滤波器的频率响应更多的是加强了高频部分，它的系数与信号周期有关，这个滤波器的表达式是：

$$F_{inno}(z)=-c_{pe}z+1-c_{pe}z^{-1} \tag{5-170}$$

其中，$c_{pe}=0.125(1-r_v)$，$r_v=(E_v-E_c)/(E_v+E_c)$。滤波的固定码书矢量为

$$\boldsymbol{c}'(n)=\boldsymbol{c}(n)-c_{pe}(\boldsymbol{c}(n+1)+\boldsymbol{c}(n-1)) \tag{5-171}$$

重构总激励 $u(n)=\hat{g}_p\boldsymbol{v}(n)+\hat{g}_c\boldsymbol{c}(n)$的更新通过下式完成

$$u(n) = u(n) - \hat{g}_c c_{pe}(\boldsymbol{c}(n+1) + \boldsymbol{c}(n-1)) \tag{5-172}$$

⑧ 激励后处理(6.60 和 8.85 kb/s 速率模式)。

在 6.60 kb/s 和 8.85 kb/s 模式下，激励后处理就是加强总激励信号 $u(n)$的自适应码本矢量的贡献，即

$$\hat{u}(n) = \begin{cases} u(n) + 0.25\beta\hat{g}_p v(n) & (\hat{g}_p > 0.5) \\ u(n) & (\hat{g}_p \leqslant 0.5) \end{cases} \tag{5-173}$$

自适应增益控制(Adaptive Gain Control，AGC)补偿非加重激励 $u(n)$和加重激励信号 $\hat{u}(n)$的增益差别，补偿所用的增益比例因子 η 的表达式为

$$\eta = \begin{cases} \sqrt{\dfrac{\sum_{n=0}^{63} u^2(n)}{\sum_{n=0}^{63} \hat{u}^2(n)}} & (\hat{g}_p > 0.5) \\ 1.0 & (\hat{g}_p \leqslant 0.5) \end{cases} \tag{5-174}$$

经过增益比例因子调节后的加重激励信号 $\hat{u}'(n)$为

$$\hat{u}'(n) = \hat{u}(n)\eta \tag{5-175}$$

那么每个子帧的重建语音为

$$\hat{s}(n) = \hat{u}(n) - \sum_{i=1}^{16} \hat{a}_i \hat{s}(n-i) \quad (n = 0, \cdots, 63) \tag{5-176}$$

其中，$\hat{a}_i$ 是内插的 LP 滤波器系数。

2. 高通滤波、上采样和内插

高通滤波是为了屏蔽不需要的低频成分。信号通过高通滤波器 $H_{h1}(z)$和去加重滤波器 $H_{\text{de-emph}}(z)$进行滤波，然后升抽样(先将 12.8 kHz 的低频段信号 $\hat{s}_{12.8k}(n)$5 倍上采样，然后通过 $H_{\text{decim}}(z)$进行 4 倍降采样)，获得低频段合成语音信号 $\hat{s}_{16k}(n)$。在编码的预处理阶段，为了避免编码算法中出现溢出的情况，语音信号在编码前缩小了 1/2，所以此处要将信号放大 2 倍补偿预处理中的缩放效应。

3. 高频段处理

1) 高频段激励信号的产生

高频段激励信号的产生首先需要一个白噪声信号 $u_{\text{HB1}}(n)$。高频段激励信号能量的设置与低频段激励 $u_2(n)$的信号能量相当，即

$$u_{\text{HB2}}(n) = u_{\text{HB1}}(n) \sqrt{\frac{\sum_{k=0}^{63} u_2^2(k)}{\sum_{k=0}^{63} u_{\text{HB1}}^2(k)}} \tag{5-177}$$

那么高频段激励的表达式为

$$u_{\text{HB}}(n) = \hat{g}_{\text{HB}} u_{\text{HB2}}(n) \tag{5-178}$$

其中，$\hat{g}_{\mathrm{HB}}$为高频增益因子。在 23.85 kb/s 模式下，$\hat{g}_{\mathrm{HB}}$通过解码增益索引得到。对于其他 8 种模式，$\hat{g}_{\mathrm{HB}}$通过限制在[0.1, 1.0]的浊音信息估算。首先，要计算合成语音的倾斜系数 e_{tilt}：

$$e_{\mathrm{tilt}} = \frac{\sum_{n=1}^{63} \hat{s}_{hp}(n)\hat{s}_{hp}(n-1)}{\sum_{n=0}^{63} \hat{s}_{hp}^{2}(n)} \tag{5-179}$$

其中，$\hat{s}_{hp}(n)$是低频段合成语音信号 $\hat{s}_{12.8k}(n)$通过截止频率为 400 Hz 高通滤波器后得到的信号。那么 $\hat{g}_{\mathrm{HB}}$的表达式为

$$\hat{g}_{\mathrm{HB}} = w_{\mathrm{SP}}g_{\mathrm{SP}} + (1 - w_{\mathrm{SP}})g_{\mathrm{BG}} \tag{5-180}$$

其中，语音信号增益 $g_{\mathrm{SP}}=1-e_{\mathrm{tlit}}$，$g_{\mathrm{BG}}=1.25g_{\mathrm{SP}}$使背景噪声信号的增益，$w_{\mathrm{SP}}$是一个加权参数，当 VAD 为开时(语音帧)，$w_{\mathrm{SP}}$设为 1，当 VAD 为关时(静音帧)，$w_{\mathrm{SP}}$设为 0。能量较低的浊音一般出现在高频段，当 e_{tilt}接近 1 时，导致增益 $\hat{g}_{\mathrm{HB}}$变小，这就降低了浊音段噪声的能量。

2) 高频段的 LP 滤波

在 6.60 kb/s 速率下，高频段的 LP 滤波器 $A_{\mathrm{HB}}(z)$通过将 16 维量化的 ISF 矢量 f 外推为一个 20 维 ISF 矢量 f_e 而获得。首先，计算 ISF 差值矢量 $f_{\Delta}(i)=f(i+1)-f(i)$ $(i=1, \cdots, 14)$的自相关函数的最大值 $C_{\max}(i)$。然后通过下式计算新的 16 kHz 的 ISF 矢量 $f_e'(i)$：

$$f_e'(i) = \begin{cases} f(i-1) & (i = 1, \cdots, 15) \\ f_e'(i-1) + f_e'(i - C_{\max}(i) - 1) - f_e'(i - C_{\max}(i) - 2) & (i = 16, \cdots, 19) \end{cases} \tag{5-181}$$

新的 ISF 矢量的最后一个元素 f_{e19} 在低频率系数的基础上进行更新。外推得到的新 ISF 矢量的差值矢量 $f_{e\Delta}'(i)$为

$$f_{e\Delta}'(i) = c_{\mathrm{scale}}(f_e'(i) - f_e'(i-1)) \quad (i = 16, \cdots, 19) \tag{5-182}$$

其中，c_{scale}用来修正 $f_{e\Delta}'(i)$，使 $f_e(19)$与 f_{e19} 相等。为保证稳定性，$f_{e\Delta}'(i)$的范围被限制为

$$f_{e\Delta}'(i) + f_{e\Delta}'(i-1) > 500 \quad (i = 17, \cdots, 19) \tag{5-183}$$

最后外推的 ISF 矢量 f_e 为

$$f_e(i) = \begin{cases} f(i) & (i = 1, \cdots, 15) \\ f_{e\Delta}'(i) + f_e(i-1) & (i = 16, \cdots, 19) \\ f(16) & (i = 20) \end{cases} \tag{5-184}$$

f_e 转换到余弦域获取采样率为 16 kHz 条件下的 q_e，然后由 q_e 转换为合成滤波器 $A_{\mathrm{HB}}(z)$的 LP 系数。

在其他 8 种速率模式下，高频带的 LP 合成滤波器 $A_{\mathrm{HB}}(z)$为加权的低频带 LP 合成滤波器：

$$A_{\mathrm{HB}}(z) = \hat{A}(z/0.8) \tag{5-185}$$

其中，$\hat{A}(z)$为内插的低段频率 12.8 kHz 条件下的 LP 合成滤波器，现在用于 16 kHz 的高频段，相应的，$A_{HB}(z)$的频率响应 $FR_{16}(f)$为

$$FR_{16}(f) = FR_{12.8}\left(\frac{12.8}{16}f\right) \tag{5-186}$$

其中，$FR_{12.8}(f)$为 $A(z)$的频率响应，这就意味着在 12.8 kHz 采样率下的 5.1～5.6 kHz 频带将被映射到 16 kHz 采样率下的 6.4～7.0 kHz 频带。

3）高频段合成语音

将高频段激励 $u_{HB}(n)$通过高频段合成滤波器 $A_{HB}(z)$获得高频段重建信号 $s_{HB}(n)$，然后将 $s_{HB}(n)$通过一个带通 FIR 滤波器 $H_{HB}(z)$(通过带宽为 4～7 kHz)。最后，s_{HB}加上低频段的合成信号 $\hat{s}_{16k}(n)$共同组成合成输出语音信号 $\hat{s}_{\text{output}}(n)$。

5.9 小　　结

本章一方面以语音编码的分类即波形编码、参数编码和混合编码为主线，分别介绍了每种编码类型最常用的编码器原理。在波形编码中，主要介绍了 PCM 编码，包括均匀量化的、对数的、自适应量化的 PCM；APC 编码，包括前馈和反馈的，并进行了比较；自适应差分 PCM，包括 DPCM、DM、ADM 和 ADPCM，并详细分析了 G.721 编码器的工作原理；在参数编码中，主要介绍了通道声码器、共振峰声码器和线性预测声码器的原理，并详细介绍了 LPC-10 的编解码原理、应用及优缺点；在混合编码中，以感觉加权滤波器为基础，介绍了 G.728 编码器的原理，并详细介绍了 LPC 系数的计算、综合滤波器、对数增益滤波器、码书搜索以及后滤波器。

另一方面，基于传统的窄带语音不能满足宽带信号在保持语音的自然度、听觉舒适性以及说话者在特定环境下的现场感的优势，给出了宽带变速率编码的必要性，并详细分析了 AMR-WB 编码器的编解码原理，使我们对宽带通信有了新的认识。

习　题　五

1. 简要介绍语音编码的分类，以及每种编码方法的特点。
2. 列出评价语音编码标准的主、客观指标。
3. 列出前馈自适应 PCM 和反馈自适应 PCM 的不同点。
4. 增量调制中的两种失真类型是什么，如何避免这两种失真？
5. 简述 G.721 的工作原理。
6. 在 LPC 声码器中，可以把预测器系数变换成其他的什么参数，如何进行变换？
7. 简述 LPC-10 编码器的工作原理。
8. LPC-10 编码器的优缺点有哪些？对于缺点应如何改进？
9. 简述 16 kb/s LD-CELP 的编码原理。
10. 感觉加权滤波器的作用是什么？
11. 滤波器主要由哪些部分组成？并简述每一部分的原理。

12. 6 kb/s LD－CELP 语音编码器的优点是什么？
13. 简述宽带变速率编码的优点和缺点。
14. 如何从 LP 系数转化成 ISP 系数？
15. 开环基音分析的目的是什么？
16. 在宽带语音信号中，为了增强基音预测，采取了哪些措施？
17. 脉冲索引的编码方法有哪些？它们有什么不同？
18. 为了简化码书搜索的过程，AMR－WB 采用了哪些技术？

第六章　MPEG 音频压缩编码

6.1　音频压缩编码的原理

6.1.1　音频压缩编码的必要性和可能性

随着音频技术的快速发展和音乐原始文件的日益庞大，对音质的要求越来越高，随之对音频存储也带来一定的困难。一般来说，采样频率和量化位数越高，声音质量就越高，保存这段声音所用的空间也就越大。音频文件的大小可以用下式来计算：

$$\text{文件大小(B)}=\text{采样频率(Hz)}\times\text{录音时间(s)}\times\frac{\text{量化比特数}}{8}\times\text{通道数(单声道为 1，立体声为 2)}$$

例如：采用采样频率为 44.1 kHz、量化比特数为 16 位、立体声的标准录音，录制 10 s 的文件大小为 $44.1\times10^3\times10\times(16/8)\times2=1\ 764\ 000$ B，即 1.764 MB。

一首歌在 CD 中占的容量是 42.3 MB，而一张 CD 的容量大致是 700 MB，只能放 16～17 首歌，这根本无法满足现代人对音乐数量的要求。如果能让一首歌占用很小的空间，那么就可以不用更换 CD 便可听到更多的歌曲。这就必须对文件进行数据压缩，还有在蓬勃发展的多媒体音频数据的存储和传输中，数据压缩也是必需的。

由此可见，对大容量的音频数字进行压缩是势在必行的，但是，数据压缩同样也会造成音频质量的下降及计算量的增加。所以，人们在实施数据压缩时，要将音频质量、数据量和计算复杂度三方面综合考虑。

那么数字音频信号是怎样进行压缩的呢？很明显，既要压缩信号，又要保证信号尽量不受损，这当然是不可能的。因为只要压缩，信号肯定会受损，但是，要尽量减少受损的程度，使听觉感受不出来，这就需要利用感知音频编码原理。具体来说，压缩时先从信号的冗余来考虑，无论是语音还是音乐信号，都存在多种冗余，主要包括：时域冗余，即时域分布的非均匀性、样值间的相关性、信号周期之间的相关性、长时自相关和静音；频域冗余，即长时功率谱密度的非均匀性和语音特有的短时功率谱密度；听觉冗余，即人的听觉具有掩蔽效应、人耳对不同频段的声音的敏感程度不同和人耳对语音信号的相位变化不敏感，对于人耳听不到的部分，称为与听觉不相关的部分，都可以视为冗余的，可以滤除掉。

6.1.2　感知音频编码原理

一旦涉及音频压缩，就必须涉及感知音频编码原理，任何数据压缩系统的目的都是降低数据传输速率，那么，降低采样频率和量化比特数就成了行之有效的方法。但是，采样定理限制了采样频率的降低，降低量化比特数也带来了量化噪声的增大、信噪比的降低。感知音频编码器就是利用心理声学模型，在采样频率不变的情况下，根据信号的情况有选择地减小量化比特数，即人耳敏感的部分多分配量化比特数，使它的信号质量较好，失真较少，而对不敏感的部分少分配量化比特数，并且通过掩蔽效应减小量化噪声的影响，这样可以在听觉质量不变的情况下，尽可能降低数据的传输速率。感知音频编码原理是生理声学中研究主观量与客观量之间关系的部分，属于研究听觉器官的构造和听音机理，以及有关听力等问题的范畴。

感知音频编码器首先分析输入信号的频率和振幅，然后将其与人的听觉模型中的心理声学模型进行比较，心理声学模型中一个基本的概念就是听觉系统中存在一个听觉阈值电平，低于这个电平的音频信号就听不到，因此可以把这部分信号忽略掉，无需对它进行编码，也就是去除掉不相干部分及统计冗余部分，而不影响听觉效果。感知音频编码就是利用人耳的听觉感知特性，使用心理声学模型，将人耳不能感知的声音成分去掉，只保留人耳能感知的声音成分；另一方面，也不一味地追求最小的量化噪声，只要量化噪声不被人耳感知即可。这样，既实现了音频数据压缩的目的，又不影响解码端重建音频信号的主观听觉质量，也就是说，虽然这个方法是有损的，但人耳却感觉不到编码后信号质量的下降。

感知音频编码器采用了自适应的量化方法，即根据音频信号本身的特性自适应地分配字长。在自适应的 PCM 编码中，采用的是量化步长和增益自适应地随着信号幅值变化，而在感知编码器中，则是根据可听度来分配所使用的字长。重的声音就多分配一些比特来确保音频的完整性，而对于轻细的声音所分配的编码比特就会少一些，不可听的声音根本不进行编码。比如，对于 MP3 音乐，压缩过程中就考虑了人耳对中低频声音较敏感，而对高频不敏感，所以中低频就多分配一些比特，而高频占用的比特数就比较少，从而降低了比特速率。

6.1.3 频域编/解码器原理

数据压缩编码是以较少的比特来表示音频信号，同时减少量化误差。时域编码方法是利用声音信号在时间域内幅度变化经 PCM 后形成的样本值，对不同的样本值实现二进制码替代，形成数码流。它结合声音幅度的出现概率来选取量化比特数进行编码，在满足一定的量化噪声下压缩数码率，还可采取预测的方法来表示音频信号的全带宽，导致量化误差的频谱覆盖整个音频带宽。尽管误差的可听度由信号的幅度和频谱决定，量化误差不会全部被信号掩蔽，所以，针对整个带宽的信号，时间域编码器可达到的最大压缩率为 2.5，使用的比特数还是太多，也没有充分挖掘掩蔽的潜力，未能达到最佳的压缩效果。而频域编码器采用不同的方法。简单地说，频域编码就是将时域中的声音信号进行频率变换，结合声音的相关性及人的感知，选取量化比特数进行编码，它是基于人耳的心理声学模型特性对量化噪声进行处理的，当然也会增加编码器的复杂程度。根据任何周期信号都可以表示为振幅随时间的变化关系，也可以用振幅与相位的频率系数集来描述，当然这都离不开傅里叶变换，由它建立起时域和频域的对应关系，分析一系列时间取样值，就可以得到这段时间的频率成分。

频域编码器的工作机理如下：

(1) 采用滤波和 FFT 变换，可在频域内将其能量较小的分量忽略，从而实现降低比特率。

(2) 利用人耳听觉的掩蔽效应，在满足一定量化噪声的前提下压缩数码率。

数字音频编码以感知音频编码原理为基础，采用了两种频率编码器，即子带编码器和变换编码器。其中，子带编码器采用为数不多的子带，处理时间上相邻的取样值，而变换编码器使用很多频率上相邻的取样值。因为编码器性能的差别主要在算法，在编码器中用到的所有变换都可以看做滤波器组，这样，子带编码和变换编码都可以采用如图6.1所示的原理框图。

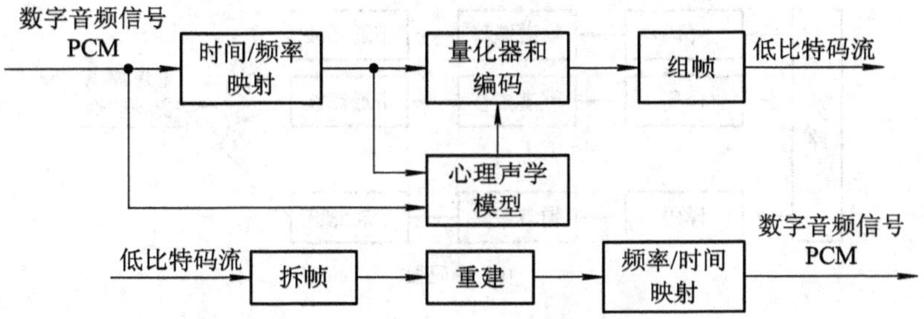

图 6.1　频率解码器的基本结构

数字音频信号(即 PCM 信号)是基于时间取样的，在编码端，它通过分析滤波器组分成许多频带子带，通过分析每个子带取样的能量，依据心理声学模型来编码，而在变换编码中，输入实际的取样再变换到频域，根据心理声学模型对变换系数进行量化和编码，得到比较高的频率分辨率，然后组帧形成低比特速率的比特流输出。译码时，只要拆帧、重建、时频映射，恢复出数字音频信号即可。

1. 子带编码

子带编码理论最早是由 Crochiere 等人于 1976 年提出的。它的基本原理是用一组带通滤波器将输入信号分成若干个子带，再将这些带通信号经过频谱搬移到低频，形成一组基带信号，对它们分别采样，进行模/数变换。若要使传输速率最小，每个子带的采样频率为其带宽的两倍。采样后的信号经量化，并用 PCM 等各种形式编码后，将各子带的编码数据合路复接成编码流发送到信道。解码端将数据流分解成各个子带的编码数据，分别对其解码并进行数/模变换，将各子带频率搬移到原来位置后再经过带通滤波，最后各个子带信号相加即可获得重建信号。根据应用系统的要求，子带宽度可以是等宽的，也可以是不同的。图 6.2 是子带编码器的原理图。

音频信号虽然是一个非平稳的随机信号，但由于发音器官的惯性，在短时间内可以认为它是一个平稳的信号。子带编码就是将一个短周期内的连续时间取样信号送入数字滤波器组中，滤波器组将信号分成多个子带(最多为 32 个)，每个子带的频率接近于人耳的临界频带，由滤波器的锐截止频率来仿效临界频带响应，而且对每个子带分配不同的比特数进行独立编码。每个子带的量化噪声可能有所增加，但在重建信号时，每个量化噪声都被该子带内的信号所掩蔽，使人耳感受不到。另外，可用心理声学模型对信号进行分析来决定比特的分配。

为了对子带编码有更进一步的理解，图 6.3 给出了一个子带编码器的编码实例图。

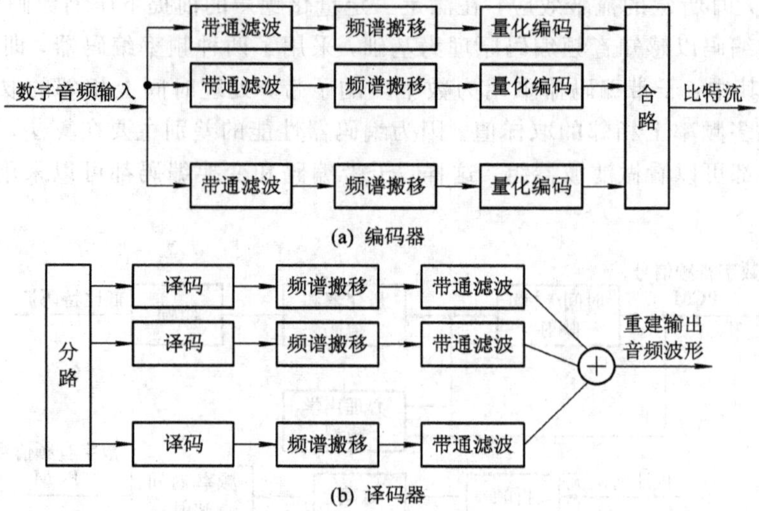

图 6.2 子带编码器的原理图

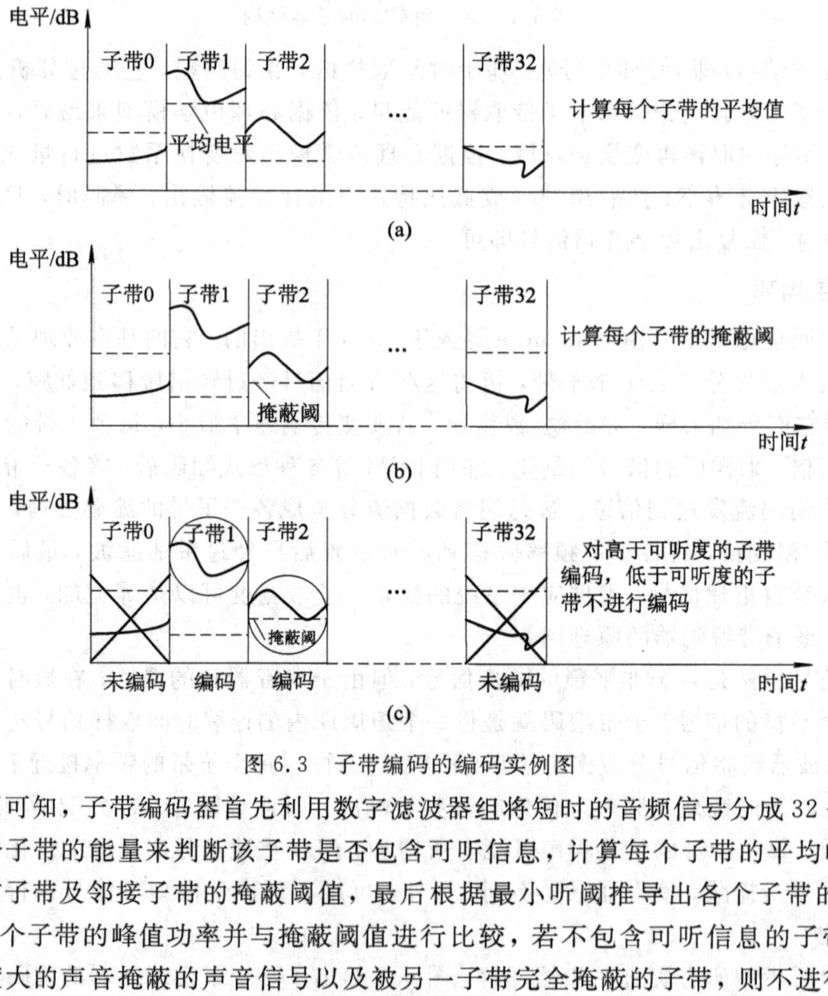

图 6.3 子带编码的编码实例图

由上图可知，子带编码器首先利用数字滤波器组将短时的音频信号分成 32 个子带，通过分析每个子带的能量来判断该子带是否包含可听信息，计算每个子带的平均电平值，用来计算当前子带及邻接子带的掩蔽阈值，最后根据最小听阈推导出各个子带的最后掩蔽比。计算每个子带的峰值功率并与掩蔽阈值进行比较，若不包含可听信息的子带、子带中被其他强度大的声音掩蔽的声音信号以及被另一子带完全掩蔽的子带，则不进行编码；若峰值高于掩蔽阈值包含可听信号的子带，则必须进行编码。

最后，必须给每个子带分配足够的位数来保证量化的噪声处于掩蔽阈值以下。在每一个子带的量化噪声低于掩蔽阈值的条件下，由信号掩蔽比(Signal Masking Ratio，SMR)，即信号最大值与掩蔽阈值之间的差值，决定分配给子带的比特位数。比特分配实例如图6.4 所示。

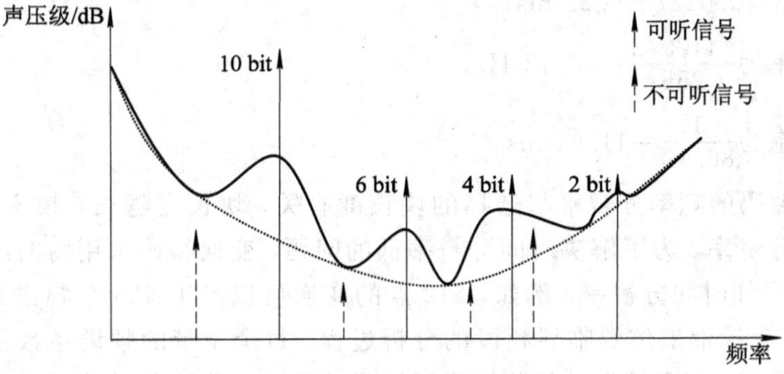

图 6.4　比特分配实例图

在图 6.4 中，虚线为安静阈值曲线，即在安静环境下能被人耳听到的纯音的最小值曲线，实线为利用心理声学模型(详解见 MPEG－1 的原理内容)分析得到的掩蔽曲线。从图中可以看出，SMR 高的信号编码需要的比特数比较多，掩蔽阈值曲线以下的信号不分配比特。

通过以上的分析总结出使用子带编码具有以下优点：

(1) 对信号进行分带可以去除信号之间的相关性，得到一组互不相关的信号，从而可以独立地进行量化编码。

(2) 由于音频和语音信号的频谱为非平坦的，通过对语音的不同子带分配不同的比特数，就可以控制各个子带相应的量化电平和量化误差，从而使编码速率与信号的信源统计分布实现更精确的匹配。误差谱的形状更加适合人耳的听觉特性，所以得到了更好的主观听觉质量。对低频段用较多的比特数来表示样值，而对高频段则用较少的比特数来表示。

(3) 子带编码中各个子带内的量化噪声相互独立，从而避免了输入电平较低的子带信号被其他子带的量化噪声所淹没。

2. 变换编码

变换编码技术与子带编码技术的不同之处在于，变换编码对一段音频数据进行“线性”的变换，对所获得的变换域参数进行量化、传输，而不是把信号分解为几个子频段。通常使用的变换有离散傅里叶变换(Discrete Fourier Transform，DFT)、离散余弦变换(Discrete Cosine Transform，DCT)、改进的离散余弦变换(Modified Discrete Cosine Transform，MDCT)等。根据信号的短时功率谱对变换域参数进行合理的动态比特分配可使音频质量获得显著改善，而相应付出的代价是计算复杂度的提高。有代表性的变换压缩编码技术有 DolbyAC－2、AT&T 的音频感知熵编码(Audio Spectral Perceptual Entropy Coding，ASPEC)、感知音频编码(Perceptual Audio Coder，PAC)等。

变换编码对频率系数编码，时域取样变化到频域产生频谱系数，对频谱系数进行量化，来实现对音频数据的有效压缩。在变换编码中，时域窗口长度的选择要考虑两个因素：一个是时间分辨率；另一个是频率分辨率。例如对采样频率为 44.1 kHz 的 PCM 样值进行离散余弦变换，每 512 个样值为一块，则计算如下：

采样频率为 44.1 kHz，样值的周期为 0.0227 ms，窗口长度为 512×0.0227＝11.62 ms；

频率分辨率 Δf 对应的频率为 44 100÷2÷512=43.07 Hz，Δf 越小，频率分辨率越大；

时间分辨率 Δt 对应的时间为 1÷43.07=23.22 ms，Δt 越小，频率分辨率越大；

如果采用每 256 个样值为一块，则采样频率为 44.1 kHz，样值的周期为 0.0227 ms，窗口长度为 256×0.0227=5.81 ms；

频率分辨率为 $\frac{44100/2}{256}=86.13$ Hz；

时间分辨率为 $\frac{1}{86.13}=11.61$ ms。

所以变换编码的频率分辨率与选择的块长度有关，块长度越长，频率的分辨率越高，但损失了时间分辨率。为了解决时间分辨率低的问题，变换编码采用将时间上连续的数据块重叠 50%来增加时间分辨率。例如，512 点的变换可以产生 256 个频谱系数，然后把频谱系数分成 32 个子带来仿效临界频段的分析过程。每个子带的频谱系数根据编码器的心理声学模型来量化，每个子带的量化过程可以是均匀的、非均匀的或者自适应的。其中自适应变换编码是最典型的。

自适应变换编码是对每个独立子带进行量化，但是子带内的系数都被量化到相同的位数。信号经过离散余弦变换变到频率域，利用频谱系数计算每个临界频段的信号能量，以决定每个临界频段的掩蔽阈值，采用自适应量化和合成分析法进行编码，计算对信号编码所需要的比特数，如果位数超过了允许分配给这块数据的比特数，就取大一点的量化台阶，重新计算所需的比特数；如果在重建信号中外循环计算可能出现量化误差，而且如果误差超出了掩蔽模型所允许的范围，就适当减小这个子带的量化台阶。所有的循环不断地重复，直至达到最佳编码效果。自适应变换编码原理框图如图 6.5 所示。

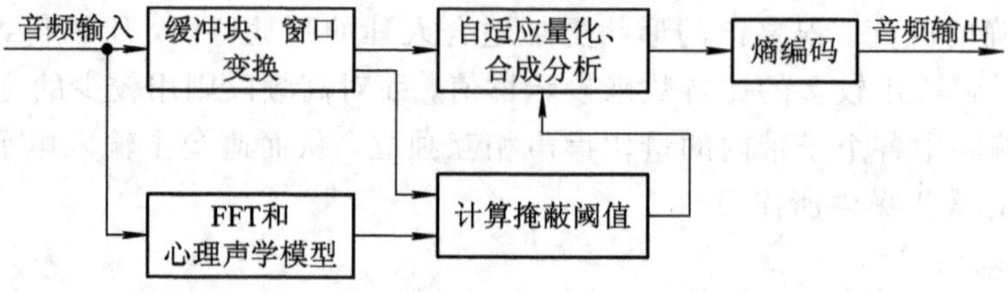

图 6.5 自适应变换编码

在子带编码当中，宽带音频编码通常采用 32 个子带，它具有较好的时间分辨率，但是频率分辨率不足，因此在编码过程中难以反映人耳的听觉特性。变换编码的频率分辨率很高，但是时间分辨率却很差，当出现爆发音时有可能产生预回声。通常对高质量的音频编码是将子带编码和变换编码结合起来，如 MPEG。

6.2 MPEG 音频压缩编码标准概述

MPEG(Moving Picture Expert Group，动态图像专家组)音频编码标准是一种主要的音频编码标准，也是目前最流行的一种标准。MPEG 是过去在视音频和数据方面的标准化工作互相协调不足，而技术发展迅速，尤其是多媒体技术的迅速发展，需要对其信息表达、编码进行统一规范的状况下应运而生的。MPEG 与过去的电信领域和消费电子领域标准化过程在操作上的最大区别是先组织标准化组，再选择技术，即标准在先，产品在后。

MPEG 的另一个特点是编码端开放，为产品技术发展留出空间，它更关注数据结构，因此在技术上要求高，标准化难度大。

MPEG 由多个工作组构成，甚至于每个部分为一个工作组。由于技术的多样性和发展的不确定性，MPEG 采取了一种以最终结点时间定义的方式进行项目的组织与运行。现已完成 MPEG-1、MPEG-2、MPEG-4 第一版的音频编码等方面的技术标准，目前正在制定 MPEG-4 的第二版、MPEG-7 及 MPEG-21 的音频编码技术标准。

1. MPEG-1 标准

1) MPEG-1 标准规定

MPEG-1 的全称为 Coding of Moving Pictures and Associated Audio for Digital Storage Media at up to about 1.5 Mb/s，即达到 1.5 Mb/s 的数字存储媒体所用的运动图像及其相关声音编码。MPEG-1 分为五部分，其中，系统、图像和声音三部分于 1993 年通过并成为标准，一致性测试部分于 1995 年通过，第五部分软件仿真为技术报告。

第一部分主要规定了基于 MPEG-1 图像和声音流合成为一个数据流的方案，它包含了多个流的时间信息，以便同步，使之易于存储或传送。

第二部分表达了可用于图像压缩的编码结构和数据格式，可支持 625 行和 525 行图像信号压缩至 1.5 Mb/s 的流中。选用了一系列的算法以达到高压缩率。首先是选择合适的空间分辨率(即 352×288)，然后采用基于图像方块的运动补偿算法以消除时间冗余度，运动补偿基于当前帧与过去帧及未来帧信息进行运算，取差后再进行离散余弦变换(DCT)去除空间冗余，再量化。最后将运动矢量和 DCT 信息结合进行变长编码。

第三部分表达了可用于声音压缩的编码结构和数据格式。可支持 32 kHz、44.1 kHz 和 48 kHz 的采样频率，它利用人耳听觉的掩蔽效应，对单声道和立体声编码。编码过程为：首先将输入信号分为 24 个子频带，再进行亚采样，同时听觉模型(计算掩蔽模型)创建一个数据集进行子带参量量化和编码，最后由量化器和编码器来完成。

第四部分主要规定了对数据流和解码器与标准第一、第二、第三部分的测试方法。可用于制造商、节目商等。

第五部分严格说不是标准，而是技术报告，它给出了第一、第二、第三部分仿真的全部源代码。

2) MPEG-1 音频编码标准的特点和应用

MPEG-1 音频编码标准支持单声道、双声道、立体声和联合立体声道的两个声音通道的编码格式。由于该压缩算法可以把 CD 音质的两个通道共包含 1.4 Mb/s 的数据流压缩到 128 kb/s，且仍然保持高保真度的声音，使其很快得到国际认可。

MPEG-1 音频编码标准提供了 3 个压缩层次，分别描述如下：

第一层(Layer Ⅰ)，它是一种听觉心理声学模型下的亚抽样编码，算法简单，应用于数字小型盒式磁带(Digital Compact Cassette，DCC)记录系统；

第二层(Layer Ⅱ)，比第一层加入了更高的精度，编码器的复杂程度中等，应用于数字音频广播、CD-ROM、CD-I 和 VCD 等；

第三层(Layer Ⅲ)，是现在流行的 MP3 音乐格式，加入了非线性量化、霍夫曼编码和其他实现低速率高保真音质的先进技术，它可以把一个 1.4 Mb/s 的立体声双通道数据流压缩为 32～384 kb/s 且保持高保真的音质。依次下去的等级提供更高的质量和越来越高的压缩率，但要求计算机有越来越高的压缩计算能力。

典型数据为：Layer Ⅰ的目标是每个通道 192 kb/s，Layer Ⅱ的目标是每个通道 128 kb/s，Layer Ⅲ的目标是每个通道 64 kb/s，它还可以应用于综合业务数字网上的音频传播、Internet 网上传播。

编码后的数据流支持循环冗余检验(Cyclic Redundancy Check，CRC)。

2. MPEG－2 标准

1）MPEG－2 标准规定

MPEG－2 音频是在 1994 年 11 月为数字电视而提出的，其发展分为三个阶段：

第一阶段是对 MPEG－1 增加了低采样频率，有 16 kHz、22.05 kHz 及 24 kHz。

第二阶段是对 MPEG－1 实施了向后兼容的多声道扩展，将其称为 MPEG－2BC(ISO/IEC 13818－3 Backward Compatible)。支持单声道、双声道和多声道编码，并附加"低频加重"扩展声道，从而达到 5 声道编码。

第三阶段是后向不兼容，即不能被 MPEG－1 音频解码器译码，将其称为 MPEG－2AAC 先进音频编码。采样频率可低至 8 kHz，而高至 96 kHz 范围内的 1～48 个通道可选高音质音频编码。

2）MPEG－2 的特点和应用

(1) MPEG－2BC 分为三层，相应能达到的比特率分别为：Layer Ⅰ为 32～256 kb/s，Layer Ⅱ和 Layer Ⅲ为 8～160 kb/s，主要适用于数据比特率从 8 kb/s 的单声道电话的音质到 160 kb/s 的多声道高质量的音质。

(2) 兼容性强。MPEG－2 数据流格式的基本内容与 MPEG－1 等同，解码器完全兼容 MPEG－1 编码器，即数据流分为两路，一路用于双声道立体声而另一路用于多声道环绕声。同样，MPEG－1 解码器也能接收到 MPEG－2BC 的音频数据流中的全部通道信息，这是 MPEG－2BC 的向下混合左右声道的兼容性矩阵的作用。另外，MPEG－1 音频可以与 MPEG－2 视频合成使用，也可以将 MPEG－2BC 音频与 MPEG－1 的视频合成使用，且 MPEG－2AAC 可代替 MPEG－1 Layer Ⅲ。

(3) MPEG－2 AAC 采用了与 MPEG－1 Layer Ⅲ同样的基本编码模式，仅在一些细节上增加了新的编码工具。

3. MPEG－4 标准

MPEG－4 以"各种音/视频媒体对象的编码"为标题。MPEG－4 于 1998 年 11 月公布，针对一定比特率下的视频、音频编码，更加注重多媒体系统的交互性和灵活性。MPEG－4 标准力求做到两个目标：低比特率下的多媒体通信；它是多工业的多媒体通信的综合。为此，MPEG－4 引入了 AV 对象(Audio/Visual Objects)，使得更多的交互操作成为可能。"AV 对象"可以是一个孤立的人，也可以是这个人的语音或一段背景音乐等。它具有高效编码、高效存储与传播及可交互操作的特性。音频编码 MPEG－4 的优越之处在于：它不仅支持自然声音，而且支持合成声音。MPEG－4 的音频部分将音频的合成编码和自然声音的编码相结合，并支持音频的对象特征。

MPEG－4 标准的侧重点主要有以下几种：

(1) 同先前的标准不同，MPEG－4 将静止图像、视频、音频等都看做"媒体对象"，并将它们作为编码的对象。对音频对象来说，编码的形式包括文本、合成语音等。

(2) 在对音频对象的组合上，MPEG-4 允许控制音频对象的声调，增加回音、加重、动态范围控制等效果。由于将不同的音频来源看做不同的音频对象，MPEG-4 可以制造出原先标准中都难以制造出的音频效果。比如，在某些电影画面中，可以将人物对话、背景声、舞台噪声看做不同的音频对象，甚至可以将不同人物的说话看做不同的对象，这样可以根据实际需要修改人物对话，甚至情节。

(3) 在码流的发布上，MPEG-4 提出了一个类似于 FTP(File Transfer Protocol)的发布体系——多媒体发送综合架构(Delivery Multimedia Integration Framework，DMIF)。这个体系架构也采用了协议分层的思想，将多个基本码流分接、复接，并根据实际的带宽情况，实现 QoS(Quality of Service)。

(4) 除此以外，MPEG-4 还增加了对象描述符，用来描述对象的配置信息以及版权信息。

4. MPEG-7 标准

MPEG-7 的全称是多媒体内容描述接口(Multimedia Content Description Interface，MCDI)，主要是描述多媒体素材内容的通用接口的标准化，用于促进数据元的互操作性、通用性和数据管理的灵活性。因此，MPEG-7 的目标是产生一个描述多媒体内容的标准，支持对多媒体信息在不同层面的解释和了解，从而将其依据用户需求而进行传递和存取。它不同于其他 MPEG 音频，不是针对某个具体项目应用，例如 MPEG-4 是用于低比特率语音编码，而 MPEG-7 的典型应用有：建立音频档案库，从互联网和档案中提取和恢复音频文件和数据，提供视听信息的描述，可以用于对所需视听素材进行检索，寻找所需的图书和资料。

为了适应人们在因特网上快速搜索到所需的内容，MPEG-7 多媒体接口应能支持：

(1) 完成人耳听觉感知需要的内容，频率轮廓线、音色、和声、频率特征(音调、音域)、振幅包络、时间结构，即声音特性(音头持续时间及音尾)、文本内容，如通过唱一首歌曲的开始歌词或发出一篇文章开始一段的文字声音或声音近似值，即唱出歌曲的旋律或发出一种声音效果，就可以搜索到相应的全部原型声音或文本。

(2) 数据音频，如 CD 唱片和 MPEG-1 音频格式；模型音频，如磁带介质、MPEG-4 的结构化音频乐队语言 SAOL(Structure Audio Orchestral Language)和电子乐器数字接口 MIDI(Music Instruments Digital Interface)。

5. MPEG-21 标准

随着互联网的飞速发展，越来越多的设备通过互联网的主干线、本地的宽带或窄带网、高速局域网以及无线网互联在一起，来共享和交换信息。怎样能使这些无处不在的多媒体信息高效、安全、可靠地在国际大范围内的各种不同类型网络和用户设备间漫游？这是流媒体安全发展中的一个挑战性的问题，解决这个问题需要综合利用不同层次的多媒体技术标准。然而，现在的标准是否能真正做到匹配衔接？在各个标准之间是否存在缺漏？是否还需要一个综合性的标准来加以协调？面对这些问题，在 1991 年 10 月的 MPEG 会议上提出了多媒体框架(Multimedia Framework)这一概念，这个新的工作方向被确定为 MPEG-21。

MPEG-21 的主要研究目标是：分析是否需要协议、标准、技术等不同的技术元素有机地结合在一起；分析是否需要新的规范；分析如果具备前面的两个条件，如何将不同的标准集成在一起。MPEG-21 的范围可以描述成一些关键技术的集成，其功能包括：内容表示、创建、发布、消费、识别和描述，知识产权管理和保护，财政管理，用户的隐私权，中段和网络资源的内容提取、事件报告等。用这些技术可以实现多媒体资源通过和访问极大范围的网络和设备。

在上述几种标准中，MPEG－1、MPEG－2 和 MPEG－4 的应用较为广泛，下面详细介绍它们的原理。

6.3 MPEG－1 音频压缩编码的基本原理

MPEG－1 音频编码是高保真声音压缩领域的第一个编码标准，它在各个领域都得到了广泛的应用。音频压缩编码的基础是量化，MPEG－1 也不例外，量化必然会带来失真，但是 MPEG－1 标准利用的是感知音频编码原理，它对音源的性质没有作任何假设，而是利用人耳的听觉特性对声音进行压缩，一方面除去声音信号本身的相关性的信号，另一方面除去声音信号中人耳感知不到的部分，使得量化失真对于人耳来说是屏蔽的。在 MPEG－1 音频压缩标准的制定过程中，MPEG 音频委员会做了大量的主观测试试验。试验表明，采样频率为 48 kHz、采样精度为 16 bit 的立体声音数据压缩到 256 kb/s 时，即在 6∶1 的压缩比下，即使专业测试员也很难分辨出是原始音频信号还是编码压缩后复原的音频信号。

MPEG－1 分为三层，即 Layer Ⅰ、Layer Ⅱ 和 Layer Ⅲ。三层中编码的总体思路是相同的，都采用了子带编码和利用了心理声学模型。所不同的是，Layer Ⅰ 是最基础的，Layer Ⅱ 和 Layer Ⅲ 都在 Layer Ⅰ 的基础上有所提高。每个后继的层次都有更高的压缩比，同时也需要更复杂的编码器。任何一个 MPEG－1 音频码流帧结构的同步头中都有一个 2 bit 的层代码字段，用来指出所用的算法是哪一个层次。下面分别介绍。

1. MPEG－1 Layer Ⅰ

MPEG－1 Layer Ⅰ 采用子带编码方法。输入音频 PCM 信号经过子带滤波器组按照频率等间隔分成 32 个子带，以子带为单位进行计算，使得量化噪声限制在各子带中，同时为了增加频率分辨率和满足后面的心理声学模型的计算，信号还必须通过 512 点的 FFT，完成时域到频域的变换，计算信号掩蔽比，为各子带的比特分配打好基础，比特分配模块根据信号掩蔽比控制各子带的量化参数，使得满足比特率条件下感知失真最小，最后将编码的子带样点和边信息按照一定的格式打包形成比特流输出。MPEG－1 Layer Ⅰ 音频压缩编码器的原理框图如图 6.6 所示。特别注意，理解这个原理的最好的方法是从后往前看。

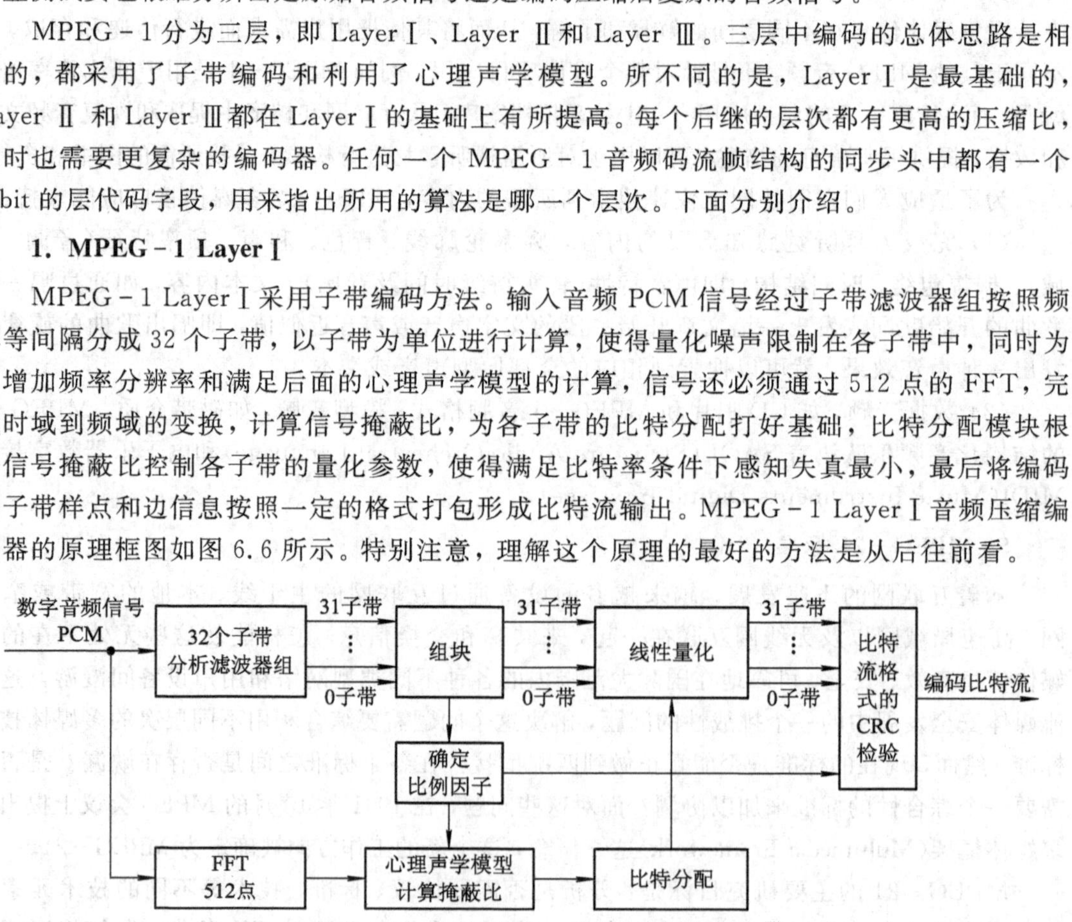

图 6.6　MPEG－1 Layer Ⅰ 音频压缩编码器的原理框图

众所周知，编码前一步是量化，本编码器采用的是线性量化，要量化就必须有量化比特数，这个靠心理声学模型提供的掩蔽比来决定比特分配，下面的问题就剩下计算掩蔽比了。掩蔽比的计算要靠比例因子和信号的频谱功率来计算，而比例因子是由时域状态下的块数据来决定的，于是信号既需要通过滤波器，又要通过 FFT。下面分别介绍每个模块的功能及作用。

1）子带分析滤波器组

子带分析滤波器采用的是多相滤波器组，它将输入的数字音频信号均匀地分成 32 个子带。子带的频率宽度 Δf 为

$$\Delta f=\frac{f_s}{2\times 32} \tag{6-1}$$

式中，f_s 为 PCM 样本值的采样频率。

当 $f_s=48$ kHz 时，

$$\Delta f=\frac{f_s}{2\times 32}=0.75\ \text{kHz}$$

当 $f_s=32$ kHz 时，

$$\Delta f=\frac{f_s}{2\times 32}=0.5\ \text{kHz}$$

也就是说，多相滤波器组把信号分到 32 个等带宽的频率子带中。每个频带都是独立的，它们分别在一帧一帧的基础上根据时变比特分配进行量化，这样，各子带的量化噪声相互独立，都限制在自己的子带内，这样就能避免能量较小的输入信号被其他频带的量化噪声所掩蔽。

2）组块

如果将子带信号直接原样量化，则量化噪声电平由量化步长决定，当输入信号电平低时，噪声就会显现出来，当输入信号电平高时，量化又过于缓慢，这对于提高信噪比没有大的帮助。考虑到人耳听觉的时域掩蔽效应，将每个子带内连续的 12 个采样值归并成一个块，在采样频率为 48 kHz 时，这个块相当于 8 ms，即 12×32÷48=8 ms。这样，在每一个子带内，以 8 ms 为一个时间段，对 12 个采样值并成的块一起计算，在每一个块中，由于掩蔽效应的作用，在后面的比例因子的作用下，可以把量化噪声限制到有用信号之下，起到压缩的目的。

3）确定比例因子

比例因子其实相当于一个乘法器，为了根据掩蔽阈值来对量化噪声整形，每个子带中都引入了比例因子，如果在一个给定的子带中的量化噪声超过了心理声学模型所提供的掩蔽阈值，那么该子带的比例因子将被调整以减少量化噪声。它的作用是充分利用量化器的动态范围，通过与比特分配相结合，可以相对降低量化噪声电平。在 MPEG-1 中，采用对每个子带根据所分配的不同比特数来独立进行编码方法，根据心理声学时域掩蔽特性，对每个子带的每 12 个相继子带样点进行一次比特分配过程。首先，定出 12 个样点中绝对值的最大值，与比例因子表中的值进行比较，大于这个值的一系列值中的最小值定为比例因子，为后面的线性量化作准备。比例因子表如表 6.1 所示，后面的 MPEG-1 Layer Ⅱ中的比例因子的选择也用此表。另外，在编码过程中，比例因子标号用 6 bit 编码后作为比例因子信息传送，对应关系见表 6.2。

表 6.1 MPEG－1 Layer Ⅰ、Ⅱ比例因子

比例因子标号	比例因子	比例因子标号	比例因子
0	2.00000000000000	32	0.00123039165029
1	1.58740105196820	33	0.00097656250000
2	1.25992104989487	34	0.00077509816991
3	1.00000000000000	35	0.00061519582514
4	0.79370052598410	36	0.00048828125000
5	0.62996052494741	37	0.00038754908495
6	0.50000000000000	38	0.00030759791257
7	0.39685026299205	39	0.00024414062500
8	0.31498026247372	40	0.00019377454248
9	0.25000000000000	41	0.00015379895629
10	0.19842513149602	42	0.00012207031250
11	0.15749013123686	43	0.00009688727124
12	0.12500000000000	44	0.00007689947814
13	0.09921256574801	45	0.00006103515625
14	0.07874506561843	46	0.00004844363562
15	0.06250000000000	47	0.00003844973907
16	0.04960628287401	48	0.00003051757813
17	0.03937253280921	49	0.00002422181781
18	0.03125000000000	50	0.00001922486954
19	0.02480314143700	51	0.00001525878906
20	0.01968626640461	52	0.00001211090890
21	0.01562500000000	53	0.00000961243477
22	0.01240157071850	54	0.00000762939453
23	0.00984313320230	55	0.00000605545445
24	0.00781250000000	56	0.00000480621738
25	0.00620078535925	57	0.00000381469727
26	0.00492156660115	58	0.00000302772723
27	0.00390625000000	59	0.00000240310869
28	0.00310039267963	60	0.00000190734863
29	0.00246078330058	61	0.00000151386361
30	0.00195312500000	62	0.00000120155435
31	0.00155019633981		

表 6.2　MPEG－1 Layer Ⅰ、Ⅱ比例因子 6 比特编码码序

比例因子标号	码　序	比例因子标号	码　序	比例因子标号	码　序
0	000000	21	010101	42	101010
1	000001	22	010110	43	101011
2	000010	23	010111	44	101100
3	000011	24	011000	45	101101
4	000100	25	011001	46	101110
5	000101	26	011010	47	101111
6	000110	27	011011	48	110000
7	000111	28	011100	49	110001
8	001000	29	011101	50	110010
9	001001	30	011110	51	110011
10	001010	31	011111	52	110100
11	001011	32	100000	53	110101
12	001100	33	100001	54	110110
13	001101	34	100010	55	110111
14	001110	35	100011	56	111000
15	001111	36	100100	57	111001
16	010000	37	100101	58	111010
17	010001	38	100110	59	111011
18	010010	39	100111	60	111100
19	010011	40	101000	61	111101
20	010100	41	101001	62	111110

4) FFT 分析

输入的音频信号(即 PCM 信号)不仅要进入分析滤波器组，同时还要被送入 FFT 运算器。这样，既可以通过子带分析滤波器组使信号具有高的时间分辨率，确保在短暂冲击声音信号情况下，编码的声音信号具有足够高的质量，又可以使信号通过 FFT 运算具有高的频率分辨率，实现尽可能低的数码率，并且掩蔽阈值是从功率密度谱估计推导出来的。对于每帧 384(12×32＝384)个 PCM 输入样点，需要利用心理声学模型计算信号掩蔽比来进行新的比特分配，因此 FFT 移动长度为 384 个样点。由于分析子带滤波器具有 256 个样点延迟，为了保证用于比特分配的信号掩蔽比和相应子带样点在时间上相符合，进入 FFT 的 PCM 样点必须延迟 256 个样点，进行 FFT 分析的帧长为 512 点，且将经过延迟处理的 384 个样点放在中间位置并在左右扩展 64 个相邻样点构成一个 FFT 帧，其中，Hanning 窗为

$$h(i)=\sqrt{\frac{8}{3}}\times 0.5\times\left[1-\cos\left(\frac{2\pi\times i}{N}\right)\right]\quad 0\leqslant i<N\text{，这里 }N=512 \tag{6-2}$$

功率谱 $x(k)$ 为

$$x(k)=10\lg\left|\sum_{i=0}^{N-1}h(i)\times s(i)\times e^{\frac{-2\pi kij}{N}}\right|^2,\quad k=0,\cdots,\frac{N}{2}-1 \tag{6-3}$$

其中，功率谱的单位为 dB，算出的功率谱需针对 96 dB 的声压级进行归一化，即最大值相当于 96 dB。

5）心理声学模型

心理声学模型的输入是原始的音频信号，输出则是各个子带的信号掩蔽比，配合信噪比来确定量化比特分配，以此来控制量化过程。MPEG-1 标准建议了两种决定掩蔽比的心理声学模型，即模型 1 和模型 2。模型 1 计算简单，在编码比特率高的环境下能提供足够的准确度，常用在 MPEG-1 Layer Ⅰ 和 Layer Ⅱ 中，而模型 2 用在 Layer Ⅲ 中，计算复杂度高，把时频映射后输出的谱值重新划分成 18 个频线分区，从而得到每个分区的掩蔽比。在这两种情况下，都有一个算法来输出各个子带的信号掩蔽比，主要包括以下 9 个步骤：

（1）进行时域到频域的映射。采用 512 点或 1024 点的快速傅里叶变换（FFT），并加 Hanning 窗来减少边界效应，利用 FFT 将时域数据转换到频域，这样可以计算精确的掩蔽阈值。前面已经讲过，这里不再赘述。

（2）确定最大声压级。在每个子带内根据比例因子和频谱数据进行计算。在确定掩蔽阈值时采用取最大值的方法。对于每个子带计算相应的声压级，子带 n 中声压级 $\mathrm{SPL}(n)$ 用式(6-4)计算：

$$\mathrm{SPL}(n)=\max[x(k),\ 20\lg(scf_{\max}(n)\times 32\,768)-10] \tag{6-4}$$

式中，$x(k)$ 是子带 n 中标记为 k 的 FFT 谱线的功率谱，它在子带 n 的频带内具有最大幅度值，符号 $scf_{\max}(n)$ 是子带 n 的比例因子，这适合于 MPEG-1 Layer Ⅱ，对于 MPEG-1 Layer Ⅰ，直接采用比例因子即可，-10 dB 项用来校正峰值和掩蔽比之间的差值。

（3）确定安静阈值。安静阈值也叫绝对阈值，也就是人们在安静环境下刚能听到的声音，形成了最低掩蔽边界。安静阈值是根据大量心理声学试验得出的，MPEG-1 标准根据输入 PCM 信号的采样率不同，制定了“频率、临界频带比率和绝对阈值”表，从表中可以查出频谱的绝对阈值 $LT_q(k)$。当比特率大于 96 kb/s 时，还要对绝对阈值补偿，补偿值为 -12 dB。绝对域值按下式计算：

$$Th=3.64\left(\frac{f}{1000}\right)^{-0.8}-6.5e^{-0.6\left(\frac{f}{1000}-3.3\right)^2}+10^{-3}\left(\frac{f}{1000}\right)^4 \tag{6-5}$$

（4）识别音调和非音调成分。由于信号中的音调和非音调成分的掩蔽域值不同，首先要识别音调和非音调成分，然后分别来进行处理。要列出谱线 $x(k)$ 的有调和无调，需执行下面三个步骤：

第一步：标明局部最大。若 $x(k)>x(k-1)$，且 $x(k)>x(k+1)$，则 $x(k)$ 为局部最大值。

第二步：列出有调成分和计算声压级。如果 $x(k)-x(k+j)\geqslant 7$ dB，则 $x(k)$ 列为有调成分。其中 j 按下面的规则进行选择：

$$\begin{cases} j=-2,2 & (2<k<63) \\ j=-3,-2,2,3 & (63\leqslant k<127) \\ j=-6,\cdots,-2,2,\cdots,6 & (127\leqslant k<250) \end{cases} \tag{6-6}$$

其中，$x(k)$列为有调成分，则还要列出谱线的标记k、声压级

$$x_{\mathrm{tm}}(k)=10\lg(10^{\frac{x(k-1)}{10}}+10^{\frac{x(k)}{10}}10^{\frac{x(k+1)}{10}})\ \mathrm{dB} \tag{6-7}$$

及有调指示。然后将所考虑的频带内所有谱线设置为最小。

第三步：列出无调成分，计算功率。无调成分从余留谱线计算，在每个临界频带内将所有谱线的功率加起来形成临界频带内无调成分的声压级 $x_{\mathrm{nm}}(k)$，并列出下面的参数：最接近临界频带几何平均值的谱线标记k，声压级 $x_{\mathrm{nm}}(k)$以及无调指示。

(5) 掩蔽器抽取。不是所有有调和无调成分都用于掩蔽阈值的计算，只有在 $x_{\mathrm{tm}}(k)\geqslant LT_{\mathrm{q}}(k)$或 $x_{\mathrm{nm}}(k)\geqslant LT_{\mathrm{q}}(k)$时，掩蔽阈值计算才要考虑有调或无调成分，因此所有不满足条件的有调和无调指示必须移去。另外在剩下的有调成分中还需要判断任意两个有调成分之间距离是否小于 0.5 Bark，如果是则移去这两个有调成分中较小的一个，这是为了保证在每个子频带内频率响应平坦度 0.5 dB 内仅有一个纯音信号。

(6) 计算掩蔽阈值。计算样点掩蔽阈值不是对所有频带内频谱样点进行，而是对一组样点进行。该组样点的组成为：对头 6 个子带覆盖的频域内谱线不变；对接着 6 个子带覆盖的频域，每次抽取第 2 条谱线；对余留谱线每次抽取第 4 条谱线，其中对 32 kHz 采样率抽取到 15 kHz 结束，对 44.1 kHz 和 48 kHz 抽取到 20 kHz 为止。

每个子带噪声的掩蔽阈值由信号的掩蔽曲线决定。当子带相对于临界频段比较宽时，选择最小阈值；当其比较窄时，将覆盖子带的阈值进行平均。

音调和非音调各自的掩蔽阈值由下列表达式求出：

$$\mathrm{LT_{tm}}[Z(j),Z(i)]=X_{\mathrm{tm}}[Z(j)]+\mathrm{AV_{tm}}[Z(j)]+\mathrm{VF}[Z(j),Z(i)] \tag{6-8}$$

$$\mathrm{LT_{nm}}[Z(j),Z(i)]=X_{\mathrm{nm}}[Z(j)]+\mathrm{AV_{nm}}[Z(j)]+\mathrm{VF}[Z(j),Z(i)] \tag{6-9}$$

j 值是该组样点中最接近正常标记k 的值，公式中 $\mathrm{LT_{tm}}[Z(j),Z(i)]$和 $\mathrm{LT_{nm}}[Z(j),Z(i)]$分别表示第 i 根谱线上的单独掩蔽阈值；$X_{\mathrm{tm}}[Z(j)]$和 $X_{\mathrm{nm}}[Z(j)]$是 j 的声压级，$Z(j)$和$Z(i)$表示谱线标记为 j 和 i 的临界带宽比率，即 Bark 值；AV 为掩蔽标记，VF 为掩蔽成分的掩蔽函数，单位为 dB。AV 值为

$$\text{对于有调掩蔽器 } \mathrm{AV_{tm}}[Z(j)]=-1.525-0.275\times Z(j)-4.5\ \mathrm{dB} \tag{6-10}$$

$$\text{对于无调掩蔽器 } \mathrm{AV_{nm}}[Z(j)]=-1.525-0.175\times Z(j)-0.5\ \mathrm{dB} \tag{6-11}$$

掩蔽器的掩蔽函数 VF 对有调和无调掩蔽器是相同的，它具有不同的上、下端斜率，随着到掩蔽器的距离 $\mathrm{d}z=z(i)-z(j)$变化，掩蔽函数值为

$$\mathrm{VF}=17\times(\mathrm{d}z+1)-(0.4\times X[z(j)]+6)\quad(-3\leqslant \mathrm{d}z<-1) \tag{6-12}$$

$$\mathrm{VF}=(0.4\times X[z(j)]+6)\times \mathrm{d}z\quad(-1\leqslant \mathrm{d}z<0) \tag{6-13}$$

$$\mathrm{VF}=17\times \mathrm{d}z\quad(0\leqslant \mathrm{d}z<1) \tag{6-14}$$

$$\mathrm{VF}=-(\mathrm{d}z-1)\times(17-0.15\times X[z(j)])-17\quad(1\leqslant \mathrm{d}z<8) \tag{6-15}$$

考虑到算法执行的复杂性，如果 $\mathrm{d}z<-3$ 或者 $\mathrm{d}z\geqslant 8$ 时不再考虑掩蔽，$\mathrm{LT_{tm}}=\mathrm{LT_{nm}}=-\infty$ dB。

(7) 计算总掩蔽阈值。第 i 个频率样点的总掩蔽阈值 $\mathrm{LT_g}(i)$等于所有有调和无调成分在该样点上单独掩蔽阈值的功率总和加上安静阈值功率得到。公式描述如下：

$$LT_g(i) = 10\lg\left(10\frac{LT_q(i)}{10} + \sum_{j=1}^{m}10^{\frac{LT_{tm}(z(j),\, z(i))}{10}} + \sum_{j=1}^{n}10^{\frac{LT_{nm}(z(j),\, z(i))}{10}}\right)\text{dB} \quad (6-16)$$

其中，有调掩蔽器总数为 m，无调掩蔽器总数为 n。

(8) 确定最小掩蔽域值。子带 n 中最小掩蔽阈值 $LT_{min}(n)$ 由下式决定：

$$LT_{min}(n) = \min(LT_g(i))\ \text{dB} \quad (6-17)$$

其中，i 是子带 n 中的相应谱线标记，由“频率、临界频带比率和绝对阈值”表中可以查得。

(9) 计算信号掩蔽比(Signal Masking Ratio, SMR)。子带信号中的声压级和最小掩蔽阈值之间的差异决定了每个子带的 SMR 值(见下式)，这个值将用于比特分配。

$$SMR(n) = SPL(n) - LT_{min}(n)\ \text{dB} \quad (6-18)$$

6) 比特分配

为了同时满足数码率和掩蔽特性的要求，比特分配器应同时考虑来自分析滤波器组的输出样值以及来自心理声学模型的信号掩蔽比，来决定分配给各个子带信号的量化比特数，使量化噪声低于掩蔽阈值，以便于在规定比特率下尽可能满足心理声学要求，即计算每个子带的 SMR，以决定分配给每个子带的比特数 n，使得它满足下式：

$$n \geqslant \frac{SMR - 1.76}{6.02} \quad (6-19)$$

在调整比特率之前要先确定用于一帧子带样点和比例因子编码的比特数用 adb 来表示，可以由下式来确定：

$$adb = bt - (bhdr + bcrc + bbal + banc) \quad (6-20)$$

式中：bhdr 是标题的比特数，为 32 bit；

bcrc 是循环冗余检验码的位数，为 16 bit，也可以选择；

bbal 是存储比特分配值的位数，每个子带为 4 bit；

banc 为辅助数据比特；

bt 为一帧中的总比特数。

bt 的确定，依据要求达到的比特流、采样频率、FFT 变换窗口长度而定。作为 LayerⅠ，每帧包括原始输入 384 个样点的信息，帧的变化率等于 $f_s/384$。当采样频率为 48 kHz，总比特率为 192 kb/s，即为 192 b/ms 时，则每帧应有 192 b/ms×8 ms=1536 bit。

比特分配原则是一帧的总掩蔽噪声比最大，其限制是所用比特不超过一帧许可的比特数。分配给一个样点大的可能比特数是 2～15 bit，不包括 1 bit 分配位。

分配过程是一个迭代过程，其中每迭代一步子带样点的级数相应增加。首先计算各个子带的掩蔽噪声比(MNR)，它是信号噪声比(Signal Noise Ratio, SNR)减去信号掩蔽比，即

$$MNR = SNR - SMR \quad (6-21)$$

SNR 可以由以下公式计算得到：

$$SNR = 6.02n + 1.76 \quad (6-22)$$

其中，n 为量化所需的比特数，SMR 为心理声学模型输出，并置各子带样点比特数 bsp1 和比例因子比特数为零。其次开始进行如下迭代过程：

(1) 对所有子带定出最小 MNR。

(2) 对最小 MNR 的子带，其量化比特数增加一级。

(3) 计算该子带新的 MNR。

(4) 样点比特数 bsp1 随之更新。开始时，如果一个非零比特数分配给子带，其相应比例因子比特数 bscf 必须增加 6 bit，然后用下面的公式计算剩下的 adb，即

$$adb = bt - (bhdr + bcrc + bbal + banc + bscf + bsp1) \tag{6-23}$$

(5) 重复该循环，直到 adb 不小于 bscf 和 bsp1 的任何可能增加。

7) 线性量化编码

子带样点的量化采用具有中平型的线性量化器，以防止围绕零变化的微小值量化为不同级。各个子带样点先归一化，将其除以比例因子得到 X，然后根据下面的步骤进行量化：

(1) 计算 $AX+B$，其中 A、B 值从“量化系数”表(即表 6.3)中查寻。

(2) 取该值最有效的 N 位，N 表示用于该样点的编码比特数。

(3) 最高位取反，以避免出现全“1”代码。

表 6.3　层 1 量化系数

量化级数	N 量化比特数	A	B
3	2	0.750 000 000	−0.250 000 000
7	3	0.875 000 000	−0.125 000 000
15	4	0.937 500 000	−0.062 500 000
31	5	0.968 750 000	−0.031 250 000
63	6	0.984 375 000	−0.015 625 000
127	7	0.992 187 500	−0.007 812 500
255	8	0.996 093 750	−0.003 906 250
511	9	0.998 046 875	−0.001 953 125
1023	10	0.999 023 438	−0.000 976 563
2047	11	0.999 511 719	−0.000 488 281
4095	12	0.999 755 859	−0.000 244 141
8191	13	0.999 877 930	−0.000 122 070
16 383	14	0.999 938 965	−0.000 061 035
32 767	15	0.999 969 482	−0.000 030 518

8) 帧结构

将量化后的采样值和格式标记以及其他附加辅助数据按照规定的帧格式组装成比特数据流。MPEG－1 Layer Ⅰ的音频码流的数据帧格式如图 6.7 所示。

图 6.7　MPEG－1 Layer Ⅰ音频流的数据帧结构图

每帧都包括以下部分。

标题：含有同步和状态信息，共 32 bit。

比特分配：用于描述比特分配信息的字段，每个子带 4 bit。

比例因子：每个子带占 6 bit。

音频数据：这里包含 16 位的奇偶检验字，作为接收端比特流的误码检验。而子带样点和比例因子编码所用的比特数用前面的公式计算，同一子带内的每个样点用 2～15 bit 来表示。

辅助数据：提供一定数目的比特，作为包含和传送可变长度的辅助数据。

2. MPEG－1 Layer Ⅱ 编码的基本原理

从本质上来说，MPEG－1 LayerⅡ 的编码与原始的 MUSICAM 标准是相同的，但是在设计上要复杂一些。它是以稍高的代价、在合适的数据传输速率下得到很高的保真度为目的的。MPEG－1 LayerⅡ层的编码原理框图如图 6.8 所示，编码算法的流程图如图 6.9 所示。

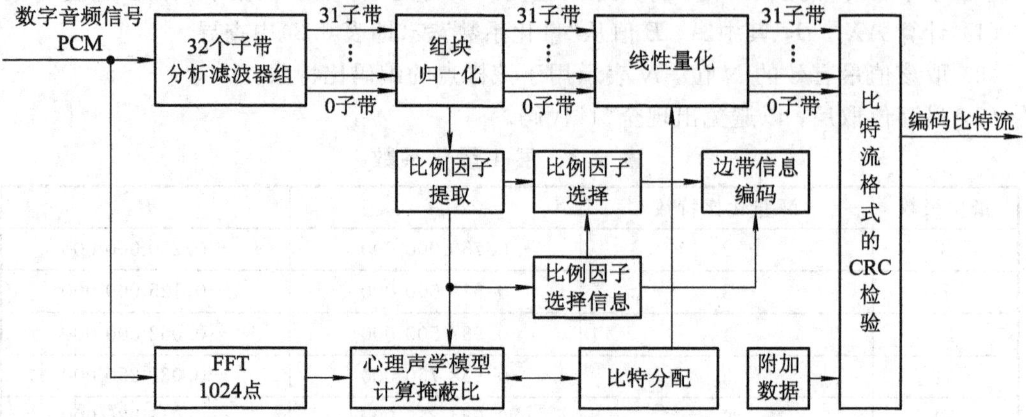

图 6.8　MPEG－1 LayerⅡ音频压缩编码器的原理框图

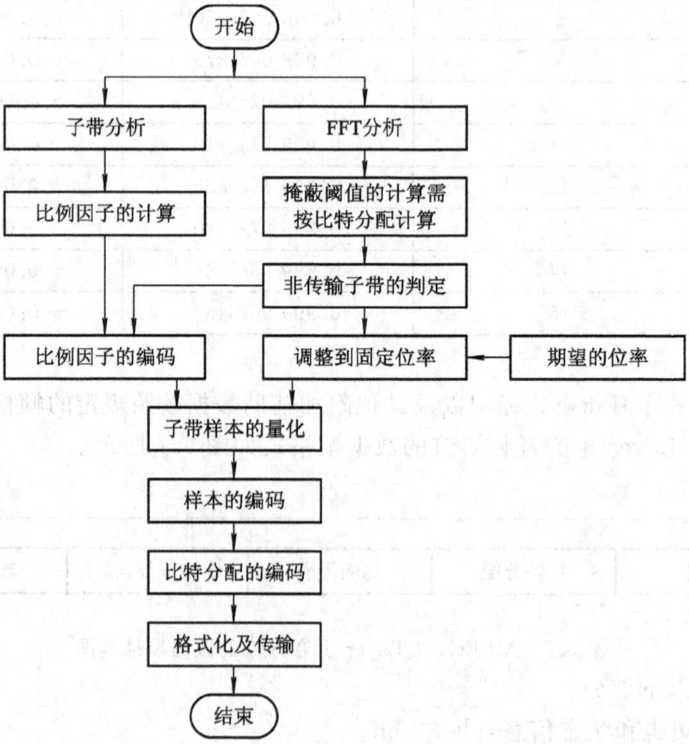

图 6.9　MPEG－1 Layer Ⅱ编码算法的流程图

从原理框图可以看出，MPEG－1 Layer Ⅱ和 MPEG－1 Layer Ⅰ有如下不同：

(1) MPEG－1 Layer Ⅱ使用 1024 点的 FFT 运算，提高了频率的分辨率，可以实现尽可能低的数码率，得到原信号更准确的瞬时频谱特性，以便更好地计算心理声学模型。

(2) MPEG－1 Layer Ⅱ中有块形成，与 Layer Ⅰ对每个子带由 12 个采样值组成一块的编码不同，Layer Ⅱ对一个子带的 3 个块进行编码，其中每块有 12 个采样值，每帧包含 1152 个采样值的码字。

(3) 描述比特分配的字段长度随子带的不同而不同。低频段子带用 4 bit 来描述，中频段子带用 3 bit 来描述，高频段子带用 2 bit 来描述。这种因频率不同而比特率不一样的做法也是临界频带的应用。

(4) 最大的不同是 MPEG－1 Layer Ⅱ有比例因子的选择信息(Scale Factor Selection Information，SCFSI)。编码器可对一个子带内的 3 块采样值使用 3 个不同的比例因子，所以，每个子带每帧应传送 3 个比例因子，但是为了降低用于传送比例因子的数码率，还需采取一些附加的措施，因为比例因子是人们对音频信号统计分析和观察得出的特征规律的反映，在较高频率时频谱能量会出现明显的衰减，因此比例因子从低频子带到高频子带出现连续下降。考虑到这种关系和听觉的时域掩蔽效应，将一帧内的 3 个连续的比例因子按照不同的组合共同的编码和传送。信号变化平稳时，只传送其中 1 个或 2 个较大的比例因子；对瞬态变化的峰值信号，3 个比例因子都传送，同时，每个子带每帧还需要传送描述被传比例因子的信息，这种信息称为比例因子选择信息，需用 2 bit 来描述。具体传送比例因子的情况见表 6.4。如此可见，经过这种附加编码措施后，用于传送比例因子所需的数码率平均可压缩$\frac{1}{3}$。

表 6.4 比例因子的传送情况

比例因子的选择信息码	传送的比例因子
00	传送所有的 3 个比例因子，分别给 0、1、2 块
01	传送第 1 个和第 3 个比例因子，第一个用于 0、1 块，第二个用于 2 块
10	只传送 1 个比例因子，适合于 0、1、2 块
11	传送第 1 个和第 2 个比例因子，第一个用于 0 块，第二个用于 1、2 块

所以，MPEG－1 LayerⅡ的音频码流的数据帧格式如图 6.10 所示。

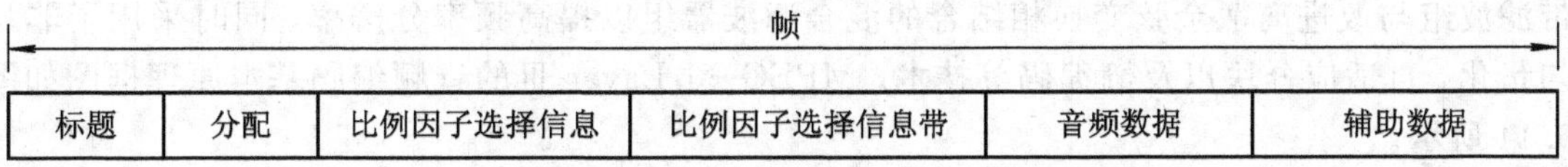

图 6.10 MPEG－1 LayerⅡ音频码流的数据帧格式图

另外，在子带样值量化和编码中的 A、B 值可从“量化系数”表中查得，MPEG－1 Layer Ⅱ 和 MPEG－1 LayerⅠ的量化系数表不同。

MPEG－1 Layer Ⅱ的量化系数表如表 6.5 所示。

表 6.5 MPEG－1 Layer Ⅱ的量化系数表

量化级数	N 量化比特数	A	B
3	2	0.750 000 000	−0.250 000 000
5	3	0.625 000 000	−0.375 000 000
7	—	0.875 000 000	−0.125 000 000
9	4	0.562 500 000	−0.437 500 000
15	—	0.937 500 000	−0.062 500 000
31	5	0.968 750 000	−0.031 250 000
63	6	0.984 375 000	−0.015 625 000
127	7	0.992 187 500	−0.007 812 500
255	8	0.996 093 750	−0.003 906 250
511	9	0.998 046 875	−0.001 953 125
1023	10	0.999 023 438	−0.000 976 563
2047	11	0.999 511 719	−0.000 488 281
4095	12	0.999 755 859	−0.000 244 141
8191	13	0.999 877 930	−0.000 122 070
16 383	14	0.999 938 965	−0.000 061 035
32 767	15	0.999 969 482	−0.000 030 518
65 535	16	0.999 984 741	−0.000 015 259

3. MPEG－1 Layer Ⅲ编码器

1) MPEG－1 Layer Ⅲ编码器原理

MPEG－1 Layer Ⅲ也就是大家所熟悉的MP3，数字音频经过MP3压缩方式的处理，能增加更多的存储空间。由于MP3的压缩比约在10∶1～12∶1之间，一分钟的CD经MP3压缩后，只需要1 MB左右的存储空间，即一张光盘可以存储650～750分钟的音乐；MP3典型的码流是每通道64 kb/s，相当于CD音乐每通道约1/10的码流，适合于网上传输。MPEG－1 Layer Ⅲ 方案是综合MUSICAM(掩蔽型通用子带综合编码和复用)算法和ASPEC(自适应谱分析听觉熵编码)算法的优点提出的新的掩蔽型编码技术，采用了与MPEG－1 LayerⅠ、Layer Ⅱ同样的掩蔽效应和心理声学模型，不同的是它使用了多相子带滤波组与改进离散余弦变换相结合的混合滤波器组以提高频率分辨率，同时采用了非均匀量化，自适应分块以及熵编码等技术。MPEG－1 Layer Ⅲ的音频编码基本原理框图如图6.11所示。

输入的数字音频信号即PCM采样信号进入子带滤波器组后，被分成32个子带信号，每个子带含有3个块，每个块具有12个样本值，共1152个采样点，改进的离散余弦变换(Modified Discrete Cosine Transform，MDCT)把子带的输出在频率里进一步地分成18个频线，这样共产生576个频线，然后利用心理声学模型计算出子带信号的掩蔽比，根据这些掩蔽比决定分配给576个频线的比特数，分别对它们进行比特分配和可变步长量化，量化后的样值再经过无失真的霍夫曼编码，以提高编码效率，并与比特分配和量化产生的边信息一起组成一帧数据。MP3 编码的一帧数据包括两个组，每组有 576 个频线和与它们相关的边信息，边信息被存储在每一帧的帧头中，对这样一帧一帧组成的比特流，MP3 解码器可以独立进行解码，而不需要额外的信息。

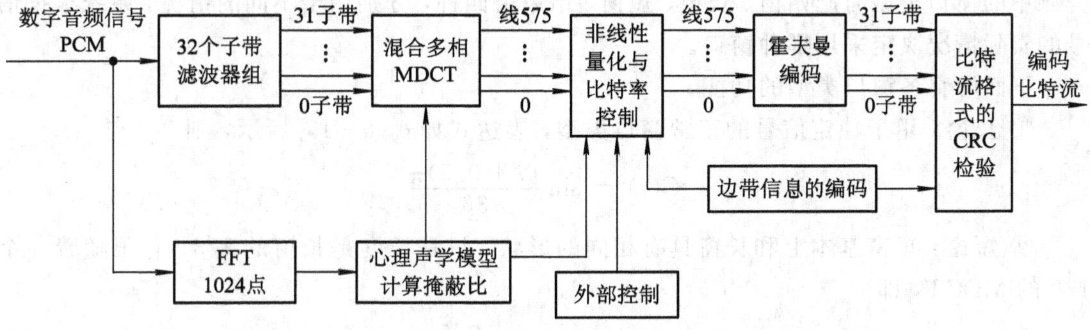

图 6.11　MPEG1 - Layer Ⅲ音频压缩编码器的原理框图

表 6.6　MPEG - 1 Layer Ⅲ在各种音质下的性能

音质要求	带宽/kHz	模式	比特率/(kb/s)	压缩比
电话	2.5	单声道	8	96∶1
优于短波	4.5	单声道	16	48∶1
优于调幅广播	7.5	单声道	32	24∶1
类似调频广播	11	立体声	56～64	26∶1～24∶1
接近 CD	15	立体声	96	16∶1
CD	>15	立体声	112～128	12∶1～10∶1

2) MPEG - 1 Layer Ⅲ中所涉及的关键技术

(1) 多相/MDCT 混合滤波器组。多相滤波器对于 MPEG 音频压缩编码的各层来说是一样的。它将输入的音频信号分成 32 个等宽的频带，以相对低的复杂度，获得较好的时间分辨率和频率分辨率。但是，等宽的子带并不能准确反映人耳的听觉特性。许多心理声学的效果是与临界频带缩放比例一致的。根据临界频带的概念，在同样的掩蔽阈值下，低频段有窄的临界频带，而高频段则有较宽的临界频带。这样，在按临界频带划分子带时，低频段取的带宽窄，即意味着对低频有较高的频率分辨率，在高频段时则相对有较低一点的分辨率。这样的分配更符合人耳的灵敏度特性，可以改善低频段压缩编码的失真。

在各层中，编码器对子带滤波器的输出样值的处理是不一样的。Layer Ⅰ是对每个子带的连续 12 个输出样值进行处理，而 Layer Ⅱ和 Layer Ⅲ是同时对每个子带的连续 36 个输出样值进行处理。

(2) 自适应窗口选择技术。在频域编码中，当一个窗口中出现了一段平稳的声音后突然出现一个尖锐的峰值声音(比如：安静的“啊……”片断后，紧接一个尖锐的声音)时，就会出现前回声，这将带来大量的量化噪声，严重影响编码的质量。

避免前回声的办法就是利用时域掩蔽中的前掩蔽效应，或在频域编码中采用短窗。前掩蔽效应的利用只能部分缓解前回声，而短窗的采用则可较好地抑制前回声。但是采用短窗必须使用大量的比特，这将影响整个算法的编码效率。

采用自适应窗口选择技术可以很好地在编码效率和编码质量之间取得折中，其代价就是算法复杂度的增加，所以只在 MP3 中采用了自适应窗口选择技术。这样，只需在需要抑制前回声的情况下采用短窗，而在平时则采用长窗。这种方法不影响编码效率。MPEG－1 音频中的窗口类型有起始窗、长窗、短窗、结束窗四种，分别用于不同的情况，系统根据信号的实际情况决定采用哪种窗口。

下面解释各窗口类型的功能：

① 长窗：用于稳定信号的正常窗口类型，表达式如式(6－15)所示，则

$$C(i) = \sin\frac{(i+0.5)\pi}{36}$$

② 短窗：短窗基本上和长窗具有相同的形状，只是长度是长窗的 1/3。它跟随着一个 1/3 的 MDCT，即

$$C(i) = \sin\frac{(i+0.5)\pi}{12}$$

③ 开始窗：为了在长窗和短窗之间进行切换，使用混合窗，即它的左边和长窗类型的左边具有相同的形状；右边的 1/3 长度的幅度是 1，1/3 和短窗的右边具有相同的形状，剩余的 1/3 是 0。因此，与后面的短窗部分重叠可保证混叠抵消。则

$$C(i) = \begin{cases} \sin\left[\dfrac{(i+0.5)\pi}{36}\right] & (0 \leqslant i < 18) \\ 1 & (18 \leqslant i < 24) \\ \sin\left[\dfrac{(i-18+0.5)\pi}{12}\right] & (24 \leqslant i < 30) \\ 0 & (30 \leqslant i < 36) \end{cases}$$

④ 结束窗：这种类型窗把短窗切换回正常窗，其形状与开始窗镜像，即

$$C(i) = \begin{cases} 0 & (0 \leqslant i < 6) \\ \sin\left[\dfrac{(i-6+0.5)\pi}{12}\right] & (6 \leqslant i < 12) \\ 1 & (12 \leqslant i < 24) \\ \sin\left[\dfrac{(i+0.5)\pi}{36}\right] & (24 \leqslant i < 36) \end{cases}$$

用 Matlab 实现几种不同的窗口类型，其窗函数图如图 6.12 所示。

采用自适应窗口切换技术可以很好地在编码效率和编码质量之间取得折中，其代价是增加算法的复杂度。MP3 编码标准中采用这种技术，只在需要抑制前回声时才使用短窗，而在平时则使用长窗。由长窗切换到短窗时，必须插入一个起始窗；由短窗切换到长窗时，必须插入一个终止窗，其切换规则如图 6.13 所示。这就相当于 MPEG－1 Layer Ⅲ 制定了两种 MDCT 的块长：长块的块长为 18 个采样值，短块的块长为 6 个采样值。相邻变换窗口之间有 50％的重叠，所以窗口大小分别为 36 个采样值和 12 个采样值。长块对于平稳的音频信号可以得到更高的频率分辨率，而短块对于瞬变的音频信号可以得到更高的时域分辨率。在短块模式下，3 个短块代替 1 个长块，而短块的块长恰好是一个长块的 1/3，所以 MDCT 的采样值不受块长的影响，可以全部使用长块或短块，也可以混合使用，前提是保

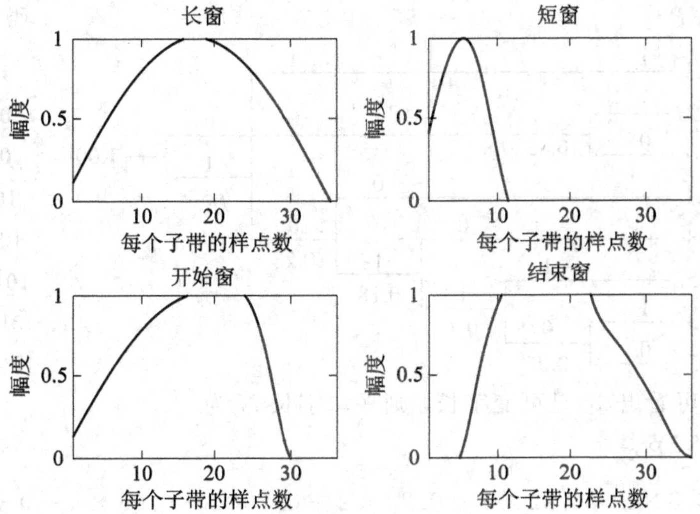

图 6.12 各种类型的窗函数图

证高的低频段的频率分辨率和高频段的时域分辨率。

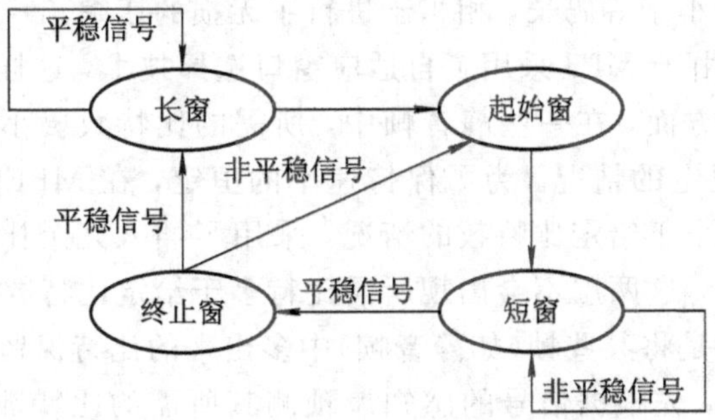

图 6.13 各种类型的窗函数切换图

(3) 霍夫曼编码。霍夫曼编码是统计编码的一种，可以在不降低信号质量的前提下，将传输每个样值所需要的平均码长降到最低，具体方式是先把声音信号的幅值按出现概率由大到小的顺序排列，然后按相反的顺序分配码字的长度。码字是按以下步骤形成的：

① 将消息按其概率由大到小排列；

② 把两个最小的概率概括出来，并分别配给"0"和"1"；

③ 将两个最小概率相加变成一个概率，再和其他概率一起由大到小排列；

④ 重复步骤(2)、(3)，直到所有概率都被相加处理完为止；

⑤ 对于每个消息都沿其处理的路径，按照从右到左的顺序，将所配给的符号序列作为其代码。

例：声音信号幅度符号 x_i 出现的概率为 P_i，出现的概率从大到小的顺序为

幅值 x_i：	x_5	x_8	x_3	x_1	x_4	x_6	x_7	x_2
概率 P_i：	0.3	0.22	0.2	0.1	0.08	0.05	0.03	0.02

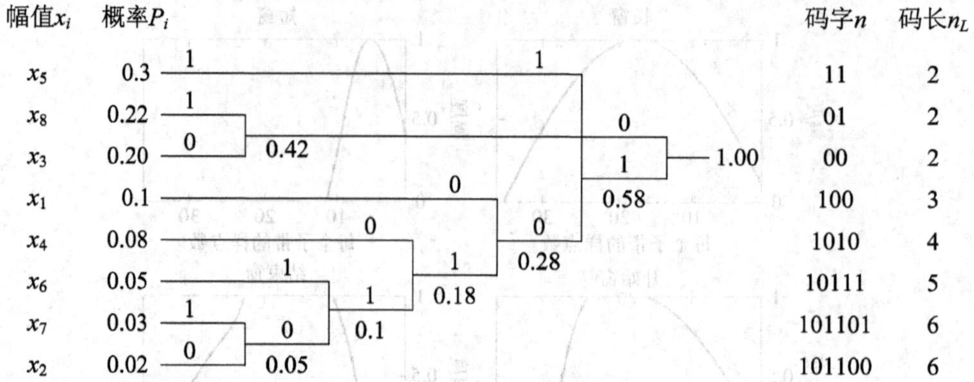

从上述编码结果可看出 n_L 是可变字长，则平均字长 N 为

$$
\begin{aligned}
N &= \sum P_i n_L \\
&= 0.3\times 2+0.22\times 2+0.20\times 2+0.1\times 3+0.08\times 4+0.05\times 5 \\
&\quad +0.03\times 6+0.02\times 6 \\
&= 2.61\ \text{bit/码长}
\end{aligned}
$$

在编码之前，若以等长的码来表示，平均码长为 3 比特，而经过霍夫曼编码之后，声音信号幅值的平均码长小于等码长，相当于进行了无损的压缩。

（4）比特池技术。由于 MP3 采用了自适应窗口选择技术，这样在采用短窗时就会需要更多的编码比特。另一方面，在一些静音帧中，所需的比特数要小于一般的帧。这就会带来编码输出比特率不恒定的情况。为了保持速率的恒定，在 MPEG－1 Layer Ⅰ和 Layer Ⅱ中，针对所需比特数小于给定比特数的情况，采用了插入冗余比特的方法，由于没有采用自适应窗口选择技术，这两层不会出现所需比特多于给定比特数的情况。在 MP3 中，保持比特率恒定的方法就是将某些帧（如静音帧）中多出来的比特保留下来，留给后面的帧使用。在每帧量化编码前，先根据信号的感知熵预测其所需的比特数，若感知熵较大，所需的比特数较多，则从前面预留的比特中取出适当的比特加到可用的比特中。

采用了弹性比特存储技术之后，MP3 的帧结构就不同于一般数据流的帧结构了。弹性比特存储技术实际上就是在每帧的主数据中以固定的间隔插入同步码和边信息，从而以固定比特率的格式实现可变比特率的编码。也就是说，在一般的帧中，每帧的数据都是紧接于帧同步码之后，而 MP3 帧的主数据则有可能先于该帧的同步码出现。它的帧结构如图 6.14 所示。

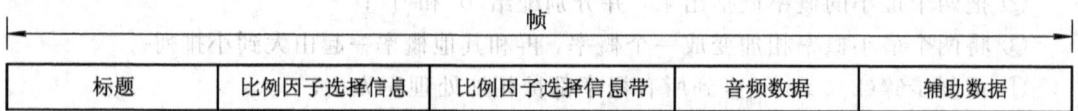

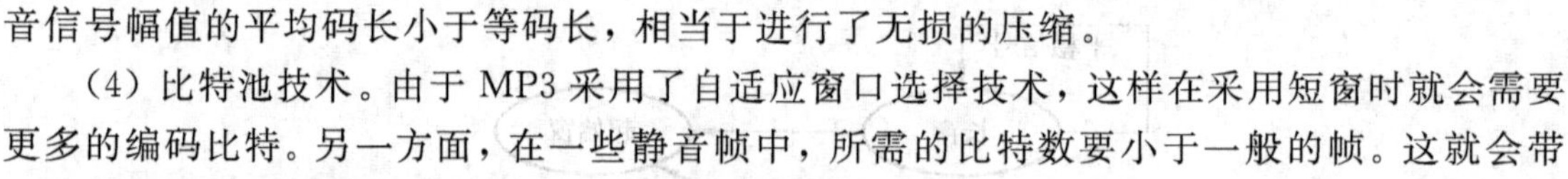

图 6.14　MPEG－1 Layer Ⅲ音频码流的数据帧格式图

6.4　MPEG－2 音频编码原理

MPEG－2 的声音编码标准是在 MPEG－1 的基础上发展起来的多声道编码系统。与

MPEG-1 标准相比，MPEG-2 作了如下扩充：

(1) 增加了 16 kHz、22.05 kHz 和 24 kHz 采样频率；

(2) 扩展了编码器的输出速率范围，由 32～384 kb/s 扩展到了 8～640kb/s；

(3) 增加了声道数，支持 5.1 声道和 7.1 声道的环绕声；

(4) 支持线性 PCM 和 Dolby AC-3 编码。

MPEG-2 定义了两种声音数据压缩格式，一种称为 MPEG-2 多通道(Multichannel)声音，因为它与 MPEG-1 音频是兼容的，所以又称为 MPEG-2BC(Backward Compatible)；另一种称为 MPEG-2 AAC(Advanced Audio Coding)，它与 MPEG-1 音频格式不兼容，因此通常称为非后向兼容 MPEG-2 NBC(Non-Backward-Compatible)标准。

MPEG-2BC 需要 640 kb/s 以上的数码率才能基本达到欧洲联盟的"无法区分"声音质量要求，再加上它的标准化进程很快，算法本身存在的缺陷，使得 MPEG-2BC 在世界范围内的发展受到阻碍，而 MPEG-2AAC 是 MPEG-2 标准中的一种非常灵活的声音感知编码标准，它比 MP3 更有效。就像所有感知编码一样，MPEG-2AAC 主要使用听觉系统的掩蔽特性来减少声音的数据量，并且通过把量化噪声分散到各个子带中，用全局信号把噪声掩蔽掉。AAC 支持的采样频率可从 8 kHz 到 96 kHz，AAC 编码器的音源可以是单声道、立体声和多声道的。AAC 标准可支持 48 个主声道、16 个低频音效加强通道 LFE(Low Frequency Effects)、16 个配音声道(Overdub Channel)或者叫做多语言声道(Multilingual Channel)和 16 个数据流。

MPEG-2AAC 的压缩比为 11∶1，即每个声道的数据率为 $(44.1\times16)/11=64$ kb/s，而 5 个声道的总数据率为 320 kb/s 的情况下，很难区分还原后的声音与原始声音之间的差别。与 MPEG-1 的层 2 相比，MPEG-2AAC 的压缩率可提高一倍，而且质量更高，与 MPEG-1 Layer Ⅲ相比，在质量相同的条件下数据率是它的 70%。

1. MPEG-2AAC 音频编码的基本原理

先对输入的 PCM 信号分段，划分为每帧每声道 1024 个样本，再同前一帧的 1024 个样本相组合得到 2048 个样本，加窗后的 2048 个样本通过改进的离散余弦变换，输出 1024 个频谱分量。再将这些频谱分量依据不同的采样率和变换块类型划分成数个不同带宽的比例因子频带，比例因子频带的划分尽可能地拟合人耳的临界频带。

心理声学模型与 MDCT 并行工作，它沿用了 FFT 作为心理声学模型的时频分析工具，着重分析临界频带间的掩蔽效应，利用已知的心理声学模型规则可以计算出一个当前(与时间关联)掩蔽门限的估计值。从掩蔽门限可以得到信号的掩蔽比；通过对输入信号进行一系列计算，估算出每个比例因子频带的最大可允许失真，这个失真用以对噪声进行整形，它体现了心理声学模型对编码质量的要求。

在前回声抑制方面，除了利用信号自适应的长短块切换和心理声学模型进行前回声控制外，AAC 还使用了一种新的瞬时噪声整形技术(Temporal Noise Shapping，TNS)，它主要利用了时域和频域信号的对偶性。

经过前述多个模块的预处理后，在量化和编码阶段才真正降低了数据量。在量化阶段，对任何给定数据率都可以利用信号掩蔽比使量化信号的感知失真最小。通过分析合成阶段并利用附加的无噪声压缩模块对频谱分量进行量化和编码，可以保持量化噪声低于掩蔽门限。在分析滤波器之后，TNS 对频谱进行同址滤波，对量化噪声细微的时域结构进行控制，以充分利用掩蔽效应。对多声道信号可以采用强度立体声编码。这种编码方法只需要传输能量包络，来允许减少空间信息的传输。强度立体声编码是一种以极低数据率减少可闻伪差的有效方法。低数据率时，多声道 AAC 解码器使用增强 M/S 立体声编码。它传输的不是左、右信号，而是归一化后的和(如中间的 M)信号与差(如旁边的 S)信号。时域预测模块可以利用后续帧的亚采样频谱分量之间的相关性减少静态信号的冗余。另外，量化和编码使用一种两层嵌套循环的算法，以权衡码率和失真之间的矛盾。最后，编码后的数据流被装配成一个比特流结构，包括量化和编码后的频谱系数以及控制系数。

MPEG－2 AAC 编码原理框图如图 6.15 所示，这是一个 AAC 编码的完整框图，开发 MPEG－2 AAC 标准采用的方法与开发 MPEG－1 音频标准采用的方法不同。MPEG－1 Audio 采用的方法是对整个系统进行标准化，而 MPEG－2AAC 采用的方法是模块化的方法，把整个 AAC 系统分解成一系列模块，用标准化的 AAC 工具对模块进行定义，但是在实际应用中，并不是所有的功能模块都是必需的。为了允许在质量、存储器和处理能力需求之间进行折中，AAC 系统提供了三层框架：主框架、低复杂度(LC)框架和分级采样率(SSR)框架。

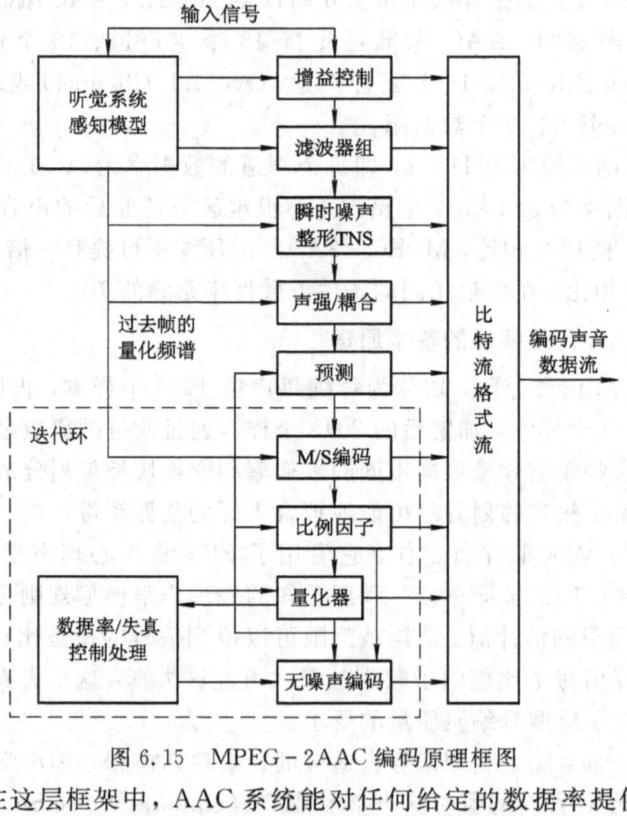

图 6.15　MPEG－2AAC 编码原理框图

(1) 主框架。在这层框架中，AAC 系统能对任何给定的数据率提供质量最好的音频。除了增益控制模块以外，AAC 系统包含其他所有模块。主框架对存储器和处理能力的需求都要比 LC 框架高。值得注意的是，一个主框架 AAC 解码器能够对采用 LC 框架进行编码的比特流进行解码。

(2) 低复杂度(LC)框架。在这层框架中，不包括预测和预处理模块，并且 TNS 的阶数也受到限制。LC 框架在质量很高时，对存储器和处理能力的需求都要比主框架少。

(3) 可分级采样频率(SSR)框架。在这层框架中，增益控制模块是必需的。增益控制模块由一个多相正交滤波器(CPQF)、几个增益检测器和几个增益调节器组成。预处理能够由控制模块完成。这层框架不需要预测模块，并且 TNS 的阶数和带宽都受到限制。可分级采样率框架的复杂度比主框架和低复杂度框架都低，并且它能产生一个频率可分级信号。它的主要特点是：因为忽略了来自高频段 PQF 的信号，所以能够得到带宽较窄的输入信号，特别适用于传输带宽不够的场合。

2. MPEG－2AAC 音频编码器模块的功能

1) 心理声学模型 2

心理声学模型和前面的 MPEG－1 LayerⅢ一样，采用的是模型 2，并且两者只是在某些参数和常量上有所不同。在模型 1 中，并非所有的谱线都用于掩蔽阈值的计算。而在模型 2 中，所有的谱线都参与了掩蔽阈值的计算过程，因此计算出的掩蔽阈值更为精确，但模型因而也更复杂。

心理声学模型用在编码过程中，只对人耳可以听到的部分进行编码和传输，对人耳听不到的部分不编码。心理声学模型主要利用了以下的声学原理：最小掩蔽阈值、临界子带频率分析、频域掩蔽、时域掩蔽和感知熵。心理声学原理把整个信号频带按照人耳的听觉特性划分出临界子带，然后计算出各临界子带的信噪比，并计算出各临界子带的最小掩蔽阈值及感知熵，从而计算出掩蔽比。根据掩蔽比对每个频带进行比特分配，掩蔽比的值大则分配的比特数多，反之则少。量化时，在保持相应音频质量和相应码率的同时，低于掩蔽阈值的量化噪声将被掩蔽掉，音频信号的冗余也得以去除。

2) 增益控制(Gain Control)

增益控制模块用在可分级采样频率框架中，它的主要作用是对输入信号进行增益控制，将信号作某个程度的衰减，降低其峰值大小，以减少前回声的发生。它由多相正交滤波器 PQF(Polyphase Quadrature Filter)、增益检测器(Gain Detector)和增益修正器(Gain Modifier)组成。PQF 把输入信号分离到 4 个相等带宽的频带中，除了最低频带不作增益控制外，其余频带利用增益检测或增益修改使能量控制或衰减。因为它能将声音信号做某种程度的控制与衰减，使原来信号的能量范围变小。在 MDCT 之前，可以将信号看做较平稳的信号，可降低前回声发生的机会。增益检测器将产生增益控制数据，包括需要进行调节的频段数、需要调节长短的数量、表示每段中增益调节位置和级别的索引，增益修正器对每个 PQF 频段的信号加窗，利用增益控制函数对这些信号进行增益控制。也就是说，在经过上述增益控制后，必须将其衰减变化的能量转换成增益控制参数，最后再将此参数传至解码端。完成增益控制后，对应每个 PQF 子带的 MDCT 进行计算，其窗口长度是初始 MDCT 的 1/4。在解码器中也有增益控制模块，通过忽略 PQF 的高子带信号获得低采样率输出信号。

3) 滤波器组(Filter Bank)

滤波器组的首要任务是把声音取样划分为段，利用时域滤波器改变这些分段的数据，使各分段之间的转换更平滑。它把输入信号从时域变换到频域，是 MPEG－2AAC 系统的基本模块。这个模块采用了改进离散余弦变换 MDCT，它是一种线性正交交叠变换，使用了一种称为时域混叠消除(Time Domain Aliasing Cancellation，TDAC)的技术，在理论上能完全消除混叠。AAC 根据稳态的复杂声音信号与瞬态信号之间的不同，动态地区分出长窗(2048个取样)与短窗(256个取样)。长窗的频率分辨率高、编码效率高,但长窗能使时域分辨率下降,产生严重的前回声。前回声的产生原因是由于存在冲击信号或类似的时域事件。使用短窗可以有效地抑制前回声。长短窗的使用,可用于静止信号改善编码效率;两个窗口变换的时间更短,为动态信号提供了最佳编码能力。另外,所有块相互重叠50%。这是因为两个音频声道有着不同的窗口长度,为保证具有不同窗口长度的两个音频声道之间的块同步,排列的程序在一排,使用每个50%重叠,以及在短程序的开始和结束时特别涉及变换窗口。两种分段采用不同的切换法,主要是窗函数的切换,切换的标准根据心理声学模型的计算结果确定。首先,选择合适的窗函数,对于密集谐波分量的信号使用正弦函数窗,因为正弦窗可使滤波器组较好地将频谱中的相邻的频率分量分离出来,从而提高编码效率。而对于其他类型的信号,可以使用Kaiser-Bessel生成窗,简称KBD窗。有实验表明:在频率间隔220 Hz时,KBD窗的频率分量值低于最小掩蔽阈值,而使用正弦窗则高出掩蔽阈值近20 dB,说明频率间隔大于220 Hz的频率分量,使用KBD窗可以有效地将其分离出来。大约在140~160 Hz间隔内的频率分量,在KBD窗下超出最小掩蔽阈值的值大于正弦窗的频率分量值,这时使用正弦窗为好,可以分离出这些频率分量。也就是说,正弦窗可作为频率间隔变化小的信号,而不用于变化大的信号的窗函数,音频编码中一般使用正弦窗,AAC系统允许正弦窗和KBD窗之间连续无缝切换,正弦窗使滤波器组能较好地分离出相邻的频率分量,适合于频谱成分间隔较小的信号,频谱成分间隔较宽时采用KBD窗,与正弦窗相比,KBD窗能进一步改善抑制。为了平滑过渡,长、短块之间的过渡不是突变的,中间引入了过渡块。

4) 瞬时噪声整形TNS (Temporal Noise Shapping)

瞬时噪声整形TNS是在一个时域滤波库里,对量化噪声强化控制,使信号处于稳态与瞬态之间的适当位置。如果瞬态信号位于长段尾,则量化噪声会出现在整个长段。TNS可以使较多信号描述非瞬态的部分,将量化噪音移至瞬态信号,由于瞬态信号出现的时间极短,加上掩蔽效应使噪声听不见,这样做还可以减小稳态信号的量化噪声。TNS可以应用于整个音频范围,也可应用于某一段音频范围。

5) 联合立体声编码

联合立体声编码(Joint Stereo Coding)是一种空间编码技术,其目的是去掉空间的冗余信息。MPEG-2AAC系统包含两种空间编码技术:M/S编码(Middle/Side Encoding)和声强/耦合(Intensity/Coupling)。M/S编码使用矩阵运算,因此把M/S编码称为矩阵立体声编码(Matrixed Stereo Coding)。由于左右声道具有相关性,M/S编码不传送左右声道信号,而是使用标准化的"和"信号和"差"信号,前者用于中央M (Middle)声道,后者用于边S(Side)声道,来代替原来的左、右声道,因此M/S编码也叫做"和/差编码"(Sum-difference Coding)。在编码时,不是每个频带都需要用M/S编码,只是左右声道相关性较强的子带采用M/S编码。标准对每个子带分别使用M/S编码和L/R编码两种方法进行了量化和编码,再根据两者中使用比特数较小的方法来决定是否使用M/S编码。声强/耦合编码的名称也很多,如声强立体声编码(Intensity Stereo Coding)、声道耦合编码(Channel Coupling Coding)等,它们探索的基本问题是声道间的不相关性(Irrelevance)。人耳听觉系统在听4 kHz以上的信号时,双耳的定位对左右声道的强度差比较敏感,而对相位差不敏感。声强/耦合就利用这一原理,在某个频带以上的各子带使用左声道代表两个声道的联合强度，右声道的谱线置为零，不再参与量化和编码。做法为：将左右声道之频谱值相加，再乘上一个调整因子，最后将新的频谱系数送出。如下式所示：

$$\mathrm{spec}_i[i]=(\mathrm{spec}_l[i]+\mathrm{spec}_r[i])\times\sqrt{\frac{E_l[\mathrm{sfb}]}{E_r[\mathrm{sfb}]}}$$

其中，$\mathrm{spec}_i[i]$为传出的频谱系数，$\mathrm{spec}_l[i]$与 $\mathrm{spec}_r[i]$分别为左、右声道的频谱系数，$E_l[\mathrm{sfb}]$与 $E_r[\mathrm{sfb}]$分别为该频带的左、右声道的能量。经过声强立体声编码后，两个声道只传出一组合并后的频谱系数置于左声道，右声道中频谱系数都被设置成零，因此用来编码所用的尾数大大减少了。

6）预测（Predication）

在信号较平稳的情况下，利用时域预测可进一步减小信号的冗余度，在 AAC 编码器中预测是利用前面两帧的频谱来预测当前帧的频谱，再求预测的残差，然后对残差进行编码。预测使用经过量化后重建的频谱信号，具体步骤如下：

（1）使用前两帧的重建频谱信号预测当前帧的频谱。

（2）将当前频谱与预测频谱相减得到残差信号。

（3）对残差信号量化。

（4）对残差信号反量化，利用预测残差和预测值重建当前帧频谱信号。

（5）更新预测器。

7）量化器（Quantizer）

上述 5 个模块都可以达到数据压缩的目的，然而主要压缩工作是在量化与编码阶段完成的。根据统计试验表明：计算各模块所占运算的时间，心理声学模型约占 22%，量化约占 64%，滤波器组约占 5%，其他约占 9%。由此可见心理声学模型和量化模块的重要性。AAC 应用模块是根据心理学模型得到所需要的量化频谱数据。在量化过程里，必须决定最终量化噪声电平大小与位置。此外，所用的比特总量必须在指定的数据率里。为了提高编码增益，凡是频谱系数为零的均不在传输之列。量化模块使用了非均匀量化器。

8）无噪声编码（Noiseless Coding）

无噪声动态范围压缩应用在 Huffman 编码前。在量化系数矩阵前可以放置±1 作为基值偏差，标示频率位置，仅应用于有足够存储空间时。此编码最多有 4 种系数输入。

9）多比特转换（Bit stream Multiplexing）

AAC 可以单纯地传送原始数据，也可利用先进的声音转换逻辑传送。首先，把数据流分成传送与分段两部分。分段部分含有程序配置成分、声音成分、耦合成分、填充成分与结尾成分。其中程序配置成分包含相关版权、声道数量、取样率等数据；声音成分列出单声道、双声道与超重低音声道等数据，可输出单声道至多声道环绕信号；耦合成分是一种强化立体声编码，可提供公共声道或多声道声音成分共同使用；填充成分主要是根据指定数据率把不足的比特填满，通常用于解码器需要固定数据率时；结尾成分用于指明该分段的结束位置。

3. MPEG－2AAC 解码流程

MPEG－2AAC（Main Profile）的解码流程如图 6.16 所示。解包模块从原始 AAC 码流中分离出数据和控制信息提供给各个相关工具；无噪声解码模块利用霍夫曼码本将频谱的编码数据变换成量化数据；编码端把每帧 1024 条谱线分成若干区，每个区由一种码本编码，解码端所需的码本和分区信息从控制信息中的编码分区数据中获得。

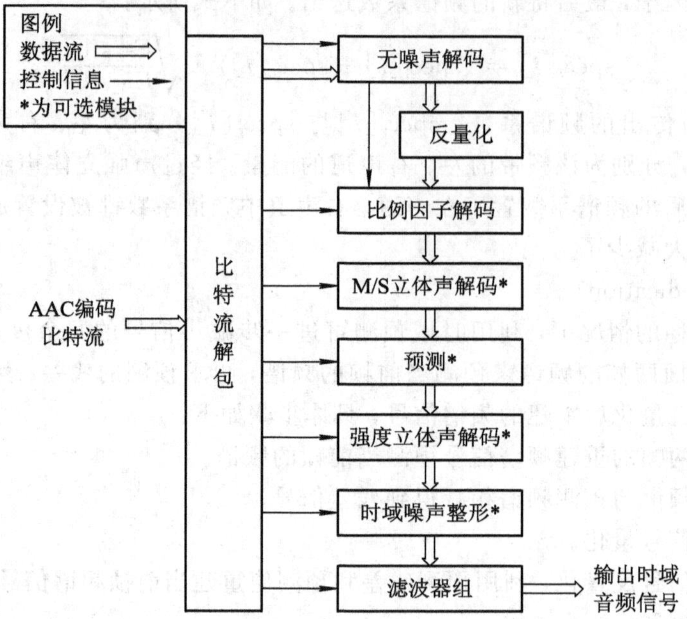

图 6.16　MPEG－2AAC(Main Profile)解码器

编码时 AAC 将整个频谱划分为若干子带，每个子带拥有一个作用于带内所有谱线的缩放因子，在每帧 AAC 数据中，每个声道的比例因子先经过差分编码，再由 Huffman 码进行熵编码，其中第一个因子直接进行 8 位 PCM 编码，称为全局增益；解码时先解出各比例因子，再在每个子带中将反量化数据乘以比例因子得到实际的频谱值，在 M/S 立体声模式下，两路频谱数据所传输的是实际左右声道频谱的和与差，在强度立体声模式下，左声道传输的是实际值，而右声道包含的数据为"强度立体声位置"；解码时在每个子带中将左声道值乘以相应"强度立体声位置"即得到实际的右声道值；AAC 解码器使用自适应二阶预测器来进行预测解码，如果当前声道在编码时选用了预测工具，则其所传输的值为频谱的预测残差。解码时叠加上预测器的输出才成为真正的频谱值预测器的系数，并进行更新，而且还要根据预测重置信息作相应的重置；TNS 的解码过程是将频谱数据通过一组 TNS 滤波器，滤波器的系数由控制信息中的 TNS 数据导出，由于量化和编码都在频域上进行，因此解码的滤波器组的作用就是把频域数据转化为时域数据。

6.5　MPEG－4 音频编码标准

MPEG－4 音频编码综合了不同类型的音频编码方法，例如带合成声音、带音乐的语音编码，高质量低码率的传输编码，复杂的音轨编码和一些交互以及虚拟现实的内容。在应用领域，MPEG－1 和 MPEG－2 是以记录存储和广播用途为主体，而 MPEG－4 定为通信和中、短波波段数字声广播以及其他语音低比特率的应用，有了高度的灵活性和可扩展性。

与 MPEG－1、MPEG－2 相比较，MPEG－4 的优越之处在于，它不仅支持自然声音(如语音和音乐)，而且支持合成语音(如 MIDI)。MPEG－4 的音频部分将音频的合成编码和自然声音的编码相结合，并支持音频的对象特征。例如，MPEG-2 的一个音频码流可以成为 MPEG-4 的一个音频对象，或者将多声道音频编码成多个对象。它支持的对象广泛得多，任何一个分离的声源都可以成为一个音频对象。混合的自然声音在制作过程中，对各个独立的声源，比如不同的乐器，不同发音者的声音、多语音、各种背景声及效果声等，可以编码成不同的音频对象。由于对声源进行独立的对象编码，对不同声源进行不同比特的量化，语言声音可以转换成 TTS 语言，还可进行码流分装或丢弃一些次要的声源对象，这样可以达到最大的压缩率。另外，MPEG-4 标准化了从 2 kb/s 到高于 64 kb/s 范围的音频编码。在 2 kb/s 到 24 kb/s 码率之间的语音编码通过谐音矢量激励编码(HVXC)和码激励线性预测(CELP)来实现。另外，用于实现透明音频质量的通用音频编码(General Audio Coding)也叫时频编码，主要是完成 8 kb/s 到 64 kb/s 码率的编码，编码的音频信号的采样率从 8 kHz 起一直到较宽的信号。这种主要以改进的 MPEG-2AAC 为主，也就是 MPEG-4AAC 增加了 PNS (Perceptual Noise Substitution) 和 LTP (Long Term Prediction)部件。AAC 是个大家族，目前已经制定了如表 6.7 所示的几种规格，以适应不同场合的需要。AAC 音质接近 CD，采用理论分辨率更高的滤波器组，采样频率选择性很高，达到了很高的压缩率，可大幅降低传输时间和减少存储空间，适合新一代的音频产品使用。

表 6.7　AAC 规格一览表

层　次	规　格
MPEG-2AAC LC	低复杂度(Low Complexity)
MPEG-2AAC Main	主要层次
MPEG-2AAC SSR	可变采样率层次(Scalable Sampling Rate)
MPEG-4AAC Main	主要层次
MPEG-4AAC LC	低复杂度
MPEG-4AAC SSR	可变采样率层次
MPEG-4AAC LTP	长时预测层次(Long Term Prediction)
MPEG-4AAC LD	低延迟(Low Delay)
MPEG-4AAC HE	高效率(High Efficiency)

AAC 具有以下特点：

(1) 提高了压缩率，可以以更小的存储空间获得更高的音质；

(2) 支持多声道，可提供最多 48 个全音频声道；

(3) 更高的采样频率，最高支持 96 kHz 的采样频率；

(4) 较好的解码效率，使解码播放所占的资源更少。

1. MPEG-4 AAC 音频编码原理

图 6.17 给出了 MPEG-4 通用音频编码器的原理图。首先，对时域信号进行分析，分析的目的在于提取音频信号的增益信息，并且根据信号的特点选择给音频信号加窗的长度和窗的形状；然后，由滤波器组通过离散余弦变换，将时域的音频信号转换为不同频带的频域信号。心理声学模型是根据人的听觉系统对不同频率的信号的听辨灵敏度不同和掩蔽

效应的不同，来决定不同频段的频域信号处理策略(是否量化和量化精度)。根据心理声学模型提供的参数，频域处理部分对各个频段的信号进行处理；最后，由量化和编码部分对频域信号进行编码。

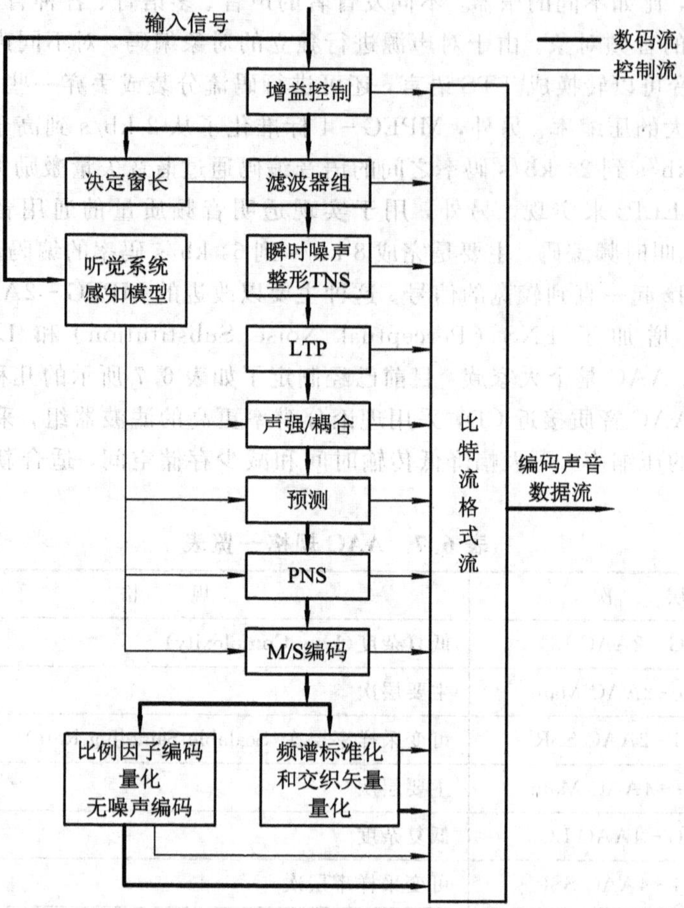

图 6.17　MPEG－4AAC 音频编码原理框图

解码的过程则相反。解码器首先从码流中读出关于量化的音频的频谱的描述，解码出被量化的值和其他重构信息，重构量化的频谱信息；然后，用码流中指定的频域处理工具处理重建的频谱信息，以便得到实际的信号频谱，最后转变成时域信号。

从图 6.17 可以看出，与 MPEG－2AAC 相比，MPEG－4AAC 增加了 LTP 和 PNS 两个功能模块，其具体功能如下。

(1) LTP：用来减少连续两个编码帧之间的信号冗余，对于处理低码率的语音非常有效，LTP 利用了本帧信号与前一帧信号之间的时间冗余，前一帧信号的频域参数经过反向 TNS 滤波器变换到时域，并与当前信号相比得到最精确的预测系数，以推导出预测信号。然后预测信号的当前信号的频域参数经过 TNS 滤波器，取两者的差值得到残差信号。在此使用一个频率选择开关对每一频带确定采用原始信号还是残差信号，是一个前向自适应预测器。

(2) PNS(Perceptual Noise Substitution)：感知噪声替换，是 MPEG－4AAC 中独有

的，不是从 MPEG－2AAC 中得到的，其性能是降低比特率，在 AAC 已有的比特率上进一步最佳化，使在量化时完全放弃量化噪声类型的频率范围成为可能。在这个范围中，用在解码器中产生一个功率相同的噪声信号代替。当编码器发现类似噪音的信号时，并不对其进行量化，而是作个标记就忽略过去，解码时再还原出来，这样就提高了效率。

2. MPEG－4AAC 与 MPEG－1 LayerⅢ 实验对比

采用如表 6.8 所列的音频源，分别经过表 6.9 所列 MPEG－4AAC 和 MPEG－1 LayerⅢ 两种编码方式，进行仿真软件实验。

表 6.8 试验所用音频源的参数值

文件名	时长	文件大小	文件格式	采样率	声道
song	33.738 s	2.83 MB	wav	44.1 kHz	mono

表 6.9 试验所用的两种编码方案及相应参数设置

方案	编码方法	编码参数		编码后文件大小	压缩率
		比特率	带宽		
一	MPEG－4AAC	32 kb/s	8 kHz	145 KB	19.986
二	MPEG－1 Layer Ⅲ			131 KB	22.121

在表 6.10 所列的编码前后数据参数中，采用 50 ms 的窗长计算波形幅度的均方根(Root Mean Squared，RMS)，即窗口内的音频功率。该值与人耳能够感知的声音强弱是相对应的。从表中可以看出，AAC 解码后的音频几乎和原始音频完全一致。

表 6.10 两种编码方式编码后的文件参数

方案	最小样值	最大样值	最小 RMS 功率	最大 RMS 功率	平均 RMS 功率	RMS 功率总和
原始	－13 448	11 685	43.97 dB	－17.11 dB	－24.83 dB	－24.13 dB
一	－12 385	11 941	－44.07 dB	－16.94 dB	－24.84 dB	－24.15 dB
二	－21 436	28 006	－43.56 dB	－15.87 dB	－23.77 dB	－23.07 dB

6.6 小 结

就目前音频文件压缩的必要性和可能性，以及音频编码标准的发展，本章从感知音频编码的基础出发，详细介绍了 MPEG－X 的音频压缩编码标准，包括每种标准的原理、模块以及目前的发展等等，该类编码都是以心理声学模型中的掩蔽效应为基础，低于掩蔽比的不分配比特，高于掩蔽比的才进行编码，从而有效达到压缩的目的。其中，MPEG－1 是最简单，也是最基础的，它分为三层，每层的功能和复杂度都呈现递进的状态，质量越来越好，占用的容量越来越少；MPEG－2 的声音编码标准是在 MPEG－1 的基础上发展起来的多声道编码系统，就像所有感知编码一样，MPEG－2AAC 主要使用听觉系统的掩蔽特性来减少声音的数据量，并且通过把量化噪声分散到各个子带中，用全局信号把噪声掩蔽掉外，它还加了瞬时噪声整形，是在一个时域滤波库里，对量化噪声强化控制，使信号处于稳态与瞬态之间的适当位置，进一步提高了质量和压缩比率。MPEG-4 不仅支持自然声音(如语音和音乐)，还支持合成语音(如 MIDI)，MPEG-4 的音频部分将音频的合成编码和自然声音的编码相结合，并支持音频的对象特征。另外，本章还简单介绍了 MPEG-7、MPEG-21 音频编码标准。

习 题 六

1. 简述心理声学模型的主要作用，并指出计算掩蔽比的意义。
2. 根据本章提供的信息，用 Matlab 程序仿真安静阈值曲线。
3. 比例因子的作用是什么？
4. MPEG-1 LayerⅢ同 MPEG-1 LayerⅠ相比，从哪些方面提高了压缩比？
5. 从原理上来说，MPEG-1 LayerⅡ同 MPEG-1 LayerⅠ有什么不同？
6. 动态比特分配的含义是什么？
7. MPEG-2 中的 TNS 的作用是什么？同 MPEG-1 相比，它还多了哪些功能？
8. MPEG-4 中的自然声音编码体现在哪个模块上？它的主要功能是什么？
9. MPEG-4 中的 PNS 的作用是什么？
10. MPEG-4 同 MPEG-2 相比，有什么不同？

第七章　环绕声编码标准及音频编码文件格式

7.1　概　述

最初的环绕声技术是从电影当中发展过来的。当然，最初的电影还音还是以唱机（录音机）同步画面的形式实现的，根本谈不上立体声和环绕声，直到录音技术的发展，以及人们对立体声机理的认识。杜比实验室的工程师们在 20 世纪 70 年代发明了最初的 4－2－4 电影立体声，即还音声道除了左、中、右三路声道之外增加了一路环绕声，通过挂在观众厅侧墙上的若干扬声器，还原环境音效，以烘托影片的现场气氛，这在当时是一项十分了不起的成就。杜比公司是世界音频工业最著名的公司，该公司的前身是 1965 年由物理学家瑞·杜比（Ray Dolby）于英国伦敦建立的杜比实验室，公司致力于研究音频方面的问题，但由于只有一路环绕声，不能解决音效的声场定位，效果毕竟有限，于是杜比实验室的工程师们根据双耳定位机理，在随后发展的杜比 SR 频谱降噪技术中，增加了一路环绕声，即左环绕和右环绕，也即杜比 5.1 立体声制式。增加的一路环绕声，与另一路环绕声，利用双耳效应，可营造一种环绕声像的移动效果，极大地增加了影片的艺术感染力，实际上成了电影立体声的工业标准。

1977 年的《星球大战》普遍被认为是自迪斯尼公司 1940 年的《幻想曲》一片，首次采用环绕声伴音以来，第一部采用了 Dolby Surround 环绕声编码的影片。但实际上，1975 年的《李斯特狂》和 1976 年经过重新混音制作的《新星诞生》（A Star is Born）两部影片就已经采用了 Dolby Surround，只不过这两部影片不像《星球大战》那样引人注目而已。Dolby Surround 这种格式的前身是 Dolby SR（Spectral Recording），它是模拟环绕声录音的标准格式，当然，数字环绕声录音的标准格式已经是 Dolby Digital 了。Dolby Surround 的逐步大规模应用也促使了家庭影院环绕声格式的诞生，这便是 Dolby Pro Logic，它将从左右主声道提取的信号作矩阵处理，从而形成前中置声道和后环绕声道的信号。Dolby Pro Logic 最新的版本是 Dolby Pro Logic Ⅱ，其增强版本 Dolby Pro Logic Ⅱ X 可将矩阵处理后的音频信号拓展到 7.1 声道进行还原。之后，杜比公司开发出了一种非矩阵处理、各声道信号独立的新环绕声格式，最初称做“AC－3”，后来改名为“Dolby Digital”。这是一种“压缩”的环绕声音频格式，目前已经被数字电视和普通清晰度的 DVD－Video 正式选定为标准音频格式。而 Dolby EX 这个增强版本是与 THX 公司共同开发出来的，具备 6.1 声道编解码能力。

接下来 Dolby Digital Plus 可以被看做 Dolby Digital 的扩展格式，可向下兼容现存数量巨大的 Dolby Digital 环绕声接收机和数字机顶盒。Dolby Digital Plus 通过数字音频光纤和同轴界面，可以被转换为 Dolby Digital 格式，但其数据码率较 Dolby Digital 要高一些，大约为 640 kb/s，而 Dolby Digital 一般则是在 192～448 kb/s 之间。如果通过最新的 HDMI(High Definition Multimedia)界面，Dolby Digital Plus 信号将会被优先传送。

随着高清技术的快速发展，无损编码标准显得尤为必要，Dolby True HD 就是专门针对 HD DVD 以及 Blu-ray 而产生的，它是一种无损的格式，没有经过数据压缩。Dolby TrueHD 的核心是 MLP 无损压缩技术，即在 DVD-Audio 格式中得到使用的高清晰度音频技术。由于 HD-DVD 和 Blue-ray Disc 提供了巨大的数据传输率(如 HD-DVD 高达 24 Mb/s)，Dolby TrueHD 能够实现 48～192 kHz 的取样率和 16～24 bit 的取样精度，而普通 CD 格式不过是 44.1 kHz/16 bit 而已。另外，Dolby TrueHD 解码器可以提供两声道、六声道或八声道的音频回放，对于音/视频发烧友来说，他们的多声道高清晰度环绕声的梦想即将实现。

1993 年的《侏罗纪公园》(Jurassic Park)对于 DTS(Digital Theater Systems)，就像《星球大战》对于杜比公司一样，是这两家公司进入影院环绕声领域具有里程碑意义的作品。DTS 公司和杜比公司的创始人分别是特瑞·伯尔德(Terry Beard)和雷·杜比(Ray Dolby)。特瑞·伯尔德 1990 年在一个皮鞋仓库里创立了 DTS 公司，接着从环球录音室、史蒂芬·斯皮尔伯格等处得到了资金进行发展。DTS 已经同 Dolby Digital、Dolby SR、Sony Dynamic Digital Sound 一样，成为了影院环绕声格式的标准之一。在发行了一系列的 DTS 编码的 CD 碟片之后，DTS 也进入了家庭影院领域，成为了 DVD-Video 碟片的环绕声格式之一。DVD 联盟当初在制定 DVD 标准时只确定了 8 声道 Dolby AC-3 作为标准环绕声格式，但经过 DTS 的长期努力，DTS 格式也逐渐被 High-End 级别的前级或专业级别的放大器所支持，慢慢也进入到消费级的环绕声接收机和 DVD 播放机中。

DTS-HD 是在杜比公司宣布 Dolby Digital Plus 和 Dolby TrueHD 出现后而针对高清时代产生的，是目前 DTS 公司最新的环绕声格式名称，能兼容所有 DTS 公司的格式，包括 DTS、DTS ES Discrete、DTS ES Matrix、DTS Neo:6 和 DTS 96/24。

对于这两个有代表性的环绕声家族，到底哪个更适合现在发展的需要，每一个又具有什么特点，下面分别作一介绍。

7.2 Dolby(杜比)环绕声编码标准

7.2.1 Dolby AC-3 音频压缩算法

MPEG-1 音频压缩编码算法是针对两声道的音频开发的，随着影音事业的快速发展，原有的立体声形式已不能满足要求，而且高保真、高效率已成为必然趋势。许多已经宣布的和潜在的应用技术的测试表明，Dolby AC-3 编解码器具有多功能性，它不是一种呆板的系统，而是一种采用可以使诸如比特率和声道数这类参数能适应不同特性、应用的灵活程序处理家族。Dolby(杜比)公司开发的 AC-3 数字音频压缩编码技术与 HDTV(High Definition Television)的研究紧密相关。

1987 年，美国高级电视咨询委员会(ACATS)开始对 HDTV 制式进行研究，要求它的声音必须是多通道的环绕声。当时还只有模拟矩阵编码的多通道立体声技术，后来虽然有了 Dolby AC-1、AC-2 数字音频编码技术(Dolby AC-1 主要用于卫星通信和数码有线广播，AC－2 用于专业音频的输出），但还是满足不了要求。为了提高 HDTV 声音的质量，避免模拟矩阵编码的局限性，提出了双通道的码率提供多通道的编码性能的设想，Dolby AC－3 就是为了实现这一设想而开发的，它是由日本先锋公司与美国杜比实验室联合研制而成的。Dolby AC－3 支持输出声道数目可变，但以 5.1 环绕声道为基础，它包括 6 个完全独立的声音声道：前面三个声道，即左右两路主声道、1 个中置声道，左右两路环绕声道，这 5 个声道都是全频域声道，即频率范围在 20～20 kHz，外加一个重低音声道，它是一个不完全声道，只发 20～120 Hz 以下的低音，称之为 0.1 声道，这样便构成了 5.1 声道格式。另外，Dolby AC－3 可以把五个独立的全频带和一个超低音通道的信号实行统一编码，成为单一的复合数据流。通道间的隔离度比矩阵时大为改善，两个环绕通道互相独立实现了立体声化，超低音道的音量可独立控制。就技术指标而言，AC－3 的频响为(20 Hz～20 kHz)±0.5 dB(－3 dB 时为 3 Hz～20.3 kHz)，超低声道频率范围是(20～120 Hz)±0.5 dB(－3 dB 时为 3～121 Hz)。可支持 32 kHz、44.1 kHz、48 kHz 三种取样频率。数码率可低至单声道的 32 kb/s，高至多声道的 640 kb/s，以适应不同需要。

Dolby AC－3 是一种全数字化分隔式多通道影片声迹系统，它的所有声道均是采用全数码方式录音，不像杜比定向逻辑和 THX 采用模拟方法录制，克服了传统杜比环绕声的缺点，采用了效率极高的数码压缩编码技术。另外，Dolby AC－3 系统的其他优点可以总结如下：

(1) 真正的立体环绕声。它不仅能够为听者提供完全的包围感，而且具有声像定位能力。在早期的杜比定向逻辑系统中，只提供单声道环绕声，使得后方环绕声道只有包围感而没有声像定位能力。而 Dolby AC－3 系统除了能够分别向左、右环绕音箱馈送信号，使环绕声道成为立体声声道外，关键是它还能把声音定位到后方的某一点。比如，在子弹的发射过程中，杜比定向逻辑只能简单辨别子弹发射的声音是从前方射向后方，而 Dolby AC－3 能更精确地辨别出子弹是从左前方射向右后方，能正确判定后方的某种声音是从左边还是从右边发出的。这样，在杜比定向逻辑系统中难以再现的直升飞机沿房间绕场一周的音效，在 Dolby AC－3 系统中就可以实现这种音效。

(2) 全音频范围的宽频带和各个通道完全隔离。杜比定向逻辑系统中的环绕声带宽仅限于 100 Hz～7 kHz，其他声道也只限于 20 Hz～16 kHz，而 Dolby AC－3 的五个声道则是完全独立的全声道，使得它的音场更加宽广，方向感增强，在前后 360°的空间内能非常精密地重放各种声音，以及可选用的第六个超低音的专用通道，因为它的频带很窄，也只能算 1/10 个通道，采用这种 5.1 通道的环绕声系统，使得声向定位，相位特性和声场的重现性更为优越，并容易在一般的家庭中取得和电影院一样的环绕声效果。

(3) 极宽广且可控的动态范围。Dolby AC－3 不仅能够播放猛烈的撞击声，而且能够播放一粒尘埃落地的细节声，这都与它可控的动态范围有关，且可以根据用户的需求来改变。比如：对于那些住在公寓里或者喜欢在深夜观看节目的人，需要以小音量聆听大动态的电影节目，这时可以利用 Dolby AC－3 的小音量设定功能，将动态范围适当压缩，使得信号中低电平的部分依然清晰，而且系统也可以对音量进行动态控制，使声音不会忽大忽小。另外，Dolby AC－3 系统可以按用户设定音量的大小及数码流中的音量大小信息，主动控制增益或输出电平的高低。这样没到节目变换特别是插播广告是不再需要调整音量的。

(4) 与现行音响系统的兼容性。Dolby AC－3 系统可以与杜比定向逻辑环绕声、双声道立体声甚至单声道系统以及其他种类的音响系统很好地兼容。它对每一种节目方式，都有一个指导信号，并能在工作时自动地为使用者指示出节目的方式，甚至可以将 5.1 声道的信号内容压缩为单声道输出，其声道效果要比传统的单声道系统好得多。另外，Dolby AC-3 与 MPEG 是不同的音频方式，不能实现对 MPEG 音频的向后兼容，不过其他功能大体相同，比如同步。在压缩性能方面，难以直接比较它们，因为压缩性取决于编码器的能力和输入信号，同 MPEG-2 相比，AC-3 可望减少一定的比特率。

1. Dolby AC-3 音频编码原理

Dolby AC-3 是在 AC-1 和 AC-2 基础上发展出来的多通道编码技术，AC-1 采用自适应 Δ 调制和模拟的压缩扩展技术，它不是感知编码器。而 AC-2 是一个单声道的编码器，在用于双声道或多声道时，各声道是独立的，它是感知编码器。AC-3 保留了 AC-2 的许多特点，如窗处理、变换编码、自适应比特分配；AC-3 还利用了多通道立体声信号间的大量冗余性，对它们进行“联合编码”，从而获得了很高的编码效率。图 7.1 为 Dolby AC-3 编码器原理框图。图 7.2 为 Dolby AC-3 编码流程图。

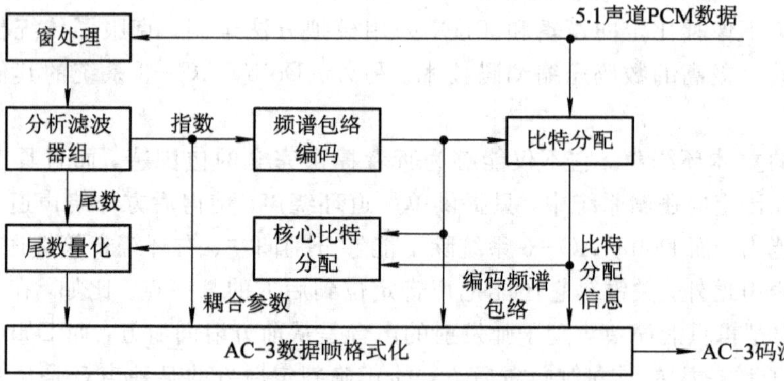

图 7.1 Dolby AC-3 编码器原理框图

AC-3 输入的是六通道的 PCM 声音数据，输出的是压缩后的数码流。编码的第一步是，把时域内的 PCM 取样数据变换成频域内成块的一系列变换系数，每个变换系数以二进制指数形式表示，即由一个指数和一个尾数构成。指数集反映了信号的频谱包络，用频谱包络决定分配给每个尾数多少比特。第二步基于心理声学模型的核心比特分配，根据掩蔽准则分析音频信号的频谱包络，以决定给每个尾数分配的比特数，决定什么值下的信噪比是可以接收的。最后由六个块的频谱包络、粗量化的尾数及相应的参数组成 AC-3 数据帧格式，连续的帧汇成数码流输出。下面分别介绍每个模块的功能。

1）窗处理和分析滤波器组

在处理音频信号时，一般都是分块处理。每块包含 512 个采样值，有 50% 的重叠，所以每块都有 256 个采样值是新的。同时，每个音频的采样值都会出现在两个块中，要处理的采样值就成了双倍数值，但为了提高时域分辨率和消除块效应，这是必需的步骤。对这个音频数据分块的完成，主要是靠窗函数来实现的，用 512 点的窗函数乘以 512 个采样值矢量就可以得到。分析滤波器组的作用就是把音频信号从时域变换到频域，便于心理声学模型的计算，同时也是变换编码的基础。

在进行变换编码时，存在时间分辨率和频率分辨率之间的矛盾，不能同时兼顾，必须

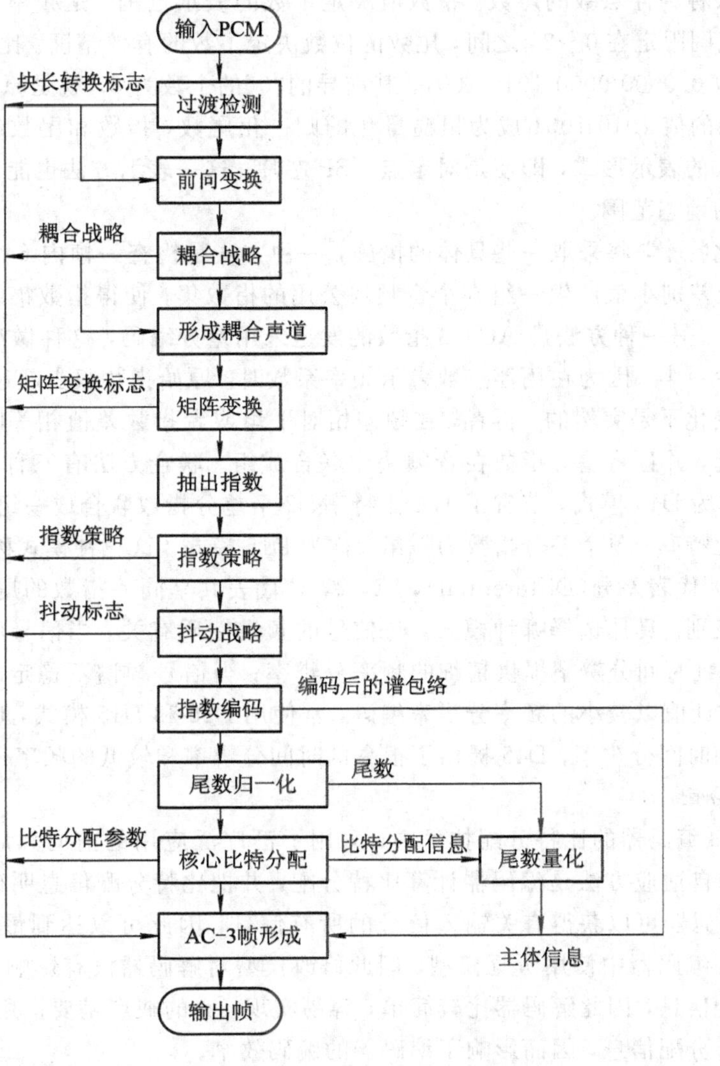

图 7.2　Dolby AC-3 编码流程图

统筹考虑处理。对于稳态信号，其频率随时间变化缓慢，要求滤波器组有好的频率分辨率，加一个长的窗函数。反之，对于快速变化的信号，要求有好的时间分辨率，加一个短的窗函数。具体流程当中使用的是过渡检测，看何时使用短块和长块的变换，使频域和时域的综合性能随信号的变化特征达到最佳。在编码器中，输入信号通过一个 8 kHz 的高通滤波器取出高频成分，用它的能量和预先设定的阈值相比较，从而判断输入的信号是稳态还是瞬态。在 AC-3 中，PCM 样值是采用 48 kHz 的采样频率得到的，对于缓慢变化的，选用块长度为 512 个样值，则频率分辨率为 187.5 Hz，时间分辨率为 5.33 ms；而对于瞬态变化的信号选用 256 个样值的短块，时间分辨率提高一倍为 2.67 ms，而频率分辨率降低一半，为 375 Hz。

2）*频谱包络编码*

经窗处理和分析滤波器组的处理，得到的频域变换系数转换为二进制浮点。浮点运算通常由处理指数和处理尾数的两个定点组成，即浮点数是由一个纯小数乘上一个指数值，纯小数部分被称为浮点数的尾数。指数值决定了数的表示范围，是频率系数二进制前导 0 的个数，其范围限定在 0～24 之间，尾数的位数决定了数的有效精度。比如：一个 16 bit 精度的二进制数 0.0000 0000 1010 1001，其前导的"0"的个数为 8，就是原始指数；该数左移指数位，后面的值 1010 1001 成为粗糙量化的归一化尾数，指数和尾数编入比特流中。对于这种浮点数的表示形式，即使是对定点 DSP 芯片，这一表示方法也能保证中间处理过程不损害信号的动态范围。

为降低比特率，将采取一些具体的措施，一种方法是检查一帧内 6 个音频块的原始指数的差别，若差别小就产生一组 6 个音频块公用的指数集，使得指数集编码的数码率减小为原来的 1/6。另一种方法是 AC-3 指数的发送采用差分编码，这种做法可将指数编码后的比特率减少一半。因为在用浮点数表示频率系数时，原始指数很少超过±2，这说明声音信号幅度的变化不是突然的。再者，在频谱相对平坦或者指数差值相等时，可以将两种方法结合在一起，并且将差分指数在音频块中联合成组。联合方法有三种：4 个差分指数联合成一组，称为 D45 模式，节省了 1/4 比特率；2 个差分指数联合成一组，称为 D25 模式，节省了 1/2 比特率；单个差分指数为一组，称为 D15 模式。这三种模式称为 AC-3 指数策略。其中，"D"代表差分(Differential)，"1，2，4"代表共享同一指数的尾数数目；"5"代表量化的 5 个级别。具体选择哪种模式，与信号的频谱性质有关。当信号频谱稳定时，采用 D15 模式，牺牲时间分辨率提供精细的频率分辨率；当信号频谱不稳定时，要经常更新频谱估计值，估计值以较小的频率分辨率编码，常使用 D25 和 D45 模式，D25 提供了合适的频率分辨率和时间分辨率，D45 提供了很高的时间分辨率和较低的频率分辨率。

3) 比特分配

在 AC-3 编码器的比特分配技术中，采用了已广泛应用的前向和后向自适应比特分配原则。前向自适应方法是编码器计算比特分配，并把比特分配信息明确地编入数据比特流中。由于编码器可以获得有关输入信号的所有信息，因此可以达到最精确的比特分配。它的特点是在编码器中使用听觉模型，因此修改模型对解码器没有影响。由于解码器不用计算比特分配信息，因此解码器比较简单，容易实现。它的缺点是要占用一部分有效比特，用来传送比特分配信息，因而影响了编码器的编码效率。

后向自适应方法没有从编码器得到明确的比特分配信息，而是从数据码流中产生比特分配信息。这种方法的优点是不占用有效比特，因此有更高的传输效率，有更多的比特用于声音数据的压缩编码。其缺点是，从接收的数据中计算比特分配，计算不能太复杂，否则解码器的硬件成本将升高，二是编码器中的听觉模型更新后，解码器的算法随之要做相应改变。

Dolby AC-3 采用的是混合前向/后向自适应比特分配，因此克服了前、后向自适应方法的部分缺点。它在编、解码器中都采用了一个核心后向自适应比特分配，建立在一个基本的听觉模型的基础上，利用了解码后的频谱包络对量化噪声的掩蔽效应，虽然处理简单，但非常精确。这些模型参数包含在 AC-3 码流中，解码器中的核心比特分配模型，可以根据这些参数进行调整。编码器用比较复杂的听觉模型计算出一种比特分配，称为理想比特分配，然后将它和编码器的核心比特分配模块结果相比较(编码器中的核心比特分配模块与解码器中的核心比特分配模块是完全相同的)。如果调整核心比特分配的某些参数就可以和理想比特分配模块达到较好的匹配，那么编码器就算完成了比特分配；如果调整参数无法使二者匹配，那么编码器再单独地传送某些额外的修正比特分配信息给解码器。因为通常核心比特分配非常接近理想比特分配，因此只有很少的额外修正比特分配信息需要传送。一般情况下，AC-3中只需要传送核心比特分配模型的参数，所需的比特数是很少的，这样就可以有更多的比特用于声音信号。由于AC-3编码器中既有核心比特分配模块，又有理想比特分配模块，而理想比特分配模块实际上采用的是前向比特分配技术，因此可以弥补后向比特分配技术不灵活的缺点，保证以最少的比特传送最佳质量的声音。

4）尾数量化

尾数量化的功能是按照比特分配程序的比特数对尾数进行量化。分配给每个尾数的比特数可由一张对照表查到，这张对照表是按输入信号的功率谱密度和估计的噪声电平阈值的差值建立的。每个尾数的量化精度在1～24比特之间。在给定的比特下，编码器需要将比特数以最佳方式分配给每个尾数，以获取较高的声音质量。因此需对每个归一化尾数的比特进行优选分配，用频谱包络决定分配给每个尾数多少比特。

5）声道耦合和矩阵重组

声道耦合是将各声道的高频部分组合起来，将各声道的信号包络与组合的耦合信号一起传送。当编码音频信号所需的比特数明显超过了可用的比特数时，可以要求耦合。它利用了人耳对高频定位的特性，即人的听觉系统对高频信号的声音定位根据的是到达人耳的信息的“包络”，而非信号本身。AC-3利用这个原理将高频信号分离成包络分量和载频分量，对包络信息的编码比对载波的编码更细致。因为主要的声音定位信息在包络数据中，载频可以在任何情况下根据人耳的听觉特性与包络组成来恢复原来的效果。这种技术可以准确地保护各个分离的声源声音的空间感和其他音频特性，同时保护每个声源信号分量的声音强度和每个扬声器反馈的声音强度，并且在对多声道音频节目进行编码时，利用声道耦合技术可进一步降低数码率。

矩阵重组是指相关性强的声道进行变换编码。在两声道模式下，仅对原始信息的和、差进行编码以减少数据量。矩阵重组不仅可以提高编码效率，还有利于杜比环绕声的兼容。

6）Dolby AC-3帧结构

将以上模块的各部分融合，形成AC-3数据流格式，输出连续的帧汇成数据流。AC-3帧格式如图7.3所示。

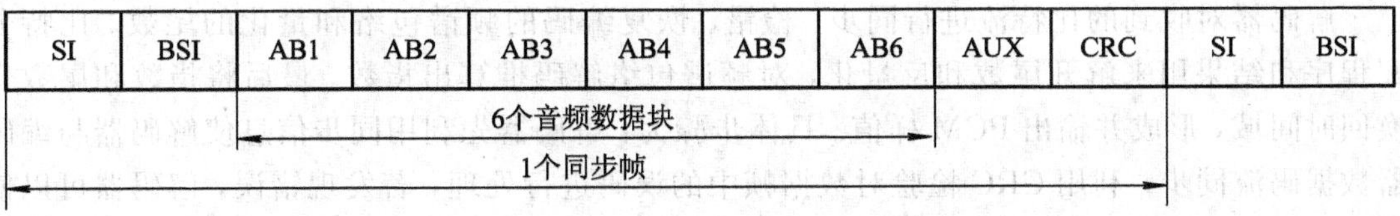

图7.3　Dolby AC-3帧结构图

每个Dolby AC-3同步帧由同步信息开始，后接1个比特流信息块以及6个编码的音频数据块，音频数据后可有1个辅助数据区，同步帧以循环码冗余检验字CRC结束，用于码字检错。其中：

(1) SI代表同步信息，16个比特，含有同步码字、冗余检验CRC1及采样速率和帧长的码字。

(2) BSI 表示比特流信息由描述编码音频环境的参数组成，共 31 个参数，含有切换标志、抖动标志、动态范围控制、耦合策略、耦合坐标、指数策略、指数、比特分配参数及尾数等参数。

(3) AB 表示音频数据块，分为 AB1、AB2、AB3、AB4、AB5、AB6 共 6 个音频块，每块包含 256 个样点，共有 1536 个样点。

(4) AUX 表示辅助数据块，辅助填充比特用于插入专用控制和状态信息。

(5) CRC 表示纠错检验码组，分为 CRC1(设置在 SI 内)和 CRC2(16 个比特)帧末尾，用于前 5/8 和 3/8 帧的校验。

AC-3 同步帧必须满足以下约束条件(这些约束条件可减少 AC-3 解码器的输入存储缓冲区的大小)：

(1) 块 0 和块 1 的长度之和不大于帧长的 5/8；

(2) 块 5 的尾数与辅助数据长度之和不大于帧长的 3/8；

(3) 块 0 总包含有正确解码比特流所需的全部必要信息；

(4) 当耦合标志从 off 变到 on 时，所有耦合信息都包含在此耦合标志为 on 的数据块中，而以前耦合标志为 on 的数据块中的耦合信息不再使用。

AC-3 比特流语法对编码器没有提出具体要求，因此可根据具体要求设计复杂度不同的编码器，而解码器不需变动。

2. Dolby AC-3 解码原理

解码过程基本上是编码的逆过程。AC-3 解码器的基本原理框图如图 7.4 所示，解码流程如图 7.5 所示。

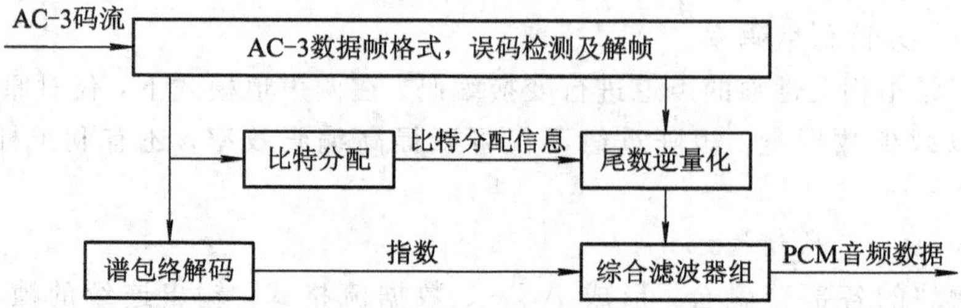

图 7.4 Dolby AC-3 解码器的原理框图

解码器对收到的比特流进行同步、检错、恢复编码的频谱包络和量化的尾数。比特分配程序和结果用来解开尾数和反量化，对频谱包络解码推算出指数。最后将指数和尾数变换回时间域，形成并输出 PCM 样值。具体步骤为：解码器先利用同步信息使解码器与编码器数据码流同步，利用 CRC 检验对数据帧中的误码进行处理，若发现错误，解码器可以使用误码掩盖或者静音等措施加以处理，使其成为完整、正确的数据，然后进行数据帧的解格式化。解格式化包括两个阶段：第一阶段将固定格式的数据解出，包括指数、耦合系数、比特指派信息等，利用这些数据恢复量化尾数的比特数；第二阶段是利用比特分配计算出的指针解出变格式的量化尾数，频谱解码后产生指数序列，比特指派流程根据解出的指数序列及比特指派信息计算量化尾数的比特数，指数和尾数组合成转换系数，并经逆 MDCT 变换形成时域中的 PCM 时间样本。

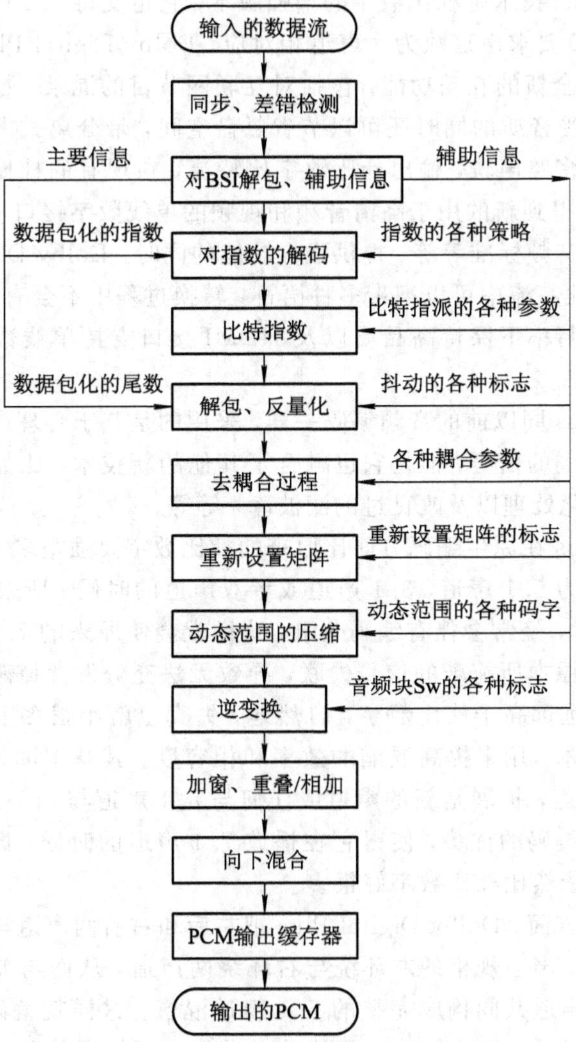

图 7.5　Dolby AC－3 解码器的流程图

另外，Dolby AC－3 解码器还包括以下功能：高频成分耦合的声道必须进行去耦合；在两声道模式下，如果声道已经重组，必须进行反重组；合成滤波器组的精度必须以编码器、分析滤波器组相同的方式进行动态调整；标准的声道增减技术，该技术使任意声道数的 AC－3 码流可通过具有任意声道数的播出系统播放，且播出的音频质量是最佳的。

7.2.2　Dolby Digital Plus 编解码技术

杜比实验室的杜比数字技术的高效率编码在数字电视以及 DVD 5.1 声道的音效上，都立下了汗马功劳。随后，杜比公司又发布了杜比数字 Surround EX 技术，在 5.1 声道的基础上增加了一个后中置声道，成为 6.1 声道，使得临场感得到了增强，且提高了兼容性，但缺乏定位性。于是推出了 Dolby Pro Logic IIx 技术，变成了 7.1 声道，该技术能通过复杂的矩阵运算将两声道的音轨分离为 7.1 声道还原，可以应用在电影和游戏领域。当迈进高清时代以后，杜比公司隆重推出了全新的 Dolby Digital Plus 音频环绕声格式。

Dolby Digital Plus 技术是杜比数字的增强版本，它也支持 7.1 声道的环绕声技术，正好与高清的蓝光 DVD 要求声道数为 8 声道相对应。Dolby Digital Plus 能够为高端系统提供更高的数码率以及全新的互动功能，包括对互联网节目的混录、数字媒体流式传输以及高效率的编码，在享受音质的同时还可以节省磁盘空间，带分离式声道输出并支持在一般已编码比特流中携带多路声轨，输出杜比数字比特流，在现有的杜比数字系统上播放，码率最高可达 6 Mb/s，得到新的用于高清音频和视频的单线数字接口 HDMI ver1.3a 的支持以及蓝光光盘的可选音频标准等等。提供强大功能的同时，Dolby Digital Plus 的优点也是显著的，比如：一般比特流中可以携带多种语言，转换过程中不会有等待时间或降低质量，在更加高效的广播比特率下保持高品质以及 HDMI 接口支持单线数字连接，消除了多线连接的混乱与复杂。

Dolby Digital Plus 同以前的音频编码一样，采用的是基于心理声学模型的掩蔽效应来压缩掉那些人耳听不到的信号，但是它也融合了其他的新技术，比如频谱扩展、强化的频谱耦合、改良的量子化处理以及改良过的滤波库，等等。

Dolby Digital Plus 在原生编码方面比原来的杜比数字要强很多。原来的杜比数字在经过 Down mix 混缩变为 5.1 声道、3.1 声道或者双声道的时候，所采用的是一种重新矩阵(Ream Training)技术，经常会伴有编码杂讯，这样就会使原来的 7.1 声道信号产生偏差，因为这些偏差信号与原本所掩蔽的信号失联，导致无法充分发挥掩蔽效应。而 Dolby Digital Plus 的最高码率远远高于杜比数字，自然地，失真也就小很多了，并且它采用了崭新的高效率压缩编码技术，用来提高混缩的效率和相容度。其基本的架构是“核心＋扩展”，核心是完整的 5.1 声道，扩展是新的声道或任何与 5.1 声道与 7.1 声道之间的差异声道。这种基本架构和原生编码的优势，使得它在播放 7.1 声道的时候，即使只采用 1 Mb/s 的码率，其播放的效果依然比杜比数字好很多。

在信号处理方式方面，Dolby Digital Plus 把左后和右后两声道与左环绕和右环绕两声道混缩之后，生成 5.1 声道规格的左环绕与右环绕两声道，从而与前左主声道、前右主声道以及中置、超低音声道共同构成完整的 5.1 声道混音，这样就编码成了核心音频封包，用来进行数字信号的输出。7.1 声道在此基础上采用音频扩展封包，不使用 Down mix 所生成的左环绕与右环绕两声道，它总共处理的信号实际上是 9.1 声道，多出来的两个声道就在 Down mix 中，并且是相关联的，也就是说是要向下兼容杜比数字的。另外，Dolby Digital Plus 的 Down mix 的设计优势在于分开处理删减式编解码和非删减式编解码，避免了一起处理形成“删减式核心＋非删减式扩展”的结果，在重新矩阵的时候，删减式信号会出现信号劣化的现象，而非删减式信号则会出现信息量大增的情况。

在编码数据流方面，Dolby Digital Plus 可以任意选择信号源，并进行 640 kb/s 杜比数字标准编码数据流的转换。这个数据流的转换不需要进行先解码为 PCM 数据然后再编码，这样可以避免产生编码杂讯，提升音质。另外，它还可以采用双数据流混合技术，即在主声道之外添加单声道辅助声轨作为对白声道，而这个声轨通过携带混合型中继数据信息来实现响度调整，可以看出，Dolby Digital Plus 的数据流中的低数据流编解码模式，很适合将功能集成在单个芯片之中，这样辅助声轨在创作与使用中就很方便了。

在应对蓝光 BD 和 HD DVD 的技术处理上，Dolby Digital Plus 的编码数据流的特点是当码率增加时，编码框会变得更短，以便所界定的音频封包始终保持在所限定的容量范围内，这样不同的编码框其码率也是不一样的，以此来满足 HD DVD 的要求。而蓝光 DVD 没有这样的限制，可以传输最大码率为 640 kb/s 的杜比数字信号。

7.2.3　Dolby TrueHD 编解码技术

Dolby TrueHD 是杜比公司发布的最新音频编码技术，它是一种近乎 100％无损的音频技术，提供的非删减式多声道音频技术可以带来质朴的录音棚母带的效果，与原始录制的音效相比没有任何信号损失。在这种格式中，它支持中继数据，并拓展了元数据支持的范围，使音乐制作者和创作者可以对音频播放过程进行更高级的控制，获得更先进的音频操控处理，保证各种聆听环境都能有非凡的音效，带来最佳优化的音乐表现。而对于目前以迅雷不及掩耳之势席卷人们视听感受的高清，Dolby TrueHD 也占有很大的份额，在每一台 HD DVD 播放机中，它是标准音频配置，而且蓝光光盘播放机都开始使用该技术，同时好莱坞影片发行商已经发布超过 280 部基于 HD DVD 和 Blue-ray 格式并搭载了这种杜比技术的影片。它的特点可以总结如下：

(1) 完全无损的编码技术，提供与母带完全一致的听觉享受；

(2) 码率可达 18 Mb/s；

(3) 支持多达 8 个分离式 24 b/96 kHz 全频带声道，为了获得无可挑剔的环绕声而提供比以往更多的分离式声道；

(4) 得到 HDMI ver1.3ade 的支持；

(5) 具有支持对白归一化与动态范围控制的元数据功能，当切换到另一个杜比数字和杜比 TrueHD 时，对白归一化可以保持相同的音量水平，动态范围控制能够进行应需而变的音频播放，降低尖峰音量，同时能够体会音轨中的所有细节。

这种编码技术当时获选为 HD DVD 的音频标准，以及 Blueray 光盘的可选音频标准，并且能够兼容今天的、未来 AV 接收机与套装家庭影院。

那么，对于这么一种近乎完美的编码技术，它与前面的 Dolby Digital Plus 之间有什么差异吗？当然，区别在于：首先，Dolby TrueHD 技术提供纯净、无损的多声道音频，是专为下一代高清媒体需要而设计的，而 Dolby Digital Plus 技术以高效的码率提供令人惊叹的音质，但它并不是一种无损的格式；其次，在应用上，Dolby TrueHD 技术的目标是 HD DVD 及 Blu-ray 技术的音频光盘，在理论上它支持 13.1 声道，码流率高达 18 Mb/s，而 Dolby Digital Plus 技术对于带宽有限的环境如高清晰度卫星、有线和地面广播节目而言是理想的选择；最后，使用 Dolby Digital Plus 技术可以节省磁盘空间。

Dolby TrueHD 编码技术采用全新的传输方式，传输码率取决于信号特性、取样率等差异，是一个变化的量，最高可达 18 Mb/s。多声道的 Dolby TrueHD 的格式可以在 48～192 kHz 的取样率之间设定选择，也可以在 16～24 bit 的字节长度之间进行任意设定选择，但选择的前提是每个声道的取样和字节长度必须相同，即前、后、左、右各个声道的规格是完全一致的。因为它还采用了互动模式与音频声道互换混音模式的设计，在解码时，将由 Dolby TrueHD 播放机直接解码，也就是由多声道解码器的播放机来还原这令人期待的高音质规格，而不是由功放来负责解码。

Dolby TrueHD 采用的是真正的非删减式多声道音频压缩格式，其核心技术是 MLP 无损压缩，相关技术包括非删减式矩阵处理、解相关等技术。MLP 无损音频格式的使用时间更长、范围更广、更成熟、更稳定可靠。有损的音频格式所感知到的音质取决于音源素材的性质、编解码的压缩效率、所选择的传输码率、播放硬件的质量以及聆听环境等诸多因素的影响，可能听起来像原声，但是不能保证实际音质。而无损的音频格式听起来声音总是与原始的一模一样。在解码时，Dolby TrueHD 解码电路在解码时会验证输出的音频是否无损。

Dolby TrueHD 的音频流是结构化的，一个播放器只需要解码它所需要的声道数目就可以了，能在 2 声道、5.1 声道、7.1 声道之间精确控制播放种类，这就保证了单个 Dolby TrueHD 编码数据流既可以用来传输 2 个、6 个、8 个声道的节目，同时也可以按照节目制作商的设定对播放进行精确的控制。另外，Dolby TrueHD 的中继运用与 Dolby Digital Plus 相似，包括减少声道数量的混音处理，用于深夜的低动态范围，对白正常，不同声道音量一致化等。表 7.1 是传输 5.1 或 7.1 声道 Dolby TrueHD 无损音轨时，音效是电影音效、采样频率是 48 kHz、6 声道时对于码率的要求，以及信号经过 Dolby TrueHD 的非删减式压缩编码后的变化。

表 7.1　传输 5.1 或 7.1 声道 Dolby TrueHD 无损音轨对于码率的要求

码率/(b/48 kHz)	源码率/(Mb/s)	峰值码率/(Mb/s)	平均码率/(Mb/s)	压缩比
16	4.61	3	1.4	3∶4
24	6.9	5	3.4	2∶0
16	6.14	3.8	1.9	3∶1
24	9.2	6.6	4.7	2∶0

7.3 DTS 环绕声编码标准

7.3.1 DTS 环绕声技术

DTS 数字影院系统是杜比数字环绕声出现两年之后出现的又一种环绕声系统。它的发展历程如同杜比一样，两种环绕声技术一直在并驾齐驱，推动了电影业的发展。在电影院的系统中，声音的记录一直是采用软片胶卷，其上有记录两个声轨的光学轨迹。杜比数字环绕声是将数字声音信号记录在胶片的孔与孔之间，而 DTS 则不是，它只是在胶片上记录时间码，然后根据它同步播放记录声音信号的 CD 盘片，使影片的声音与画面同步，并且不必非要使用高压缩比，保留了更多的弱音和高音细节，所以音质更高。DTS 的设计目标是使音乐重放达到视听室的水平，多声道格式使家庭影院的声音重放质量在保真度及声像准确度方面得到全面的提高，并且压缩算法应是广泛使用而且灵活的，编解码算法相对简单而且向前兼容。针对这个目标，采用了相干声学编码技术。它的特点如下：DTS 相干声学最高比特率可达 4.096 Mb/s，量化位数最高为 24 位，每通道的采样频率最高为 96 kHz，并支持最多 8 个独立声道；压缩比为 1∶1～40∶1，DTS 多声道数字音频可采用无损压缩或有损压缩技术，前者可以有效增加播放时间但不增加最大声道数，后者既增加播放时间又增加声道数。有损压缩方式可工作在固定比特率上。通过把编码误码率强行限制在一个固定绝对值以下，还可进行可变率模式的无损压缩。无损压缩的最大音频声道数等于或小于 PCM 编码的最大声道数；采用可变长度编码可以提高编码效率，低比特率情况适宜使用可变长度编码，解压复杂性比固定长度编码的解压复杂性高，但在低比特率时只解压更少的比特。因此，在高与低比特率之间解压计算是相对恒定的；为了使多声道音频格式与标准立体声或单声道重放系统兼容，解码器包括向下兼容 n 声道、n－1 声道、n－2 声道等等。这还包括将 5.1 个独立声道向下混合为矩阵立体声左右声道的能力，并与现行的矩阵环绕声解码器相兼容。

另外，DTS 的编码与解码过程如下：在编码端，输入信号经过了三个相位调制的 AES/EBU 数字音频通道，压缩后的数据是通过一个与数字音频输入信号时钟同步的 AES/EBU 通道输出的，且能够记录在任何数字音频录音装置上。因为同前面的音频编码标准一样，DTS 也是把输入的 PCM 信号分成 32 个子带，它的关键编码方法是自适应预测编码，它可以独立地选择工作在哪个频带内，通过结合差分编码和同步噪声掩蔽阈值，可以提高比特率很低时的码效率，因此降低了能达到主观透明度的比特率的值。对音频多路通道的编码是在固定比率或可变比率上用分配比特的方法进行的。一个多相滤波器组把每一个独立声道的 PCM 信号分为 32 个带宽相等的子带，并利用高效编码增益及较强的子带衰减功能，使其具有较低的计算复杂性。对每一子带进行差分编码，可以去除音频中大部分客观冗余信号。同时，对未编码的信号进行声学同步处理和瞬态分析以感知相关的信息，从而修正每一子带信号的主要差分编码循环。在多声道格式中，比特分配作用于所有编码通道，并随时间、频率及声道改变以优化音频质量。

在解码端，与编码相比，解码算法要简单得多，且不涉及对解码音频质量至关重要的算法，例如比特分配等。这确保了相干声学未来的发展只需要改进编码算法即可，而所有的解码器不需要任何软件和硬件的改变就能适应这些改进。DTS 解码器收到压缩音频数据进行同步后，再对压缩的音频比特流进行解压缩、检测，若有必要还需对传输引起的误码进行纠错，最后将这些信号重新分送到各独立声道中。每一声道的子带差分信号被重新量化为 PCM 信号，再经反向滤波变回为时间域信号。

DSP 功能块既可运行于子带信号，也可运行于时间域信号；既可工作于单独声道，也可工作于所有声道。这些功能包括向下混合、动态范围控制、重新量化及差分时间延迟等。最后，经过光学端子或 RCA(Radio Corporation of American)插口输出模拟及数字形式的 6 个声道的解压缩音频信号。

7.3.2　DTS HD 环绕声技术

当杜比公司在日本宣布了自己的下一代 Dolby Digital Plus 和 Dolby TrueHD 之后，DTS 公司也不甘示弱地宣布了最新研发的 DTS HD(High Definition)环绕声技术标准，使得未来影音市场的竞争将会更加激烈。DTS HD 是被业界称为 DTS＋＋的新标准，是 DTS 标准的无缝升级版本，它将会用在蓝光 DVD 中。可以支持包括 DTS、DTS - ES、DTS 96/24 在内的全系列环绕声处理技术，这表示 DTS HD 标准在提供高级技术扩展的同时更具备了良好的兼容特性。另外，它还具备更高音质、实现多声道模式和网上下载内容的互动性。它的特点总结如下：

(1) 以 7.1 声道为起点，支持 1.5 Mb/s 以上的高比特率，取样频率为 8～192 kHz，与现在的普通 DVD 影碟所采用的 DTS 768 kb/s 等压缩技术相比，它的音质得到了更大的提升。

(2) 数据流量可以根据要求的声音品质而进行灵活的转换，通过采用DTS的无损压缩技术MLP(Meridian Lossless Packing)，它比原来有了更大的改进。MLP是基于多声道特点的DVD音频的核心技术，这项技术可以让唱片内容在光盘上记录多声道24 bit/96 kHz的环绕声编码录音或者是24 bit/192 kHz的立体声编码录音。还原了的MLP无损编码的唱片几乎能达到专业录音室的水平，在编译码过程中没有任何信号损失。而在改进的MLP音频技术上，各方面都比原来有明显的提升，最为显著的是数据流方面，纯音频的HD DVD与BD格式的DVD音频会从原来9.6 Mb/s的数据量提升到18 Mb/s，而声道数从以前的6声道提升到8声道，所以DTS HD提供的细节更丰富，品质更高且能够提供最大32个声道的环绕输出。

(3) 支持32个声道的环绕输出，为将来环绕系统提供了更广阔的扩展方向。由于数据量较大，使用HDMI或IEEE 1394作为数码传输接口。

7.4 音频编码文件格式

7.4.1 概述

根据音频压缩的技术原理不同，音频压缩编码方法也各具特点。一种是基于音频数据的统计特性进行编码，典型的是波形编码技术，目标是使重建以后的信号波形尽可能与原始信号的波形保持一致，特点是编码质量高，但数码率也高；另一种是基于音频的声学特性进行参数编码，以音频信号产生的数学模型为基础，对数字音频信号进行分析，提出一组特征参数，这些参数携带有音频信号的主要信息，编码只需要较少的比特数，其目标是使重建音频保持原音频的特性以及基于人耳的听觉特性进行编码，从人耳的听觉系统出发，利用掩蔽效应，设计心理声学模型，从而实现更高效率的音频编码方法。实际应用中的编码格式并非一种编码方法的简单应用，往往是多种技术的混合应用，也就是混合编码，它克服了前两种编码方式的缺点，吸取了它的优点，既可以保持高的质量又可以以较低的数码率进行传输。

另外，按照压缩后的数据是否有信息丢失，数据的压缩编码也可分为两种形式，即无损压缩和有损压缩。其中，无损压缩简单来说，就是指对压缩数据进行还原之后得到的数据与原来的数据是完全相同的，也称为冗余压缩方法，它利用数据的统计冗余进行压缩，解码后的数据与压缩编码前的数据严格相同，没有失真，是一种可逆运算。这类方法的压缩比例一般不高，仅使用无损压缩方法不可能解决音频数据的存储和传输问题。有损压缩方法也称为信息量压缩方法，它利用了人类听觉对声音的某些频率成分不敏感的特性，允许压缩编码过程中损失一定的信息，也就是说，解码数据和原始数据是有差别的，允许有一定的失真。而且，损失的部分对原始数据听觉的效果影响较小，有损压缩的压缩比往往较大，广泛应用在音频的压缩中，也是大家所熟悉的，但对于对音质比较挑剔的人，尤其是音乐狂热爱好者来说，有损压缩音频文件的音质远远不能满足他们的要求，这时无损压缩就显得非常必要了。下面分别介绍。

7.4.2　无损压缩的音频编码文件格式

1. WAV

WAV是微软公司开发的一种声音文件格式，它本身是一种波形声音文件，是最早的数字音频格式。WAV来源于对声音模拟波形的采样。用不同的采样频率对声音的模拟波形进行采样可以得到一系列离散的采样点，以不同的量化位数(8位或16位)把这些采样点的值转换成二进制数，然后存入磁盘，这就产生了声音的WAV文件。由于Windows本身的影响力，这个格式已经成为了事实上的通用音频格式。WAV格式支持许多压缩算法，支持多种音频位数、采样频率和声道，采用44.1 kHz的采样频率，16位量化位数，因此WAV的音质与CD相差无几。通常使用的WAV格式都用来保存一些没有压缩的音频，但WAV格式对存储空间需求太大不便于交流和传播。实际上，WAV格式的设计是非常灵活的，该格式本身与任何媒体数据都不冲突，只要有软件支持，甚至可以在WAV格式里存放图像。之所以能这样，是因为WAV文件里存放的每一块数据都有自己独立的标识，通过这些标识可以告诉用户究竟是什么数据。在Windows平台上通过ACM(Audio Compression Manager)结构及相应的驱动程序，可以在WAV文件中存放超过20种的压缩格式，比如ADPCM、GSM、CCITT G.711、G.723等，当然也包括MP3格式。

WAV格式记录声音的波形，故只要采样频率高、采样字节长、机器速度快，利用该格式记录的声音文件就能够和原声基本一致，且质量非常高，保证无损压缩。虽然WAV文件可以存放压缩音频甚至MP3，但由于它本身的结构，因此就注定了它的用途是存放音频数据并用作进一步的处理，而不是像MP3那样用于聆听。目前所有的音频播放软件和编辑软件都支持这一格式，并将该格式作为默认文件保存格式之一。这些软件包括Sound Forge、Cool Edit Pro、WaveLab等。

2. APE

APE是目前流行的、由Monkey's Audio出品的一种数字音乐文件格式，并且是目前世界上唯一得到公认的音频无损压缩格式。也就是说，当从音频CD上读取的音频数据文件压缩成APE格式后，还可以再将APE格式的文件还原，而还原后的音乐文件与压缩前一模一样，没有任何损失。由于APE的采样率高达800～1400 kb/s，接近于音乐CD的1411.2 kb/s，远远高于MP3的128 kb/s，因此它在压缩后的音质和源文件音质几乎毫无差异，其音质之佳已经通过了严格的盲听测试，得到了全世界音频爱好者的公认，这些都是其他压缩方式所无法比拟的。其实，在APE出现之前，人们都认为以CD或者WAV来保存自己喜欢的音乐是最好的方法。但APE的出现，足以改变这种看法，因为APE既可以保持音乐信号的无损，又可以以比WAV高得多的压缩率(接近2∶1)压缩文件，不像其他的压缩软件，生成的压缩包必须要先解压还原之后才能播放里面的内容，而Monkey's Audio这种无损压缩编码得到的文件可以直接使用播放器(比如Winamp)进行播放，即可以无需解压直接播放，由于压缩后的APE文件大小只有源文件的一半左右，因此它受到了许多音乐爱好者的喜爱，特别是对于希望通过网络传输音频CD的人来说，APE可以帮助他们节约大量的资源和时间。首款支持APE格式的MP3播放器是昂达VX939。

与Monkey's Audio类似的编码格式还包括WavPack、RKAU、Shorten等。由于它们

的使用相对不是很普及，又或者在某些方面不如 Monkey's Audio 做得好，因此获得的关注程度就逊色很多。

3. FLAC

FLAC 是 FreeLossless Audio Coder 的简称，又称为 Ogg FLAC，它是 Ogg 计划的一部分，因此也是一种开源、免费的音频格式，而且兼容几乎所有的操作系统平台。FLAC 的编码算法相当成熟，已经通过了严格的测试。该格式不仅有成熟的 Windows 制作程序，还得到了众多第三方软件的支持。此外，该格式是唯一已经得到硬件支持的无损格式，Rio 公司的硬盘随身听 Karma、建伍的车载音响 MusicKeg 以及 PhatBox 公司的数码播放机都能支持 FLAC 格式。

目前，对于比较流行的两种无损编码格式 FLAC 和 APE 来说，无论在压缩比(FLAC 的压缩比可以达到 2∶1，对于无损压缩来说，这已经是相当高的压缩比例了，但还是不如 APE 高，大约有 3%左右的差距)还是编码速率和平台的支持以及兼容性方面，两种格式相差无几。它们之间的不同点在于：由于 FLAC 是 Ogg 的产品，所以支持 FLAC 格式的 MP3 播放器较多一些；作为一个开放源代码并且完全免费的无损音频压缩格式，目前很多音频处理软件都可以输入、输出 FLAC 格式文件，这也给音频的后期处理带来了方便；另外，它的解码速度很快，只需进行整数运算即可完成整个解码过程，对 CPU 的运算能力要求相当低，对于 MP3 播放器来说这不啻于一个得天独厚的优势，毕竟作为随身数码产品，不能苛求 MP3 播放器的运算能力；由于 FLAC 的解码复杂程度相对较低，只需执行整数运算，而无需执行占用系统更高频率和更大数据处理量的浮点运算，可以在很简单的硬件(例如汽车音响等)上实现实时解码播放，所以它比 APE 的解码速度快 30%；FLAC 的容错性很强，即使有小段音乐损坏，也不影响后面的音乐播放；此外在处理有损数据时，FLAC 会以静音方式代替有损部分，而 APE 的处理则与常见的有损压缩格式处理的方式相同，以爆音方式代替有损部分。

通过以上的对比，单从技术角度讲，FLAC 要明显比 APE 优秀。原因在于：FLAC 是第一个开源且被世界公认的无损压缩格式，有来自世界各地的顶尖级开发者对 FLAC 进行免费的开发与技术完善；同时，FLAC 有广泛的硬件平台的支持，几乎所有采用便携式设计的高端解码芯片都能够支持 FLAC 格式的音乐；优秀的编码使得硬件在解码时只需采用简单的整数运算即可，这将大大降低所占用的硬件资源。

4. Applelossless

Applelossless 是苹果公司的产品，当然它只能在苹果的音乐播放器上播放，这也是它没有流行起来的原因。但是，这种格式制作非常方便，只需用 iTunes 软件即可直接把音乐 CD 制作成 AppleLossless 文件，不过也只有 Apple 自己的软件才能播放这种格式。

7.4.3 有损压缩的音频编码文件格式

1. MP3

MP3 是 Fraunhofer - IIS 研究所的研究成果。它利用了人耳的特性，削减音乐中人耳听不到的成分，同时尝试尽可能地维持原来的声音质量。在 MP3 出现之前，一般的音频编码即使以有损方式进行压缩，能达到 4∶1 的压缩比例已经非常不错了。但是，MP3 可以实现 12∶1 的压缩比例，这使得 MP3 迅速流行起来。衡量 MP3 文件的压缩比例通常用比特率来表示，即每 1 秒钟的音频可以用多少个二进制比特来表示。通常比特率越高，压缩文件就越大，但音乐中获得保留的成分就越多，音质也就越好。由于比特率与文件大小音质的关系，因此后来出现了以可变比特率 VBR(Variant Bit Rate)方式编码的 MP3。这种编码方式的特点是可以根据编码的内容动态地选择合适的比特率，因此编码的结果是在保证了音质的同时，又照顾了文件的大小，结果大受欢迎。

由于 MP3 是世界上第一个有损压缩的编码方案，所以可以说所有的播放软件都支持它。在制作方面，也曾经产生了许多第三方的编码工具，不过随着 Fraunhofer - IIS 宣布对编码器征收版税，之后很多编码工具又消失了。目前属于开放源代码并且免费的编码器是 LAME，这个工具是公认的压缩音质最好的 MP3 压缩工具。另外，几乎所有的音频编辑工具都支持打开和保存 MP3 文件。目前，MP3 确实显现出疲态，并且随着人们对音乐的要求越来越高，音质已经成为一个不可忽视的条件，由于它的压缩比率高，导致音质方面受到严重影响，尤其是高频方面，许多新一代的编码技术都已经能在相同的比特率下提供比 MP3 优越得多的音质。不过由于 MP3 的影响力实在是太大了，因此存在海量的支持 MP3 的软件，更别提众多支持 MP3 的硬件播放器，如 MPMAN、DiscMan、CD/VCD/DVD 机等等。

2. MP3PRO

在 MP3 出现疲态的时候，为了掌握 MP3 未来的命运，Fraunhofer - IIS 研究所连同 Coding Technologies 公司和法国的 Thomson multimedia 公司，共同推出了 MP3PRO。与之前的 MP3 相比，这种格式最大的特点是能在低达 64 kb/s 的比特率下提供近似 CD 的音质。该技术称为频谱恢复技术 SBR(Spectral Band Replication)。该技术能够极大地提高感知音频编码器的压缩比率，可以避免编码器对音频信号高频部分的编码与传输，在接收端重构高频部分，从而在比特率低的条件下能得到更高质量的音频信号。在 MP3 中，它在原来 MP3 技术的基础上专门针对原来 MP3 技术中损失了的音频细节进行独立编码处理并捆绑在原来的 MP3 数据上，因此在播放的时候通过再合成而达到良好的音质效果。

MP3PRO 格式的文件类型也是 MP3，与 MP3 是兼容的。MP3PRO 播放器可以支持播放 MP3PRO 或者 MP3 编码的文件；普通的 MP3 播放器也可以支持播放 MP3PRO 编码的文件，但只能播放出 MP3 的音质。虽然 MP3PRO 是一种优秀的技术，由于技术专利费用的问题以及其他技术提供商(如 Microsoft)的竞争，MP3PRO 并没有普遍流行。可以从 Coding Technologies 的网站下载 Demo 播放/压缩工具和 Winamp 的播放插件。目前也有许多专业音频编辑软件(比如 Cool Edit Pro 2.0)支持 MP3PRO 格式，但播放器除了 MP3PRO 和 Music Match Juke Box 之外几乎未见其他产品。最关键的是由于 Microsoft 的媒体播放机不支持，使得 MP3PRO 失去了流行的机会。

3. Real Media

Real Media 是由 Real Networks 公司发明的，其特点是可以在低达 28.8 kb/s 的带宽下提供足够好的音质让用户能在线聆听。因为它的出现，相关的应用比如网络广播、网上教学、网上点播等才浮出水面，并形成了一个新的行业。RA、RMA 这两个文件类型就是 Real Media 里面向音频方面的，适合网络流媒体。网络流媒体就是将原来连续不断的音频分割成一个一个带有顺序标记的小数据包，将这些小数据包通过网络进行传递，在接收的时候再将这些数据包重新按顺序组织起来播放。如果网络质量太差，有些数据包收不到或者延缓到达，它就跳过这些数据包不播放，以保证用户在线聆听的内容是基本连续的。

Real Media 的鲜明特点就是适合网上传输，且 Real Media 是有限开放的技术，比如实时流协议 RTSP(Real Time Stream Protocol)，这样的网络传输协议是提交到网络工作组 RFC 网络协议集的其中一个(编号为 RFC2326)，因此它的缺点也是非常明显的。由于Real Media 网络流媒体的传输特性，导致 Real Media 的音质不太好，在高比特率的时候，甚至差于 MP3；另外，由于加入像广告插播一样的新特性，而忽略了用户对质量不断提高的要求，因此就造成人的视觉疲倦。虽然后来 Real Networks 通过与 SONY 公司合作，利用 SONY 的 ATRAC 技术，与 MD 一样实现了高比特率的高保真压缩，但这些举措始终都带给用户一个姗姗来迟的感觉。由于 Real Media 的用途是在线聆听，并不适于编辑，所以相应的处理软件并不多，一些主流软件可以支持 Real Media 的读/写，可以实现直接剪辑的软件是 Real Networks 自己提供的捆绑在 Real Media Encoder 编码器中的 Real Media Editor，但功能非常有限。

4. Windows Media

Windows Media 与 Real Media 一样，也是一种网络流媒体技术，它是微软公司就网络流媒体对于互联网的不可估量的作用而产生的。它为了更好地进行版权保护，没有公开任何技术细节，还创造出一种名为 MMS(Multi-Media Stream)多媒体流的传输协议。并且从这个产品开始，Microsoft 开始对其他音频压缩技术一律不提供直接支持，到了 Windows XP 版本，它把原来提供的 MP3 压缩功能都拿掉了。

Windows Media 的特点也是非常鲜明的，是唯一一个能提供全部种类音频压缩技术的解决方案，具有方便、集成度高的特性；并且播放器和编码器可以免费下载，服务器端捆绑在 Windows 服务器版中，不另外收费；而且由于 Microsoft 的影响力，支持 Windows Media 的软件非常多；虽然它也是用于聆听用途，不能编辑，但几乎所有的 Windows 平台的音频编辑工具都对它提供了读/写支持，至于第三方播放器更是无一例外。通过 Microsoft 自己推出的 Windows Media File Editor 可以实现简单的直接剪辑。另外，微软的 Windows XP Media Center 版本，通过在 Windows XP 中捆绑 Windows Media 9 技术以及相关娱乐媒体软件来加强 Windows 作为家庭娱乐中心的作用。

5. MIDI

数字音频文件又可以分为波形文件和非波形文件。所谓波形文件，就是指直接记录了原始音乐的波形，这种波形可以进行直接播放，比如前面所说的 WAV、MP3、Real 等都属于波形音频文件。非波形文件指的就是 MIDI 文件，MIDI 文件指的是记录弹奏者按键状况的信息，包括乐谱以及每个音符的弹奏方法，相当于乐谱，且不能直接进行播放，必须通过专门的音源设备进行播放。

MIDI(Music Instrument Digital Interface)即电子乐器的数字接口，这种技术本来不是为了电脑发明的，不过随着在电脑里引入了支持 MIDI 合成声卡之后，MIDI 才正式地成为了一种音频格式。MIDI 本身也有两个版本，即 General MIDI 和 General MIDI 2。在 MIDI 上还衍生了许多第三方的非标准技术，比如非常著名的 X-MIDI，它是由日本 YAMAHA

公司发明的，在原有的 MIDI 具有 128 种乐器的基础上扩充到了 512 种，并增加了更多演奏控制，配合 YAMAHA 自己的波表播放软件或支持 X－MIDI 的硬件，可以还原出非常动听和接近真实乐器效果的音乐。另外，为了弥补 MIDI 中通过声音合成得到的乐器声音始终比不上真实乐器声音这一缺点，由 MIDI 规范的国际组织 General MIDI Association 推出 DLS(DownLoadable Sound)技术，该技术通过给 MIDI 文件附带上真实乐器的录音采样而使 MIDI 文件能营造出接近真实乐器效果的声音，不过该技术的主要问题是带上乐器采样之后的 MIDI 文件太大，通常情况下都有 4 MB 以上，所以影响了该技术的普及。

由于 MIDI 具有的优点和特性，因此可以相信这是一种在相当长的时间里都会继续存在的技术。许多播放器都支持普通的 MIDI 文件，但要达到好的效果就必须安装软波表，以便在播放时能找到很好的音色，比如 WinGroove、Roland Virtual Sound Canvas 和 YAMAHA S－YXG Player。随着微软与 Roland 公司的合作，在 DirectX 里面增加了 DirectMusic，之后软波表就变成了 Windows 系统的标准配置了。需要注意的是，对于 X－MIDI 格式来说必须使用 YAMAHA 自己推出的播放器才能得到良好的播放效果，比如用 YAMAHA YMF724/740 做芯片的声卡便带有 X－MIDI 的播放器 S－YXG100。

若要对 MIDI 文件进行编辑，可以使用 Cake Walk Pro 和 Sonar 等软件；而 X－MIDI 则要使用 YAMAHA XGWorks。另外还有一些曲谱软件，比如 Sibelius 等，不过这些软件都比较昂贵的，也有一些国产的相关软件，而且支持简谱，比如 TT 作曲家。

6. Ogg Vorbis

Ogg Vorbis 是一种音频压缩格式，Vorbis 是这种音频压缩机制的名字，而 Ogg 则是一个计划的名字，该计划意图设计一个完全开放源码的多媒体系统。就因为 Ogg Vorbis 格式是完全免费、开放源代码且没有专利限制的，许多著名的音频软件，包括出品 Sound Forge 的 Sonic Foundry 这样的工业巨头也在软件中增加了对 Ogg Vorbis 的支持，而对于本来就是免费的或者开放源代码的音频相关软件，比如 Winamp、CDEX 等等更是第一时间在软件中加入了 Ogg Vorbis 的支持。可以这样说，Ogg Vorbis 在业界的支持是非常广泛的。

Ogg Vorbis 文件的扩展名是 OGG。它的特点包括以下几点：一是设计格式非常灵活，比如可以在文件格式已经固定下来后还能对音质进行明显的调节和实行新算法，现在创建的 OGG 文件可以在未来的任何播放器上播放，因此，这种文件格式可以不断地进行大小和音质的改良，而不影响旧有的编码器或播放器；二是在压缩技术上使用了可变比特率和平均比特率方式进行编码；三是支持类似于 MP3 的 ID3 信息，但比 MP3 要灵活而又完整得多，可以填写任意多的信息；四是具有比特率缩放功能，可以不用重新编码便可调节文件的比特率；五是 Vorbis 文件可以被分成小块并以样本粒度(granularity，指数据可以被分割的最小尺寸)进行编辑；六是 Vorbis 支持多通道音频流并使用了独创性的处理技术；七是 Vorbis 文件可以以逻辑方式相连接等。

目前，Ogg Vorbis 在网络上的应用日渐增多，而且已经开始向其他方面发展，比如游戏、多媒体应用的配乐等。同时，Ogg Vorbis 已经获得了著名的 BBC 广播公司的认可，使用 Ogg Vorbis 音频流在线播放节目。另外，在硬件方面也出现了支持播放 OGG 格式的播放器。

7. VQF

VQF 指的是 TwinVQ(Transform-domain Weighted Interleave Vector Quantization)技术，是日本 Nippon Telegraph and Telephone 集团属下的 NTT Human Interface Laboratories 开发的一种音频压缩技术。该技术受到著名的 YAMAHA 公司的支持。VQF 或 TVQ 是其文件的文件类型名。

在音质与压缩比方面，VQF 的音频压缩率比标准的 MPEG 音频压缩率高出近一倍，可以达到 1∶18 左右甚至更高。当 VQF 以 44 kHz、80 kb/s 的音频采样频率压缩音乐时，它的音质会优于 44 kHz、128 kb/s 的 MP3；以 44 kHz、96 kb/s 压缩时，音质接近 44 kHz、256 kb/s 的 MP3 格式。

VQF 的文件也有局限性。首先，VQF 是专门用于低比特率情况的，对于录音室这种需要高保真的环境就显得无能为力了，这使得 VQF 的应用范围相对狭窄。其次，VQF 没有得到操作系统平台的直接支持，Windows 自始至终都不支持直接播放 VQF 文件，使得 VQF 得不到大范围的推广。再次，VQF 是一种封闭的专利技术，导致市场所有与 VQF 相关的编码器、播放器无一不是 YAMAHA 和 NTT 的产物，这一点极大地妨碍了 VQF 的发展。

要播放 VQF 软件，可以通过给 Winamp 增加支持插件来实现，也可以使用 YAMAHA 自己的 SoundVQ Player 播放器。编码软件可以使用 YAMAHA SoundVQ Encoder 或者 NTT TwinVQ Encoder。后者的优化比较好，速度比前者快一些。

8. Mod

Module(简称 Mod)数码音乐文件由一组乐器的声音采样、曲谱和时序信息组成，由它控制 Mod 播放器何时以何种音高去演奏在某条音轨的某个样本，附带演奏一些效果，比如颤音等。由于该格式起源很早，并且 Mod 提供了一种具有可以接受的音质水平而又非常廉价的制作音乐的方法，因此曾经非常流行。

Mod 的特点是：体积小，音质效果对于当时的电脑硬件水平来说比 MIDI 要好，随着高质量的音响硬件的使用，新一代的 Mod 的声音质量甚至可以提升到接近专业设备的水平。这使得 Mod 成为一种介乎于纯正样本数据文件(如 WAV 或 VOC)和纯正时序信息文件(如 General MIDI)之间的混合体，成为了一种比较灵活的音频格式。但是，Mod 的最大缺点是具体的格式变化太多。由于原本的 Mod 格式只支持 4 条音轨，而且 Mod 格式并没有版权限制，导致后来涌现了一大堆在 Mod 的基础上改进而来的格式，比如 xm 这种支持高达 32 条音轨 128 种采样的格式。但由于 Mod 格式不统一，导致它在商业领域没有多大的作为，如 Windows 平台上的 MOD4WIN 播放器也因此而停止了开发。目前支持播放 Mod 的播放器主要有 Winamp，而较新的制作软件有 Skale Tracker，它是免费软件。

9. AIFF

AIFF 是 Apple 电脑支持的标准音频格式，属于 QuickTime 技术的一部分。AIFF 虽然是一种很优秀的文件格式，但由于它是 Apple 电脑的专用格式，因此在 PC 平台上并没有得到广泛应用。不过由于 Apple 电脑多用于多媒体制作出版行业，因此几乎所有的音频编辑软件和播放软件都或多或少地支持 AIFF 格式。

由于 AIFF 的包容特性，因此它支持许多压缩技术，例如在 Apple 电脑平台上的流媒体压缩技术和 QDesign 公司的 QDMC(QDesign Music 编码器)。QDesign Music 编码器能在全带宽立体声的设置下将音频压缩为原来的 1/100。与其他纯粹基于感知音频编码技术的格式不同的是，QDesign Music Codec 2 使用了新的专利的算法技术，可以在 Modem 的速度上达到相当的音频质量，最大支持 128 kb/s。

10. au

au 是 UNIX 下一种常用的音频格式，起源于 Sun 公司的 Solaris 系统。这种格式本身也支持多种压缩方式，但文件结构的灵活性比不上 AIFF 和 WAV。这种格式的最大问题是由于它本身所依附的平台不是面向广大消费者的，且这个文件格式对目前许多新出现的音频技术都无法提供支持，起不到类似于 WAV 和 AIFF 那种通用性音频存储平台的作用。目前可能唯一必须使用 au 格式来保存音频文件的就是 Java 平台了。

11. VOC

VOC 是创新公司发明的音频文件格式。由于该格式属于硬件公司的产品，因此不可避免地带有浓厚的硬件相关色彩。这一点随着 Windows 平台本身提供了标准的文件格式 WAV 之后就变成了明显的缺点。加上 Windows 平台不提供对 VOC 格式的直接支持，所以 VOC 格式很快便消失在人们的视线中。不过现在的很多播放器和音频编辑器都还是支持该格式的。

12. VOX

VOX 引申为 voice 的意思，表明该格式是专门面向语音音频的。它是由 Dialogic 公司发明的，使用 ADPCM 压缩技术进行压缩，主要应用于语音通信方面。由于面向语音压缩，因此该技术专门针对低采样频率进行优化。该格式仅支持单声道 16 位音频，并达到了4∶1 的压缩比，它将每个音频有损压缩为 4 bit，该格式最大的失败在于没有文件头，无法在音频文件中储存相关的信息。这个文件格式最常见于一些利用互联网进行语音通信的软件，比如 PC2Phone。主流音频编辑器一般都支持这个格式。

7.5 小　结

本章主要介绍了环绕声编码标准的两个大阵营，即杜比环绕声和 DTS 环绕声技术，还分别介绍了具有代表性的 Dolby AC－3、Dolby Digital Plus 和 Dolby TrueHD 以及 DTS 和 DTS HD 的关键技术及编解码方式，要求大家掌握其中的一些编解码原理以及新一代高清环绕声技术的优点。另外，也介绍了数字音频文件的格式，其中包括无损和有损压缩，每一种文件格式对应不同的产生背景和发展趋势以及它的优缺点，以便于选择适合于不同场合的音乐文件。

习　题　七

1. Dolby AC－3 音频编码标准与 MPEG－1 LayerⅢ的不同点在哪里？
2. 指数策略是什么意思？
3. Dolby TrueHD 与 Dolby Digital Plus 相比，有哪些优点？

4. 解释核心比特分配的意义。

5. Dolby Digital Plus 同以前的音频编码相比，采用了哪些新技术？它的作用是什么？

6. DTS HD 的特点是什么？

7. MIDI 的含义是什么？

8. 普通的音频文件与 MIDI 文件有什么不同？

9. 试下载各种音频格式的文件，进行比较，看它们在听觉上有什么不同，并以自己的方式进行记录。

第八章　家用音频设备中的纠错编码

8.1　概　　述

数字音频的出现使音频领域发生了根本的改变。它引入了许多全新的技术，其中数据纠错可能是最具有革命性的一项技术。在利用模拟量处理音频信号时，要实现纠错几乎是不可能的。如果在传输过程中信号产生了失真或变形，那么信号将无法恢复。而在利用数字量处理音频信号时，二进制数据的特性使音频信号受损后进行恢复成为可能。随着音频技术的快速发展，从原来的以磁介质为主的磁带录音机，到后来以光介质为主的 VCD、CD、DVD 以及最新的蓝光 DVD 和 HD DVD，人们对于高品质的音质要求也日益提高。为了保持音频数据的完整性，保证音频数据的成功存储和减少不必要的差错，纠错编码技术就成为解决问题的关键。通常，计算机工业对错误率的标准是 10^{12}，也就是说在 1000 亿比特中没有纠正的错误不能多于 1 比特。只要设计合理，像 CD、DVD 这样的数字音频系统几乎都可以满足这个标准。但是对大多数音频设备来讲，错误率的标准要低得多。事实上，数字音频技术的革命是以纠错编码技术为前提的。

纠错编码技术的研究主要针对数据的存储和传输。因为在记录和传输介质中产生的错误是最为严重和最难以控制的，这会导致音频信号的缺陷。特别是光学介质容易受到纹孔的不对称性、基片上的气泡和缺陷以及涂层上的缺陷等影响，从而导致数据错误。

家用音频设备中的数据错误多产生于记录和传输介质之中，其原因主要有两个。一是制造过程中产生的缺陷；光盘是在洁净的环境下制造的，但是一些微小的灰尘颗粒和异物仍然会混进原料中，产生信息丢失这样的错误，另外，在以光刻方式制作光盘模具时，激光光束强度的变化，错误的照射时间或光敏材料的缺陷都会产生形状有缺陷的小坑。电镀和压制过程中的灰尘和划痕也会造成信息丢失错误。二是使用过程中产生的损伤，光盘在使用过程中会变脏或受损，因而可能会影响光盘读取数据的能力。这两种介质中的缺陷会导致数据错误，如数据丢失或无效数据。而数据的丢失和无效数据的产生都会导致 D/A 转换器的输出从一个幅值瞬间跳到另一个幅值，发出咔嗒声。错误的严重程度取决于错误本身。如果错误发生在脉冲编码调制字最不重要的那一位，则这个错误可能不会被发现；如果发生在最重要的一位，就会在幅值上产生剧烈的变化。

上述这些错误从理论上讲是可以发现和纠正的，但是为了实现这一点，就必须加入大量的冗余数据，使得这样的系统没用使用价值。因此，一个有效的音频纠错系统就是采用最少的冗余数据和纠错编码，通过纠错和隐藏技术，使音频信号错误率有效地降到最低。实际应用中，纠错码的类型很多，例如线性分组码、卷积码等。在数字音频领域内多数采用简单的奇偶校验码和线性分组码中的与交织技术结合的里德-所罗门编码。

8.2 家用音频设备中的纠错编码基础

8.2.1 纠错编码原理

纠错编码是指由发送端的信道编码器在信息码元序列中加入一些校验码元(这些信息码和校验码之间有一定的关系)，使接收端可以利用这种关系由信道译码器来发现或纠正可能存在的错误。它以降低信息传输速率来换取传输可靠性的提高。纠错编码的具体原理可以通过下面的例子来解释。

例如：① 只有信息码元的情况。用“0”和“1”表示“晴”和“雨”，即用“0”和“1”表示信息码元。如果两个中的任何一个发生错误，都将变成另外一个码字，即“0”变成“1”，“1”变成“0”，不能判断是否有错。

② 增加一位校验码元。用“00”和“11”表示“晴”和“雨”，如果两个中的任何一个发生一位错误，都不可能变成另外一个码字，即“00”变成“01”或“10”，“11”变成“01”或“10”，所以，只要接收端收到“01”或“10”，就证明有错，但并不知道是哪一位出错，也就是说已具备检错能力，但不能纠错。

③ 增加两位校验码元。用“000”和“111”表示“晴”和“雨”，如果“000”发生一位错误，将变成“001”、“010”或“100”，如果“111” 发生一位错误，将变成“110”、“101”或“011”，如果只发生一位错码，则能很明显地判断是哪位发生了错误，并且能够纠错。比如：接收端收到“001”，很明显，是“000”发生了错误，直接纠正为“000”就可以了。但是，如果发生两位错误，那么，“000”将变成“011”、“101”或“110”，“111”将变成“100”、“010”或“001”，当接收端收到这些码字的时候，只知道出现了错误，而并不知道是“000”发生一位错误，还是“111” 发生两位错误，也不能纠错。所以如果增加两位校验码元，可以检出两位错误，但只能纠正一位错误。

那么，如何判断一个码组的检纠错能力呢，这与一个码组的最小码距有一定关系。这将涉及到以下几个概念。

1) 信息码元与校验码元

在分组编码时，首先将信息数据分成一个个码组，由 k 个信息码元组成的信息码组为 $M=(m_{k-1}, m_{k-2}, \cdots, m_1, m_0)$。信息码元又称为信息位，是发送端由信息编码后得到的被传送的信息数据位。在二元情况下，每个信息码元的取值为“0”或“1”，故总的信息码组数共有 2^k 个。校验码元又被称为校验位，它是为了检测、纠正错误而在信道编码时加入的判断数据位，用 r 表示。k 个信息码元后附加 r 个校验码元，就构成了信道编码后的码字，用 n 表示，即 $n=k+r$。经过信息分组编码后的码又称为(n, k)码，总的码组数为 2^n，信息码组为 2^k，也称为许用码组，其余的 2^n-2^r 为禁用码组，是发送端没有发送的，如果在接收端收到它，就证明有某个许用码组发生了错误，需要纠错。

2) 码重与码距

对于二元分组码，每个码组中码元“1”的数目称为码的重量，简称码重。两个码组中对应码元位置上取值不同的位数，简称码距，又称为汉明距离，通常用 d 表示。比如：111100 的码重为 4，100011 的码重为 3，它们两个的码距为 5。对于(n, k)码，许用码组为 2^k 个，任意两个码字之间的距离可能不相等，为此，将码组中任意两个码字之间的距离的最小值称为最小码距，通常用 d_{min} 来表示。并且在线性分组码中，最小码距等于非零码的最小码重。比如：一个码组为 01100，00000，00011，01111，01110，除了 00000 码外，非零码对应的码重为 2，2，4，3，所以这个码组的最小码距为 2。

在理解最小码距的基础上，最小码距与检纠错能力之间的关系可以总结如下：

(1) 当码组用于检测差错时，若要检测 e 位差错，则要求最小码距应满足 $d \geqslant e+1$；

(2) 当码组用于纠正差错时，若要纠正 t 位差错，则要求最小码距应满足 $d \geqslant 2t+1$；

(3) 当码组同时用于检测和纠正差错时，若要检测 e 位差错和纠正 t 位差错($e>t$)，则要求最小码距应满足 $d \geqslant e+t+1$。

从上面的总结可以看出，最小码距越大，则检纠错的能力越强。

8.2.2　奇偶校验码

奇偶校验码是一种最为简单的检错码，只有一位校验码元。奇偶校验码长度为 n，其中 $n-1$ 位信息码，可以表示成(n, $n-1$)。如果是奇校验码，在附加上一个校验码元以后，码长为 n 的码字中"1"的个数为奇数个，即满足下列式子：

$$a_{n-1} \oplus a_{n-2} \oplus \cdots \oplus a_2 \oplus a_1 \oplus c_0 = 1 \tag{8-1}$$

其中，c_0 为校验位，这种码能检测奇数个错码。在接收端，若式(8-1)的结果为 1，就说明没有错码，若结果为 0，就说明存在错码；通过式(8-1)，可以求出：

$$c_0 = a_{n-1} \oplus a_{n-2} \oplus \cdots \oplus a_2 \oplus a_1 \oplus 1 \tag{8-2}$$

如果是偶校验码，在附加上一个校验码元以后，码长为 n 的码字中"1"的个数为偶数个，即满足下列式子：

$$a_{n-1} \oplus a_{n-2} \oplus \cdots \oplus a_2 \oplus a_1 \oplus c_0 = 0 \tag{8-3}$$

$$c_0 = a_{n-1} \oplus a_{n-2} \oplus \cdots \oplus a_2 \oplus a_1 \tag{8-4}$$

其检错能力与奇校验码一样。

注意：奇偶校验码虽是一种效率较高的编码方法，但是它只能发现差错而不能纠正差错。家用设备中的纠错编码技术都是以奇偶校验码为基础的。

8.2.3　线性分组码

线性分组码也是一种常见的代数码，线性码按照一组线性方程来构成，且其中的信息位和校验位有一定的线性关系，所以叫做线性分组码。它是建立在偶校验码基础上的，由于使用了一位校验位，故能和信息位一起构成一个代数式。

线性分组码的原理如下：

设线性分组码的校验位为 a_0，故它能和信息位 a_{n-1}，a_{n-2}，…，a_2，a_1 一起构成一个代数式，在接收端解码时，实际上是在计算：

$$S = a_{n-1} \oplus a_{n-2} \oplus \cdots \oplus a_2 \oplus a_1 \oplus a_0 \tag{8-5}$$

若 $S=0$，就认为无错；若 $S=1$，就认为有错。式(8-5)称为校验关系式，S 称为校验子。校验子 S 的取值只有两种，即有错和无错，而不能指出错码的位置。依此推理，如果校验位增加一位，则能增加一个校验关系式。而两个校验子的可能值有四种组合，即 00，01，

10，11，代表四种不同的信息，即用00代表无错，其余三种用来表示一位错误的三种不同的位置。那么，r个校验关系式能指示一位错码的2^r-1个可能位置。

一般来说，若码长为n，信息位数为k，则校验位数$r=n-k$，如果希望用r个校验位构造出r个校验关系式来指示一位错码的n种可能位置，则要求

$$2^r-1 \geqslant n \tag{8-6}$$

设分组码(n, k)中，$k=4$。为了纠正一位错误，要求$2^r-1\geqslant 4+r$，即$r\geqslant 3$。若取$r=3$，则$n=k+r=4+3=7$，即(7，4)码。用$(a_6, a_5, \cdots, a_1, a_0)$来表示这个码元，用$S_1$，$S_2$，$S_3$来表示三个校验关系式中的校验子，则$S_1S_2S_3$的值与错码的对应位置关系如表8.1所示(也可以规定为另一种对应关系，不影响讨论的一般性)。

表8.1 $S_1S_2S_3$的值与错码的对应位置表

$S_1S_2S_3$	错码位置	$S_1S_2S_3$	错码位置
000	无错	011	a_3
001	a_0	101	a_4
010	a_1	110	a_5
100	a_2	111	a_6

由表8.1可知，当误码位置在a_2，a_4，a_5，a_6时，校验子S_1为1，否则，校验子为0。这就意味着a_2，a_4，a_5，a_6这四个码元构成了偶数校验关系，即

$$S_1 = a_6 \oplus a_5 \oplus a_4 \oplus a_2 \tag{8-7}$$

同理，有

$$S_2 = a_6 \oplus a_5 \oplus a_3 \oplus a_1 \tag{8-8}$$

$$S_3 = a_6 \oplus a_4 \oplus a_3 \oplus a_0 \tag{8-9}$$

在发送端编码时，信息位a_3，a_4，a_5，a_6的值取决于输入信号，因此它们是随机的。校验位a_2，a_1，a_0应根据信息位的取值按校验关系式来确定，当S_1，S_2，S_3都为零，即码组中没有错码时，可以表示成

$$\begin{cases} a_6 \oplus a_5 \oplus a_4 \oplus a_2 = 0 \\ a_6 \oplus a_5 \oplus a_3 \oplus a_1 = 0 \\ a_6 \oplus a_4 \oplus a_3 \oplus a_0 = 0 \end{cases} \tag{8-10}$$

经移项，可以得到：

$$\begin{cases} a_6 \oplus a_5 \oplus a_4 = a_2 \\ a_6 \oplus a_5 \oplus a_3 = a_1 \\ a_6 \oplus a_4 \oplus a_3 = a_0 \end{cases} \tag{8-11}$$

给定信息位后，可直接按上式计算出校验位，其结果如表8.2所示。

从表8.2可以看出：校验码元计算出来之后，可以根据校验关系式得到$S_1S_2S_3$的值，那么也就可以根据表得到错误码的位置，从而纠正得到正确的码字。比如，对于收到码组1001001可得到$S_1S_2S_3$为101，由表可得到错码位置在a_4，直接纠正得到正确的码组为1011001。

表 8.2　由信息码元计算出的校验码元列表

信息码元	校验码元	信息码元	校验码元
$a_6a_5a_4a_3$	$a_2a_1a_0$	$a_6a_5a_4a_3$	$a_2a_1a_0$
0000	000	1000	111
0001	011	1001	100
0010	101	1010	010
0011	110	1011	001
0100	110	1100	001
0101	101	1101	010
0110	011	1110	100
0111	000	1111	111

另外，校验关系式可以写成如下形式：

$$\begin{cases}1\cdot a_6\oplus 1\cdot a_5\oplus 1\cdot a_4\oplus 0\cdot a_3\oplus 1\cdot a_2\oplus 0\cdot a_1\oplus 0\cdot a_0=0\\1\cdot a_6\oplus 1\cdot a_5\oplus 0\cdot a_4\oplus 1\cdot a_3\oplus 0\cdot a_2\oplus 1\cdot a_1\oplus 0\cdot a_0=0\\1\cdot a_6\oplus 0\cdot a_5\oplus 1\cdot a_4\oplus 1\cdot a_3\oplus 0\cdot a_2\oplus 0\cdot a_1\oplus 1\cdot a_0=0\end{cases}\tag{8-12}$$

$$\begin{cases}1\cdot a_6\oplus 1\cdot a_5\oplus 1\cdot a_4\oplus 0\cdot a_3=a_2\\1\cdot a_6\oplus 1\cdot a_5\oplus 0\cdot a_4\oplus 1\cdot a_3=a_1\\1\cdot a_6\oplus 0\cdot a_5\oplus 1\cdot a_4\oplus 1\cdot a_3=a_0\end{cases}\tag{8-13}$$

用矩阵表示成

$$\begin{bmatrix}1110100\\1101010\\1011001\end{bmatrix}[a_6a_5a_4a_3a_2a_1a_0]^{\mathrm{T}}=\begin{bmatrix}0\\0\\0\end{bmatrix}\tag{8-14}$$

可以表示为 $\boldsymbol{H}\cdot\boldsymbol{A}^{\mathrm{T}}=\boldsymbol{O}$，其中，

$$\boldsymbol{H}=\begin{bmatrix}1110100\\1101010\\1011001\end{bmatrix}\text{ 称为校验矩阵；}\quad \boldsymbol{A}=[a_6a_5a_4a_3a_2a_1a_0]；\quad \boldsymbol{O}=\begin{bmatrix}0\\0\\0\end{bmatrix}$$

另外，根据式(8-13)，可以得到：

$$\begin{bmatrix}a_2\\a_1\\a_0\end{bmatrix}=\begin{bmatrix}1110\\1101\\1011\end{bmatrix}[a_6a_5a_4a_3]^{\mathrm{T}}$$

可以变换成

$$[a_2a_1a_0]=[a_6a_5a_4a_3]\begin{bmatrix}111\\110\\101\\011\end{bmatrix}=[a_6a_5a_4a_3]\boldsymbol{Q}\tag{8-15}$$

上式中，$\boldsymbol{Q}$ 为一个 $k\times r$ 阶矩阵，将 $\boldsymbol{Q}$ 的左边乘上一个 $k\times k$ 阶单位方阵就构成了一个矩阵，

即

$$G = [I_k Q] = \begin{bmatrix} 1000111 \\ 0100110 \\ 0010101 \\ 0001011 \end{bmatrix} \tag{8-16}$$

G 称为生成矩阵，因为它可以产生整个码组，即有

$$[a_6 a_5 a_4 a_3 a_2 a_1 a_0] = [a_6 a_5 a_4 a_3] \cdot G \tag{8-17}$$

或者表示成

$$A = [a_6 a_5 a_4 a_3] \cdot G \tag{8-18}$$

因此，如果找到了码的生成矩阵 G，则编码的方法就完全确定了。

对于(n, k)码，如果满足 $2^r - 1 \geqslant n$，则有可能纠正 1 位或 1 位以上差错的线性码。其中，能纠正单个误码的线性分组码又称为汉明码。另外，线性分组码的性质为：

(1) 封闭性，即码组内的任意两个码组之和仍为这种码中的一个码组。

(2) 线性分组码的最小码距等于非零码的最小码重。

8.2.4 循环码

循环码是线性分组码中的一种，这种码的编码和解码设备都不太复杂，且检纠错能力较强，目前在理论上和实践上都有了较大的发展。循环码除了具有线性码的一般性质外，还具有独特的循环性，即循环码中任一码组循环一位，或者说左移或右移一位以后，仍为该码中的一个码组。比如：表 8.3 中的(7, 3)循环码，由表可以直观地看出这种码的循环性。0010111 左移一位变成 0101110，很明显它也是这组码中的码字。一般来说，若$(a_{n-1} a_{n-2} \cdots a_0)$是一个循环码组，则无论它左移还是右移，所得的码组都属于该编码中的码组。在代数编码理论中，为了便于计算，把这样码组中的各码元当作一个多项式的系数，即把一长为 n 的码组表示为

$$T(x) = a_{n-1} x^{n-1} + a_{n-2} x^{n-2} + \cdots + a_1 x + a_0 \tag{8-19}$$

表 8.3 (7, 3)循环码的许用码组

码组编号	信息位	校验位	码组编号	信息位	校验位
	$a_6 a_5 a_4$	$a_3 a_2 a_1 a_0$		$a_6 a_5 a_4$	$a_3 a_2 a_1 a_0$
1	000	0000	5	100	1011
2	001	0111	6	101	1100
3	010	1110	7	110	0101
4	011	1001	8	111	0010

表 8.3 中的任一码组可以表示为

$$T(x) = a_6 x^6 + a_5 x^5 + a_4 x^4 + a_3 x^3 + a_2 x^2 + a_1 x + a_0 \tag{8-20}$$

其中，第 2 码组可以表示为

$$T_2(x) = 0 \cdot x^6 + 0 \cdot x^5 + 1 \cdot x^4 + 0 \cdot x^3 + 1 \cdot x^2 + 1 \cdot x + 1 = x^4 + x^2 + x + 1 \tag{8-21}$$

这种用多项式表示二进制码组的方法称为码多项式，其中，x 仅是码元位置的标记，没有数值的意义，只表示单位延迟。码组循环向左移一位，相当于码多项式各项乘以 x；向右移一位，相当于码多项式各项乘以 x^{-1}。

在进行码多项式的计算中，系数的运算按模 2 加(即异或)运算的规则进行，即

$$1\cdot x^i+1\cdot x^i=0 \quad 或 \quad 1\cdot x^i=-1\cdot x^i \tag{8-22}$$

即加法和减法一样，可以用加法代替减法，方便运算。例如：

$$\begin{array}{r} x^5+x^4+\quad\;+x^2+x\quad \\ +)\; x^5+\quad\;+x^3+\quad\;+x+1 \\ \hline x^4+x^3+x^2\quad\;+1 \end{array}$$

除了加减法以外，还有乘除法，码多项式的除法可按照长除法来做。例如：

$$\begin{array}{r|l} & x^4+\quad +x+1 \\ \hline x+1 & x^5+x^4+\quad +x^2+\quad +1 \\ & x^5+x^4 \\ \hline & \qquad\qquad x^2 \\ & \qquad\qquad x^2+x \\ \hline & \qquad\qquad\quad x+1 \\ & \qquad\qquad\quad x+1 \\ \hline & \qquad\qquad\qquad 0 \end{array}$$

1. 循环码的编码

从前面的线性分组码的原理可以知道，要想得到码序列，必须确定生成矩阵。而生成矩阵和生成多项式之间又有一定的关系。这一关系我们不作详细介绍。

直接设循环码的生成多项式为 $g(x)$，其编码原理如下：设要产生(n, k)循环码，$m(x)$表示信息多项式，则其次数必小于 k，而 $x^{n-k}\cdot m(x)$的次数必小于 n，用 $x^{n-k}\cdot m(x)$除以 $g(x)$，可得余数 $r(x)$，$r(x)$的次数必小于$(n-k)$，将 $r(x)$加到信息位后作校验位，就得到了系统循环码。编码的具体步骤如下：

(1) 用 x^{n-k}乘 $m(x)$。这一运算实际上是在信息码后附加上 r 个“0”。例如，信息码为 111，它相当于 $m(x)=x^2+x+1$。当 $n-k=7-3=4$ 时，$x^{n-k}\cdot m(x)=x^6+x^5+x^4$，它相当于 1100000。而希望得到的系统循环码多项式应当是

$$A(x)=x^{n-k}\cdot m(x)+r(x) \tag{8-23}$$

(2) 求 $r(x)$。由于循环码多项式 $A(x)$都可以被 $g(x)$整除，也就是

$$\frac{A(x)}{g(x)}=\frac{x^{n-k}m(x)}{g(x)}+\frac{r(x)}{g(x)} \tag{8-24}$$

因此，用 $x^{n-k}\cdot m(x)$除以 $g(x)$，就得到商 $Q(x)$和余式 $r(x)$，即

$$\frac{x^{n-k}m(x)}{g(x)}=Q(x)+\frac{r(x)}{g(x)} \tag{8-25}$$

(3) 编码输出系统循环码多项式 $A(x)$为

$$A(x)=x^{n-k}\cdot m(x)+r(x) \tag{8-26}$$

2. 循环码的译码过程

对于接收端译码的要求通常有两个：检错与纠错。达到检错目的的译码十分简单，通

过判断接收到的码组多项式 $B(x)$ 是否能被生成多项式 $g(x)$ 整除作为依据。当传输中未发生错误，也就是接收的码组与发送的码组相同，即 $A(x)=B(x)$ 时，则接收的码组 $B(x)$ 必能被 $g(x)$ 整除；若传输中发生了错误，则 $A(x)\neq B(x)$，$B(x)$ 不能被 $g(x)$ 整除。因此，可以根据余项是否为零来判断码组中有无错码。

需要指出的是，有错码的接收码组也有可能被 $g(x)$ 整除，这时的错码就不能检出了。这种错误被称为不可检错误，不可检错误中的错码数必将超过这种编码的检错能力。

在接收端为纠错而采用的译码方法自然比检错要复杂许多，因此，对纠错码的研究大都集中在译码算法上。我们知道，校正子与错误图样之间存在某种对应关系。如同其他线性分组码，循环码的译码可以分两步进行：

(1) 由接收到的码多项式 $B(x)$ 计算错误图样 $E(x)$，即

$$\frac{B(x)}{g(x)}=Q(x)+\frac{E(x)}{g(x)} \tag{8-27}$$

(2) 将错误图样 $E(x)$ 与 $B(x)$ 相加，纠正错误，即

$$A(x)=B(x)+E(x) \tag{8-28}$$

下面再通过一个实例来了解循环冗余检验码的编译码过程。

例如：一个循环冗余检验码，若待传输的信息序列为 1001001，生成多项式为 $g(x)=x^3+x^2+1$，求此循环冗余检验的检验序列码，并验证收到的码字 1001001100 的正确性，并对它进行纠错。

解 编码端：

信息序列 1001001 对应的码多项式为 $m(x)=x^6+x^3+1$

$x^r\cdot m(x)=x^9+x^6+x^3$，对应的代码为 1001001000（相当于信息码左移 3 位）

生成多项式 $g(x)=x^3+x^2+1$ 对应的代码为 1101

根据公式 $\frac{x^{n-k}m(x)}{g(x)}=Q(x)+\frac{r(x)}{g(x)}$ 得到 1001001000/1101＝1111011＋111/1101

得到 $r(x)$ 所对应的二进制代码为 111

所以，最后的循环冗余检验的检验序列码为 $x^r\cdot m(x)+r(x)$ 所对应的二进制码字：

1001001000＋111＝1001001111

译码端：

因为收到的 $B(x)$ 的码字为 1001001100

根据公式 $\frac{B(x)}{g(x)}=Q(x)+\frac{E(x)}{g(x)}$ 得到 1001001100/1101＝1111011＋11/1101

所以 $E(x)$ 对应的码字为 11，不为 0，证明有错。

因此进行纠错：$A(x)=B(x)+E(x)$ 所对应的二进制码字为

1001001100＋11＝1001001111

8.2.5 交织处理

纠错算法有效地利用了冗余数据进行无效数据重组的能力。当错误持续发生时，比如一个突发性错误中，数据和冗余数据都丢失了，纠错就变得十分困难，那么如何把这种突发错误变成随机错误，使纠错变得可能呢？这就要靠交织技术。交织技术是在存储和传输数据流之前改变码元的顺序，使得群误码分散，在接收端再按原来的顺序重排回来的措

施。总之，交织的目的就是把一个较长的突发差错离散成随机差错，再用纠正随机差错的编码技术来消除随机错误。

下面举例说明一种简单的延迟交织。

若原数据为 …－6，－5，－4，－3，－2，－1，0，1，2，3，4，5，6，7，8…，其中有下划线的是误码，即突发错误。

在记录和存储前，先进行重排，排成 3 排：

－6　－3　0　3　6

…－5　－2　1　4　7…

－4　－1　2　5　8

第二排延迟 2 个单元，第三排延迟 4 个单元，得到

－6　－3　0　3　6　9

…　－11　－8　－5　－2　1　4　…

－16　－13　－10　－7　－4　－1

记录和传输的数据为

…－6，－11，－16，－3，－8，－13，0，－5，－10，3，－2，－7，6，1，－4，9，4，－1…

通过随机错误的纠错技术，纠正这些随机错误，得到解交织及还原为纠正了的数据：

…－6，－5，－4，－3，－2，－1，0，1，2，3，4，5，6，7，8…

简单的延迟交织可以有效地分散数据，但是，当突发性错误和随机错误同时出现时，即使交织技术可以分散数据，但也有可能超出纠错算法的能力。一种解决的方法就是采用两种纠错编码，用交织和延迟进行分离。将两种分组码组织成行和列两维空间，这种方法称为乘积码，DVD 中采用的就是乘积码，其最小距离就是这两种编码最小距离的乘积。当两种分组码被交织技术和延迟技术分离时，就形成了互交织。互交织技术综合了两种分组码和一种卷积码。通常，第一个分组码的校验子在第二个编码中被用作错误指针，在 CD 格式中，$k_2=24$，$n_2=28$，$k_1=28$，$n_1=32$，编码 C1 和 C2 是里德-所罗门编码，可以用一种编码的校验子来指示错误，这种方法很有效，错误位置已知，纠错性能就得到提高，例如，一个随机错误被交织编码纠正，而一个突发性错误在解交织之后被纠正。当两种编码都是单可疑符号纠错码时，得到的纠错编码被称为互交织码。在 CD 中利用了里德-所罗门编码，这种算法称为互交织里德-所罗门编码(CIRC)。图 8.1 是一个互交织码编码器。

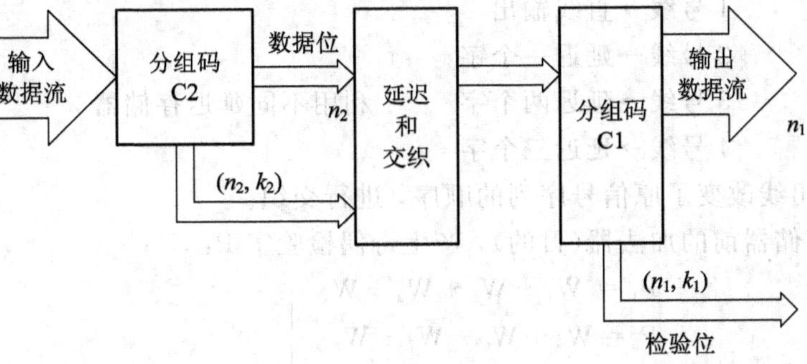

图 8.1 互交织编码器

图 8.2 是一个互交织码的例子。延迟单元形成交织，模 2 加法器产生单可疑符号纠错

码。由于产生了两个校验子(P 和 Q)，再加上两个单可疑符号纠错码，因此可以有效地纠正错误。

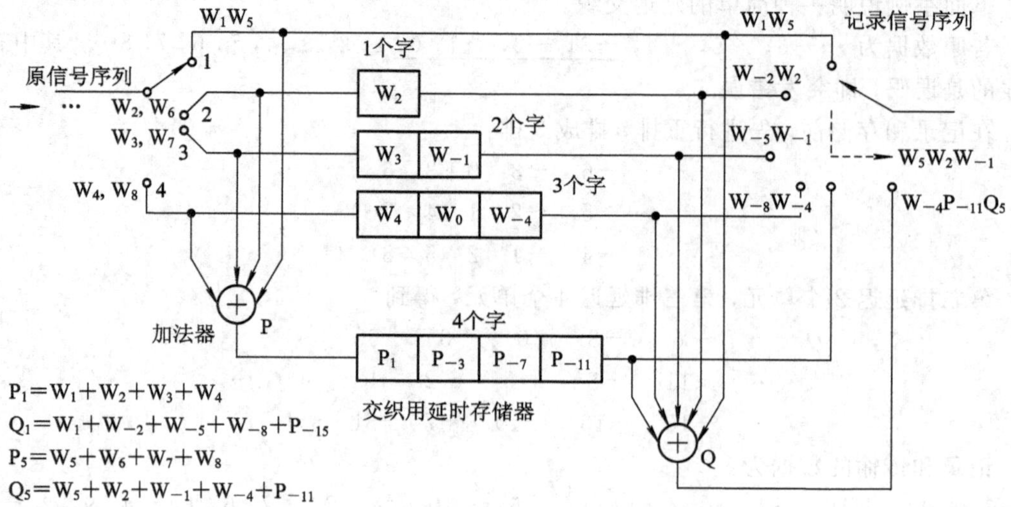

图 8.2 互交叉交织编码器的例子

在图 8.3 中，给 1～4 号线分配原信号序列中的码字。

W_1	W_{-2}	W_{-5}	W_{-8}	P_{-5}	Q_1	W_5	W_2	W_{-1}	W_{-4}	P_{-11}	Q_5	W_9	W_6	W_3	W_0	P_{-7}	Q_9

图 8.3 互交织编码器的输出序列

分配方法如下：

① 1～4 线分配序列：

1 号线→(W_1，W_5，W_9，W_{13}，…)

2 号线→(W_2，W_6，W_{10}，W_{14}，…)

3 号线→(W_3，W_7，W_{11}，W_{15}，…)

4 号线→(W_4，W_8，W_{12}，W_{16}，…)

② 各线输出方式：

1 号线→直线输出

2 号线→延迟一个字

3 号线→延迟两个字　　利用不同延迟存储器

4 号线→延迟三个字

目的：输出线改变了原信号序列的顺序，进行交织。

③ 延时存储器前的加法器(目的)，产生奇偶检验字 P：

$$\left.\begin{aligned} P_1 &= W_1 + W_2 + W_3 + W_4 \\ P_5 &= W_5 + W_6 + W_7 + W_8 \\ P_9 &= W_9 + W_{10} + W_{11} + W_{12} \end{aligned}\right\} \tag{7-29}$$

④ 延时器后的加法器(目的)，产生另奇偶检验字 Q：

$$\left.\begin{aligned}Q_1 &= W_1 + W_{-2} + W_{-5} + W_{-8} + P_{-15}\\ Q_5 &= W_5 + W_2 + W_{-1} + W_{-4} + P_{-11}\\ Q_9 &= W_9 + W_6 + W_3 + W_0 + P_{-7}\end{aligned}\right\}\qquad(7-30)$$

另外，交叉交织码序列的校验位的计算可以用图 8.4 来描述。

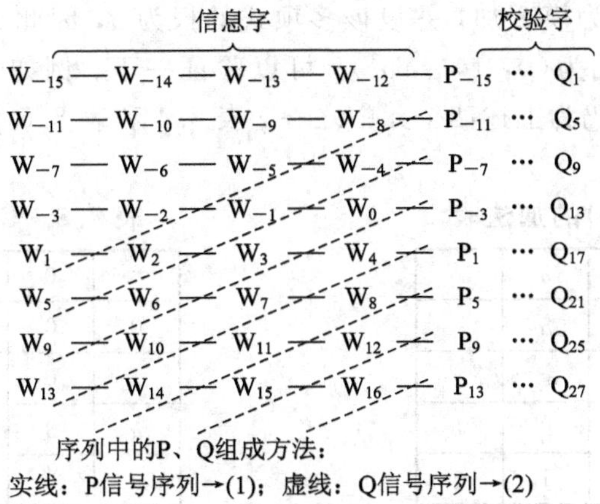

图 8.4　校验位序列的形成

从图 8.4 可以看出，实线部分的信号序列相加得到校验位 P 序列，虚线部分的信号序列和所经过的 P 序列相加得到校验位 Q 序列。它的纠错是以奇偶检验码为基础的，只能纠正一位错误，纠错情况如下：

(1) 若设 W_1 和 W_2 两个字有错，只从 P_1 序列来看，有两个字有错，无法纠正，但从 Q_1，Q_5 序列来看，则只有一个字出错，是可以纠正的(奇偶检验法)。

(2) 设信息序列出现大量错误时，出错的字为 W_1，W_2，W_5，W_6，W_9，W_{10}，W_{13}，W_{14}，除了 Q_1 序列，只有一个错字之外，P_1，P_5，P_{13}序列都有两个错字，且 Q_5，Q_9，Q_{13}序列也有两个错字，这样，用奇偶校验法不行，但是，因为 Q_1 序列只有 1 个错字，所以 W_1 可得到纠正→P_1 序列只有 W_2 有错→可纠正→Q_5 序列纠正→P_2……，这样就可依次将所有错字都得到纠正。

(3) 不能纠正情况：若 W_2，W_{-1}，W_1，W_2 四字出错，无论从 P 序列还是从 Q 序列来看，都有两个错字，这超出了奇偶检验的范围，因此无法给予纠错。

8.2.6　里德-所罗门编码

里德-所罗门编码(Reed - Solomon)简称 RS 码，是里德和所罗门二人于 1960 年发明的。它是一种循环码，不仅可以纠正随机错误，还可以纠正突发错误，与互交织技术结合，可以有效地应用在音频设备中。

RS 码在编码、解码时，以字符为单位，称为元。各元之间的四则运算是按伽罗华域(简称 GF)进行的。伽罗华域是由有限个特殊性质的元组成的，记作 GF(p)，p 是元的数目。在 GF 中，乘法和模 2 加法都可以用来连接元，任意两个元的乘积以及两者之和都等于域中的第三个元，还有一个元素的幂总是域中的另一个元素。所以，在域中，至少有一个元素作为基础元素，其他元素都可以用它的幂来表示。“0”和“1”这个二元集合不论怎么运算，得到的也只是“0”和“1”，于是就组成了一个伽罗华域，记作 GF(2)，它是世界上最小的伽罗华域。又例如 CD 中所使用的 RS 码为 8 比特的数据字，共有 $2^8=256$ 个元，它的伽罗华域可表示为 $GF(2^8)$。各元之间运算的结果仍为本伽罗华域中的 8 比特的元。

1. 伽罗华域举例

和其他编码一样，RS 码利用多项式来确定错误位置。对于 $GF(2^2)$，设一多项式 $F(x)=x^2+x+1$，“+”为模 2 加，并设该多项式的根为 α，因此 $F(\alpha)=\alpha^2+\alpha+1=0$，即 $\alpha^2=\alpha+1$，所以域中的元为 $(0, 1, \alpha, \alpha^2)$。可以验证一下：例如 $\alpha\times\alpha^2=\alpha^3=\alpha(\alpha+1)=\alpha^2+\alpha=\alpha+1+\alpha=1$，即仍为上述四个元中之一。表 8.4 和表 8.5 分别为 $GF(2^2)$ 的加法表和乘法表。

表 8.4　$GF(2^2)$ 的加法表

+	0	1	α	α^2
0	0	1	α	α^2
1	1	0	α^2	α
α	α	α^2	0	1
α^2	α^2	α	1	0

表 8.5　$GF(2^2)$ 的乘法表

×	0	1	α	α^2
0	0	0	0	0
1	0	1	α	α^2
α	0	α	α^2	1
α^2	0	α^2	1	α

对于 $GF(2^3)$，可设一多项式 $F(x)=x^3+x+1$，设 α 为这一多项式的根，即 $F(\alpha)=\alpha^3+\alpha+1=0$，于是 $\alpha=x$，以 3 bit 二进制表示即为(010)，其他的可表示如下：

$$\alpha^2=x^2=100$$
$$\alpha^3=\alpha+1=x+1=011$$
$$\alpha^4=\alpha\cdot\alpha^3=\alpha(\alpha+1)=\alpha^2+\alpha=x^2+x=110$$
$$\alpha^5=\alpha^2\cdot\alpha^3=\alpha^2(\alpha+1)=\alpha^3+\alpha^2=x+1+x^2=111$$
$$\alpha^6=\alpha^3\cdot\alpha^2=(\alpha+1)(\alpha+1)=\alpha^2+1=1+x^2=101$$
$$\alpha^7=\alpha\cdot\alpha^6=\alpha(\alpha^2+1)=\alpha^3+\alpha=\alpha+1+\alpha=1=001$$

于是，从 000 到 111 这 8 个值就能用 $(0, \alpha^7, \alpha, \alpha^3, \alpha^2, \alpha^6, \alpha^4, \alpha^5)$ 来表示。$GF(2^3)$ 的加法表如表 8.6 所示，乘法表如表 8.7 所示。

表 8.6　$GF(2^3)$ 的加法表

+		000	001	010	011	100	101	110	111
		0	$1(\alpha^7)$	α	α^3	α^2	α^6	α^4	α^5
000	0	0	1	α	α^3	α^2	α^6	α^4	α^5
001	1	1	0	α^3	α	α^6	α^2	α^5	α^4
010	α	α	α^3	0	1	α^4	α^5	α^2	α^6
011	α^3	α^3	α	1	0	α^5	α^4	α^6	α^2
100	α^2	α^2	α^6	α^4	α^5	0	1	α	α^3
101	α^6	α^6	α^2	α^5	α^4	1	0	α^3	α
110	α^4	α^4	α^5	α^2	α^6	α	α^3	0	0
111	α^5	α^5	α^4	α^6	α^2	α^3	α	1	0

表 8.7　GF(2^3)的乘法表

+		000	001	010	011	100	101	110	111
		0	1(α^7)	α	α^3	α^2	α^6	α^4	α^5
000	0	0	0	0	0	0	0	0	0
001	1	0	1	α	α^3	α^2	α^6	α^4	α^5
010	α	0	α	α^2	α^4	α^3	1	α^5	α^6
011	α^3	0	α^3	α^4	α^6	α^5	α^2	1	α
100	α^2	0	α^2	α^3	α^5	α^4	α	α^6	1
101	α^6	0	α^6	1	α^2	α	α^5	α^3	α^4
110	α^4	0	α^4	α^5	1	α^6	α^3	α	α^2
111	α^5	0	α^5	α^6	α	1	α^4	α^2	α^3

2. RS 编码举例

假设 A、B、C、D 是符号，P 和 Q 是校验字，则 RS 编码将满足下式：

$$A + B + C + D + P + Q = 0$$

$$\alpha^6 A + \alpha^5 B + \alpha^4 C + \alpha^3 D + \alpha^2 P + \alpha Q = 0$$

利用派生的乘积法解这些等式，得到如下结果：

$$P = \alpha A + \alpha^2 B + \alpha^5 C + \alpha^3 D$$

$$Q = \alpha^3 A + \alpha^6 B + \alpha^4 C + \alpha D$$

根据给定的不可简化多项式表，如果有：

$$A = 001 = 1$$

$$B = 101 = \alpha^6$$

$$C = 011 = \alpha^3$$

$$D = 100 = \alpha^2$$

则可以利用乘积表求解 P 和 Q，其结果是：

$$P = \alpha \cdot 1 + \alpha^2 \cdot \alpha^6 + \alpha^5 \cdot \alpha^3 + \alpha^3 \cdot \alpha^2 = \alpha + \alpha + \alpha + \alpha^5$$

$$= \alpha + \alpha + \alpha + (\alpha^2 + \alpha + 1) = \alpha^2 + 1 = 101$$

$$Q = \alpha^3 \cdot 1 + \alpha^6 \cdot \alpha^6 + \alpha^4 \cdot \alpha^3 + \alpha^1 \cdot \alpha^2 = \alpha^3 + \alpha^5 + 1 + \alpha^3$$

$$= (\alpha + 1) + (\alpha^2 + \alpha + 1) + (\alpha + 1) = \alpha^2 + \alpha = 110$$

即

$$P = 101 = \alpha^6$$

$$Q = 110 = \alpha^4$$

利用校验子可以纠正接收数据中的错误。接收的数据用上标(′)表示：

$$S_1 = A' + B' + C' + D' + P' + Q'$$

$$S_2 = \alpha^6 A' + \alpha^5 B' + \alpha^4 C' + \alpha^3 D' + \alpha^2 Q' + \alpha Q'$$

如果每一个可能的错误样本用 E_i 表示，则可得到如下等式：

$$S_1 = E_A + E_B + E_C + E_D + E_P + E_Q$$

$$S_2 = \alpha^6 E_A + \alpha^4 E_B + \alpha^4 E_C + \alpha^3 E_D + \alpha^2 E_P + \alpha E_Q$$

如果无错误，则有 $S_1=S_2=0$；

如果符号 A' 出错，则有 $S_1=E_A$ 和 $S_2=\alpha^6 S_1$；

如果符号 B' 出错，则有 $S_1=E_B$ 和 $S_2=\alpha^5 S_1$；

如果符号 C' 出错，则有 $S_1=E_C$ 和 $S_2=\alpha^4 S_1$；

如果符号 D' 出错，则有 $S_1=E_D$ 和 $S_2=\alpha^3 S_1$；

如果符号 P' 出错，则有 $S_1=E_P$ 和 $S_2=\alpha^2 S_1$；

如果符号 Q' 出错，则有 $S_1=E_Q$ 和 $S_2=\alpha S_1$。

就是说，一个错误导致非零校验子的产生。错误符号的值可以通过比较 S_1 和 S_2 之间加权系数的差别得到。每一个字加权系数的比不同，使单字错误纠正成为可能。双可疑符号也可以得到纠正，因为这里有只包含两个未知数的两个等式。例如，如果接收的数据为

$$A' = 001 = 1$$
$$B' = 101 = \alpha^6$$
$$C' = 001 = 1\text{(错误)}$$
$$D' = 100 = \alpha^2$$
$$P' = 101 = \alpha^6$$
$$Q' = 110 = \alpha^4$$

则可以计算校验子：

$$\begin{aligned} S_1 &= 1+\alpha^6+1+\alpha^2+\alpha^6+\alpha^4 \\ &= 1+(\alpha^2+1)+1+\alpha^2+(\alpha^2+1)+(\alpha^2+\alpha) = \alpha = 010 \\ S_2 &= \alpha^6\cdot 1+\alpha^5\cdot\alpha^6+\alpha^4\cdot 1+\alpha^3\cdot\alpha^2+\alpha^2\cdot\alpha^6+\alpha\cdot\alpha^4 = \alpha^6+\alpha^4+\alpha^4+\alpha^5+\alpha+\alpha^5 \\ &= (\alpha^2+1)+(\alpha^2+\alpha)+(\alpha^2+\alpha)+(\alpha^2+\alpha+1)+\alpha+(\alpha^2+\alpha+1) \\ &= \alpha^2+\alpha+1 = \alpha^5 = 111 \end{aligned}$$

因为有 $S_2=\alpha^4 S_1$，所以符号 C' 一定是错误的。由于 $S_1=E_C=001+010=011$，这样就纠正了这个错误。

在实际应用中，使用的是交叉交织的 RS 码，它利用的多项式为

$$P = \alpha^6 A+\alpha B+\alpha^2 C+\alpha^5 D+\alpha^3 E$$
$$Q = \alpha^2 A+\alpha^3 B+\alpha^6 C+\alpha^4 D+\alpha E$$

而校验子为

$$S_1 = A'+B'+C'+D'+E'+P'+Q'$$
$$S_2 = \alpha^7 A'+\alpha^6 B'+\alpha^5 C'+\alpha^4 D'+\alpha^3 E'+\alpha^2 P'+\alpha Q'$$

3. RS 码的纠错能力

在 GF(2^m)域中，进行(n, k)RS 编码时，输入信号被分成 $k\times m$ 比特为一组，每组包括 k 个码元，每个码元由 m 个比特组成，而不是前面所述的二进制码元由一个比特组成，一个能纠正 t 个差错码元的 RS 码的纠错能力与码组长度和码组中的信息码元的长度有关。用 n 来表示码组长度，k 表示码组中的信息码元长度，t 表示能够纠正的码元数目，它们之间的关系为

$$n = 2^m - 1 \tag{8-31}$$
$$n-k = 2^m-1-k = 2t \tag{8-32}$$

因为RS码在纠正突发错误方面十分有效，因而把它和错误交叉交织技术结合起来，成功地应用在数字音频设备中。目前，RS码应用在CD、DVD、直接广播卫星、数字广播和数字电视等领域。

8.3　CD的纠错编码

8.3.1　CD盘的结构和数据记录原理

1. CD盘的结构

CD盘主要是由保护层、反射激光的铝反射层、刻槽和聚碳脂衬垫组成的，如图8.5所示。

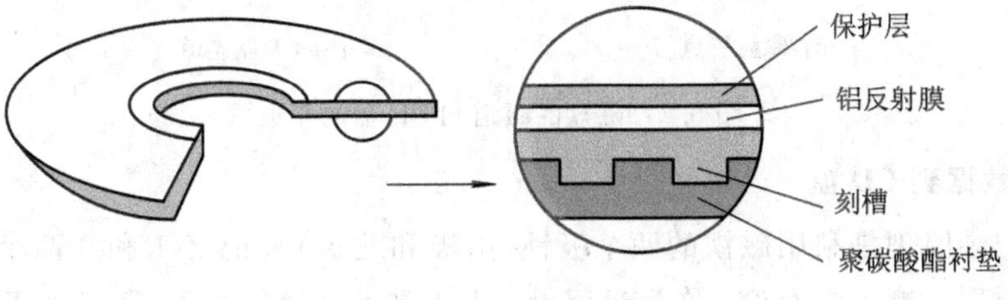

图8.5　CD盘的结构

CD盘的外径为120 mm，重量为14～18 g。激光唱盘分为3个区，即导入区、导出区和声音数据记录区，如图8.6所示。

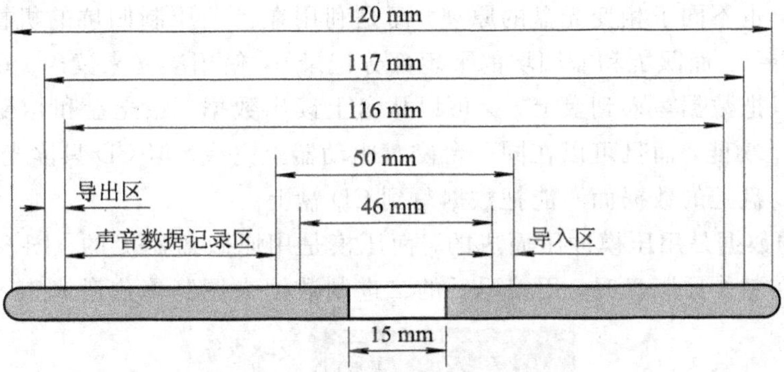

图8.6　CD盘的存储结构

2. CD盘的光道结构

CD盘光道的结构与磁盘磁道的结构不同，磁盘存放数据的磁道是同心环，如图8.7(a)所示，磁盘转动的角速度是恒定的，通常用CAV(Constant Angular Velocity)表示，但在这一条磁道和另一条磁道上，磁头相对于磁道的速度(称为线速度)是不同的。采用同心环磁道的好处之一是控制简单，便于随机存取，但由于内外磁道的记录密度(比特/英寸)不相同，外磁道的记录密度低，内磁道的记录密度高，外磁道的存储空间就没有得到充分利用，因而存储器没有达到应有的存储容量。CD盘的光道不是同心环光道，而是螺旋型光道，CD唱盘的光道长度大约为5 km，如图8.7(b)所示。CD盘转动的角速度在光盘的内外区是不同的，而它的线速度是恒定的，就是光盘的光学读出头相对于盘片运动的线速度是恒定的，通常用CLV(Constant Linear Velocity)表示。由于采用了恒定线速度，所以内外光道的记录密度(比特/英寸)可以做到一样，这样盘片就得到了充分利用，可以达到它应有的数据存储容量，但随机存储特性变得较差，控制也比较复杂。

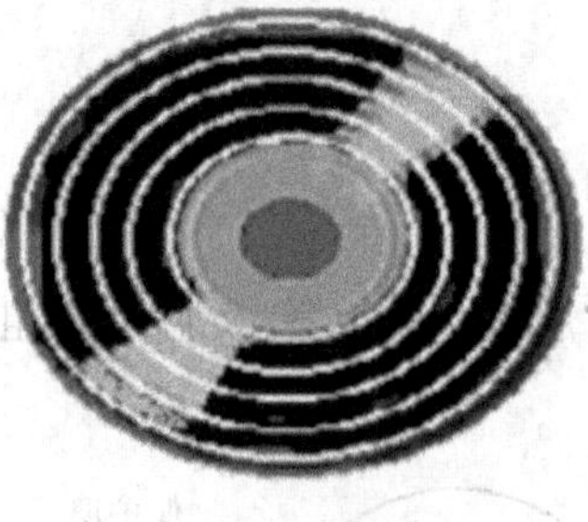

(a) 磁盘磁道

(b) CD盘光道

图8.7 磁盘的磁道和CD盘的光道

3. 写入数据到CD盘

磁盘的记录原理是利用磁铁的两个极性(南极和北极)来记忆1和0两个二进制数的。光盘的记录原理不能一概而论，称为光记录。比如磁光盘(Magneto Optical Disc，MOD)和相变光盘(Phase Change Disc，PCD)也被许多人简称为光盘。磁光盘是利用磁的记忆特性，借助激光来写入和读出数据；相变光盘是利用一种特殊的材料，这种材料在激光加热前和加热后的反射率不同，利用它们的反射率的不同来记忆1和0。而CD盘既不同于磁光盘的记录原理，也不同于相变光盘的原理，而是利用在盘上压制凹坑的机械办法，利用凹坑的边缘来记录1，而凹坑和非凹坑的平坦部分记录0，使用激光来读出。用户使用磁盘驱动器时，既可以把数据写入到盘上，又可以从盘上读出数据；磁光盘和相变光盘也同样有写入和读出两个功能，而且可以在同一台磁盘驱动器上完成。但CD只读光盘却不是这样，用户只能读CD盘上的数据而不能把数据写到CD盘上。

CD盘上的数据是用压模冲压而成的，而压模是用原版盘制成的。图8.8是制作原版盘的示意图。在制作原版盘时，用编码后的二进制数据来调制聚焦激光束，如果写入的数

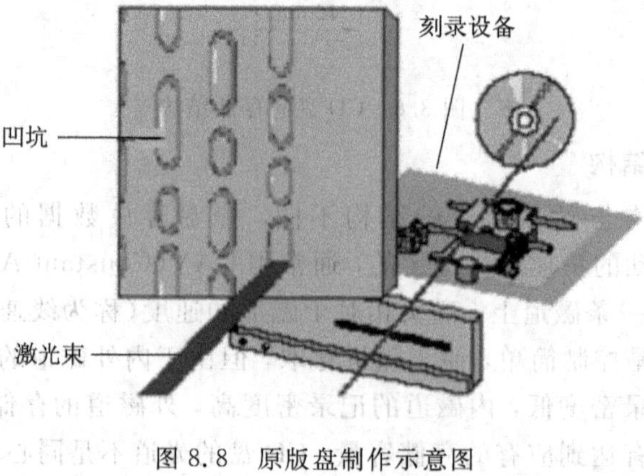

图8.8 原版盘制作示意图

据为 0，就不让激光束通过，写入 1 时就让激光束通过，或者相反。在制作原版盘的玻璃盘上涂有感光胶，曝了光的地方经化学处理后就形成凹坑，没有曝光的地方保持原样，二进制信息就以这样的形式刻录在原版盘上。在经过化学处理后的玻璃盘表面上镀一层金属，用这种盘去制作母盘，然后用母盘制作压模，再用压模去大批量复制。成千上万的 CD 盘就是用压模压出来的，所以价格才这样便宜(版权费除外)。

4. 从 CD 盘读出数据

CD 盘上的数据要用 CD 驱动器来阅读。CD 驱动器由光学读出头、光学读出头驱动机构、CD 盘驱动机构、控制线路以及处理光学读出头读出信号的电子线路等组成。

光学读出头是 CD 系统的核心部件之一，它由光电检测器、透镜、激光束分离器、激光器等元件组成，它的结构如图 8.9 所示。激光器发出的激光经过几个透镜聚焦后到达光盘，从光盘上反射回来的激光束沿原来的光路返回，到达激光束分离器后反射到光电检测器，由光电检测器把光信号变成电信号，再经过电子线路处理后还原成原来的二进制数据。

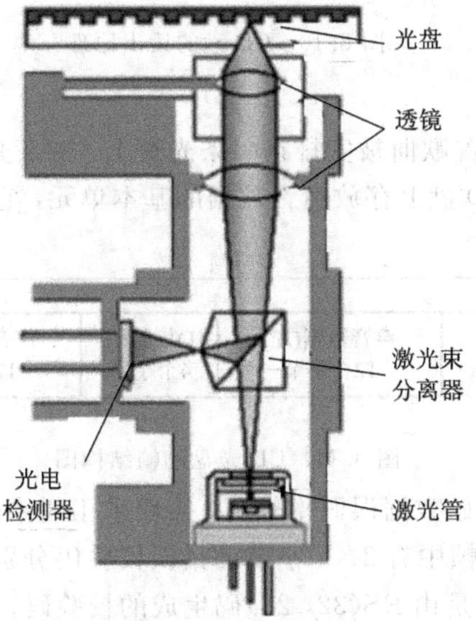

图 8.9　光学读出头的基本结构

图 8.10 是 CD 光盘的读出原理简化图。光盘上压制了许多凹坑，激光束在凹坑部分反射的光的强度，要比从非凹坑部分反射的光的强度弱，光盘就是利用这个极其简单的原理来区分 1 和 0 的。凹坑的边缘代表 1，凹坑和非凹坑的平坦部分代表 0，凹坑的长度和非凹坑的长度代表 0 的个数。

从图 8.9 和图 8.10 可以看到，CD 存储器在工作时光学读出头与盘之间是不接触的，因此不存在光头和盘之间的磨损问题。这里需要强调的是，凹坑和非凹坑本身不代表 1 和 0，而是凹坑端部的前沿和后沿代表 1，凹坑和非凹的长度代表 0 的个数。这些位就是前面介绍的“通道位”。利用这种方法比直接用凹坑和非凹坑代表原始二进制数据的 0 和 1 更有效。这种技术可用图 8.9 作进一步的说明。图中 4 个凹坑和非凹坑代表了 31 个通道位，这就更充分地利用了光盘表面积，使得存储容量大大提高。此外，采用这种技术也很容易从读出信号中提取有用的同步脉冲信号。

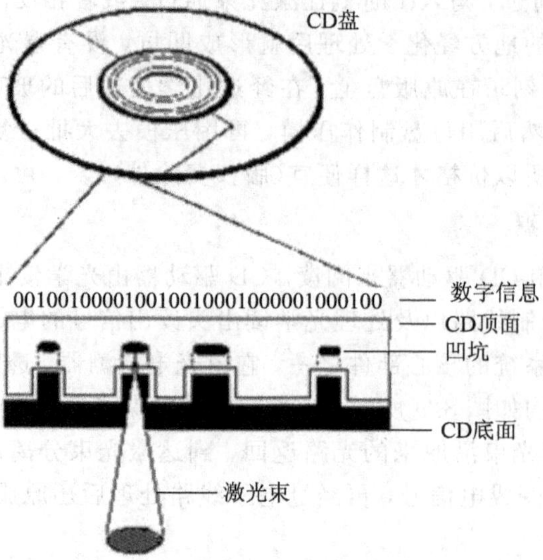

图 8.10　CD 盘的读出原理

5. CD 盘的帧结构

CD 盘存储歌曲时，一首歌曲被安排在一条光道上。一条光道又由许多扇区组成，一个扇区由 98 帧组成。帧是 CD 盘上存放声音数据的基本单元，它的帧结构如图 8.11 所示。

1帧

同步信号 3个字节	控制/显示 1个字节	声音数据(左) 12个字节	Q校验码 4个字节	声音数据(右) 12个字节	P校验码 4个字节

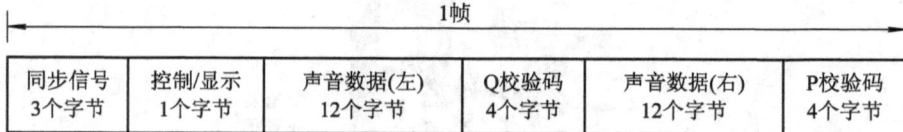

图 8.11　CD 光盘的帧结构图

其中，由于 CD 盘的原始数据误码率较高，需要采用纠错能力很强的交叉交织里德-所罗门码进行纠错。因此，每帧中有 2×4 字节的错误校验码分别放在中间和末端，称为 Q 校验码和 P 校验码，P 校验码是由 RS(32，28)码生成的校验码；Q 校验码是由 RS(28，24)码生成的校验码。

8.3.2　CD 盘中的交叉交织的里德-所罗门码

在 CD 光盘中利用的是一种可以纠正 4 重可疑符号(双错误)的里德-所罗门编码，称为交叉交织的里德-所罗门码(Cross Interleave Reed-Solomon Code，CIRC)。CIRC 码顺序利用两个 RS 码，通过交织过程把 C_2 和 C_1 编码结合。数据先通过 C_2 编码器，再在 C_1 中编码。解码时把顺序颠倒过来。

C2 码是一个(28，24)编码，即编码器输入 24 个符号，输出 28 个符号(包括检验符号)。C1 码是一个(32，28)编码，即编码器输入 28 个符号，输出 32 个符号(包括 4 个检验符号)。两个编码器都采用 8 位字节，伽罗华域的大小为 GF(2^8)，其计算基于多项式 $x^8+x^4+x^3+x^2+1$，最小距离为 5。如果错误位置已知，最多可以纠正 4 个符号；如果错误位置未知，可以纠正 2 个符号。CIRC 编码器的过程与图 8.1 类似。它能接收 24 个 8 位符号，24 位的平行字被输入到 C2 编码器，产生 4 个 Q 检验符号。Q 检验符号用来纠正 1 个错误符号或者 1 个字中的 4 个可疑符号。把这些检验符号放在数据块的中心，可以加大奇偶距离，有利于在最大可能的突发性错误发生时进行插值处理。接着，在交叉交织单元，28 个不同的 C_2 字作为 C1 编码器的输入，产生 4 个 P 检验符号。P 检验字用来纠正单符号错误，或者为 Q 检验字纠错而对双重或三重错误进行检测和标记。最后，CIRC 编码器产生 32 个 8 位符号。

在对 CD 光盘解交织时，错误处理都要进行解码，包括错误检测和纠正。当 RS 解码器接收到数据块(包括原始数据符号和校验符号)时，就利用这些符号重新计算校验符号。如果计算结果和接收到的检验符号匹配，则表明没有错误。如果不匹配，则用校验子来确定错误的位置。错误标记出的字可分为可纠正的、不可纠正的和有可能被纠正的等几类。分析这些标志，确定是用纠错码进行纠错，还是直接进行插值处理。解交织时，每次有一帧 32 个 8 位符号送入 CIRC 解码器，其中包括 24 个音频符号和 8 个检验符号。奇数符号通过 1 个符号的延迟，这样，偶数符号就和奇数符号一起在下一帧被解交织。音频符号按照它们原始的顺序被还原，CD 盘错误则被分散。误码隐蔽处理有利于 C_1 码的纠错处理，尤其是针对连续符号中的小错误。在经过解交织之后，检验符号被转换。C_1 解码器利用 4 个 P 检验符号就可以纠正随机错误和发现突发性错误。C_1 解码器可以纠正每一帧中的一个错误符号。如果存在多个错误，则 28 个数据符号被一个可疑符号标志标记，并传给 C_2 解码器。有效的符号不经过任何处理直接传送。解码器之间的卷积解交织过程可以使 C_2 解码器纠正长的突发性错误。输入到 C_2 解码器中数据帧包含有 C_1 解码器不同时间的输出符号，这样带有符号标记的符号就被分散，有利于 C_2 解码器纠正突发性错误。没有可疑符号标记的符号被认为是正确的，经过解码器时不进行任何处理。在解交织单元的帮助下，C_2 可以对 C_1 预先处理过的数据进行纠错处理。这些数据中包含 C_1 无法纠正的突发性错误和随机错误。利用 4 个 Q 检验符号，C_2 可以发现和纠正单个符号错误，最多可纠正 4 个符号，其中包括那些被 C_1 错误纠正的符号。另外，C_2 还可以纠正那些在编码过程中产生的错误。当 C_2 无法完成纠错处理时，则这 24 个数据符号都被标记，并传到插值处理单元，最后通过解交织单元和延迟单元完成 CIRC 解码全过程。

CIRC 编码的纠错能力可以多达 3874 bit，等于轨道上 2.5 mm 长的缺陷。再加上好的错误隐藏技术，可以提高到 13 282 bit，等于 8.7 mm 长的缺陷。如果再进一步利用边缘隐藏技术，则可提高到约 15 500 bit。

8.3.3　误码的隐蔽

前面介绍的纠错法不可能将所有的误码百分之百地进行纠正，这时就需要采取一种所谓插值的方法，将纠不掉的错误隐蔽掉，此即误码隐蔽。也可以说是，对于不能纠正的误码，采取一些处理方法，根据前后关系来推断出原来的值。需特别注意：应用各种插补法的前提条件是插补的误码不能是连续的突发性误码。

误码隐蔽方法有四种，如图 8.12 所示。其中，图(a)是原始误码的位置；图(b)所示为零值替代法(无声法)，即错误码的地方用零值来代替；图(c)所示为前值保留法或(零阶插补法)，即用错误码的前一个正确码的值来替代错误码的值的方法；图(d)所示为平均值插补法(一阶插补法)，即用错误码相邻的前后两个正确字的平均值来替代错误码的值的方法；图(e)所示为 N 阶插补法，即用错误码的前后的 n 个正确字的值来确定 n 阶方程的参数，用来推测出错误码的值的方法。

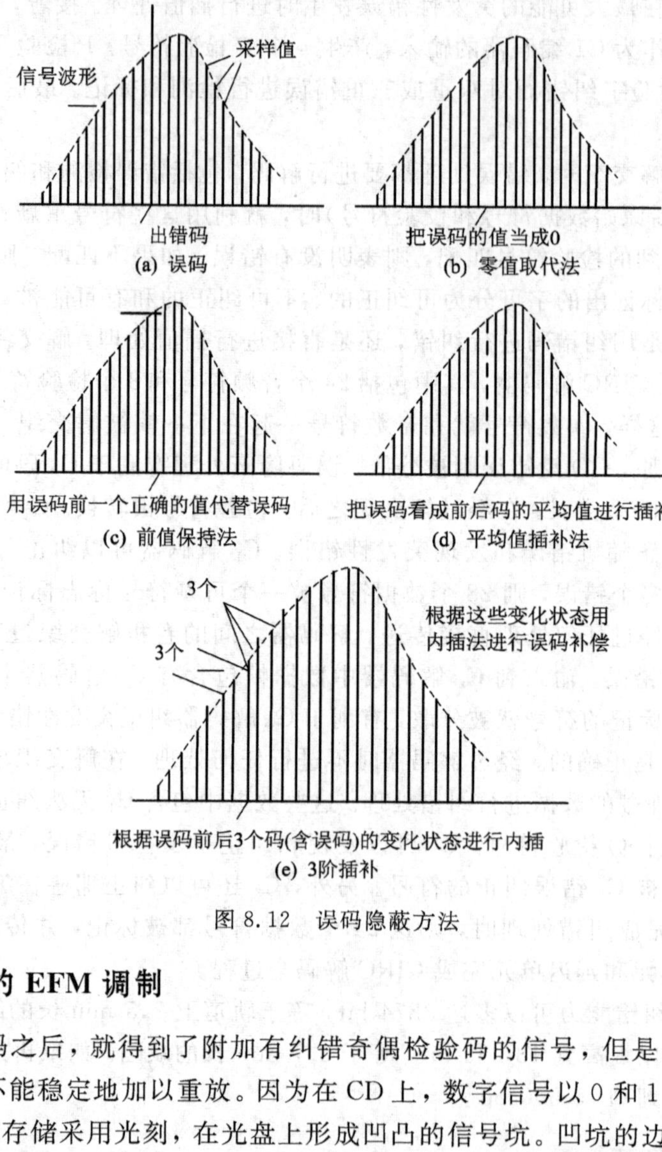

图 8.12 误码隐蔽方法

8.3.4 CD 中的 EFM 调制

经 CIRC 编码之后，就得到了附加有纠错奇偶检验码的信号，但是，如果直接把它记录在唱片上，则不能稳定地加以重放。因为在 CD 上，数字信号以 0 和 1 来记录信息，由于 CD 光盘上信号的存储采用光刻，在光盘上形成凹凸的信号坑。凹坑的边缘代表 1，凹坑和非凹坑的平坦部分代表 0，凹坑的长度和非凹坑的长度都代表有多少个 0，CD 就是利用激光束照射凹凸信号坑形成强度不同的反射光，经光电转换而形成电信号，以此来恢复 1 和 0 的。但是，如果不作码型变换而直接在光盘上记录数据，当在唱片上出现长时间持续为 0 或者 1 的状态时，那么读出时的输出信号就是一条直线，即便是用人眼能看出它是多少个 0 或者 1，却不一定能让电路判断出来。这是因为电路在进行这种判断时需要以时钟作为基本单位，要想把这个时钟稳定地提取出来就需要有适当数目的 0 或者 1 在轨迹上翻转。如果时钟不稳定，则转速伺服系统操作就会不稳定。因此，把从 CICR 编码器出来的信号变换成符合要求的信号进行记录，这种变换称为调制，CD 制采用的是 EFM 的调制方式。

EFM(Eight to Fourteen Modulation，8～14 bit 调制编码)，就是把一个 8 bit(即一个

字节)的数据用 14 bit 表示。理论分析和试验表明，根据 20 世纪 70 年代的技术水平，把“0”的游程长度最短限制在 2 个，而最长限制在 10 个，光盘上的信号就能够可靠地读出，也就是说，2 个“1”之间至少要有 2 个“0”，最多不超过 10 个“0”。8 位二进制数有 256 种组合代码，14 位有 $2^{14}=16\ 384$ 种组合代码。通过计算机的计算，在这 16 384 种组合中，能够满足“0”游程长度要求的码字数为 267 种，而其中有 10 种代码在合并通道代码时，限制游程有困难。再去掉一个代码，这就得到与 8 位数据相对应的 256 种通道码。这在实际的 EFM 编码中，可以通过查表法把 8 bit 数据变换成 14 bit 的通道码。表 8.8 是 EFM 转换表的一部分。

表 8.8　部分 EFM 转换表

二进制数	信息码	EFM 代码	二进制数	信息码	EFM 代码
100	01100100	01000100100010	113	01110010	10010010000010
101	01100101	00000000100010	114	01110011	00100000100010
102	01100110	01000000100100	115	01110100	01000010000010
103	01100111	00100100100010	116	01110101	00000010000010
104	01101000	01001001000010	117	01110110	00010010000010
105	01101001	10000001000010	118	01110111	00100010000010
106	01101010	10010001000010	119	01111000	01001000000010
107	01101011	10001001000010	120	01111001	00001001001000
108	01101100	01000001000010	121	01111010	10010000000010
109	01101101	00000001000010	122	01111011	10001000000010
110	01101110	00010001000010	123	01111100	01000000000010
111	01101111	00100001000010	124	01111101	00001000000010
112	01110000	10000000100010	125	01111110	00010000000010
113	01110001	10000010000010	126	01111111	00100000000010

不过，虽然把 8 bit 的码元变换成了 14 bit，且做到了 1 与 1 之间“0”的个数为 2～10 个，但要使各码元之间也能满足这个条件，就需要在 14 bit 码型彼此相连的地方至少用两个比特来连接。对此，假设前一个 14 比特码型末尾为 1，下一个码型开头也是 1 的情况，就能看出这样做的必要性了。EFM 为了进行这种连接设置的是 3 bit。这是出于还要满足另一个条件，即信号本身所具有的低频成分应尽量小的需要，也就是为了满足游程长度的要求，在通道码之间再增加了 3 位来确保读出信号的可靠性。于是在激光唱盘中，8 位的数据就转换成了 17 位的通道代码。图 8.13 给出了最后如何决定连接位的示例。

通常用 RDS(Running Digital Sum)方法来测量信息中的低频成分。图 8.13 的顶部为两个 8 bit 的源数据字，由 $d=2$ 的规则，第一个连接位在这个例子中必须是“0”，用“X”表示，跟随的两个位置的选择是自由的，用“M”表示，则 XMM 三个可能的选择为“000”、“010”、“001”，它们对 RDS 的影响见图 8.13。假定 RDS 在最初时等于“0”，系统现在选择连接位，使得 RDS 在第二个通道码之后，RDS 尽可能接近“0”。在这个例子中，XMM 显然应该选择“000”。

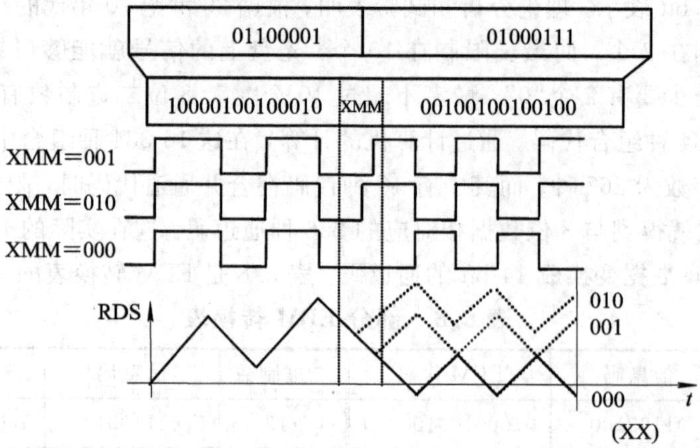

图 8.13 选连接位使 RDS 最小的示意图

经过调制形成的节目码流，送至 CD 激光唱片制作系统后，最终在光盘上制作出信号坑进行存储。放音时，经光学拾取器取出信号，经过解调、去复用、去纠错以及 D/A 变换等环节后，输出模拟声音信号。

8.4 DVD 纠错编码和调制技术

DVD(Digital Versatile Disc)是一种先进的光盘系统，其单面单层的盘片容量为 4.7 GB，是传统 CD 光盘容量的 7 倍。如果重新设计盘片的逻辑格式，并且采用更强大的纠错编码和码率更高的调制编码，则可以进一步提高其存储容量。对于数据存储系统而言，还需要采用纠错编码来纠正可能发生的突发错误，CD 系统采用了交叉交织里德-所罗门编码，而 DVD 系统采用了里德-所罗门乘积码(Reed - Solomon Product Code, RS - PC)。RS - PC 是在 RS 码的基础上乘积得到的，容量很大，有 312 KB，其纠正突发错误和随机错误的能力有很大的提高，即使纠错前的误码率为 1%，纠错后也会降到 10^{-20} 以下。而在相同的情况下，CIRC 纠错方式仅达到 10^{-6} 水平。RS - PC 码编码时先进行列编码，再进行行编码，解码时则先进行行纠错，再进行列纠错，而且还可在行列纠错上进行迭代处理，以增强其纠错能力。另外，光盘的调制编码主要用于时钟恢复和控制码间干扰，DVD 系统采用的调制编码称为 EFMPlus 码。用 d 和 k 分别代表最小和最大游程长度参数，EFMPlus 码的所有码字都满足($d=2$, $k=10$)的限制，其码率为 8/16。

8.4.1 DVD 中的纠错码

在 DVD 格式中，用户数据按扇区组织，但是这些数据并不直接记录到盘片上，而是需要经过一系列步骤的处理，最后经过调制之后得到的通道码才直接被记录到盘片上。按照扇区组成方式和所处数据处理阶段的不同，一个扇区可以依次经过用户扇区、数据扇区、记录扇区和物理扇区等几个步骤。ECC(Error Correction Code)是构成记录扇区过程中的重要一步，但是由于 ECC 与其之前的一些处理步骤之间存在比较大的联系，因此从用户扇区开始介绍。

用户扇区中包括 2048 字节的用户数据，在数据前面加上 12 字节的扇区头(包括 4 字节的扇区标识码 ID、2 字节的 ID 检错码 IED、6 字节的拷贝保护信息 CPR)和 4 字节的扇区尾(包括 4 字节的检错码 EDC)，共 2064 字节。将这 2064 字节组成一个 12 行 172 列的块，而块中的 2048 用户数据还要再经过扰频处理，最后得到的数据块就是数据扇区。连续的 16 个数据扇区组合在一起，形成一个 192 行 172 列的 ECC 块，对该 ECC 块进行 RSPC 编码。对这 172 列的每一列，通过式(8-33)计算，可以得到一个 16 字节的外部校验码 PO (Outer Parity Reed-Solomon Code)；将得到的 PO 数据附加在对应列的末尾，即数据块新增 16 行，从原来的 192 行变为 208 行。然后再对这 208 行的每一行按照式(8-34)进行计算，得到一个 10 字节的内部校验码 PI(Inner Parity Reed-Solomon Code)；将得到的 PI 数据附加在对应行的末尾，即数据块新增 10 列，最后得到一个 208 行 182 列的 ECC 块。编解码原理如图 8.14 所示。

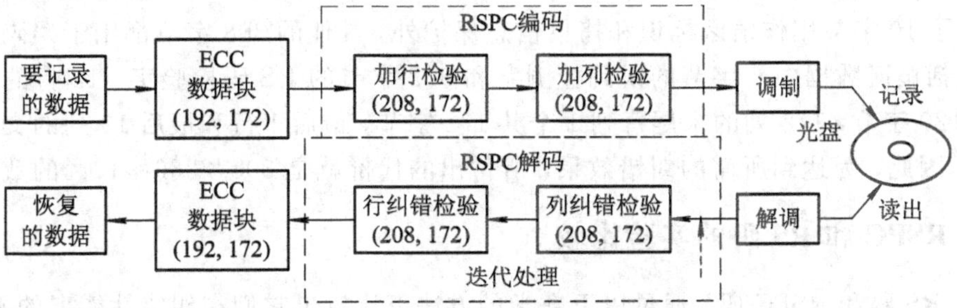

图 8.14　DVD ECC 数据块的编解码

RS-PC 是在 RS 码的基础上进行乘积得到的，即分别在数据块的行和列上加上校验符号。DVD ECC 数据块如图 8.15 所示，其中，灰色区为行、列的检验字节，DVD ECC 数据块由有 208×182 个字节的数据块 B(208，182)组成，其中 B(192，172)是 16 个扇区的 DVD 原始数据，先对其进行列编码，因为采用的是系统码，所以产生的码字加到每列后面，形成 B(208，172)的数据块，再对该数据进行行编码，同样，产生的码字加在行的后面，形成一个 B(208，182)的 DVD ECC 数据块。

$B_{0,0}$	$B_{0,1}$	…	$B_{0,170}$	$B_{0,171}$	$B_{0,172}$	…	$B_{0,181}$
⋮	⋮	⋮	⋮	⋮	⋮	⋮	⋮
$B_{2,0}$	$B_{2,1}$	…	$B_{2,170}$	$B_{2,171}$	$B_{2,172}$	…	$B_{2,181}$
⋮		数据信息空间 192×172 B	⋮	⋮	⋮	⋮	⋮
$B_{191,0}$	$B_{191,1}$	⋮	$B_{191,170}$	$B_{191,171}$	$B_{191,172}$	⋮	$B_{191,181}$
$B_{192,0}$	$B_{192,1}$	…	$B_{192,170}$	$B_{192,171}$	$B_{192,172}$	…	$B_{192,181}$
⋮	⋮	⋮	⋮	⋮	⋮	⋮	⋮
$B_{207,0}$	$B_{207,1}$	…	$B_{207,170}$	$B_{207,171}$	$B_{207,172}$	…	$B_{207,181}$

图 8.15　DVD ECC 数据块

对于列检验符号的产生，有表达式：

$$R_j(x) = \sum_{i=192}^{207} B_{i,j} x^{207-i} = [I_j(x) \cdot x^{16}] \bmod | G_{PO}(x) | \qquad (8-33)$$

式中，$I_j(x)+\sum_{i=0}^{191}B_{i,j}\cdot x^{191-i}$，$G_{\mathrm{PO}}(x)=\prod_{k=0}^{15}(x+\alpha^k)$

对于行检验符号的产生，有表达式：

$$R_i(x)=\sum_{i=172}^{181}B_{i,j}x^{181-j}=[I_j(x)\cdot x^{10}]\ \mathrm{mod}\ |G_{\mathrm{PI}}(x)| \tag{8-34}$$

式中，$I_i(x)=\sum_{j=0}^{171}B_{i,j}\cdot x^{171-i}$，$G_{\mathrm{PI}}(x)=\prod_{k=0}^{9}(x+\alpha^k)$

这个大的 ECC 块要进行一次分拆：对前 192 行，按每 12 行分拆成 16 块；对后 16 行(PO 数据)，将每一行按顺序附加到前述 16 个小块中。最后得到的是 16 个 13×182=2366 字节的小块，这就是记录扇区。记录扇区经过调制编码，转化为物理扇区记录在盘片上。

在 DVD 数据中，每个记录扇区的大小为 2366 字节，其中 2048 字节是真正有用的主数据，除了 10 字节用作扇区标识和拷贝信息保护外，其他的 308 字节都用于误码的检测和纠正，包括扇区数据中 6 字节的误码检测字和 302 字节的 RS 码检验字，12 行的末尾每行 10 个共 120 字节，172 列的末尾每列 1 个共 172 字节，最后 1 行和最后 10 列的交叉区域共 10 字节。因此，为达到所需的纠错效果，所付出的代价就是 308/2366≈13％的数据冗余。

8.4.2 RSPC 和 RS 码的实验比较

对于 RS 码和 RSPC 码，通过以下数学的方法可比较出它们在纠错性能上的不同之处。

首先，把每一个扇区的数据看成一个 192×172 的矩阵，然后根据 RSPC 码的原理对这个矩阵的每行和每列都进行编码，分别得到 16 字节外部码校验码(PO)和 10 字节内部校验码(PI)，形成一个 208×182 的矩阵，然后再加上一个用来模拟光盘中错误数据的矩阵。加上错误矩阵之后，对这个矩阵进行解码模拟，将所得到的解码矩阵与原始矩阵进行比较。如果这两个矩阵相等，就证明 RSRC 码能很好地纠正该错误矩阵，反之，则说明 RSRC 码不能很好地纠正该错误矩阵。图 8.16 是 RSPC 编码与 RS 编码模拟实验比较流程图。

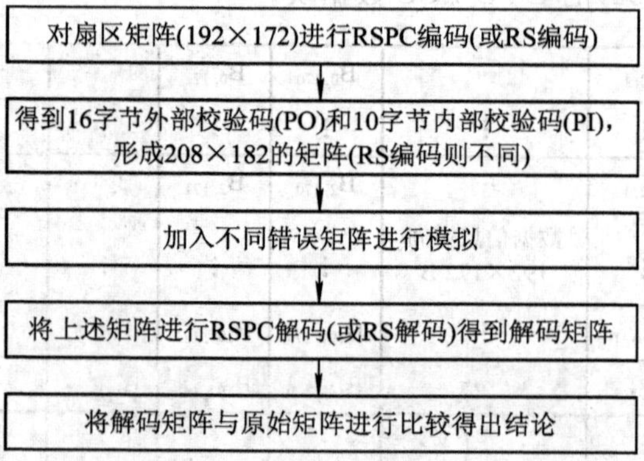

图 8.16 RSPC 编码与 RS 编码实验比较流程图

为了进一步证明 RS 码和 RSRC 码在纠错性能上的差别，设解码以后的矩阵与原始矩阵相减得到的矩阵中不为零的个数，然后用这个数除以原始的数据矩阵中所有数据的个数，则得到纠错比率 λ。下面分别在随机错误和突发错误两种情况下进行实验比较，其中突发错误以划痕错误和污点错误为例进行实验，另外，用 100^{λ} 来作为纵坐标以更清楚地表示两个纠错码的差别。

实验一：随机错误

RS 码和 RSPC 码纠错性能的比较如图 8.17 所示。

实验二：突发错误(以划痕错误和污点错误为例)

划痕错误出现时，通常都是导致一个数据段的数据出现错误，这个数据段是一个线性的数据段，在矩阵模拟过程中可以采用某一行(当划痕错误出现在光盘的切向上)，或者某一列(当划痕错误出现在光盘的径向上)的错误来进行模拟。错误矩阵是一个在某些行(列)方向上出现若干错误，这些行(列)的位置和个数都不确定，而其他地方不含错误的数据矩阵，得到的试验结果如图 8.18 和图 8.19 所示。另外，污点错误和划痕错误并不一样，划痕错误影响的是一个连续的数据段，而污点错误影响的是一个区域，在这个区域中所有数据都受到影响。因此，对于污点错误可以用一个某一块区域中含有错误数据，而其他部分不含错误数据的错误矩阵来进行模拟，得到的实验结果如图 8.20 所示。

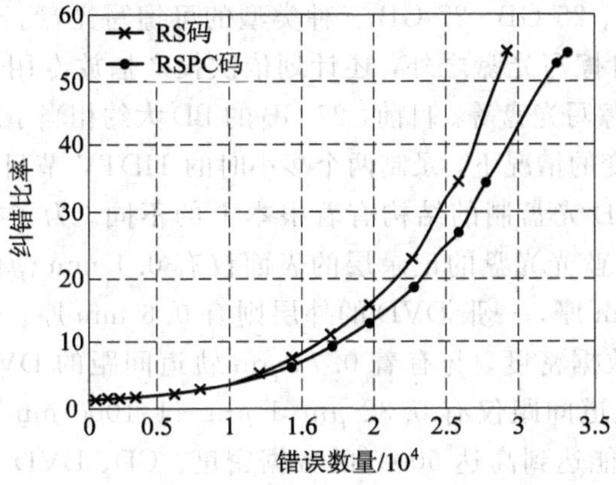

图 8.17　针对随机错误所表现的性能

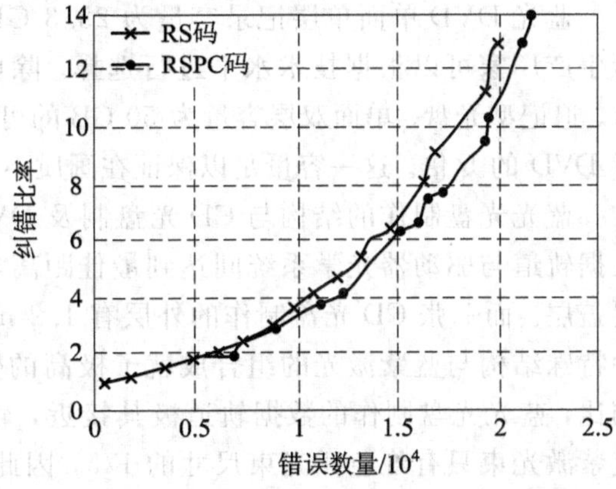

图 8.18　划痕错误出现在光盘切向上

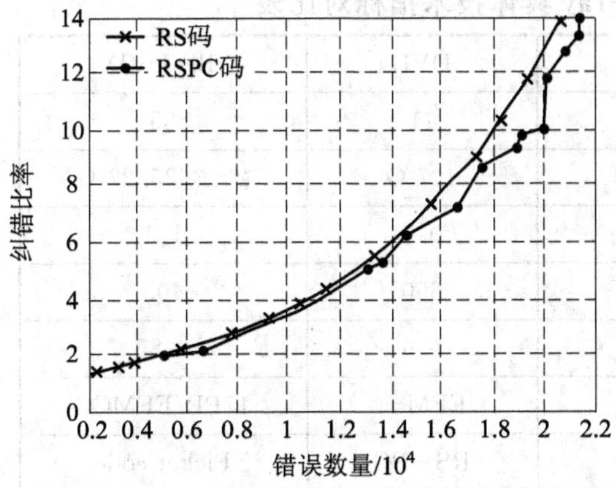

图 8.19　划痕错误出现在光盘径向上

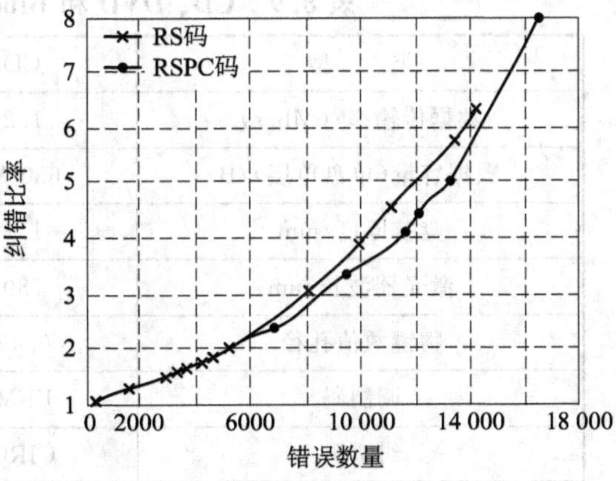

图 8.20　污点错误

通过以上分析可以看出，不管是随机错误还是划痕错误与污点错误，只要错误数量增加，两种纠错方法的纠错比率也不断增加。但是，RSPC 码的纠错比率在很大范围内始终小于 RS 码，也就是通过 RSPC 码解码后的矩阵与原始矩阵一致的数据比较多，也即 RSPC 码的纠错性能要好于 RS 码。在某些局部，RSPC 码的纠错比率稍大于 RS 码，这可能因为矩阵是随机产生的，而横坐标只表示了错误数量，并没有确定错误位置，在某些情况下错误位置也会使得曲线发生变化。

8.5 蓝光DVD

蓝光(Blue-ray)或称蓝光盘(Blue-ray Disc，BD)利用波长较短(405 nm)的蓝色激光读取和写入数据，大大地缩短了凹槽长度和光道间距，从而能够记录下比DVD多出数倍的数据。传统DVD需要光头发出红色激光(波长为650 nm)来读取或写入数据，波长越短的激光，能够在单位面积上记录或读取更多的信息。因此，蓝光极大地提高了光盘的存储容量，对于光存储产品来说，蓝光提供了一个跳跃式发展的机会。蓝光光碟拥有一个异常坚固的层面，可以保护光碟里面重要的记录层。在技术上，蓝光刻录机系统可以兼容此前出现的各种光盘产品。

蓝光DVD单面单层记录容量为23.3 GB、25 GB、27 GB三种类型的可擦写光盘。光盘生产厂家可以根据技术水平进行选择。除可擦写光盘之外，还计划依次投产播放专用光盘、追记型光盘、单面双层容量为50 GB的可擦写光盘等。目前，27 GB的BD大约相当于现行DVD的5倍。这一容量足以保证在画质不变的情况下，录制两个多小时的HDTV节目。

蓝光光盘制作的结构与CD光盘制及DVD光盘制的结构有着根本上的不同。为了在数据轨道与驱动器光学系统间达到最佳距离，蓝光光盘的记录层的表面仅有0.1 mm薄的覆盖层。而一张CD光盘制作的外层有1.2 mm厚，一张DVD的外层则有0.6 mm厚。这种特殊结构与蓝紫激光的组合成就了极高的数据密度。与有着0.74 μm轨道间距的DVD相比，蓝光光盘制作的数据轨道极其接近，轨道间距仅有0.32 μm(1 μm＝1/1000 mm)。蓝紫激光束只有红色激光束尺寸的1/5，因此能达到高达500%的数据密度。CD、DVD和Blue-ray具体技术指标的对比如表8.9所示。

表8.9 CD、DVD和Blue-ray具体技术指标对比表

类　型	CD	DVD	BD DVD
数据传输率/(Mb/s)	1.2	11	35
数据容量(单盘单层)/B	650 M	4.7 G	23.3/25/27 G
盘基厚度/mm	1.2	0.6	1.1
激光器波长/nm	780	650	405
物镜数值孔径	0.45	0.6	0.85
调制码	EFM	EFM+	17PP/EFMCC
纠错码	CIRC	RS-PC	Picket code

从表8.9中可知，缩短激光波长至405 nm和增大物镜数值孔径至0.85，这两项指标的变化直接减小了聚焦后的光点直径，提高了光学系统的分辨能力，从而可以缩小记录点的直径和光道间距；在同样直径的盘片上可以记录更多的数据。但是，物镜数值孔径的增大也减小了光学系统的容差。焦深降低，提高了对伺服系统的要求；对盘片的倾斜更敏感，要求采用可消除倾斜误差的力矩器或者采用较薄的读出层结构；对盘片厚度均匀度要求更

高，需要采用更精密的盘片制造设备和更高的工艺。

其次，在 Blue-ray Disc 系统中，为了避免采用更复杂的执行机构，同时保证对盘片翘曲误差的容差，只能将盘基厚度变为 1.1 mm，将记录层与保护层厚度变为 0.1 mm。激光不再是从盘基一侧入射，而是直接从透明保护层一侧入射。同时各材料层的排列方式也与传统的 CD-R、DVD-R 等正好相反。

Blue-ray Disc 系统采用了新的调制码：对可写格式盘采用 I7PP 码；对只读格式盘采用 EFMCC 码。这是由于蓝光光盘首先提出的是可写格式的规范，采用的材料为相变材料；后来提出的只读格式须采用深紫外波长的激光器制作母盘。这两种不同情况下的信道特征相差较大，采用同一种调制码无法充分挖掘系统的潜力，因此设计了不同的调制码。这两种编码的效率都有所提高，而且提供了更好的低频分量控制特性。Blue-ray Disc 系统还采用了新的纠错码——Picket Code，与 DVD 系统中采用的 RS-PC 码相比较，在数据冗余率基本相同的条件下，其纠错能力更强。

8.5.1　蓝光 DVD 的纠错码(Picket Code)

由于用户数据首先经过纠错编码，再经过调制编码才记录到光盘上，这个过程中数据要经过多次变换与交错，实际记录到盘片上的数据与原始的用户数据在内容、顺序和位置都变化很大，因此先从纠错码开始阐述。

纠错系统的主要作用就是消除数据中的随机错误和突发错误。随机错误长度较短，在盘片上的分布较为均匀；而突发错误一般由于灰尘、油污、指纹、划伤等引起，错误长度较长，且容易形成集中分布。与 DVD 系统相比，Blu-ray Disc 的光点更小，而且读取层的厚度也有减小，造成光束落在盘片表面的光斑大为减小(直径约 0.14 mm)；与 DVD 系统光斑(直径约 0.50 mm)相对比，更容易受到盘片缺陷的影响，更容易发生突发错误。因此，需要采用更为强有力的纠错系统。

1. Picket Code 的编码原理

RS-PC 码中水平校验码的主要作用是纠正随机错误和指出突发错误的位置，垂直校验码的作用就是根据已标记的错误位置纠正突发错误；水平校验码的纠正能力略有剩余，而垂直校验码的纠错任务较重。Blue-ray Disc 系统中发展了这种纠错方法，取消了水平校验码，代之以垂直方向上的 LDS(Long Distance Subcode)码和 BIS(Burst Indicator Subcode)码。BIS 码是具有高度冗余的校验码，纠错能力非常强，用来放置重要的地址和控制信息；而 BIS 码在纠错过程得到的错误位置作为“警哨(Picket)”，指示冗余能力较低的 LDS 码能更好地纠正数据中的错误。这种纠错方案被称为“警哨码(Picket Code)”。

在 Blue-ray Disc 系统中，数据按 64 KB 为一组进行记录。在数据编码的过程中，需要经过以下阶段：数据帧(Data Frame)、数据扇区(Data Sector)、ECC 扇区(ECC Sector)、ECC 簇(ECC Cluster)、BIS 簇(BIS Cluster)、物理簇(Physical Cluster)和记录帧(Recording Frame)。

一个数据帧由 2052 字节组成，其中包括 2048 字节的用户数据，编号为 d_0，d_1，…，d_{2047} 和 4 字节的检错码(Error Detection Code，EDC)，编号为 e_{2048}，e_{2049}，e_{2050}，e_{2051}。这 4 字节的检错码是对前面的 2048 字节用户数据计算得到的，将这 2052 字节数据看做连续的比特流，以用户数据的最高位开始，以 EDC 码的最低位结束。

一个数据扇区由两个数据帧(A，B)构成。将两个数据帧的字节逐列填入一个 19 列 256 行的矩阵中，数据帧 A 的字节 $d_{0,A}$，…，$e_{2051,A}$，填充完毕后继续填充数据帧 B 的字节 $d_{0,B}$，…，$e_{2051,B}$，最后构成一个 4104 字节的数据扇区，如表 8.10 所示。

表 8.10 数据扇区

0	1	…	9	10	…	18
$d_{0,A}$	$d_{216,A}$	…	$d_{1944,A}$	$d_{108,B}$	…	$d_{1836,B}$
$d_{1,A}$	$d_{217,A}$	…	$d_{1945,A}$	$d_{109,B}$	…	$d_{1837,B}$
⋮	⋮	…	⋮	⋮	…	⋮
⋮	⋮	…	$d_{2047,A}$	⋮	…	⋮
⋮	⋮	…	$e_{2048,A}$	⋮	…	⋮
⋮	⋮	…	⋮	⋮	…	⋮
⋮	⋮	…	$e_{2051,A}$	⋮	…	⋮
⋮	⋮	…	$d_{0,B}$	⋮	…	⋮
⋮	⋮	…	$d_{1,B}$	⋮	…	⋮
⋮	⋮	…	⋮	⋮	…	$d_{2047,B}$
⋮	⋮	…	$d_{106,B}$	⋮	…	$e_{2048,B}$
$d_{215,A}$	$d_{431,A}$	…	$d_{107,B}$	$d_{323,B}$	…	$e_{2051,B}$

在一个数据扇区的下部按照一定的纠错规律添加校验码，就构成了一个 ECC 扇区。首先要对数据扇区中的字节进行一次新的编号，每一列的字节按从上到下的顺序编号为 $d_{L,0}$，$d_{L,1}$，…，$d_{L,215}$，其中 $L=0$，…，18 为列号。注意：这里的编号方式是列号在前，行号在后，与常见的矩阵元素编号正好相反。编号完成后，对每一列的数据按照(248，216，32)长距 RS 码计算出 32 字节的校验码 $p_{L,216}$，$p_{L,217}$，…，$p_{L,247}$ 并附加在原数据列之后；这样每列的 248 字节构成一个 LDS 码字，19 个 LDS 码字构成一个 ECC 扇区(19 列×248 行=4712 字节)，如表 8.11 所示。

表 8.11 ECC 扇区

0	1	…	9	…	17	18
$d_{0,0}$	$d_{0,1}$	…	$d_{9,0}$	…	$d_{17,0}$	$d_{18,0}$
$d_{0,1}$	$d_{1,1}$	…	$d_{9,1}$	…	$d_{17,1}$	$d_{18,1}$
$d_{0,2}$	$d_{1,2}$	…	$d_{9,2}$	…	$d_{17,2}$	$d_{18,2}$
⋮	⋮	…	⋮	…	⋮	⋮
⋮	⋮	…	⋮	…	⋮	⋮
$d_{0,215}$	$d_{1,215}$	…	$d_{9,215}$	…	$d_{17,215}$	$d_{18,215}$
$p_{0,216}$	$p_{1,216}$	…	$p_{9,216}$	…	$p_{17,216}$	$p_{18,216}$
⋮	⋮	…	⋮	…	⋮	⋮
⋮	⋮	…	⋮	…	⋮	⋮
$p_{0,247}$	$p_{1,247}$	…	$p_{9,247}$	…	$p_{17,247}$	$p_{18,247}$

这里使用的长距RS码定义在有限域上。域的所有非0元素由本原多项式的一个本原元产生。码元长度为1字节，8比特由本原多项式确定。一个LDS码字可以用向量表示；同样也可以用一个最高为247阶的多项式表示。其中的高阶部分对应于码字中的数据字节，低阶部分对应于码字中的校验字节，则该码字是系统的。

在完成ECC扇区的构造后，16个连续的ECC扇区组合成一个152列496行的ECC簇，共75 392字节。首先，16个连续的ECC扇区(19列×248行＝4712字节)排在一起。接着，2个连续的ECC扇区(例如扇区0和扇区1)合并成块0(38列×248行＝9424字节)；16个ECC扇区则合并成8个块。然后每块的连续2列(例如块0的第0列和第1列)作一次交错合并，按照列的方向重新安放数据，即首先放置原块第0列第0行的字节，再在列方向上的下一个位置放置原块的1列第0行的字节，再放置原块第0列第1行的字节，如此填满1列(496行)；再对剩下的列作类似操作，这样最后即可形成一个新的块(19列×496行＝9424字节)。接着将每2个连续的块再次合并，形成4个38列496行的新块(这样合并的目的是在块之间插入BIS码)。对这些字节按照行的顺序进行一次重新编号，即为C0，C1，…，C75391。最后对ECC簇中的数据进行一次移位交错。交错规则是每两行一起，依次左移3列；从左侧移出的数据添加到本行右侧空出的对应位置。至此，一个ECC簇就构造完成了。

BIS块的构成与ECC簇的构成类似。

64 KB的数据和相应的地址、控制数据分别经过LDS和BIS编码，构成一个ECC簇和一个BIS簇，再经过一次交叉合并，与同步位一起形成一个物理簇。一个ECC簇为152列×496行，按每连续的38列划分为一组，共4组。一个BIS簇为3列×496行，将这3列分别插入到ECC簇的组与组之间；这样就构成了一个155列×496行的矩阵；再加上开头部分的同步位，就构成了一个物理簇。物理簇中的每一行(155字节同步位)称为一个记录帧；每连续的31行构成一个物理扇区。因此1个物理簇包括16个物理扇区或496个记录帧。记录时逐帧进行，由于用户数据等都是按列排列的，这样就可以将数据进行分散，以减小突发错误的影响。

一个2 KB的数据帧经过数次编码和交错后，由9.5个LDS码字组成，其各字节被分散在物理簇不同的行和列中。读出时可以在确定的位置读取到相应的LDS码字，从而组成需要的帧数据。第$i(0\leqslant i\leqslant 300)$个LDS码字的第$j(0\leqslant j\leqslant 247)$字节即为物理簇的字节。例如，对第0个数据帧编码后成为第0个数据扇区的第0～8.5个LDS码字，为了读出该数据帧，需要读出这些码字。

实际上，每个LDS码字的第0字节总是在物理簇的第0行和第1行，在确定了第0字节的位置后，可以根据每次“行号2、列号3”的规则读取下一个字节，分别对应于ECC簇形成过程中的两列合并和左移3位。

2. Picket Code的性能

与DVD系统中采用的RSPC码相比较，蓝光DVD中的Picket Code由于采用了新的编码方法：冗余的校验数据全部放置在表8.10列方向上，由BIS的高度冗余和纠错能力保证重要的地址和控制数据能正确读出，并指示可能的错误位置；LDS码根据已指示的纠错位置进行纠错。因此，Picket Code的纠错能力大大提高了。蓝光DVD中采用的Picket Code编码方式与普通DVD中的RSPC编码方式的纠错能力的比较如表8.12所示。

表 8.12 RS-PC 和 Picket Code 纠错能力的比较

系　　统	DVD(RSPC)	Blue-ray(Picket code)
ECC 码率	0.866	0.852
逻辑扇区	2064 字节 -2048 字节用户数据 -4 字节 EDC 数据 -12 字节地址 版权保护保留字等	2074.5 字节 -2048 字节用户数据 -4 字节 EDC 数据 -22.5 字节地址 版权保护保留字等
码构造方案	乘积码	长距码(LDS)突发错误指示(BIS)
码参数	RS[182, 172, 11] * RS[208, 192, 17]	304 * RS[248, 216, 33] +24 * RS[62, 30, 33]
最大可纠突发错误长度	2912 个 ECC 字节	9920 个 ECC 字节(17.3 μm)
可纠突发错误数(100ECC 字节)	8.29	32.99(175 μm)
可纠突发错误数(200ECC 字节)	5.14	32.49(349 μm)
可纠突发错误数(300ECC 字节)	5.9	16.33(624 μm)
可纠突发错误数(600ECC 字节)	3.4	10.1691047 μm

从表 8.12 可以看出，由于 Blue-ray 将所有的校验码都安排在列方向上，与 DVD 中行与列方向上都有校验码相比，列方向上的校验码实际增加了 1 倍；同时，DVD 中簇大小为 32 KB，而 Blue-ray 中簇大小为 64 KB，在同等 ECC 冗余度的情况下，一个簇中可以得到多 1 倍的校验码。将这两者结合起来，即可以增大数据的交错长度和列方向上纠错码的最小距离，这使得纠错码纠正突发错误的能力提高了 3～4 倍。若不考虑随机错误，在 Blue-ray 中，Picket Code 可以纠正 16～33 个共 300 个 ECC 字节长的突发错误。而 DVD 中的 RS-PC 码只能纠正 5～9 个。并且，最大可纠突发错误长度也提高到 9920 个 ECC 字节。同时，Picket Code 与 RS-PC 码纠随机错误的能力也相差无几。

Picket Code 的纠错能力还可以用一个实验来说明。一张落满灰尘的光盘的原始(字节)误码率为 4×10^{-3}，其中包括各种长度的突发错误。实验结果发现，BIS 码可以正确地获取地址信息，并能可靠地指示出错误位置，纠错后的误码率低于 10^{-25}。根据 BIS 码指出的错误位置，LDS 码纠错后的误码率降低到 1.5×10^{-18}；若采用 RS-PC 码，则纠错后的误码率大约为 5.7×10^{-7}。由此可见 Picket Code 确实具有强大的纠错能力。

8.5.2 蓝光 DVD 的调制码(17PP 码)

一般来说，在光存储系统中采用的调制码均为游程长度受限(Run-Length-Limited, RLL)码。设计 RLL 码主要考虑两方面的限制：首先是合适的最小游程和最大游程，即确定合理的参数 d 和 k。参数 d 限制信号的最高跳变频率，控制相邻跳变之间的干扰；参数 k

控制最低的跳变频率，保证参考时钟的正确恢复。其次是直流平衡，即编码本身在频率 $f=0$ 处无信号分量。根据编码理论，限制编码后序列的游程数字和(Running Digital Sum，RDS)有界即可。如果调制码的频谱在频率 $f=0$ 处无信号分量，则在整个低频段的分量也会较低。而在光盘系统中，数据信号的频率较高，干扰信号(指纹、划伤等)和伺服信号(聚焦和跟踪信号)的频率较低，这样可以通过一个高通滤波器将低频信号滤除，得到较好的高频数据信号。

对于蓝光光盘，可写格式和只读格式的写入通道的特征相差很大。因此，与 CD、DVD 的可写和只读格式采用同样的调制码不同，Blue-ray Disc 的可写和只读格式采用了不同的调制码，分别称为 17PP(RLL Parity-Preserve，Prohibit Repeated Minimum Transition Runlength Code)和 EFMCC(Eight to Fourteen Modulation Combin-Code)。

1. 17PP 码的特点

对 CD-ROM 和 DVD-ROM 系统而言，由于受母盘制作和模压精度的影响，调制码方案选择和优化需要考虑的主要因素是系统光学分辨率的限制和最小信息符长度。而对采用相变材料作为记录层的高密度可写存储，还存在另外一个影响因素：在旧的信息斑点上直接重写时，原来的结晶区域与非结晶区域之间不同的光学吸收率和热力特性的不同，将对新的信息斑点造成畸变。这实际是增大了系统的抖晃值。对于 CD 和 DVD 的可写格式来说，由于系统冗余度较大，可以忽略；对高密度的 Blue-ray 系统的设计可写格式，就必须考虑这种影响了。因此提出了 17PP 码。

17PP 码($d=l$，$k=7$)具有以下特点：

(1) 较长的通道位长度和较高的码率。($d=1$，$k=7$)的限制表明实际记录斑点的游程长度在 2T～8T 之间，其中 T 为通道位长度；与采用($d=2$)的编码相比，通道位长度增加了约 24.6%(按一个包含 155 字节和 31 位同步位的记录帧计算)，从而降低了通道位对抖晃的敏感性。另外，理论上($d=1$，$k=7$)的码容量为 0.6793，设计中取码率为 2/3；与此对照，($d=2$，$k=10$)的码容量为 0.5418，而 EFM 码的码率为 8/17，EFM+ 的码率为 8/16。因此 17PP 码具有较高的效率，增加了记录容量。

(2) 极性保持(Parity Preserve)特性。所谓极性保持，就是源数据比特中 1 的个数和调制后码字比特中 1 的个数同为奇数或同为偶数。例如，在 17PP 码中，2 比特组合 01 对应的码字是 010，10 对应的码字是 001，其中 1 的个数同为奇数；而 11 对应的码字为 000 或 101，其中 1 的个数同为偶数。利用极性保持特性，可以有效地控制调制后记录信号的直流成分。与 EFM 中直流成分控制位添加在通道位码流中不同，17PP 码的直流成分控制位是添加在源数据的比特流中。

(3) 最小跳变游程重复控制(Prohibit Repeated Minimum Transition Runlength，Prohibit RMTR)特性。在 17PP 码中，最小跳变游程就是 2T；Prohibit RMTR 特性将调制后连续出现 2T 的次数限制为 6。这是因为在所有 2T～8T 的长度中，2T 对抖晃最为敏感；连续出现的 2T 对切向倾斜(Tangential tilt)造成的抖晃更敏感，容易造成记录或者读取过程错误。Prohibit RMTR 特性可以提高系统容差，降低对抖晃的敏感性。

2. 17PP 码的性能

17PP 码由于采用了极性保持并在源数据中直接插入 DSV 控制位的方法，用较低的

DSV 控制位冗余度和相对简便的控制方法，因此获得了较低的低频段分量。在同样的检测方式下，17PP 码比(1，7)RLL 码对切向倾斜的敏感度要小，这是因为在 17PP 码中，限定了最小跳变游程重复次数 RMTR=6。

8.5.3 蓝光 DVD 的其他调制码

与目前的 CD 和 DVD 系列盘片相比，Blue-ray 的只读格式盘密度更高，对母盘制作和复制工艺的要求也更高；与 EFM 和 EFM+ 编码相比，EFMCC 编码也具有一些新的特点。

Blue-ray 只读格式的母盘制作需要使用波长为 257 nm 的深紫外激光，而且对模压过程的要求进一步提高；复制过程的主要限制因素是最小信息符长度。因此，采用较大的 d 有利于增大最小信息符长度；EFMCC 中 $d=2$，在相同的用户容量条件下，最小信息符长度比 $d=1$ 增大约 20%。而锁相环(PLL)的工作要求基本类似，因此还取 $k=10$。

另一方面，EFMCC 码采用了组合码的新方案，实现了高码率和直流平衡的要求。下面将介绍 EFMCC 码的特点、编码和译码，以及 EFMCC 码的性能。

Blue-ray 的只读格式盘采用的调制码称为 EFMCC 组合码。所谓组合码，是指每一个源字对应着两套码字 C_1 和 C_2，编码时根据 DC 控制的需要按照一定的规则在连续若干个 C_1 后选择一个 C_2。由控制码字流的极性变化而控制 DSV 的变化，从而达到直流平衡和降低低频分量的目的。

在 EFMCC 码中，显然以一个字节(8 bit)为单位来进行编码是比较方便的，因此取 $n=8$、$m_1=15$ 和 $m_2=17$，码率略低于 8/15，比 EFM 码(码率为 8/17)和 EFM+ 码(码率为 8/16)有所提高，同时还具有良好的 DC 控制性能。

EFMCC 码的主码和替换码都可以用一个 6 状态的 FSM 来描述。FSM 的状态用进入该状态的码字的结尾 0 的个数和离开该状态的码字的起始 0 的个数来表征；扇出数是指离开该状态的可能的码字数目。

调制码实现 DC 控制的方法就是控制游程数字和 DSV 有界，巨变化范围较小。EFMCC 码是通过在一定的位置选择 C_2 码字的极性来完成 DC 控制的。与 EFM 和 EFM 编码不同的是，EFMCC 采用了前瞻式的 DC 控制方案。

EFM 和 EFM+编码采用的 DC 控制方法是直接式的，即计算从当前 DC 控制位置起至下一个 DC 控制位置之间的 DSV，然后判断当前 DC 控制位置应选择何种合并位(EFM 码)或者主表或副表码字(EFM 码)。也就是说，直接式的 DC 控制方法仅仅是局部最优化的，而不一定是全局最优化的。但是，直接式的 DC 控制方法的优点在于编码器简单，无需大规模的运算，因此在 EFM 和 EFM+ 编码中得到了采用。

EFMCC 码采用的前瞻式 DC 控制方法，计算从当前 DC 控制位置起至后第 N_{t-1} 个 DC 控制位置之间的 DSV，形成了一个深度为 N_t 的决策树，根据决策树的优化结果选择当前为"0"码字还是"1"码字。一般来说，如果决策树深度为 N_t，而对应 FSM 的状态数为 N_s，则每个源字需要编码的次数为 $2N_t$ 与 N_s 的最小公倍数。这样可以获得接近全局最优化的 DC 控制性能，但是编码器的复杂度呈指数级增长，对编码器的计算规模要求太高。

EFMCC 码的替换码 C_2 的"0"码字和"1"码字具有相同的下一个状态，因此 EFMCC 码在 FSM1 中的编码路径是唯一的，每个源字只需编码一次；在 FSM2 中可能的编码路径数目为2，每个源字只需编码2次。因此最终的编码次数远低于一般情况下的前瞻式DC控制方法，也大大降低了编码器的复杂度。

Blue-ray Disc的每个物理记录帧由31位的同步码和155字节数据组成。在EFMCC码中，这155字节源字被划分为1个5字节的DC块(DC－SB)和25个6字节的DC块(DC－SB)。各DC块的第1个字节按替换码C_2编码，其他字节按主码C_1编码。经过调制编码之后，一个记录帧为2408通道位；如果按EFM编码则为2512通道位，因此EFMCC码比EFM码的效率高约4.3％。

EFMCC码的DC控制性能要优于EFM码，特别是当N_t越大时，EFMCC码在低频段的分量越低。

EFMCC码的DSV变动范围低于EFM和EFM＋编码。而当EFMCC码采用较大的前瞻式DC控制N_t深度时，其DSV变动范围进一步降低，且趋近于理论极限。这表明EFMCC码还有进一步的提高空间，但M加大也会增加编码器的复杂度。

Blue-ray Disc作为新一代的光存储格式，采用了更短波长的激光和更高数值孔径的物镜，同时也需要更高级的信号处理方法和编码系统。本节介绍了Blue-ray Disc系统的纠错码Picket Code、可写格式的调制码17PP和只读格式的调制码EFMCC的主要特点。可以看出，这些新提出的纠错和调制方法既继承了原有方案的优点，又比原有方案的性能有了进一步的提高。

8.6　HD DVD

随着高清晰电视HDTV的日益普及，也为满足对更高记录密度和存储容量的持续要求，原有的DVD不论是在光盘存储还是在图像分辨率等方面都已经满足不了要求了，以HD DVD(High Density Digital Versatile Disc)和BD为代表的第三代高密度蓝光光盘已受到当前数字存储领域的关注。传统的DVD需要激光头发出红色激光(波长为650 nm)来读取或写入数据，而蓝光光盘则使用波长较短(405 nm)的蓝色激光读取和写入数据，通常来说波长越短的激光，能够在单位面积上记录或读取更多的信息，因此，蓝光极大地提高了光盘的存储容量，对于光存储产品来说，蓝光提供了一个跳跃式发展的机会，与普通的CD和DVD相比较，蓝光光盘可极大地增加数据密度，所以存储量更大。

但是，对HD DVD和BD来说，它们是有区别的，具体的参数如表8.13所示。

表8.13　DVD、HD DVD与Blu-ray Disc规格对比

规格		DVD	HD DVD	Blue-ray Disc
存储容量/GB	ROM(只读)	单层：4.7	单层：15	单层：23.3/25/27
		双层：8.5	双层：30	双层：46.6/50/54
	WO/－R(追读)	单层：4.7	单层：15	单层：25(计划)
		双层：8.5	双层：未定	双层：50(计划)
	I－RW(复写)	单层：4.7	单层：20	单层：23.3/25/27
		双层：40	双层：46.6/50/54	

续表

规　　格	DVD	HD DVD	Blu-ray Disc
激光波长/nm	650(红)	405(蓝紫)	405(蓝紫)
数值孔径	0.6	0.65	0.85
最小信息长度/μm	0.4	0.204	0.16/0.149/0.139
数据轨道间距/μm	0.74	0.4	0.32
信息点宽度/μm	0.35	0.25	未知
盘片结构	0.6 mm×2	0.6 mm×2	(1.1+0.1) mm
保护层厚度/mm	单层：0.6 双层：0.6	单层：0.6 双层：0.6	单层：0.1 双层：0.075
扇区容量/KB	2	2	2
ECC 数据块扇区数	16	32	32
数据传输率/(Mb/s)	11.08	36	36
单位线速度/(m/s)	3.5	5.6～6.1	4.6～5.3
保护层厚度误差极限	30	12.7	2.9
聚焦深度	0.37	0.187	0.097
盘片倾斜误差极限	6.9	3.2	6.4
调制方式	EFM-Plus (RLL2，10)	ETM(RLL1，10)	17PP(RLL1，7)
错误纠正方式	RSPC	RSPC	LDC+BIS
视频编码	MPEG-2	MPEG-4-AVC，VC1，MPEG-2	MPEG-4-AVC，VC1，MPEG-2

另外，HD DVD 和 BD 在技术线路方面有着完全不同的侧重点。HD DVD 主要考虑了与 DVD 的兼容性，其保护层厚度和盘片结构与 DVD 保持了很好的一致，因此现有的盘片生产和复制设备经过一定的改造还可以继续使用。BD 的突出优点在于具有很高的记录密度和存储容量，但是 BD 的各项参数已经接近于传统的光盘系统的极限，因此对盘片的生产和复制提出了很高的要求。

与之前的 DVD 相比，蓝光 DVD 要实现高于 DVD 的记录密度，需要在许多关键的技术环节上进行重大改进。比如：用户数据在写入到光盘之前，需要经过多个数据转换和交错的环节，实际记录在光盘上的数据与原始的用户数据在内容和顺序上都有很大的变化。在数据的写入过程中，非常关键的两个步骤是纠错编码和调制编码。由于蓝光的聚焦光斑尺寸显著减小，因此更容易受到盘片缺陷的影响，突发错误的产生也更加频繁，这就要求必须采用更强有力的纠错编码方案，下面分别介绍。

8.6.1　HD DVD 的数据格式

HD DVD 虽然具有不同的记录类型，如 ROM、R 和 RW 格式，但它们具有相同的通用数据结构。在 HD DVD 系统中，用户数据经过编码转换的不同步骤，分别得到数据帧(Data Frame)、加扰帧(Scrambled Frame)、ECC 块(ECC Block)、记录帧(Recording Frame)和物理扇区(Physical Sector)，其中物理扇区才是最终记录在光盘上的数据。

图 8.21 是 HD DVD 的数据转换流程图。

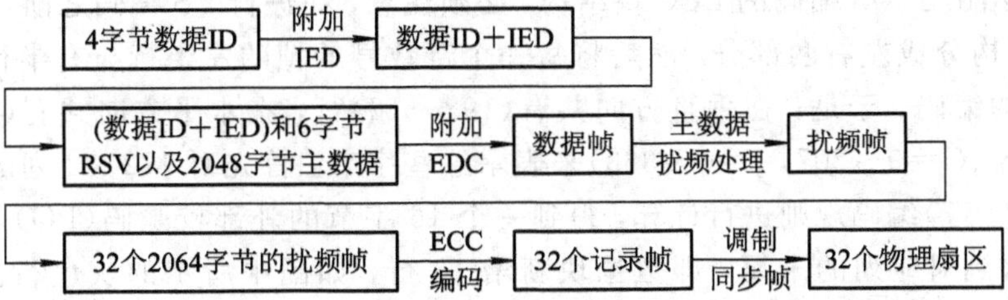

图 8.21　HD DVD 的数据转换流程图

在 HD DVD 的数据转换流程中，4 字节的数据 ID 是用来记录数据帧信息和编号的，其中数据帧信息包括扇区格式类型、跟踪方法、反射率、记录类型、区类型、数据类型和层号，而数据帧编号就是物理扇区编号；接着对数据 ID 附加 IED，即为 ID 检错码，然后再加入 6 字节的 RSV，它是用来记录版权保护信息的，一般被保留设置为零，以及 2048 个字节的主数据形成一个信息，对上面的信息再添加 4 字节的检错码，即 EDC，就形成了一个完整的数据帧。数据帧是最初的含有主数据的单元，一个数据帧包含了 2064 个字节的信息，由 172 字节×2×6 行组成，具体的数据帧结构如图 8.22 所示。

172个字节
172个字节
4字节
2字节
6字节
数据ID
IED
RSV
主数据(D0~D159)
主数据172字节(D160~D331)
主数据172字节(D332~D503)
主数据172字节(D504~D675)
主数据172字节(D676~D847)
主数据172字节(D848~D1019)
主数据172字节(D1020~D1191)
主数据172字节(D1192~D1363)
主数据172字节(D1364~D1535)
主数据172字节(D1536~D1707)
主数据172字节(D1708~D1879)
主数据172字节(D1880~D2047)
4字节EDC
6行

图 8.22　HD DVD 的数据帧结构

得到数据帧之后，需要对数据帧中的 2048 个主数据进行扰频处理，也就是把主数据随机化，目的是确保差分相位检测能够顺利进行跟踪控制，以免在输入相同的数据时，这些数据经调制编码后记录在光盘上的相邻轨道中，则在读出的时候可能检测不到差分相位检测信号，从而使跟踪控制变得很困难；也确保调制编码过程中低频分量尽量少和保护某些特殊的数据。进行扰频处理后得到扰频帧，然后将 32 个扰频帧构成一个 ECC 块，通过 RS 编码得到含有外部检验码和内部检验码的记录帧，编码以后的数据还不能直接记录在光盘上，还必须对这 32 个记录帧进行调制编码，并以记录帧的每 91 字节为一组附加同步码，从而得到物理扇区。最后将这 32 个物理扇区作为一组，记录在一个数据段的数据区中。

8.6.2 HD DVD 的纠错编码

HD DVD 的纠错编码方式与 DVD 类似，只是 ECC 块是 DVD 的 2 倍。它是把 32 个连续的帧，共 32×6 行×172 字节×2＝66 048 字节作为一组用于 RS 编码，从而得到 ECC 块。图 8.23 给出了 RS 编码的 ECC 块结构，必须注意，在进行 RS 编码之前，将 ECC 块中的 32 个帧结构分成左右两部分，然后将每一个奇数号的帧的左半行与右半行互相调换后再进行下面的编码。于是，在垂直方向共有(192＋16)行，在水平方向共有(172＋10)×2 列，分别用 $B_{i,j}$(i＝0～207，j＝0～363)来表示这些字节。首先对 172×2 列的每一列按照 RS(208，192，17)编码规则进行计算，得到一个 16 字节的外部校验码(PO)，然后将得到的 PO 数据添到对应列的末尾，即数据块新增 16 行，如图中所示的灰色行。接下来，对 208 行的每一个半行(172 字节)，按照 RS(182，172，11)编码规则进行计算，得到一个 10 字节的内部校验码(PI)，然后将得到的 PI 数据添加到对应的半行的末尾，因此数据块新增 20 列，如图中灰色部分所示，最后得到一个 208 行×182×2 列的 ECC 块。

$B_{0,0}$	…	$B_{0,171}$	$B_{0,172}$	…	$B_{0,181}$	$B_{0,182}$	…	$B_{0,353}$	$B_{0,354}$	…	$B_{0,363}$
$B_{1,0}$	…	$B_{1,171}$	…	…	⋮	$B_{1,182}$	…	$B_{1,353}$	$B_{1,354}$	…	$B_{1,363}$
$B_{2,0}$	…	$B_{2,171}$	$B_{2,172}$	…	$B_{2,181}$	$B_{2,182}$	…	$B_{2,353}$	$B_{2,354}$	…	$B_{2,363}$
⋮	…	⋮	…	…	⋮	…	…	…	…	…	⋮
$B_{191,0}$	…	$B_{191,171}$	$B_{191,172}$	…	$B_{191,181}$	$B_{191,182}$	…	$B_{191,353}$	$B_{191,354}$	…	$B_{191,363}$
$B_{192,0}$	…	$B_{192,171}$	$B_{192,172}$	…	$B_{192,181}$	$B_{192,182}$	…	$B_{192,353}$	$B_{192,354}$	…	$B_{192,363}$
⋮	…	⋮	⋮	…	⋮	⋮	…	⋮	⋮	…	⋮
$B_{207,0}$	…	$B_{207,171}$	$B_{207,172}$	…	$B_{207,181}$	$B_{207,182}$	…	$B_{207,353}$	$B_{207,354}$	…	$B_{207,363}$

图 8.23　HD DVD 的 ECC 块的结构

HD DVD 的纠错编码方案与普通的 DVD 的区别如下：

(1) 数据帧：HD DVD 的数据帧由 6 行×172 列×2 列构成，DVD 的数据帧由 12 行×172 列构成，两者的总体字节数相同，组成的内容也相似，但结构分布不同。HD DVD 的数据帧分布呈左右两个 172 列，这是为后面构造 ECC 块和交错做准备。

(2) ECC 块：HD DVD 的 ECC 块包含 32 个数据帧，而 DVD 的 ECC 块包含 16 个数据帧，HD DVD 将 ECC 块的大小提高了一倍，这样将有利于增强纠错能力。

(3) RS 编码规则：HD DVD 和 DVD 的 RS 编码都采用了 PO 和 PI 码的结构，并且编码规则相同，从图 8.23 中还可以看出，HD DVD 的 ECC 块的左半部分或右半部分，与 DVD 的 ECC 块的结构几乎完全一样，这表明 HD DVD 与 DVD 具有同样的纠错编码冗余度。

(4) 交错方案：在 DVD 的交错方案中，将 ECC 块底部的 16 行校验字节交错放置于每 12 行数据帧字节之后即可，而 HD DVD 的交错方案要复杂得多。一是在 ECC 块之前，需要对奇数号数据帧的左半部分和右半部分进行调换；二是在交错过程中，对左右两部分采用不同的交错方案。

总之，HD DVD 的纠错编码在一定程度上是 DVD 纠错编码的延续，但 HD DVD 采用了比 DVD 更大的 ECC 块和更复杂的交错方案，因此其纠错性能得到了显著的提升。与 DVD 相比，HD DVD 的信息符尺寸显著减小，因此 HD DVD 盘片上相同长度的划痕将导致更多的信道位出错，但是通过更为强大的纠错编码方案，HD DVD 能容忍的最大划痕长度为 6 mm。

8.6.3　HD DVD 的调制(FSM)

经过 RS 纠错编码之后得到了记录帧，接下来需要对记录帧进行调制编码并加入同步码，以便得到最终的物理扇区并记录在光盘上。HD DVD 用的调制编码方法为 ETM (Eight to Twelve Modulation)，即平均将 8 比特的码字转换为 12 比特的码字，因此其实际码率仍为 8/12＝2/3，高于 17PP 码的实际码率。用于 HD DVD 的 ETM 码则是码率 R＝8/12 的定长码，其游程参数$(d, k)=(1, 10)$。ETM 采用了 8 位至 12 位的调制技术，因此其编码表大小为 3×28＝768，这意味着编码器和译码器都需要占用较多的硬件资源。

综合考虑 17PP 码和 ETM 码的设计，中国利用分步设计方法设计出了码率 R＝4/6 的高效率 FSM 码，该编码不仅能够满足蓝光光盘的要求，还具有十分优秀的性能。

与目前通用蓝光光盘 HD DVD 的规格书相比，中国版 HD DVD 规格书中采用了与之不同的调制编码方案，这也是中国版 HD DVD 规格与通用 HD DVD 规格在物理格式层面的最大不同之处。中国版 HD DVD 规格书中的调制编码为高效率的 FSM(Four-to-Six Modulation)码，该调制码由光盘国家工程研究中心提出。

表 8.14 列出了 FSM 码的主要性能参数，同时列出了用于蓝光光盘的 ETM 码和 17PP 码的性能参数。与 HD DVD 采用的 ETM 码相比，FSM 码具有与其相同的 d 参数、码率 R、密度系数 DR 以及直流控制性能。与此同时，由于 FSM 码采用了非常小的编码表，其编码器和译码器的复杂度远远小于 ETM 码。此外，FSM 码的参数$(k=9)$也小于 ETM 码，这更加有利于时钟的准确恢复。与 BD 采用的 17PP 码相比，FSM 码不需要依靠额外添加的冗余位来控制直流分量，因此 FSM 码的码率和密度系数相比，17PP 码均有约 2% 的提高。

表 8.14　FSM 码的主要性能参数

参数	d	k	R	DR	N_{MTR}	$C(d, k; N_{MTR})$	η	$H(10^{-4})$
FSM	1	9	4/6	4/3	6	0.6885	96.83%	−25 dB
ETM	1	10	8/12	4/3	5	0.6901	96.60%	−25 dB
17PP	1	7	0.652	1.304	6	0.6789	96.03%	−30 dB

从表 8.14 中可以看出，17PP 码的直流分量控制效果$(H(10^{-4})=-30\text{ dB})$要优于 FSM 码和 ETM 码$(H(10^{-4})=-25\text{ dB})$，不过其优势是通过牺牲码率换来的。考虑到 FSM 码的直流控制效果已经满足了蓝光存储系统的要求，因此从提高光盘存储容量和增

加系统冗余度的角度来看，FSM 码在码率和直流控制效果方面达到了更好的平衡。

综上所述，效率高达 96.83% 的 FSM 码满足了蓝光存储信道的要求，具有与现有蓝光调制码相同或更优的性能。此外，由于 FSM 码是编码表尺寸非常小的定长码，因此其编码器和译码器的硬件复杂度也更低。

8.7 小　结

本章主要介绍了家用音频设备的纠错编码。首先，从目前音频设备当中存在错码的事实，引出纠错编码的原理和相关定义，并简要介绍了线性分组码、奇偶检验码和循环码的检错原理，为后面的 RS 码打下了基础。其次，详细介绍了 RS 码的原理，并结合交叉交织技术，使得在家用音频设备中的纠错成为可能。最后，分别介绍了 CD、DVD、BD、HD DVD 的纠错编码原理。

在 CD 中，采用的是 CIRC 编码技术，它可以纠正 4 重可疑符号。其中，P 检验字是用来纠正单符号错误，而 Q 检验字纠错是对双重或三重错误进行检测和标记的。CIRC 编码器产生 32 个 8 位符号。纠错能力可以多达 3874 比特。另外，它采用的是 EFM 调制。

在 DVD 中，采用的是在 RS 码的基础上发展起来的 PC－RS 码，即分别在数据块的行和列上加上校验符号，组成 ECC 块，308 字节都用于误码的检测和纠正，大大提高了检测能力，本章与 RS 码在纠错能力上进行了对比。

在 BD 中，由于 RS－PC 码中水平校验码的主要作用是纠正随机错误和指出突发错误的位置，垂直校验码的作用是根据已标记的错误位置纠正突发错误，因此水平校验码的纠正能力略有剩余，而垂直校验码的纠错任务较重。Blue-ray Disc 系统中发展了这种纠错方法，取消了水平校验码，代之以垂直方向上的 LDS 码和 BIS 码。BIS 码是具有高度冗余的校验码，纠错能力非常强，用来放置重要的地址和控制信息，而 BIS 码在纠错过程中得到的错误位置，指示冗余能力较低的 LDS 码能更好地纠正数据中的错误。另外，它采用的调制码是 17PP 码。

在 HD DVD 中，它采用的 ECC 的数据块是 DVD 的 2 倍，且复杂的交错方案进一步提高了纠错能力，另外，中国标准中的调制码是 FSM 码。

习　题　八

1. 一个循环冗余检验码，若待传输的信息序列为 1011010，生成的多项式为 $g(x)=x^3+x^2+1$，求此循环冗余检验的检验序列码，并验证收到的码字 1011010100 的正确性，同时对它进行纠错。

2. 在实际应用中，使用的是交叉交织的 RS 码，它利用的多项式为

$$P=\alpha^6 A+\alpha B+\alpha^2 C+\alpha^5 D+\alpha^3 E$$

$$Q=\alpha^2 A+\alpha^3 B+\alpha^6 C+\alpha^4 D+\alpha E$$

若其中的 $A=110$，$B=101$，$C=011$，$D=100$，$E=001$，

(1) 计算 P 和 Q。

(2) 若接收的数据分别为 $A_1=110$，$B_1=111$，$C_1=011$，$D_1=100$，$E_1=001$，$P_1=P$，

$Q_1=Q$，请用 RS 码的原理对它进行检错。如果有错误，请纠正错误。

3. 在 GF(2^6)中，进行 RS 编码时，它的信息码组的长度为多少？如果要纠正 5 位错误，那它的冗余码元应该有几位？编码效率为多少？

4. 如何在 CD 盘上读入及读出数据？

5. 从纠错原理上来说明 DVD 中的纠错编码与 CD 中有什么不同。

6. 简述 Picket－Code 码的编码原理。

7. 设计 RLL 码应考虑哪些因素？

8. 如何构造 HD DVD 中的 ECC 块，它与普通的 DVD 有什么区别？

第九章　常用的音频信号处理软件

9.1 概　　述

随着人们物质生活水平的提高，对精神生活的要求也越来越高，单纯的唱歌已经不能满足人们的要求。很多人想尝试创作有自己风格的歌曲，甚至录制自己的专辑，而这些工作则需要在专业的录音棚中完成，这对于普通人而言，可谓遥不可及，而用电脑制作音乐就成了实现梦想的平台，它不仅省钱、省力，还可以根据自己的要求，以个人电脑和普通的Windows 操作系统作为创作音乐的强大后盾，以必备的硬件作为媒介，用音频信号处理软件作为重要支持，来完成广大音乐制作爱好者的梦想。

目前，常用的音乐信号处理类软件有以下几种。

1. Cakewalk Pro Audio

Cakewalk Pro Audio 是最著名的 MIDI 工具软件，其功能强大，可编辑、创作、调试 MIDI 音乐。Cakewalk Pro Audio 最早是专门进行 MIDI 制作的乐器软件，从 4.0 版本后，增加了对音频的编辑处理功能，所以使得它在 MIDI 制作方面具有得天独厚的优势，并且操作简单，但在音频的信号处理方面仍存在一些不足。该软件的最新版本是 Cakewalk Pro Audio V9.03。

2. Cool Edit Pro

Cool Edit Pro 是由美国 Syntrillium Software Corporate 公司开发的一款功能强大、效果出众的多轨录音和音频处理软件。该软件可以在普通声卡上同时处理多达 64 轨的音频信号，具有极其丰富的音频处理效果，并能进行实时预览和多轨音频的混缩合成。Cool Edit Pro 是个人音乐工作室音频处理的首选软件，其最新版本是 Cool Edit Pro V2.1。

3. Sound Forge

Sound Forge 是由 Sonic Foundry 公司开发的一款音频录制、处理类软件。它的主要处理特点是单轨音频处理，无法实现多轨音频的混缩，其最新版本是 Sound Forge 10.0。

4. Logic Audio

Logic Audio 是由 Emagic 公司开发的一款音序软件，是当今在专业的音乐制作软件中最为成功的音序软件。Logic Audio 能够提供多项高级的 MIDI 和音频的录制与编辑，甚至提供了专业品质的采样音源和模拟合成器。它的应用将使个人的多媒体电脑成为一个专业级别的音频工作站，但由于它具有操作非常繁琐的缺点，故不适合在入门级的个人音乐室使用。该软件的最新版本是 Logic Pro 和 Logic Express 9。

5. Samplitude

Samplitude 是由音频软件业界著名的德国公司 MAGIX 开发的一款集音频录音、MIDI、混缩和母带处理于一体的功能强大、全面的音频信号处理软件。在 Samplitude 中，功能最强大的是 Samplitude2496，该软件支持 24 bit、96 kHz 的高采样率及无限轨超级混缩，更重要的是采用了精确独特的内部算法，使其功能超强、品质卓越，在音频录制和成品混缩方面具有压倒式的优势，它的最新版本是 Samplitude2496 7.22。

6. Vegas Audio

Vegas Audio 和 Sound Forge 一样，都是由 Sonic Foundry 公司开发的。与单轨的 Sound Forge 不同的是，Vegas Audio 是一款多轨的音频处理类软件。该软件操作简单，极易上手，但就混缩的音质而言，与 Samplitude2496 相比还有一定的差距。它的最新版本是 Vegas V8.0b Build217。

7. Nuendo

Nuendo 是 Steinberg 公司出品的一款集 MIDI、音频处理、混音等功能于一体的音乐软件。Nuendo 支持 5.1 环绕立体声的制作，功能强大，品质超群。目前，国内越来越多的人开始使用这款软件。

8. Band in a Box

顾名思义，Band in a Box 就是“盒子里的乐队”。由 PG MUSIC 公司出品的 Band in a Box 一直以来都以其强大的功能、简单的操作位居 PC 自动伴奏音乐软件领域的首位。从最初的 1.0 到当今的 10.0，其性能得到了飞速的提高，真正做到了出神入化的乐队演奏效果，而直观的操作却又相当容易。同时，Band in a Box10.0 在提高其“内涵”的同时也将容量增大至 60 MB，安装之后更是占据了 150 MB 的硬盘空间。与初期的低版本相比，Band in a Box 10.0 已经跃居成为功能全面的、综合性能强的大型音乐伴奏软件，它出色的性能、方便的和弦设定、丰富的风格模板和细微的声部控制都是吸引音乐爱好者的地方。

9. Guitar Pro

Guitar Pro 是由 Arobas 公司开发的一款集 MIDI 制作、吉它六线谱、BASS 四线谱绘制、打印为一体的音乐处理类软件。它在 MIDI 制作、吉它、BASS 等弹拨乐器的滑音、推弦等方面，具有绝对的优势，并且它的快捷工具栏使得操作非常简单，很易上手，一般作为 MIDI 制作的辅助软件来使用。该软件的最新版本是 Guitar Pro V5.2。

10. T - RackS

T - RackS 软件是一款专业级母带混音软件，也有人称其为最优秀的音频播放器。它非常适合于个人音乐工作室，可以让生硬、粗糙、冰冷的数字音频变得鲜活、平滑和温暖。另外，它的插件包含制作华丽的、拥有胆机效果的母盘所需的一切工具。它由五个主要部分组成：一个六段参量均衡器、一个压缩器、一个限制器、一个软剪接输出台、一个控制套件，扩展了混频、立体声音效、动态范围，使音频拥有流畅音效。该软件的最新版本是 T - RackS2.4。

除了上面介绍的几种音频信号处理软件以外，还有自动伴奏、鼓机、打谱、舞曲、音色拼接、识别、转换等音频软件。最值得一提的是，协助音频软件工作的插件程序，它们虽不能单独工作，但可以附加到某个数字音频信号处理的软件中，以增加一些新的功能。音频处理类插件中，著名的有 DirectX、TC Native、Ultrafunk Sonitus-fx、Waves 和 Cakewalk 附带的效果处理器。插件程序可以很方便地完成压限、均衡、混响、空间定位、变调、变速等音频效果的处理、添加和修饰。下面就以一种全功能的软件 Cool Edit 和单一功能的软件 Sound Forge 为例，来了解音频信号处理软件的强大功能。

9.2 Cool Edit 软件

Cool Edit 是一款功能强大的音频编辑软件，可以运行在 Windows 98/NT/2000/XP 等环境下，高质量地完成录音、编辑、合成等多项任务。它是由美国的 Syntrillium 软件公司开发的，基于 Microsoft Windows 平台的音频非线性编辑和混音软件。

Cool Edit 操作方便，容易掌握。例如，在音效处理方面，资深人士固然可以熟练地细调各项设置以求最佳，而非专业人士则可以直接选择一种预置(Presets)模式，这样，也能达到令人意想不到的特殊效果。至于 Cool Edit 的常规编辑功能，如剪切、粘贴、移动等，与在字处理器中编辑文本一样简单，而且这里有六个剪贴板，使编辑工作更加轻松方便。Cool Edit 对文件的操作是非损伤性的，即对文件进行的各种编辑在保存之前，不会对原文件有丝毫改变，并且可以多次取消(Undo)、还原。所以它不仅适合于专业人士，也适合于喜爱音乐创作的非专业人士。

9.2.1 Cool Edit 软件的特点

Cool Edit 是一款波形处理的音频软件，它的优点表现在以下方面：

(1) 比较直观，可以通过观察声音波形对素材进行编辑，比如剪切、复制、粘贴等。

(2) 通过调整波形幅度变化制作淡入/淡出的效果。

(3) 可以进行频率均衡，补偿频率上的缺失。它提供了多频及参量均衡。在多频均衡中配置了 1、1/2、1/3 三种倍频程的图示均衡器；在参量均衡中设置有带宽、Q 值参数调整。通过显示的频响曲线对声音素材进行频率均衡处理。

(4) 能进行效果处理。提供了混响、延时、回声、合唱、颤音、高音激励、娃娃音等效果。

(5) 变调及变速。变调可在保持原速度下任意地升降调或上滑、下滑自由变调；变速可做到整体声音无极自由变速。

(6) 可以进行降噪处理。选出需要进行降噪的部分，采用频谱分析进行针对性处理。

(7) 多轨编辑最大轨道数为 64 轨，可同时使用也可选用。每一轨使用时，可进行双声道录制，故而扩展为 128 轨。

任何事物都是具有两面性的，虽然 Cool Edit 在波形处理上技高一筹，但在其他方面却不尽善尽美。它的缺点表现在如下方面：

(1) 它的多轨混音能力较差，没有调音台，也没有手动的穿插录音。

(2) Cool Edit 软件的那些让人赞叹的信号处理功能也只能用于对波形的离线式处理，而不能用于音轨的实时混音工作，也就是说不能在音乐的实时播放中对某个音轨的均衡和效果等边听边调整。

(3) Cool Edit 没有重做的功能，它只有一个称做“重做最后一个命令”的命令，这个命令不像其他软件的 redo 那样马上能得出结果，它需要将最后一个命令从头到尾再做一遍。

9.2.2　Cool Edit 软件的常用功能介绍

在 Cool Edit 的 Transform 菜单下，有 20 个子菜单，包含了在编辑处理音频时要用到的如反向、颠倒、静音处理、动态、延时、混响、均衡、降噪、失真、变调等大部分功能。借助这些功能，用户可方便地制作出各种专业声音效果。例如：延时可以产生静态双声的效果；混响可以产生各类大厅的环境效果。下面介绍一下常用子菜单的功能：

1. 颠倒(Invert)

该功能将音频信号波形的上半周和下半周互换。如果想要产生反相效果，只要把左、右声道之一做颠倒处理，再将两声道同时放音就可以了。

2. 反相(Reverse)

该功能将波形或被选中的波形的开头和结尾颠倒。做如此处理后，会出现类似反向放音的效果。

3. 静音处理(Silence)

如果声音文件在信号间有断断续续的杂音，或者明显看出波形上有一条线上面夹杂着小幅度的波形，就可以判定它是静音。可以单击波形缩放按钮使波形文件放大，然后选定需要处理的部分，执行菜单中的 Silence 命令来删除杂音，被处理过的波形文件时间长度不会发生变化。

4. 振幅处理

1) 放大(Amplify)

该功能将当前波形或被选中的波形的振幅放大或者缩小。当按下该菜单后将出现一个对话框，对话框中除了有固定振幅大小的 Constant Amplification 的功能选项外，还有淡入淡出的效果选项。右边列表内是一些厂家预置的方案，可以在里面选择所需的参数来运用。如果里面没有所需的方案，而又经常要用到，那么可以将所需的参数设定好，然后按 Add 按钮取名后存入列表中，以便日后使用。在淡入淡出效果对话框中还包括以下参数设置。

(1) Linear Fades 和 Logarithmic Fades：线性变化和对数型变化的选项；

(2) Lock Left/Right：将左右声道关联；

(3) View all settings in dB：百分数显示与分倍数显示的选项；

(4) DC Bias Adjust：自动直流微调功能，如果发现原波形中有直流偏移，只要选中该项，然后输入 0%，就会自动将原波形的直流成分调节到零位置(中心位置)；

(5) Calculate Now：根据所选择的波形的最大振幅和在它左边 Peak Level(峰值电平)里所希望达到的振幅的预设值进行计算，从而自动将音量增加到所希望的值。

2) 通道混合

该功能将当前波形文件的两个通道进行混合后输出两个新的通道，混合时可以选择混合的比例及是否颠倒等参数。在 Cool Edit 主界面调入歌曲文件，选择通道混合项，在弹出的对话框右边选择原厂预置参数的 Vocal Cut 一项，然后试听效果，可发现人声几乎被消除了。经此处理后的歌曲文件可做伴奏带使用。

3）动态处理

打开该选项后可看到对话框有 4 个标签项，分别是图形模式、传统模式、上升和释放时间、带宽限制。其中图形模式和传统模式达到的效果是一样的，只是操作方式不同。动态处理不仅可以进行动态压缩，也可以扩展，而且有多个厂家的预设的值可以选择。

4）建立包络

该功能对音频编辑来说就是在随时间变化的同时，幅值也根据预设的值发生变化，也就是用鼠标代替推子调节信号振幅。

5）归一化

该功能将当前波形(或选定的波形)振幅值调整到最大电平的规定值内。用这个功能可以将音频信号电平调到最大，而不至于削波。

5. 延时效果

此菜单下有延时、回声、三维回声效果室、镶边、混响五个子选项，常用的是延时效果和混响选项。

(1) 延时：左右声道各自选择延时时间和混合比例，然后单击预览按钮，边听边调节各项参数，直到满意为止。在对话框右边还有很多厂家预置的参数可以直接选用。一般来说，延时效果所设定的时间应大于 50 ms。

(2) 混响：在混响效果对话框中，从上至下分别是“总的混响长度”、“上升时间”、“高频吸收时间”、“感觉”、“直达声比例”、“混响比例”、“合并左右声道”的选项。其中“感觉”的调节模块左边表示“平滑”，听不出回声；右边表示“回声”，有明显的回声。一般来说，混响效果所设定的时间应小于 50 ms。

6. 降低噪声

该菜单下只有“降低噪声”一个子菜单。由于音源与录音设备不同，所以需要反复调试才能达到一个十分满意的效果，调好各参数后，关闭窗口，选中所需降噪的区域，执行菜单中的“变换→降低噪声”命令，就可将原音频中的噪声去除。

7. 特殊效果

该菜单下有“制作音乐”、“脑电波同步效果”和“失真效果”三个子菜单选项。其中，“制作音乐”功能独具特色，可以在原音频的基础上叠加一些自定的“音乐”，将所需的音符拖到五线谱上的不同位置，还可以选择“和声类型”、“拍子”、“调子”和“升降调”等参数。在确定之前可以先按 Listen 按钮预听一下所编的曲子，若无问题就按下 OK 按钮。Listen 按钮右边的文本框内可以填入数字 0～127 中的任何一个，这里选择的是预听时使用的音色，它自动调用的是 MIDI 波表的音色。

8. 时间和音调

该菜单下只有“伸展工具”一项。选中“时速伸展”时，将只改变速度而保持音高，在“比例”或“长度”中输入希望的值即可，这时如果在 Transpose 中输入音高也没关系，最终只会发生速度的变化而不改变速度；如果选中“重新量化”，则变音调的同时速度也跟着变，音调降低时，速度变慢，反之变快。“恒定伸展”标签里调节的控制条只有一个，也就是自始至终都用一个参数值；选择“滑动伸展”时，就会出现“开始”和“最后”两个调节条，也就是可以在开始和结尾设置不同的值，让它随着时间的变化来处理音频。

9.2.3　Cool Edit 插件介绍

Cool Edit 下的插件程序主要提供了新的效果器。插件程序在格式上分为两种：一种是专用格式的，一种是通用格式的。专用格式的插件程序只能用于某一特定的音频软件，其中较为著名的格式有 TDM 和 VST，前者专用于 Digidesign 公司的 ProTools 系统，后者专用于 Steinberg 公司的 Cubase 软件。通用格式的插件程序由于采用了较为流行的格式，因此可以用于许多个不同的音频软件。目前较为流行的通用格式即 DirectX。用于某种软件程序的插件程序不一定是由该软件的开发商自己编写的，目前任何一种音频软件，只要它能够打开市场，达到一定的销量，往往就会有许多其他的公司来为它开发插件程序，其中较著名的有 WAVES 公司的 Native power pack、TC/WORKS 公司的 Native Reverb 等，这些插件程序可以为支持 DirectX 格式的音频软件增加混响、多段均衡、动态处理等效果。

除了品质外，插件程序还可以为音频软件增加许多新的功能。比如 Cakewalk 公司的 FX2 插件程序，就提供了“多轨机模拟”、“功放模拟”的功能，可将录入的音频信号变成具有某种经典的多轨机或功放的音质特征。还有一个名为“Auto Tune”的插件程序，它可以对演唱或是独奏乐器的演奏进行手动修正。该软件在修正音高和音调时，不会造成声音的失真，或是留下人工改动的痕迹。如果用户经常给一些没有受过专业训练的演员录音，则备上这个插件程序一定会十分有用。

1. Cool Edit 下的 DirectX 插件

DirectX 是微软开发的图形及媒体加速接口，在 Windows 操作系统的体系构架中，在内核与硬件之间有一层抽象层，专门对硬件进行屏蔽抽象，所以用户不再被允许对硬件进行直接访问。这样做虽大大提高了操作系统的抗破坏性和抗干扰性，但使得硬件操作的效率大打折扣，许多新硬件的新特性无法直接使用，这对多媒体和游戏的发展显然是一种障碍。DirectX 是微软公司提供的一套优秀的应用程序编程接口（Application Program Interface，API），用于联系应用程序和硬件自身，它对发展 Windows 平台下的多媒体应用程序和电脑游戏起到了关键的作用。

DirectSound API 为程序和音频适配器的混音、声音播放和声音捕获功能之间提供了链接。DirectSound 为多媒体软件程序提供低延迟混合、硬件加速以及直接访问声音设备等功能。维护与现有设备驱动程序的兼容性时提供该功能。Microsoft DirectMusic API 是 DirectX 的交互式音频组件。与捕获和播放数字声音样本的 DirectSound API 不同，DirectMusic 处理数字音频以及基于消息的音乐数据，这些数据是通过声卡或其内置的软件合成器转换成数字音频的。DirectMusic API 支持以 MIDI 格式进行输入，也支持压缩与未压缩的数字音频格式。DirectMusic 为软件开发人员提供了创建令人陶醉的动态音轨的能力，以响应软件环境中的各种更改，而不只是用户直接输入更改。

2. ULTRAFUNK FX 插件

1）压缩器

压缩器是一种振幅处理设备，它可以对音频信号的动态范围即最大不失真电平与其固有的噪声电平之差进行处理。它的界面可以参照图 9.1。

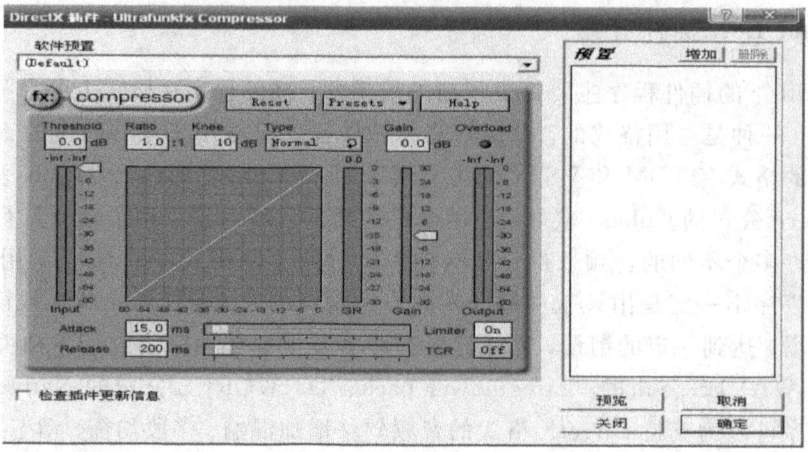

图 9.1　压缩器的界面

从图中可以看出：界面中有一条白线，它是音频信号的输入/输出特性与压缩门限关系的特性曲线，调整左边的 Input 和右边的 Output 的值，以及中间的 Gain 滑块，就可以实时看到白线的变化。可调的参数有 Threshold、Ratio、Attaclc、Kelease、Knee、Qain、Zimiter、TCR 等。其中，Threshold 是阈值电平，即压缩器开始进入压缩状态的输入电平；Ratio 为压缩比例，是压缩器的输入信号动态变化的分贝数与输出信号的动态变化分贝数；Attack 是启动时间，指压缩器由未压缩状态转换到压缩状态的速度，一般该值是指压缩器增益开始下降到最终值的 63%时所用的时间，它影响的是声音包络的音头；Release 是恢复时间，指的是压缩状态转换到非压缩状态的时间，它影响的是声音的音尾；Knee 是拐点，该参数越大，就越缓和，反之就越锋利，在实际应用中，快歌选 10，慢歌选 30；Gain 是增益参数，就是如果压缩中感觉人声很小，就可以用该项来提升压缩中的音量；Limiter 触发器用于峰值限制，状态有 ON 和 OFF，当 Limiter 打开时，一旦灯亮，限制功能就发生作用，保证不会溢出；TCR (Transient Controlled Release)是瞬时控制释放触发器，状态有 ON 和 OFF，用于实时地自动调整释放时间，它是一种特殊的算法。如果对调整具体数值不是很专业的话，还可以直接使用 Presets 里厂家已经设置好的一些参数方案，点击 Presets 按钮即可弹出预置菜单。表 9.1 是一些参数的设定参考值。注意：人声的参数不能随意设定需考虑实际情况。

表 9.1　压缩器中对于不同种类的参数的设定参考值

名称/参数	Ratio	Attack/ms	Release/ms
鼓	2～10	4～12	120～200
木吉他	8	5～12	100
电吉他(不带失真)	4	20	20
失真节奏吉他(重金属)	8	2～6	70
电贝斯	4	50	50
人声(唱歌)	2.5～4	5～8	50～80
人声(说话)	2.5	15	50

2）equalizer（均衡器）

均衡器是一种用来对频响曲线进行调整的音频处理设备，可以补偿由于各种原因造成的信号中欠缺的频率成分，也能抑制信号中过多的频率成分。图 9.2 所示是均衡器的界面。

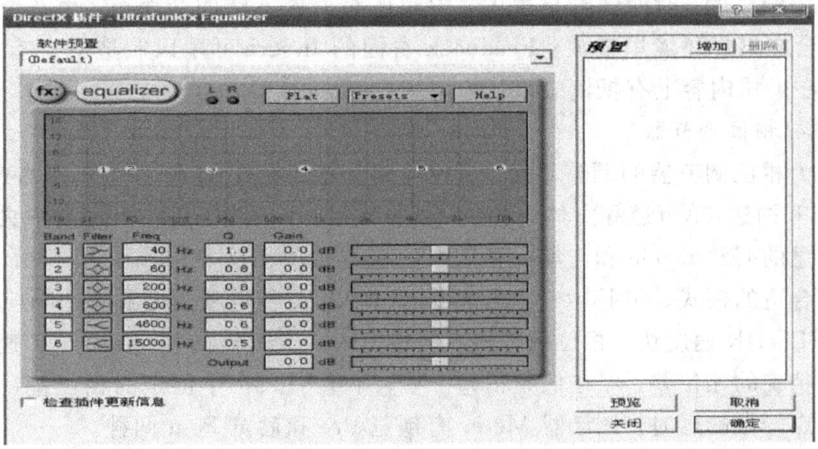

图 9.2　均衡器的界面

从图中可以看出，Ultrafunk 的 EQ 均衡器有 6 挡频段可供选择。在 Freq 中可以设定频率点，即这个频段的中心频率，还可以点击 Band 按钮来取消某一个或某几个频段，同时，取消后，蓝色的框图中的相应的黄色的数字标记也会变成灰色并失去功能；在 Filter 中可以选择不同的曲线方案，一般选预置即可；Q 值是品质因子，用于设置曲线的外形与宽度，一个低的值给予过滤波段一个高的频带宽度，调整方式是：点中 Q 框后上下移动就可以增加或减少它的值；Gain 的调整方式是直接在白色框中输入具体值或者拖动右面的滑块；每一种调整都会看到曲线的实时变化。如果对已做的 EQ 处理不满意，还可以把目前已处理的结果取消，点击 Flat 按钮就可以了。

3）modulator（调制器）

可调制的内容有比率、相位、深度、延时、反馈、交叉混音、混音、输出，里面的参数值可以根据实际的需要来选取。图 9.3 为调制器的界面。在 Rate 的右面是低频振荡器 LFO

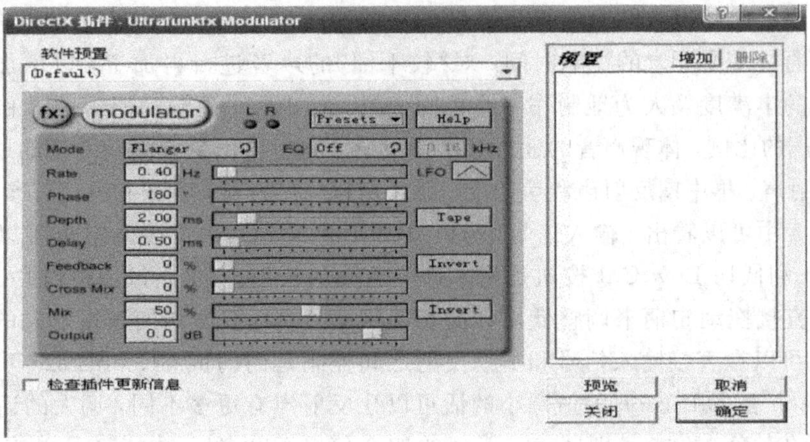

图 9.3　调制器的界面

(Low Frequency Oscillator)，共有六种调制波形可供选择；在用于控制延迟时间变化的区域的 Depth 的右面是磁带 Tape，用于制造一个近似于模拟磁带的 Flanger 效果，Flanger 效果是让声音通过具有梳状滤波特性的滤波器产生的，使音乐的频谱结构不断变换，发出的声音时而像山洞里的，时而像喷泉里的，中间还有模糊不清的交谈声，声音奇特，充满幻想色彩，适合在幻想环境里播放；Feedback 右面的 Invert 可用以制造一个有点"空"的声音，但也会在贝司内容上有抵消效果。

4) phase(相位调节器)

图 9.4 为相位调节器的调整界面。在相位调节器的模式 Mode 中，有左右声道相位 LR phase、中间和两边/单声道和立体声相位 MS phase、用于编码成左声道为中央信息，右声道为环绕信息的 CS encode 和与前一种效果的左右相位相反 SC encode 四种，可根据自己的需要选择合适的模式。在 Filter 过滤循环按钮中有两种选项：无限脉冲响应 IIR 和有限脉冲响应 FIR。IIR 速度快，相位效果好，但将引入一个恒定的相位差；FIR 速度慢，能提供一个高频精确的相位差，但在低频稍差一些，不会引入一个恒定的相位差，仅仅在两人声道上有一点轻微的延时。计量器 Meter 有预览 Pre 和后览 Post 两种。

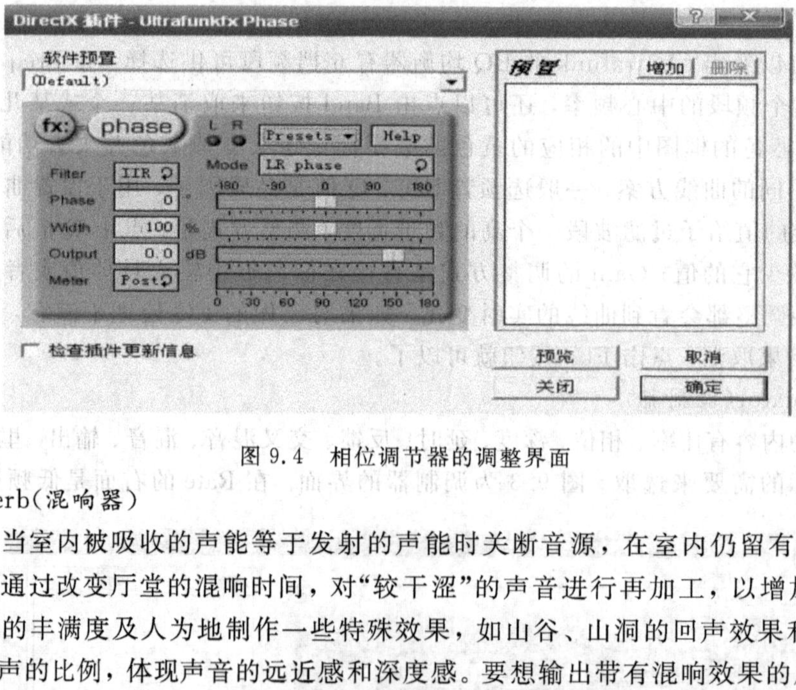

图 9.4 相位调节器的调整界面

5) reverb(混响器)

混响是当室内被吸收的声能等于发射的声能时关断音源，在室内仍留有余音的现象。它的作用是通过改变厅堂的混响时间，对"较干涩"的声音进行再加工，以增加空间感，提高音响系统的丰满度及人为地制作一些特殊效果，如山谷、山洞的回声效果和通过调节混响声和直达声的比例，体现声音的远近感和深度感。要想输出带有混响效果的原声，必须制造出早期发射声、早中期反射声和后期反射声才可以，它的调节参数和界面可参见图 9.5。

从图 9.5 中可以看出：输入信号 Input 主要产生直达声，可以调整也可以关闭它。高切 High Cut 和低切 Low Cut 按钮是用来产生后面的反射声的，可以直接输入数值或是在右面的框中直接拖动句柄来调整低切和高切的频率，或是双击句柄来恢复它的缺省值。调整 Predelay 可以在直接输入信号和早期反射之间控制延时时间；Room Size 可以设置虚拟房间的大小；扩散 Diffusion 的值调小的话可以让反射声有更多不同，调大的话会产生一种类似白噪声的声音，不能区别回声。下面的四个值既可以输入数值又可以拖动句柄来调整，分别是：用于调整在 Crossover 交叠频率之下的信号衰减时间的低音倍增、用于低音

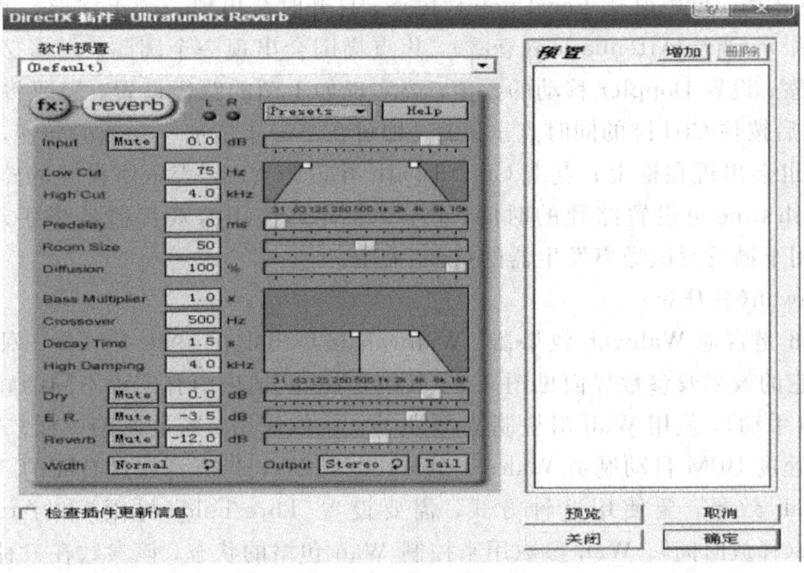

图 9.5　混响器的调节参数和界面

信号倍增的交叠频率的 Crossover、混响的衰减时间 Decay Time、允许调整在混响信号超过时间时的高频信号阻尼的 High Damping。其他参数的设定如下：Dry 设置干声的输出电平；E. R. 设置早期反射输出电平；Reverb 设置混响效果信号电平。通常情况下，Dry 电平大而 Reverb 电平小，声音听起来比较清晰，效果回声较小；相反情况下，声音较模糊，效果回声大。另外，在 Width 项中有 Normal、Wide、Ultra-Wide、Mono(单的)、Narrow 五种选项；Output 中有两种输出选择：立体声和单声道，如果选中了 Tail(尾部)，可以给一个较短的样本加上一个较长的衰减时间，以扩展它们的长度。

6) Surround(环绕)

图 9.6 是环绕参数设定界面，在其中可以手动调整环绕声像的范围(Zoom 1、3、5)、

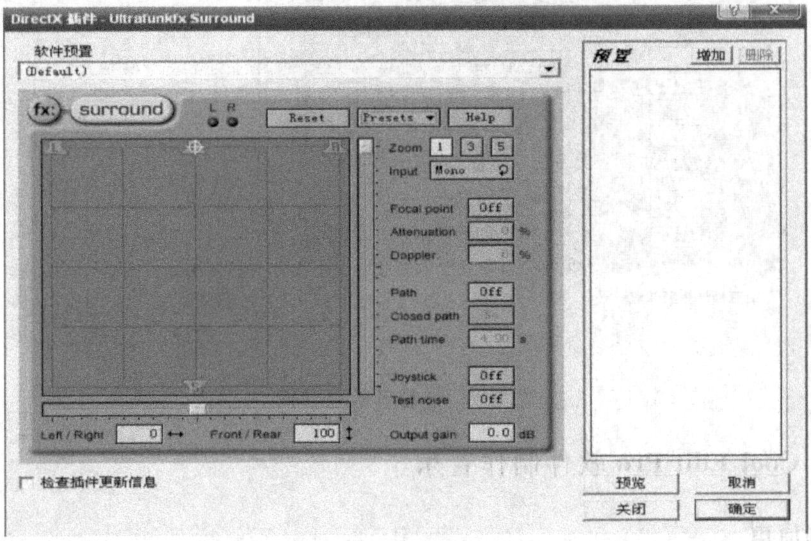

图 9.6　环绕参数设定界面

输入方式(立体声、单声道)、Focal point(焦点，打开时会出现一个十字形，用于处理衰减和多普勒效果)；调整 Attenuation(衰减)，焦点周围会出现一个圆圈，点击 Zoom 1、3、5 可以切换观察；设置 Doppler 移动的数值；要实现如上图的路径设置，需要将 Path(路径)设为 On，然后按住 Ctrl 键的同时点击鼠标，即可在下一步增加一个新的句柄，而且两句柄之间的路线也会出现在框上；点击 Closed path 并设为 Yes，表示所设置的路径将是封闭的；点击 Path time 可设置路径的时间；Joystick 允许使用游戏控制器来手动调整路径；Test noise 用于触发测试噪声发生器的打开/关闭。

7) Wahwah(娃娃音)

Wahwah 是吉他 Wahwah 效果器。Wahwah 最早出现在 1966 年，是一种经典的电吉他效果器。它的效果及参数界面见图 9.7。其中，Mode 选项中有三种不同的娃娃音控制方式：Manual(手动)，使用 Wah 滑块制造 Wah 音，就像使用传统的脚踏一样；Auto(自动)，根据一定的速度 BPM 自动制造 Wah；Triggered(触发)，当声音超过右面的 Threshold 值时，启动 Wah 效果，要使用这种方式，需要设置 Threshold(界限)和 Attack(起音)/Release time(释放时间)。Wah 参数用来控制 Wah 包络的状态，该参数在三种模式下有不同的作用：在手动模式下，必须使用这个参数来控制 Wah 效果；在自动模式下，此参数用来设置 Wah 效果的起始点；在 Triggered 模式下，此参数表示 Wah 效果的最高值，也就是 Wah 的范围。Tempo(速度)参数只在自动模式下有效，设置 Wah modulation 的速度，范围为 1～300 BPM。Attack 是起音时间，只在触发模式下有效，指的是当 Wah 被触发后，经过多长时间效果到达最高值。Release 是释放时间，只在触发模式下有效，就是指当触发结束后(也就是输入电平低于界限时)，经过多少时间效果回到最低值。Threshold(阈值)只在触发模式下有效，表示输入电平超过多少时，Wah 效果开始启动。

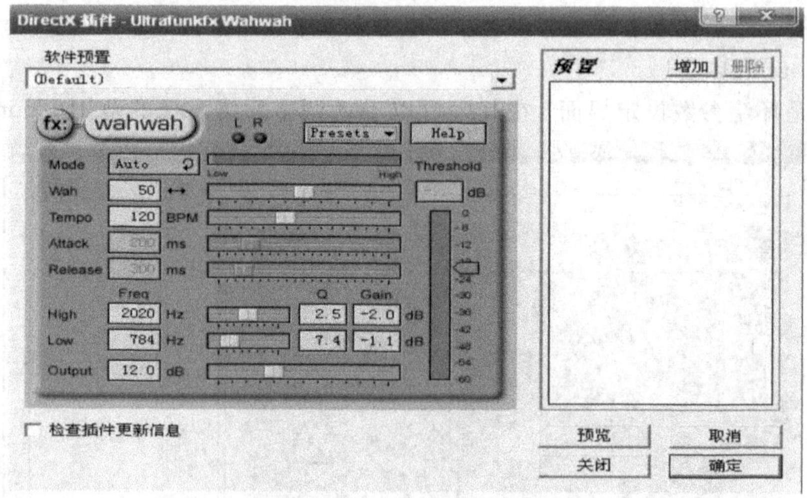

图 9.7　娃娃音效果界面

9.2.4　用 Cool Edit Pro 软件制作音乐

1. 录制原声

录音是所有后期制作的基础，如果这个环节出现了问题，那是无法靠后期加工来补救的，只能重新录音。在此，我们以一首莫文蔚演唱的《盛夏的果实》为例来介绍（伴奏可以在网上下载）。具体操作如下：

（1）打开 CE 进入多音轨界面，右击音轨 1 空白处，插入所要录制歌曲的 MP3 伴奏文件（wav 也可），如图 9.8 所示。在这里使用的是“盛夏的果实伴奏.wma”文件。

（2）选择将用户的人声录在音轨 2，按下“R”按钮，如图 9.9 所示。

（3）按下左下方的录音键，跟随伴奏音乐开始演唱和录制人声，如图 9.10 所示。

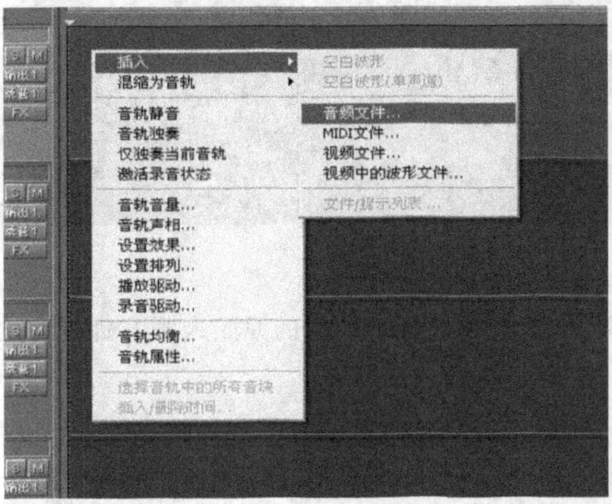

图 9.8　在音轨 1 中插入伴奏文件

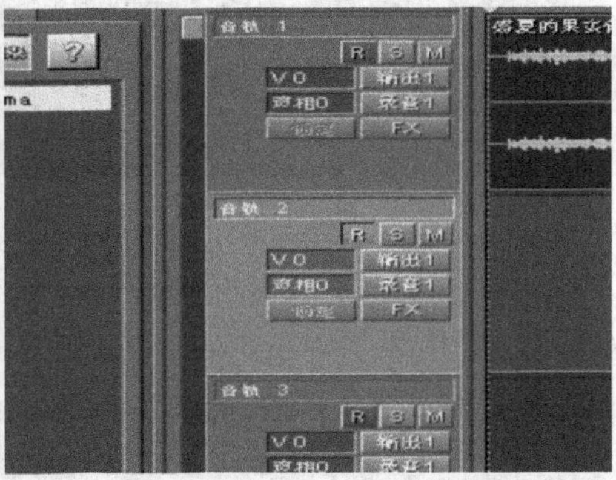

图 9.9　按下“R”按钮录制人声

图 9.10　开始录音

（4）录音完毕后，可点击左下方的播放键进行试听，看有无严重的差错，以确认是否要重新录制，如图 9.11 所示。

图 9.11 录音后的波形

(5) 双击音轨 2 进入波形编辑界面，如图 9.12 所示，将所录制的原始人声文件保存为 wav 格式，如图 9.13 所示。

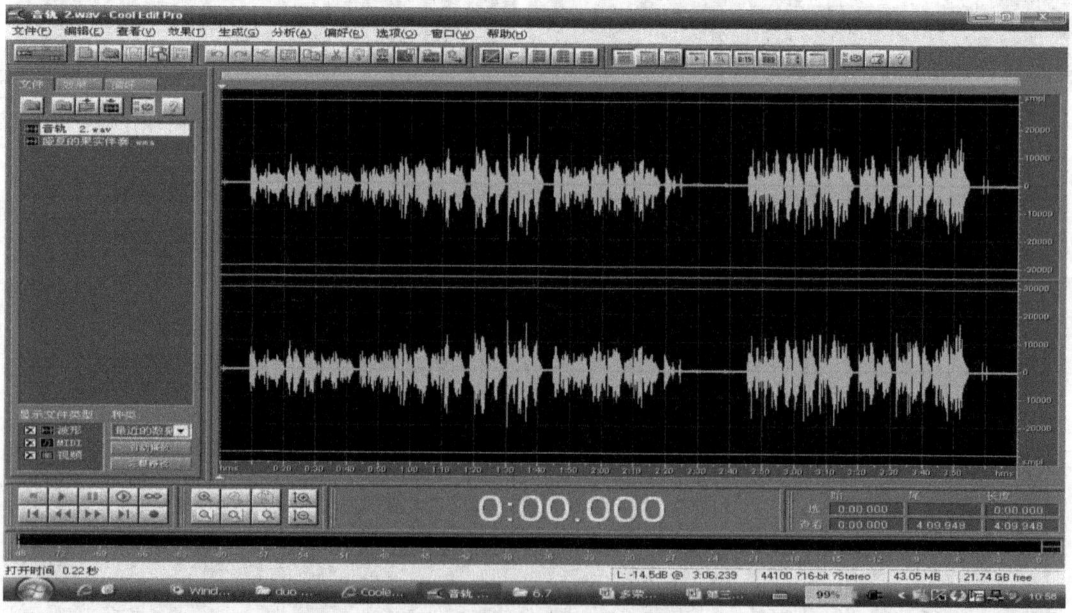

图 9.12 波形编辑界面

需要说明的是：录制时要关闭音箱，通过耳机来听伴奏，跟着伴奏进行演唱和录音。录制前，一定要调节好用户的总音量及麦克风的音量，这点至关重要！麦克风的音量最好不要超过总音量大小，略小一些为佳。因为如果麦克风音量过大，会导致录出的波形成了方波，这种波形的声音是失真的，这样的波形也是无用的，无论用户的演唱水平多么高超，也不可能处理出令人满意的结果。如果用户的麦克风总是录入从耳机中传出的伴奏音乐的声音，建议用户使用普通的大话筒，这样，会发现录出的声音效果要纯净得多。

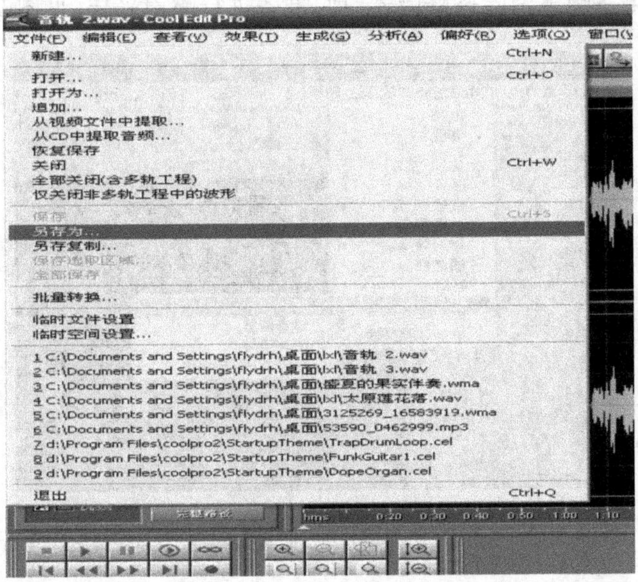

图 9.13　保存人声界面

2. 降噪处理

降噪是至关重要的一步，做得好有利于下面进一步美化录制的声音，做不好就会导致声音失真，彻底破坏原声。

(1) 点击图 9.14 左下方所示的波形水平放大按钮(带“+”号的两个分别为水平放大和垂直放大)放大波形，以找出一段适合用来作噪声采样的波形。

(2) 点击鼠标左键拖动，直至高亮区完全覆盖所选的那一段波形(见图 9.14)。

(3) 右键单击高亮区选“复制为新的”项，将此段波形抽离出来(见图 9.14)。

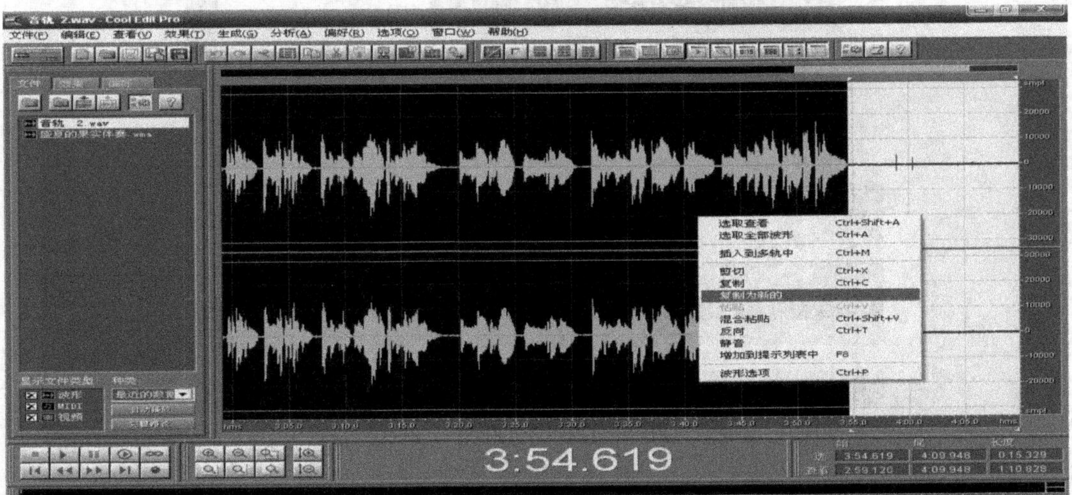

图 9.14　选择采样波形

(4) 选择“效果→噪声消除→降噪器”项，准备进行噪声采样(见图 9.15)。

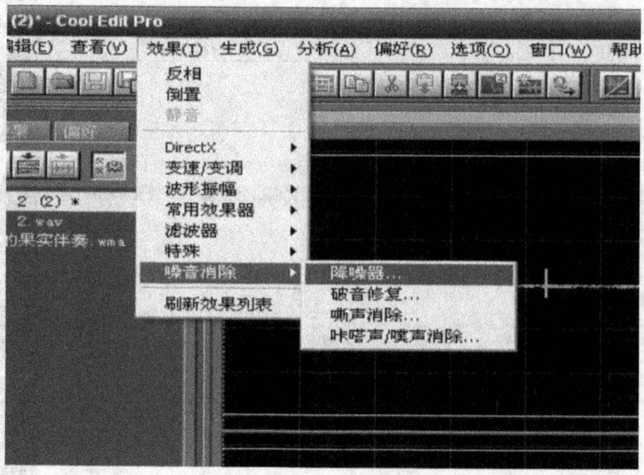

图 9.15 进入降噪器

(5) 进行噪声采样。降噪器中的参数按默认数值即可，随便更改则有可能导致降噪后的人声产生较大失真(见图 9.16)。

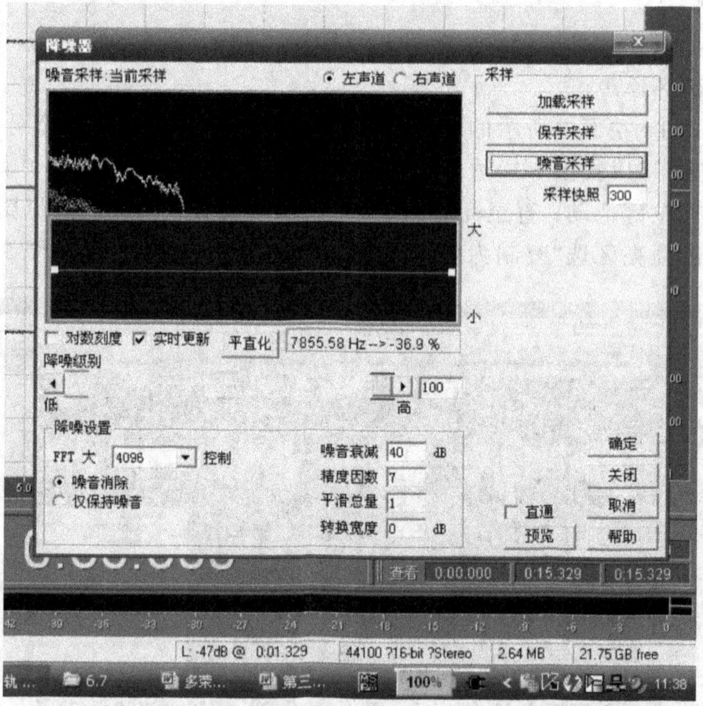

图 9.16 降噪采样

(6) 保存采样结果(见图 9.17)。

(7) 关闭降噪器及这段波形(不需保存)。

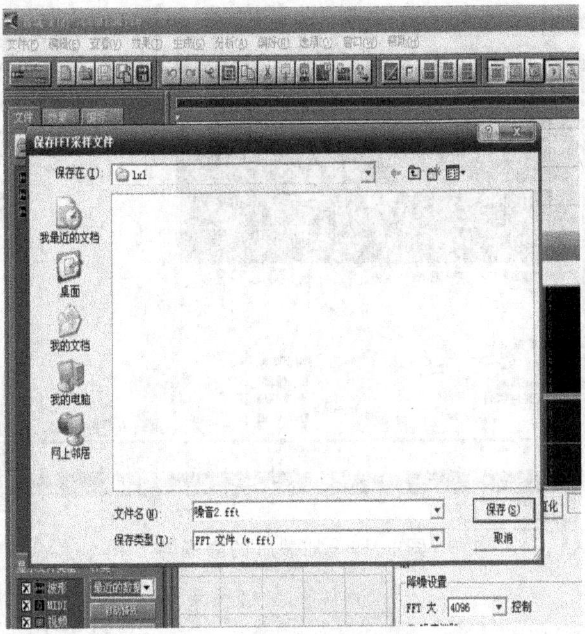

图 9.17　保存采样结果

(8) 回到处于波形编辑界面的人声文件，打开降噪器，加载之前保存的噪声采样进行降噪处理，然后点击“确定”按钮。降噪前，可先点击“预览”按钮试听降噪后的效果(如失真太大，说明降噪采样不合适，需重新采样或调整参数。但是，无论何种方式的降噪都会对原声有一定的损害)(见图 9.18～9.20)。

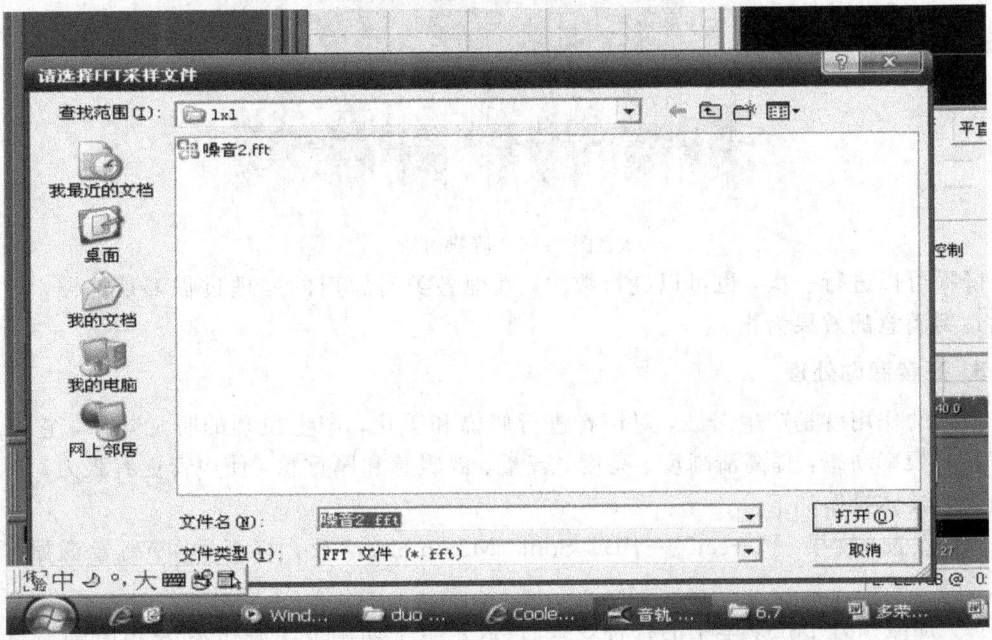

图 9.18　加载采样

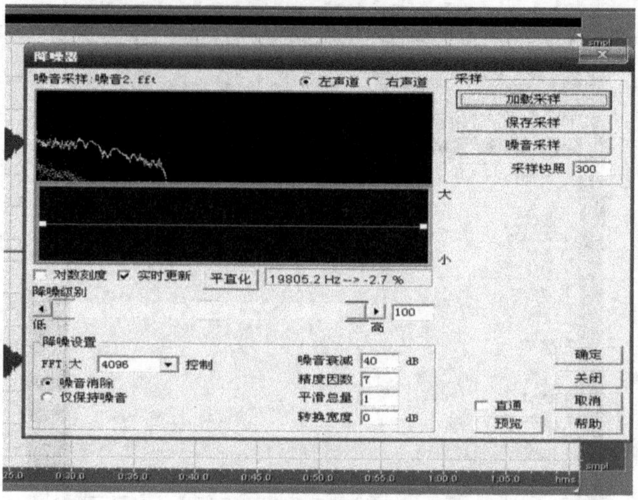

图 9.19　加载后的降噪器

图 9.20　降噪过程

降噪可以进行一次，也可以进行数次，其他各类对原声的处理过程都是这样，只要处理后达到满意的效果为止。

3. 高音激励处理

激励的作用就是产生谐波，对声音进行修饰和美化，产生悦耳的听觉效果，它可以增强声音的频率动态，提高清晰度、亮度、音量、温暖感和厚重感，使声音更有张力。高音激励处理的具体操作如下：

(1) 点选“效果→DirectX→BBE Sonic Maximuizer”项，打开 BBE 高音激励器(见图 9.21)。

(2) 加载预置下拉菜单中的各种效果后(或是全手动调节三旋钮)，点击激励器右下方的“预览”按钮进行反复的试听，直至调至满意的效果，然后点击“确定”按钮对原声进行高音激励(见图 9.22 和图 9.23)。

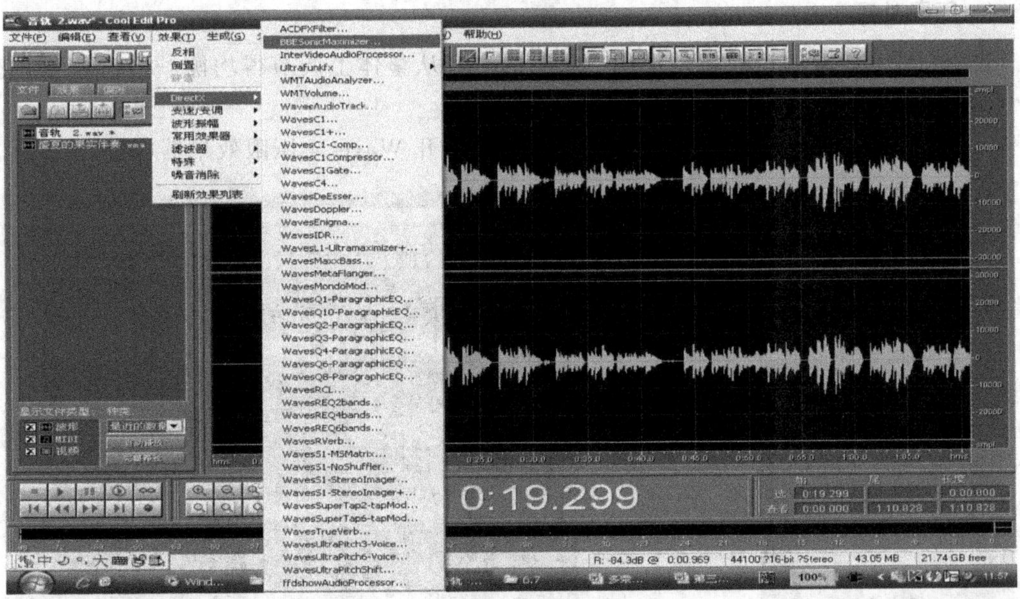

图 9.21　打开 BBE 高音激励器

图 9.22　高音激励台界面

图 9.23　高音激励过程

4. 压限处理

通俗地说，压限的目的就是把用户录制的声音从整体上调节得均衡一些，不至于忽大忽小、忽高忽低。压限处理的具体操作如下：

(1) 点选“效果→DirectX→Waves→C4”项，打开 WaveC4 压限效果器(见图 9.24)。

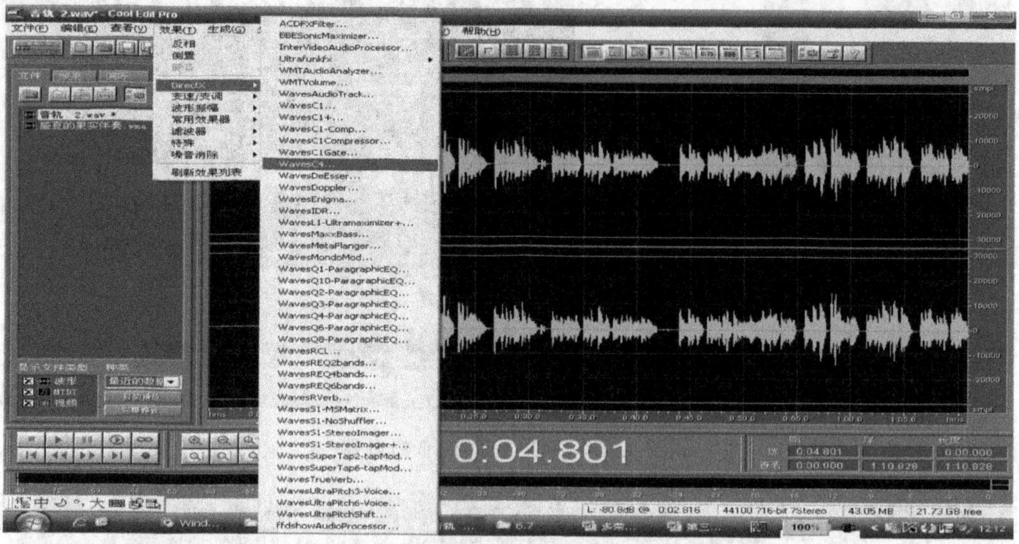

图 9.24　打开压限效果器的过程

(2) 加载预置下拉菜单中的各种效果后，如果用户对数字音频有足够了解的话，也可手动调节。点击菜单右下方的“预览”按钮进行反复的试听，直至调至满意的效果，然后点击“确定”按钮对原声进行压限处理(见图 9.25)。本例用的是第 16 个预设方案“Pop vocal”。

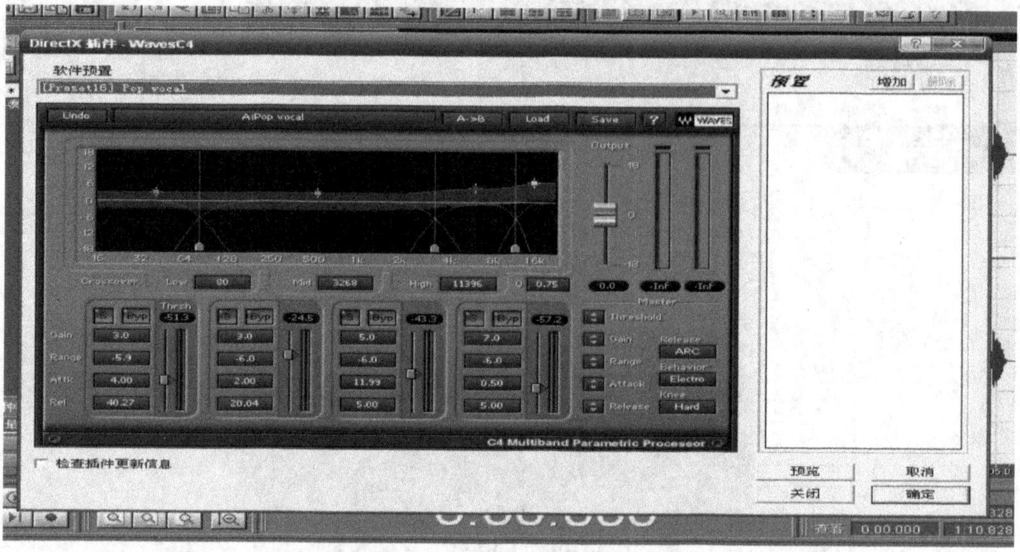

图 9.25　压限效果器界面

5. 混响处理

混响处理可以使录制的声音不那么干涩，变得圆润和厚重。具体操作如下：

(1) 点选"效果→DirectX→Ultrafunk fx→Reverb ..."项，打开混响效果器(见图 9.26)。

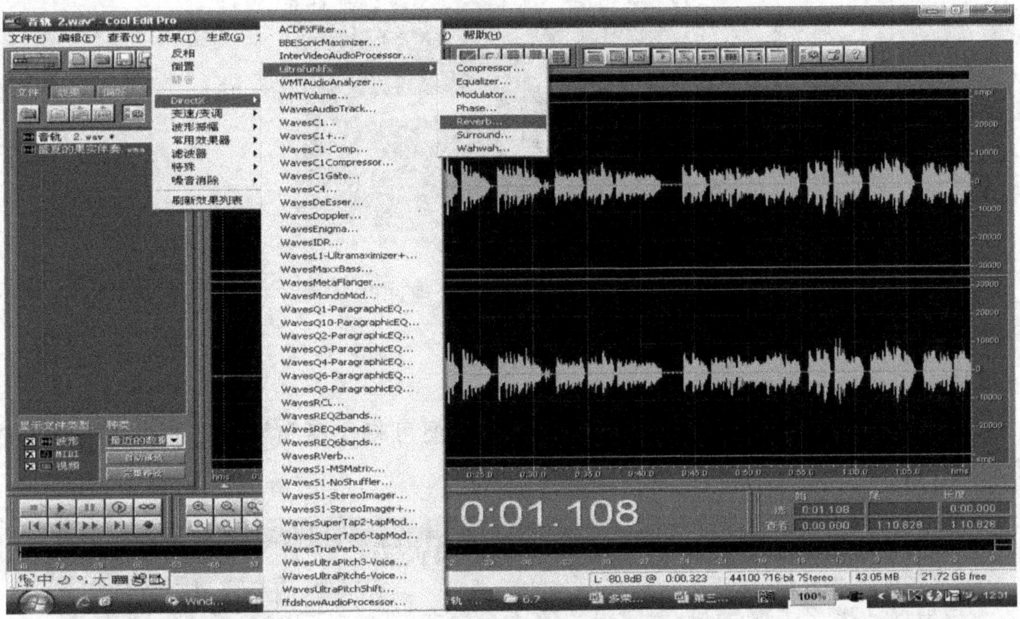

图 9.26　打开混响效果器的过程

(2) 加载预置下拉菜单中的各种效果后(也可手动调节)，点击右下方的"预览"按钮进行反复的试听，直至调至满意的混响效果，然后点击"确定"按钮对原声进行混响处理(见图 9.27 和图 9.28)。

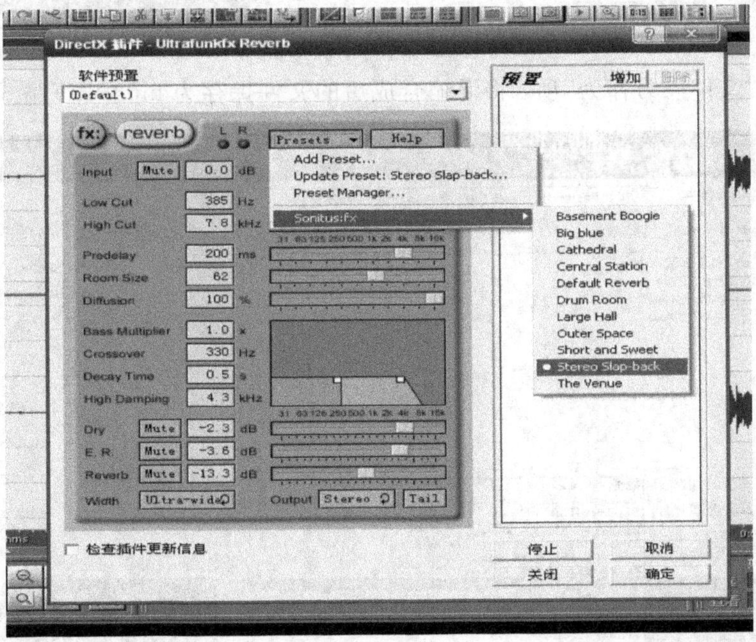

图 9.27　混响效果器界面及常用的效果

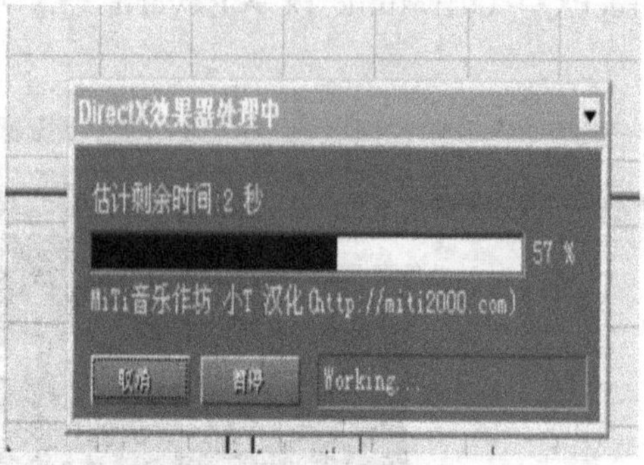

图 9.28　混响效果处理过程

6. 混缩合成

混缩合成的具体操作如下：

(1) 点选“编辑→混缩到文件→全部波形”项，便可将伴奏和处理过的人声混缩合成在一起(见图 9.29)。

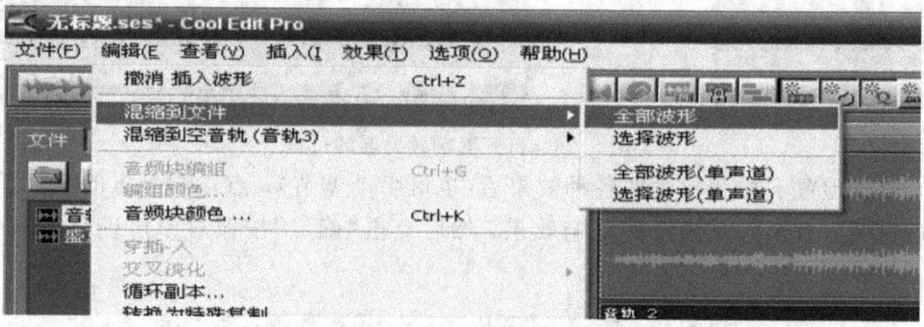

图 9.29　进行全波形混缩

(2) 点选“文件→另存为”项，将混缩合成后的文件保存为 mp3PRO 格式(见图 9.30)。

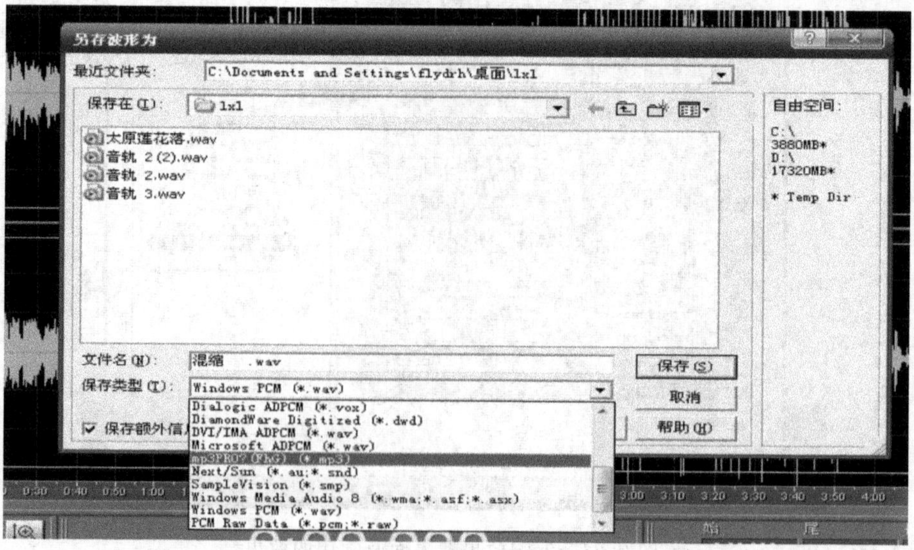

图 9.30　保存混缩后的文件为 mp3PRO 格式

音乐制作的全过程至此就全部结束了。要想达到一个好的录制效果，要根据不同风格的歌曲、不同声音的特性采用不同的设置来对声音进行处理，所以要反复试验，力求达到最好。当然，如果还想要制作不同的效果，比如延时、厅堂效果，那么可以通过插件程序来完成具体的参数调节。

9.3 Sound Forge 软件

Sound Forge 是 Sonic Foundry 公司开发的一款功能极其强大的专业化数字音频处理软件。它能够非常方便、直观地实现对音频文件以及视频文件中的声音部分进行各种处理，是专为音乐人、音响编辑、多媒体设计师、游戏音效设计师、音响工程师和其他一些需要制作音乐或音效的人士开发的。为了适应不同的需要，它除具有一般声音编辑软件所具有的编修以及特效的功能外，还可以对声音档做批次转档的工作，瞬间完成大数量的声音格式的转换，比如把 wav 文件转换成 MP3 文件。同时，它还具有强大的声波图形分析功能，可以在音源载入的时候同时看到两种不同的声波形式，而且只要将所要听的部分选取出来，就可以立刻听到选取区中的声音，这对声音的编辑来说是相当方便的。此外，它简洁实用的操作菜单使得编辑音效更加容易上手，并且一旦掌握并融会贯通后，其强大功能更能体现软件的魅力。

9.3.1 Sound Forge 软件的特点及功能

与其他一些专业音频编辑软件不同的是，Sound Forge 几乎所有的功能都是相对独立的。它的具体特点和功能如下：

(1) 可以自由选择编码比特数和采样率以及声道数，得到不同大小的文件。

(2) 可以直观地调整音乐文件的音量，可以参照文件的波形，当音量变高时，波形也就厚重起来。

(3) 可以进行静音处理和实现淡入淡出的效果，使得文件的变化在听觉上不会感到太突然。

(4) 能够把两个 wav 文件混合在一起，形成完美自然的混音衔接。

(5) 可以自由选择和调整文件的播放速度，而不影响文件的内容。

(6) 可以进行反相操作，得到不同的演唱风格，适合于柔和的音乐。

(7) 可以进行降噪处理，得到纯净的声音。

(8) 可以直接进行混响、延时处理而得到不同的厅堂和双声效果。

(9) 能实现变声效果，可以把原来正常的声音变换成哭腔、颤音等不同的声音表现形式。

(10) 可以把单声道的声音变成立体声，再在此基础上进行空间方位感的制作。

(11) 可以对声音文件、声音特效进行批次转档的处理，对于繁杂的多文件进行处理时，可以瞬时完成。

9.3.2 Sound Forge 软件的缺点

Sound Forge 软件虽然有它本身独特的优点，但是对音乐编辑来说也有不可忽视的缺点，具体如下：

(1) Sound Forge 的录音功能是不能被撤销的。一旦发生错录的情况，补录或者插入都是难以操作的，除非重新录制。

(2) 深层次的功能操作复杂，不利于被大众所接受。

(3) 它属于单轨录音，所以对于多声部的录制比多轨录制的软件要复杂得多。

9.4 小 结

本章简要介绍了目前存在的音频信号处理的软件以及它们的特点。首先，以最常用的多轨音频处理软件 Cool Edit 为例，详细讲解了音乐编辑与制作的过程，并深入分析了该软件的特点以及特殊功能的插件，为进一步个性化的音乐制作奠定了基础；其次，以最常用的单轨音频处理软件 Sound Forge 为例，详细介绍了该软件的功能和特点，便于以后运用。

习 题 九

1. 分别用 Cool Edit、Sound Forge 软件制作音乐。
2. 试比较 Cool Edit、Sound Forge 软件在运用和功能上有什么不同。

参考文献

[1] 曹汉强，张韵煜，向华．一种基于掩蔽效应的数字音频隐藏方案[J]．计算机应用研究，2006(2)：42～44.

[2] 赵力．语音信号处理[M]．北京：机械工业出版社，2003.

[3] 胡航．语音信号处理[M]．哈尔滨：哈尔滨工业大学出版社，2000.

[4] 韩宪柱．数字音频技术及应用[M]．北京：中国广播电视出版社，2003.

[5] 卢官明，宗昉．数字音频原理及应用[M]．北京：机械工业出版社，2005.

[6] 王兴亮，洪淇，等．现代音响与调音技术[M]．西安：西安电子科技大学出版社，2000.

[7] 杨行峻，迟惠生，等．语音信号处理[M]．北京：电子工业出版社，1995.

[8] 蔡莲红，黄德智，蔡锐．现代语音技术基础与应用[M]．北京：清华大学出版社，2003.

[9] Mitra S K. 数字信号处理(基于计算机的方法)[M]．孙洪，余翔宇，等译．北京：电子工业出版社，2005.

[10] 易克初，田斌，付强．语音信号处理[M]．北京：国防工业出版社，2000.

[11] [美]L R 拉宾纳，R W 谢佛．语音信号数字处理[M]．北京：科学出版社，1983.

[12] Oppenheim A V，Schafer R W. Discrete-time Signal Processing，Englewood Cliffs，NJ：Prentice-Hall，1989.

[13] 张刚，张雪英，马建芬．语音处理与编码[M]．北京：兵器工业出版社，2000.

[14] [美]J D 马卡尔，等．语音信号线性预测[M]．娄乃英，译．北京：中国铁道出版社，1987.

[15] Recommendation G729，Coding of Speech at 8 kbps Using Conjugate-Structure Algebraic-Code-Excited Linear-Prediction (CS-ACELP) [S]. Geneva，Switzerland：ITU-T，March 1996.

[16] Recommendation -862，Perceptual Evaluation of Speech Quality (PESQ)—An Objective Method for End-to-End Speech Quality Assessment of Narrowband Telephone Networks and Speech Codecs [S]. Geneva，Switzerland：ITU-T，2001.

[17] Recommendation G. 721，A 32 kbps Adaptive Differential Pulse-Code-Modulation (ADPCM) [S]. Red Books，CCITT，1984.

[18] 杨海．感知语音质量评价 PESQ 及其在通信系统中的应用[J]．江西通信科技，2004(2)：46－47.

[19] 赵晓群．数字语音编码[M]．北京：机械工业出版社，2007.

[20] 李昌立，吴善培．数字语音-语音编码实用教程[M]．北京：人民邮电出版社，2004.

[21] 胡征，杨有为．矢量量化原理与应用[M]．西安：西安电子科技大学出版社，1988.

[22] 樊昌信，张甫翊，等．通信原理[M]．北京：国防工业出版社，2001.

[23] 韩纪庆，冯涛，等．音频信息处理技术[M]．北京：清华大学出版社，2007.

[24] 宋亚玲．MP3 音频编码算法的 DSP 实现及优化[D]．北京：北京工业大学出版社，2006.

[25] 刘炫，马骋，贾惠波．光盘存储中 RS 码与 RSPC 码的数字比较[J]．科学技术与工程，2005，5(15)：1091－1094.

[26] 雷志军．DVD 纠错码[J]．记录媒体技术，2003(4)：55－57.

[27] 胡华．BD 光盘的物理格式及关键技术[J]．记录媒体技术，2006(Z2)：55－57.

[28] 胡华．HDDVD 的数据格式和信道编码[J]．记录媒体技术，2006(4)：17－21.

[29] 杜比实验室谈杜比 AC－3 编码．泰格尔，译．1994～2007 China Academic Journal Electronic Publishing House，27－29.

[30] 胡隆. 杜比环绕立体声. 音响技术[J]. 1995(5)：5-8.
[31] 张涛，国澄明. AC-3音频编码标准中比特分配算法的研究[J]. 测控技术，2004，23：195-197.
[32] L Joohyun，L Jaejin. 高速DVD系统的差错控制方法[J]. 王永瑞，译. 记录媒体技术，2006(9&10)：40-44.
[33] 李干富，王群生. DVD光盘编码格式：EFM-Plus技术[J]. 电声技术，1999(9)：3-6.
[34] 新一代环绕音频格式(一～六). 高海鹏，译. 1994～2007 China Academic Journal Electronic Publishing House.
[35] 林春方. AC-3数字音频压缩中的变换编码算法[J]. 西安师范学院学报(自然科学版)，2006，12(3)：48-50.
[36] 何思源. 高清时代的Dolby Digital Plus和DTS HD[J]. 实用影音技术，2005(10)：20-24.
[37] 徐华结. 基于心理声学模型的杜比数字音频AC-3[J]. 电声技术，2007，31(10)：55-58.
[38] 龚翔. MPEG-7让音频、视频存在更有意义[J]. 广播电视信息，2002(7)：59-63.
[39] 孙晓东. 面向对象的MPEG-4压缩编码[J]. 中国科技信息，2005(6)：13.
[40] 谭建国，关红涛. MPEG-4 AAC音频编码综述[J]. 计算机工程，2005，31(10)：4-6.
[41] 汪国有，张成兴，等. MPEG-4 AAC实时音频编码器设计与实现研究[J]. 计算机与数字工程，2005，33(8)：124-127.
[42] 贺前华，韦岗，帅林. 多声道音频编码AC-3算法原理[J]. 计算机工程，1998，24(12)：44-46.
[43] 项肖民. 浅谈新一代光盘存储技术HD DVD和Blu-ray Disc[J]. 西部广播电视，2006(9)：3-5.
[44] 梁彬，吴镇扬. 数字音频压缩中的变换编码算法[J]. 电声技术，1999(7)：3-7.
[45] 潘逸. MPEG-1 Layer2音频解码器的硬件设计和仿真[D]. 上海：上海交通大学，2006.
[46] 郭同健. MPEG-1音频编码算法研究及在声音录放系统中应用[D]. 南昌：南昌大学，2005.
[47] 侯东京. MPEG-1音频第Ⅲ层编码器的研究与设计[D]. 南京：南京理工大学，2004.
[48] 张文娟. MPEG第Ⅲ层音频编码改进算法的研究[D]. 沈阳：辽宁工程技术大学，2004.
[49] 高博. MPEG音频编码算法的研究和VLSI前端设计[D]. 成都：四川大学，2003.
[50] 黄春明. MPEG-2AAC编解码器的研究与改进[D]. 福州：福州大学，2005.
[51] 胡多传. MPEG-2AAC音频编解码的研究与改进[D]. 合肥：安徽农业大学，2005.
[52] 王华明，陈健. MPEG－2AAC音频编码技术及其软件解码器的实现[J]. 计算机工程，2001，27(6)：51-53.
[53] 顾进. 浅谈THX环绕声系统及其特点. 家庭影院技术[J]. 1994～2007 China Academic Journal Electronic Publishing House，43-44.